André Moll, Saousen Khayati (Hrsg.)

Excellence-Handbuch

Grundlagen und Anwendung des EFQM Modells 2020

WEKA

André Moll, Saousen Khayati (Hrsg.)

Excellence-Handbuch

Grundlagen und Anwendung des EFQM Modells 2020

Mit Beiträgen von

Wiebke Anton, Matthias Bartels, Birgit Behrens-Otto, Rita Berger, Holger Bodmann, Detlev Bohle, C.-Andreas Dalluege, Volker David, Oliver Dersch, Heinz-Michael Dickmann, Holger Doering, Ulrike Dolle, Uwe Ehrhorn, Thomas Finkewirth, Christian Forstner, Andreas Franke, Jürgen Freisl, Gabriele Gralla, Jens Harde, Reinhold Hepp, Martin Holzwarth, Detlef Kahrs, Dieter Knon, Dirk Kowalewski, Thomas Kraus, Matthias Krieger, Martin Kugelmann, Frank Lock, Ralf Neuhaus, Heinz Niedermayer, Markus Nitsch, Jens Overrath, Frank von Pablocki, Wilfried Peters, Klaus Radermacher, Roland Rausch, Steven Reres, Sabine Richter, Tanja Rothkegel, Richard Schiederdecker, Hans-Dieter Schinner, Carina Schneppenheim, Andreas Schubert, Karsten Schulte-Deußen, Carsten Schulz, Frank Slawik, Lars Vogel, Hubert Vogl, Carsten Wiesner, Meike Wilmowicz, Elmar Zeller, Hermann Ziegler

IMPRESSUM

Bibliografische Information der Deutschen Nationalbibliothek
Die Deutsche Nationalbibliothek verzeichnet diese Publikation in der Deutschen Nationalbibliografie; detaillierte bibliografische Daten sind im Internet über http://dnb.d-nb.de abrufbar.

1. Auflage

Wichtiger Hinweis
Die WEKA MEDIA GmbH & Co. KG ist bemüht, ihre Produkte jeweils nach neuesten Erkenntnissen zu erstellen. Deren Richtigkeit sowie inhaltliche und technische Fehlerfreiheit werden ausdrücklich nicht zugesichert.
Die WEKA MEDIA GmbH & Co. KG gibt auch keine Zusicherung für die Anwendbarkeit bzw. Verwendbarkeit ihrer Produkte zu einem bestimmten Zweck. Die Auswahl der Ware, deren Einsatz und Nutzung fallen ausschließlich in den Verantwortungsbereich des Kunden.

WEKA MEDIA GmbH & Co. KG
Sitz in Kissing
Registergericht Augsburg
HRA 13940

Persönlich haftende Gesellschafterin:
WEKA MEDIA Beteiligungs-GmbH
Sitz in Kissing
Registergericht Augsburg
HRB 23695
Geschäftsführer: Stephan Behrens, Michael Bruns, Werner Pehland

WEKA MEDIA GmbH & Co. KG
Römerstraße 4, D-86438 Kissing
Fon 0 82 33.23-40 00
Fax 0 82 33.23-74 00
service@weka.de
www.weka.de

Umschlag geschützt als Geschmacksmuster der
WEKA MEDIA GmbH & Co. KG
Umschlagfoto: © IvanBastien/iStock/gettyimages
Satz: WEKA MEDIA GmbH & Co. KG, Römerstraße 4, D-86438 Kissing
Druck: CPI books GmbH, Birkstraße 10, 25917 Leck
Printed in Germany 2019

ISBN 978-3-8111-3132-3

Vorwort des Vorsitzenden der Initiative Ludwig-Erhard-Preis

Sehr geehrte Leserinnen und Leser,

die Initiative Ludwig-Erhard-Preis hat in Zusammenarbeit mit unserem langjährigen Medienpartner WEKA MEDIA dieses Fachbuch herausgebracht, um sich im Sinne des Satzungszwecks unseres Vereins der Verbreitung des Excellence-Gedankens zu widmen.

Das Herausgeberwerk zeigt die Breite des Wissens, das sich im Kontext der Initiative angesammelt hat. Es nutzbar zu machen, ist unser Anliegen.

Der Vorstand dankt allen Mitwirkenden für ihre fachlichen Beiträge und wünscht allen Leserinnen und Lesern gutes Gelingen bei der Umsetzung der Ideen, die dieses Buch vermittelt.

Herzliche Grüße

Thomas Kraus

Vorwort

Sehr geehrte Leserinnen, sehr geehrte Leser,

der Excellence-Ansatz wurde seit seiner Entwicklung Ende der 1980er-Jahre durch Teams von Praktikern aus unterschiedlichen Branchen, Ländern und Disziplinen stetig aktualisiert und dem sich ändernden Anwendungsverhalten der Nutzer angepasst.

Mit der Modellrevision 2013 entstand parallel das Excellence-Handbuch, welches dazu dienen soll, die Aussagen des EFQM-Modells zu interpretieren und die Anwendungsmöglichkeiten aufzuzeigen. Der große Erfolg des Buches über die letzten Jahre hat mich in dem Gedanken bestärkt, mit der Modellrevision 2020 wieder die Experten im Umfeld der Initiative Ludwig-Erhard-Preis zu bitten, ihre Erfahrungen mit der Anwendung des Modells in diesem Buch zu vereinen. Das vorliegende Exemplar bietet Ihnen vielfältigen Einblick in das aktuelle Wissen über die Nutzung des Modells. Dafür danke ich allen Partnerinnen und Partnern der Initiative, die dazu beigetragen haben.

Wenn das EFQM-Modell ein Schraubenschlüssel ist, ist das Excellence-Handbuch die Gebrauchsanweisung, die es Ihnen ermöglicht, den optimalen Nutzen aus diesem Managementinstrument zu ziehen.

Ich wünsche Ihnen eine inspirierende Lektüre dieses Fachbuchs, das Sie hoffentlich dazu motiviert, sich erstmals, sich wirkungsvoller oder gar als Teilnehmer am Wettbewerb mit dem Excellence-Ansatz zu befassen.

Sollten Sie Fragen haben, kommen Sie bitte auf mich zu. Ich freue mich auch auf jedes Feedback zu den fachlichen Inhalten.

Herzliche Grüße

André Moll

Inhalt

Inspiration zur Umsetzung des Modells

Verknüpfung mit anderen Managementansätzen

Ludwig-Erhard-Preis

Leitfaden für Bewerber

- Deutscher Excellence Preis – Leitfaden für Bewerber
- Leitfaden für Bewerber – EFQM Verpflichtung zu Excellence (C2E) 2 Stern

Bewerbung um den Ludwig-Erhard-Preis 2020

- Bewerbung der Firma xyz um den Ludwig-Erhard-Preis 2020 – Vorlage in Word

Beispiel aus der Praxis

- DRK-Krankenhaus Clementinenhaus – Bewerbungsbroschüre für den Ludwig-Erhard-Preis 2017

Ludwig-Erhard-Preis – Ergebnisbände

- Deutscher Excellence Preis – Ergebnisband 2019
- Deutscher Excellence Preis – Ergebnisband 2018
- Deutscher Excellence Preis – Ergebnisband 2017
- Deutscher Excellence Preis – Ergebnisband 2016
- Deutscher Excellence Preis – Ergebnisband 2015
- Deutscher Excellence Preis – Ergebnisband 2014
- Deutscher Excellence Preis – Ergebnisband 2013

Studien

- University of Leicester: Report on EFQM and BQF Funded Study
- University of Leicester: Bericht zur Studie „Auswirkungen einer wirksamen Implementierung von Excellence- Strategien im Unternehmen auf die Schlüsselleistungsergebnisse“ (deutsche Übersetzung)

Layered Process Audit (LPA)

- Broschüre: LPA – Prozesse konsequent führen und Ergebnisse verbesseren, TQU
- Broschüre: LPA – Standards werden zur Routine – Präsentation Elmar Zeller, TQU

Herausgeber und Autoren

Herausgeber

ANDRÉ MOLL

Nach dem Studium der Chemie promovierte Dr. André Moll an der Universität Duisburg. Anschließend arbeitete er als Leiter Produktentwicklung für ein mittelständisches Textilunternehmen. Nach dem Wechsel zur Deutschen Gesellschaft für Qualität konzipierte er Trainings zum Thema Qualitätsmanagement und Excellence und arbeitete im Ehrenamt als Assessor für den Ludwig-Erhard-Preis. In 2005 übernahm er die Leitung der Initiative Ludwig-Erhard-Preis e.V. Als geschäftsführendes Vorstandsmitglied führte er die Initiative zur Anerkennung „Recognised for Excellence 5 Stars". Als Mitglied des Core Teams der EFQM unterstützte er die Weiterentwicklung des Modells. Zusammen mit dem Symposion-Verlag hat er drei Fachbücher veröffentlicht: das „Excellence-Handbuch" ist das Grundlagenwerk zum Thema Business Excellence in deutscher Sprache. Der „Excellence-Leitfaden" beschreibt die Einführung des Excellence-Ansatzes in Organisationen im Allgemeinen und anhand von mehreren Beispielen. Ein Buch zum Thema „Management der Kundenbegeisterung" ist 2016 erschienen. Neben Beiträgen zur Gestaltung des EFQM Modells 2020 hat er das Projektteam zur Übersetzung in die deutsche Sprache koordiniert.

SAOUSEN KHAYATI

Saousen Khayati ist seit 2017 für die Initiative Ludwig-Erhard-Preis e.V. tätig. Sie unterstützt die Geschäftsführung im Projektgeschäft sowie bei der Durchführung des Kerngeschäfts des Vereins. Bei der Erstellung dieses Buches hat Frau Khayati wesentlich die Koordination der Autoren verantwortet und war vor allem mit Lektoratstätigkeiten beschäftigt. Zuvor war sie bereits in Unternehmen der IT-Branche und des Elektrogewerbes in verschiedenen Aufgabefeldern u.a. im Finanz Controlling und Vertrieb tätig.

Autorinnen und Autoren

WIEBKE ANTON

Menschen machen den Unterschied – in ihrer Arbeit geht es Wiebke Anton darum, Menschen miteinander in Verbindung zu bringen und gemeinsam Komplexität zu meistern, ein neues „Wir" zu kreieren als Basis für Business Excellence. Seit 2008 berät sie Unternehmen des Mittelstands in Transformations- und Veränderungsprozessen und hat ihre Leidenschaft zur Berufung gemacht. Bei ihren Kunden setzt sie den Fokus auf konkretes Handeln und Umsetzen: ins „Tun" kommen. In ihren Workshops, Seminaren und Vorträgen vermittelt sie ihr Wissen auf pragmatische und lösungsorientierte Art und Weise – getreu dem Motto: aus der Praxis für die Praxis.

MATTHIAS BARTELS

Dr.-Ing. Dipl.-Wirt.-Ing. Matthias Bartels ist Prokurist im mib Management Institut Bochum, leitet das Geschäftsfeld Digitale Lösungen und begleitet Organisationen bei der aktiven Gestaltung ihrer digitalen Transformation hinsichtlich Organisationsstruktur, Strategie, Geschäftsmodell und Prozessen. Zudem begleitet er als Forschungsgruppenleiter am Lehrstuhl für Industrial Sales Engineering an der Ruhr-Universität Bochum unterschiedliche Projekte und Initiativen zur digitalen Transformation von Organisationen, etwa im Rahmen des BMWi-geförderten Mittelstand 4.0-Kompetenzzentrums Siegen. Matthias Bartels sammelte nach seinem Studium des Wirtschaftsingenieurswesens an der TU Dortmund und der berufsbegleitenden Promotion an der Fakultät Maschinenbau der Ruhr-Universität Bochum vielfältige Erfahrungen mit der Begleitung und Gestaltung von Veränderungsprojekten unterschiedlicher Branchen und Unternehmensgrößen und -typen. Zu den Kunden des mib Management Instituts Bochum gehören sowohl Profit- als auch Non-Profit-Organisationen. Die Entwicklung des Digital-Excellence-Ansatzes aus dem EFQM-Modell heraus wurde dort gemeinsam mit Kunden entwickelt.

BIRGIT BEHRENS-OTTO

Birgit Behrens-Otto arbeitet seit 1997 freiberuflich als beratende Betriebswirtin für Performance Excellence. Sie ist ausgebildete Historikerin (Tübingen) und Betriebswirtin (Buckingham, UK). In individuellen Projekten begleitet Birgit Behrens-Otto Teams und Einzelpersonen beim Aufbau systemischer Managementstrukturen. Methodisch verbindet sie EFQM-Erfahrung mit Systems und Visual Thinking. Für ihre Kunden entwickelt sie originelle Reifegradassessments und fantasievolle Trainings (Excellence, Kommunikation, SCRUM). Sie ist ILEP-Operating Partner und ASQ Senior Member. Als EFQM Master Assessorin und Teamleiterin begutachtet sie Auftraggeber und Bewerber um Auszeichnungen.

Rita Berger

Dr. Rita Berger ist Professorin an der Fakultät für Psychologie der Universität Barcelona im Bereich Arbeits- und Organisationspsychologie. Sie forscht und publiziert vor allem zu Themen wie Gesundheit in Organisationen, Teams, Führung und Interkulturalität.

Holger Bodmann

Holger Bodmann wurde 1958 in Hannover geboren. Dort absolvierte er erst eine Ausbildung in der niedersächsischen Finanzverwaltung und studierte anschließend Rechtswissenschaften. Steuerberater ist er seit 1992 und war seitdem als geschäftsführender Gesellschafter verschiedener Steuerberatungsgesellschaften tätig. 2013 wurde er geschäftsführender Partner der HSP STEUER Henniges, Schulz & Partner Steuerberatungsgesellschaft mbB und 2014 Vorstandsmitglied der HSP STEUER AG. Seit 2017 ist er zudem als Aufsichtsratsmitglied von VALTAXA, dem Verband der Angestellten in steuerberatenden Berufen in Deutschland e.V., tätig. Holger Bodmann ist seit Juli 2018 zum Assessor bestellt.

Detlev Bohle

Dr. Detlev Bohle hat mehr als 25 Jahre Erfahrung in den Bereichen Luft- und Raumfahrtmanagement, Safety, EEE Parts Management, Qualität und Normung, Prozessmanagement, Excellence in Training und Assessment. Er hat über viele Jahre bis zur Selbstständigkeit die Abteilung Qualitätsmanagement im Deutschen Zentrum für Luft- und Raumfahrt geleitet. Detlev Bohle ist ein integral informierter Berater und Coach, der Dienstleistungen zum Transformieren und (Weiter-)Entwickeln von sinnbasierenden Organisationsansätzen und darüber hinaus Excellence-Training sowie Beratungsleistungen anbietet. Seinen beruflichen Hintergrund bilden Qualitätsmanagement sowie Normung und System Safety in der Luft- und Raumfahrt. Er hat Physik an der Universität Bochum studiert und an der TH Darmstadt in der Kernphysik promoviert. An der Bergischen Universität Wuppertal liest Detlev Bohle „Quality Tools für Dienstleistungen“, zudem ist er in die Lehre im Qualitätsmanagement eingebunden.

C.-Andreas Dalluege

Dipl.-Kfm. C.-Andreas Dalluege ist Gründer und Geschäftsführer der IBK – Management Solutions GmbH (Wiesbaden) und Inhaber des IBK – Institut für Betriebsanalyse und Kommunikationsforschung. Darüber hinaus ist er als Dozent an der University for Business and Technology (Pristina), als EFQM Licensed Advisor und Trainer, langjähriger Assessor und Lead Assessor für den EFQM Global Award, Operating Partner der Initiative Ludwig-Erhard-Preis e.V. sowie Vorsitzender von EuroBEN (European Business Excellence Network e.V.) tätig.

Volker David

Volker David ist unter seinem Label ArbeitsInnovation als freiberuflicher Berater, Trainer und Coach tätig. Als Diplom-Arbeitswissenschaftler arbeitet er seit vielen Jahren im Sozial-, Gesundheits- und Bildungswesen. Neben der Organisationsentwicklung mit Qualität unterstützt er Führungskräfte und Unternehmen im Verstehen und in der Umsetzung des Excellence-Gedankens. Volker David ist u.a. Assessor für die Initiative Ludwig-Erhard-Preis und Partner der Initiative.
Internet: www.arbeitsinnovation.de

Oliver Dersch

Dipl.-Ing. Dipl.-Wirt.-Ing. (FH) M.BC. Oliver Dersch berät seit mehr als 15 Jahren vorrangig Automotive-Unternehmen in Prozessthemen der Aufbau- und Ablauforganisation. Ein Arbeitsschwerpunkt ist dabei auch die Implementierung des EFQM-Excellence-Ansatzes. Heute ist er branchenübergreifend als Coach und Trainer aktiv und unterstützt Unternehmer und Führungskräfte dabei, auf Grundlage ihrer Werte ein freies und zufriedenes Leben führen zu können – privat als auch beruflich. Im Organisationskontext führt er diese Arbeit zu Lösungen für eine werteorientierte Unternehmensführung. Im Hauptfokus steht dabei die enge Verzahnung der Organisationsstrategie mit den individuellen Werten und Bedürfnissen der Menschen.
Internet: www.our-tomorrow.de

Heinz-Michael Dickmann

Heinz-Michael Dickmann ist selbstständiger Berater und Trainer. Zu seinen Themen gehören Projekt- und Angebotsmanagement sowie das Excellence-Modell der EFQM. Er ist Mitglied und Partner der Initiative Ludwig-Erhard Preis, Excellence-Assessor (Master

Assessor) und seit 2008 ehrenamtlich als Assessor und stellvertretender Assessorenteamleiter beim Ludwig-Erhard-Preis im Einsatz.

Holger Doering

Holger Doering M.Sc. ist Projektleiter im mib Management Institut Bochum und berät mittelständische Organisationen in Fragen ihrer Organisations- und Strategieentwicklung. Dabei spielen sowohl das EFQM-Modell als auch die DIN EN ISO 9001 als Orientierungsrahmen eine zentrale Rolle. Vor seinem Wechsel in die Beratung arbeitete Holger Doering nach seiner Ausbildung zum Verlagskaufmann sieben Jahre in der Zeitungsverlagsbranche und konnte somit praktisch viel über einschneidende Veränderungsprozesse von Geschäftsmodellen, kulturellen Wandel und Veränderungen in den Bereichen von Organisation und Prozessen lernen. In seinen parallel absolvierten betriebswirtschaftlichen Studiengängen vertiefte er seine Kenntnisse in den Bereichen des strategischen Managements, der Organisationsentwicklung und des Personalmanagements. Zu den Kunden des mib Management Instituts Bochum gehören sowohl Profit- als auch Non-Profit-Organisationen. Die Entwicklung des Digital-Excellence-Ansatzes aus dem EFQM-Modell heraus wurde dort gemeinsam mit Kunden entwickelt.

Ulrike Dolle

Ulrike Dolle ist geschäftsführende Gesellschafterin der Unternehmensberatung ADM Institut in Paderborn. Sie ist zertifizierte systemische Organisationsberaterin und verantwortet die Service-Excellence-Masterausbildung der ADM Akademie. Sie begleitet Organisationen, besonders in der IT-Branche, auf ihrem ganzheitlichen Weg zur Service-Excellence. Als Rednerin spricht sie über Kundenbegeisterung, Service in der digitalen Welt, Führung und Persönlichkeitsentwicklung. Sie ist Autorin und Mitautorin diverser Bücher und Hörbücher zu ihrem Spezialgebiet. Ulrike Dolle leitet die Fachgruppe Service Excellence im BDVT, dem größten Fachverband für Beratung, Training und Coaching. Sie ist Mitglied der Initiative Ludwig-Erhard-Preis e. V.

Uwe Ehrhorn

Dipl.-Ing. Uwe Ehrhorn FRICS ist ausgebildeter ILEP Excellence Assessor, Mitglied der Initiative Ludwig-Erhard-Preis e.V. und Inhaber des gleichnamigen Vermessungsbüros in Achim bei Bremen. Es zählt mit seinen 21 Mitarbeitern zu den größeren Vermessungsbüros im Norden Deutschlands und tritt im Rahmen des LEP in der Kategorie

„Kleine Unternehmen“ an. Seit 1997 durchgängig nach ISO 9001 zertifiziert setzt das Vermessungsbüro Ehrhorn seit 2012 die „Wissensbilanz – Made in Germany“ ein, um die nicht greifbaren, aber für den Unternehmenserfolg eines Dienstleistungsunternehmens bedeutenden Faktoren mittels Indikatoren und Einflussfaktoren zu verbessern.

THOMAS FINKEWIRTH

Thomas Finkewirth leitet drei Werke in Deutschland als Geschäftsführer und Mitglied der Geschäftsleitung bei einem führenden Anbieter von Systemen zur Wärmegewinnung, Wärmeverteilung, Wärmelagerung und Trinkwasserverteilung in der Haustechnik. Als Dozent an der Hochschule Fresenius im Fachbereich Wirtschaft & Medien unterrichtet Thomas Finkewirth im Schwerpunkt „ganzheitliche Wertschöpfungssysteme“ in den Bereichen Analyse- und Rationalisierungsmethoden. Neben diesen Aufgaben liegt ein Schwerpunkt seiner Interessen im Bereich von ganzheitlichen Wertschöpfungssystemen und Führung in Systemen in der Praxis. Thomas Finkewirth ist in Arbeitskreisen engagiert, die sich mit der Einführung des EFQM-Modells in Industrieunternehmen beschäftigen.

CHRISTIAN FORSTNER

Dr. Sc. nat. Dipl.-Phys. Christian Forstner ist Gründer und CEO der CFYourAdvantage. Er hat sein Studium der Kernphysik mit einer experimentellen Doktorarbeit an der Eidgenössischen Technischen Hochschule (ETH) in Zürich abgeschlossen. In mehr als 25 Jahren hat er das Thema Excellence in sehr vielfältiger Weise weltweit immer wieder erfolgreich angewendet. Zunächst als Director Business Excellence in einem großen Siemens-Bereich, dann international bei mehr als 100 Organisationen verschiedenster Branchen. Die Bandbreite reicht von großen, multinationalen Unternehmen mit Tausenden von Mitarbeitern bis zu familiengeführten Handwerksbetrieben. Dr. Forstner schafft es wie kein anderer, Excellence auf der Basis von einfachen Prinzipien verständlich zu erklären und die nachhaltige Umsetzung sicherzustellen. Dabei lässt er sich gern vom gesunden Menschenverstand leiten.

ANDREAS FRANKE

Andreas Franke ist geschäftsführender Gesellschafter der mpool consulting GmbH in Dortmund. Auf Basis langjähriger Erfahrung unterstützt er seine Kunden bei der Entwicklung und Umsetzung von Strategien, Leitbild und Wertearbeit insbesondere auf dem Weg zur digitalen Transformation. Mithilfe eigens dazu entwickelter Tools werden Kompetenzen von Mitarbeiter*nnen sowie Persönlichkeitsanalysen von Führungskräften bilanziert. Erstmalig wurde unter seiner Leitung auch das Thema „Excellence in der Personalentwicklung" für Kunden aus Industrie und IT bearbeitet. Vor seinem Wechsel in die Unternehmensberatung arbeitete er 15 Jahre als Führungskraft und Geschäftsführer im Ingenieur- und Dienstleistungsbereich sowie als Fachreferent für internationale Managementansätze.

JÜRGEN FREISL

Dr. Jürgen Freisl hat sich vor 25 Jahren mit dem „EFQM-Virus" infiziert und nutzt das Excellence-Modell als ganzheitliche Führungsphilosophie und praktisches Führungswerkzeug. Als Führungscoach ist er seit über 20 Jahren mit Begeisterung Impulsgeber und Prozessbegleiter für Unternehmen und Führungskräfte. In über 700 Workshops und Coachings hat er über 10.000 Menschen dazu inspiriert, ihr Potenzial zu entdecken und zu entfalten. Mit seiner langjährigen Erfahrung als Führungskraft und Führungscoach hat er die Passion, Dinge „mit Herz und Verstand" zu hinterfragen, zu verstehen und funktionierende Muster zu erkennen und zu entwickeln. Sein dafür geschaffenes System „Führungsnavigation" hilft Organisationen und Führungskräften, in turbulenten Zeiten in eine erfolgreiche Zukunft zu navigieren.

GABRIELE GRALLA

Gabriele Gralla, M.Sc. führt seit dem Jahr 2007 nationale und internationale Unternehmensbewertungen auf Basis der Business Excellence EFQM-Assessments (Committed- und Recognised Verfahren, Ludwig-Erhard-Preis) durch. Nach über 20 Jahren Projekt- und Führungserfahrung in der Energiebranche ist sie seit 2011 selbstständige Unternehmensberaterin und Inhaberin der incipio-hannover e.K. im Bereich Managementsysteme & Organisationsentwicklung, Business- und Management-Coaching tätig. Als akkreditierte EFQM-Trainerin bildet sie deutschlandweit Assessoren aus.

JENS HARDE

Jens Harde ist seit 2010 Geschäftsführer der Arconic Fastening Systems / Fairchild Fasteners Europe – VSD GmbH in Hildesheim. Als Maschinenbau- und später Schweißfachingenieur startete er 1990 seine berufliche Karriere als Qualitätsingenieur in der Automobilzulieferindustrie. 1993 wechselte er in die Position des Leiters Qualitätssicherung und QMB eines mittelständischen Metallverarbeitungsunternehmens, wo er die erfolgreiche Zertifizierung nach DIN ISO 9001 herbeiführte. Von 1998 an folgten weitere berufliche Stationen, unter anderem als Leiter Materialwirtschaft und Logistik und später als Werkleiter. Seit 2016 ist Jens Harde neben seiner Funktion als General Manager des Werks Hildesheim auch für das ungarische Werk in Nemesvámos verantwortlich. Zudem wurde er zum Country Manager Germany berufen. Seit 2019 leitet Jens Harde die europäischen Aktivitäten bei Arconic zur Umsetzung der Digitalisierung und Smart Manufacturing.

Reinhold Hepp
Polizeivizepräsident Reinhold Hepp wurde 1977 bei der Polizei des Landes Baden-Württemberg eingestellt. Vor Absolvierung der Ausbildung für den höheren Dienst an der Deutschen Hochschule der Polizei in Münster-Hiltrup und Ernennung zum Kriminalrat 1999 verrichtete er seinen Dienst in Stuttgart. Ab dem Jahr 2000 hatte er verschiedene Führungsfunktionen bei der Polizeilichen Kriminalprävention der Länder und des Bundes beim Landeskriminalamt Baden-Württemberg inne. 2009 wurde er zum Leiter der Kriminalpolizei beim Polizeipräsidium Stuttgart bestellt. Zwischen 2013 und 2016 war er im Auftrag der Konferenz der Innenminister und -senatoren bei der Stiftung Deutsches Forum für Kriminalprävention für die Prävention von Wohnungseinbruch sowie sichere Zuwanderung verantwortlich. Im April 2017 wurde der jetzt 60-Jährige zum Polizeivizepräsidenten und Leiter des Führungs- und Einsatzstabs beim Polizeipräsidium Ulm bestellt.

Martin Holzwarth
Martin Holzwarth studierte an der TU Kaiserslautern und der Sheffield Hallam University und ist Diplom-Wirtschaftsingenieur und European Master in TQM. Seit ca. 25 Jahren leitet und bearbeitet Herr Holzwarth nationale und internationale Projekte in den unterschiedlichsten Branchen. Martin Holzwarth agiert inzwischen über seine MAHO Consulting, in der er Principal ist und in die seine TQM-Consulting Systems eingegliedert wurde. Zudem war er Gründungsmitglied und Geschäftsführer der h3 basis GmbH und Partner und Handlungsbevollmächtigter bei der Q4 GmbH. Martin Holzwarth ist als Assessor/Assessorenteamleiter beim Ludwig-Erhard-Preis tätig und agiert als Operating Partner der ILEP. Darüber hinaus ist er unter anderem anerkannter C2E-Validator und R4E-Assessor, berufener Auditleiter für die Zertifizierung von

Managementsystemen und für AZAV-Validierungen, Organisationsgutachter, anerkannter Trainer in der Erwachsenenbildung, Lehrbeauftragter bei der Diploma University of Applied Sciences und Gutachter bei der Akkreditierung von Bachelor-, Master- und PhD-Studiengängen. Die Anwendung und Umsetzung des EFQM-Modells war stets wesentlicher Orientierungsleitfaden für sein Wirken und verantwortlich für viele nachweislich erfolgreich abgewickelte Projekte.

Detlef Kahrs

Dipl.-Päd. Detlef Kahrs aus Bremen ist zertifizierter und geprüfter Wissensbilanz-Moderator Stufe 3 (ausgebildet durch die Fraunhofer-Academy und -IPK, Berlin), ausgebildeter ILEP Excellence Assessor (international) sowie langjährig erfahrener Moderator, Trainer, Coach und Berater in verschiedensten mittelständischen Branchen. 2010 von ihm gegründet ist die bundesweit tätige „Wissensbilanz-Deutschland" schnell zu einem mehrfach preisgekrönten Begriff für das Heben der bisher unbekannten und nicht messbaren „immateriellen Schätze des Humankapitals" in mittelständischen Unternehmen geworden. Neben der generellen Organisations- und Prozessberatung unterstützt er Unternehmen in der Umsetzung des Business-Excellence-Gedankens.

Dieter Knon

Dr. Dieter Knon ist Gesellschafter und Geschäftsführer der VIA Consulting Group. Als Trainer und Berater für die Themenbereiche Strategieentwicklung sowie Qualitäts- und Prozessmanagement verfügt er über langjährige Erfahrungen im Gesundheitswesen, im Dienstleistungsbereich und in der Industrie. Dr. Dieter Knon ist Partner der Initiative Ludwig-Erhard-Preis e.V.

Dirk Kowalewski

Dirk Kowalewski ist Diplom-Ingenieur (FH), Master of Business Consulting M.B.C. und arbeitet als freier Unternehmensberater und Business Coach mit den Schwerpunkten Führung, qualitatives Wachstum und exzellente Zusammenarbeit. Mit individuellen Entwicklungsprogrammen und viel Begeisterung hilft er Unternehmern und Führungskräften, den Excellence-Ansatz für ihre Unternehmen erfolgreich zu nutzen und sich somit dynamikrobust und skalierbar aufzustellen. Zu seinen Kunden zählen Kleinunternehmer bis Konzerneinheiten. Er ist Operating Partner der Initiative Ludwig-Erhard-Preis e.V.

Thomas Kraus

Seit 1990 war Thomas Kraus in unterschiedlichen leitenden Positionen bei TNT tätig. Er hatte verschiedene Positionen in den Bereichen Vertrieb und Marketing inne und übernahm die Verantwortung für die Leitung der Marketingabteilung der Unternehmensgruppe. Im Jahr 2006 übernahm er als CEO die Verantwortung für TNT Innight – eine länderübergreifende Organisation mit 1200 Mitarbeitern in sieben Ländern, die sich auf die nächtliche Distribution spezialisiert hat. Nach einem erfolgreichen Geschäftsverlauf wurde er 2007 zum CEO von TNT Express Deutschland ernannt. Diese Position hatte er die folgenden sechs Jahre inne. Er kam 2015 als Vertriebs- und Marketingleiter zu GEODIS und geht seit 2018 seiner heutigen Tätigkeit nach. Seit 2010 ist Thomas Kraus außerdem Vorsitzender des Vorstands der Initiative Ludwig-Erhard-Preis e.V.

Matthias Krieger

Als geschäftsführender Gesellschafter der Krieger + Schramm Unternehmensgruppe führt Matthias Krieger seit mehr als 25 Jahren das Unternehmen und motiviert seine Mitarbeiter immer wieder aufs Neue zu Höchstleistungen. Seine leistungsorientierte Wertekultur ist nicht nur auf Papier niedergeschrieben, sondern wird auch wirklich gelebt. Dies ist vor allem das Ergebnis einer nachhaltigen Führung. Er nutzt seine Erfahrungen aus dem Hochleistungssport und adaptiert diese auf sein Unternehmen. Mit Erfolg. Dies zeigen zahlreiche Auszeichnungen, u.a. Staatspreis für Qualität 2000, 2010 und 2011, TOP JOB Arbeitgeber des Jahres 2008 und 2011, Deutschlands familienfreundlichstes Unternehmen 2012, Deutschlands Bauunternehmen des Jahres 2013 und zuletzt der Ludwig-Erhard-Preis 2019.

Martin Kugelmann

Martin Kugelmann hat Nachrichtentechnik studiert und war zunächst in verschiedenen Positionen in der Entwicklung bei einem Konzern tätig. Nach vertrieblichen Aufgaben entdeckte er seine Leidenschaft für das Projektmanagement und leitete als zertifizierter PMP erfolgreich internationale Projekte. 2014 hat er die Geschäftsleitung einer mittelständischen Ausgründung übernommen. Dieses Unternehmen wurde 2018 mit dem deutschen Exzellenz-Preis in Bronze ausgezeichnet. Über die erfolgreichen Ansätze referiert Martin Kugelmann bei verschiedenen Gelegenheiten.

Frank Lock

Frank Lock stieg nach dem Studium des Maschinenwesens an der Universität Stuttgart 1993 in das elterliche Unternehmen ein und wurde mit dem Aufbau des US-Geschäfts betraut. 1998 erhielt er Einzelprokura, übernahm die Leitung Technik & Produktion und 2002 das Unternehmen, das ab diesem Zeitpunkt unter Lock Antriebstechnik GmbH firmiert. Seitdem wurde Lock vom Produzenten von Antriebskomponenten zum Problemlöser – die technologische Kompetenz wird erfolgreich auf Stallbau und Hebetechnik übertragen. Frank Lock entwickelte das Familienunternehmen zur team- und prozessorientierten Organisation mit dezentraler Verantwortung. Seit Jahren ist Frank Lock ehrenamtlich aktiv. Er war Präsidiumsmitglied der Interessenvertretung der deutschen Industrie für den Gartenbau, von 2015 bis 2018 deren Präsident. Er ist Vorstandsmitglied im Industrieverband Garten und Sprecher der Fachabteilung Profigartenbau. Frank Lock ist Mitglied bei Rotary. Als Initiator des Unternehmerkreises Obere Donau arbeitet er an der Vernetzung der mittelständischen Industrie der Region.

Ralf Neuhaus

Prof. Dr. habil. Ralf Neuhaus hat an der Ruhr-Universität Bochum Maschinenbau studiert. 2003 übernahm er die Lehrtätigkeit an der Hochschule Fresenius in Köln. Seine Schwerpunkte sind die Unternehmensorganisation und -reorganisation vornehmlich in den Bereichen Produktionswirtschaft, TQM und Logistik sowie das Management von Veränderungsprozessen. Er ist Master Excellence Assessor der EFQM und seit 2006 lizenzierter Trainer der EFQM, deren Trainings von ihm auch an der Hochschule Fresenius angeboten werden. Seit 2014 ist er Dekan der Business School am Standort Düsseldorf der Hochschule Fresenius.

Heinz Niedermayer

Nach seinem Abitur 1986 absolvierte Heinz Niedermayer eine Ausbildung zum Bürokaufmann im elterlichen Betrieb, dem markenfreien Autohaus „Auto Niedermayer GmbH“ in Neukirchen. Im Jahr 2001 hat er zusammen mit seiner Schwester Andrea Niedermayer und seinem Bruder Thomas Niedermayer die Unternehmensnachfolge angetreten.

Markus Nitsch

Markus Nitsch ist Mitglied der Leitungskonferenz des Caritasverbands für die Diözese Speyer e.V. und verantwortet derzeit als Leiter des Teams „Prozessmanagement und

Organisationsentwicklung" die Bereiche Strategie und Geschäftsfeldentwicklung, Projekt- und Prozessmanagement sowie Digitalisierung. Nach dem Magisterstudium in Politikwissenschaften und einem Masterstudium Personalentwicklung leitete er acht Jahre eine Caritas-Jugendhilfeeinrichtung. 2012 wechselte er in die Zentrale des Caritasverbands und baute die neue Stabsstelle „Qualitätsmanagement" auf. Erste Projekte waren die Einführung des EFQM-Excellence-Modells, zentrale Mitarbeiter- und Kundenbefragungen sowie die Entwicklung eines neuen Leitbilds.

Jens Overrath
Im Anschluss an seine Dienstzeit bei der Bundesmarine studierte Dr. Jens Overrath an der Technischen Universität Braunschweig Maschinenbau. Nach Abschluss der Promotion begann er 1997 bei der Preussag Stahl AG (heute Salzgitter AG) seinen beruflichen Werdegang. Von hier aus wechselte er 1999 zur thyssenkrupp Steel AG nach Duisburg. Nach verschiedenen Positionen mit produktionstechnischer Verantwortung im In- und Ausland wurde er 2008 als Mitglied der Geschäftsleitung der thyssenkrupp Sofedit berufen und ein Jahr später zusätzlich in die Geschäftsführung der thyssenkrupp Metal Forming Group bestellt. Nach erfolgreicher Restrukturierung und Verkauf der tk Metal Forming Group wechselte Dr. Jens Overrath am 01.10.2010 in die Geschäftsführung der Hoesch Hohenlimburg GmbH (heute thyssenkrupp Hohenlimburg GmbH) und hatte dort bis 2016 den Vorsitz inne. Zum 01.10.2016 wechselte er als Vorsitzender der Geschäftsführung zur thyssenkrupp Electrical Steel GmbH.

Frank von Pablocki
Frank von Pablocki ist Gesellschafter der Unternehmensberatung SP Kommunikation Beratung – Training – Coaching aus Tornesch bei Hamburg. Als Diplom-Psychologe arbeitet er seit bald 20 Jahren als Berater und Coach im deutschen Gesundheitswesen. Neben der generellen Organisations- und Prozessberatung unterstützt er Unternehmen in der Umsetzung des Business-Excellence-Gedankens. Frank von Pablocki ist Assessor für die Initiative Ludwig-Erhard-Preis e.V. und Partner der Initiative.

Wilfried Peters
Wilfried Peters ist seit acht Jahren Leiter des Ideenmanagements bei Diebold Nixdorf und insgesamt bereits 34 Jahre in den unterschiedlichsten Positionen im Unternehmen aktiv. Sein spezielles Augenmerk liegt darauf, das Ideenmanagement fit und attraktiv für

die Zukunft zu machen. Dafür ist er in verschiedenen Expertenkreisen und Ausbildungsprogrammen des Zentrums Ideenmanagement (ZI) sowie als regionaler Ansprechpartner engagiert. Wichtig ist ihm dabei, den Bezug zwischen den theoretischen Ansätzen zu einer Neuausrichtung des Ideenmanagements und der betrieblichen Praxis nicht zu verlieren. Daher lag es im Jahr 2017 nahe, das Ideenmanagement nach dem EFQM-Modell zertifizieren zu lassen.

Klaus Radermacher

Dr. Klaus Radermacher ist seit mehr als 30 Jahren in verschiedenen Funktionen in operativer Führungsverantwortung und als Berater tätig. Der promovierte Informatiker studierte in Karlsruhe und Boston und war fünf Jahre am heutigen Karlsruhe Institute of Technology (KIT) beschäftigt, bevor er fast 15 Jahre lang diverse Führungspositionen im In- und Ausland im Konzern Deutsche Telekom innehatte. Von ihm als Geschäftsführer geführte Unternehmen wurden mit diversen nationalen und internationalen Excellence-Preisen ausgezeichnet. Seit 2012 fokussiert er sich mit seiner Tätigkeit in der KRBE GmbH auf die Themen rund um Business Excellence und arbeitet sowohl im strategischen methodischen als auch im operativen Umfeld mit seinen Kunden daran, kontinuierliche Verbesserungen und nachhaltige Wettbewerbsvorteile für die Kunden zu erzielen. Seine Branchenerfahrung erstreckt sich auf die Bereiche Telekommunikation, IT, Automotive & Verkehr, Finance, Nahrungsmittel und Gesundheitswesen. Als Excellence-Assessor ist er seit Jahren sowohl im internationalen Umfeld für die EFQM als auch national für die ILEP e.V. aktiv.

Roland Rausch

Roland Rausch ist Sprecher der IdeenmanagerInnen in Deutschland und leitet als Geschäftsführer das Deutsche Institut für Ideen- und Innovationsmanagement sowie die deutschlandweite Interessengemeinschaft des Ideenmanagements, das Zentrum Ideenmanagement.

Steven Reres

Steven Reres wurde 1976 in New York, USA geboren und ist in New Jersey aufgewachsen. Mit 13 Jahren zog seine Familie nach Mannheim. 1996 legte er sein Abitur an der Integrierten Gesamtschule Mannheim-Herzogenried ab. Seinen anschließenden Zivildienst leistete er in der Behindertenhilfe. Hier fiel seine Entscheidung, Sonderschullehrer zu werden. Steven Reres studierte Sonderpädagogik an der Universität Landau. Das Referendariat in den Fachrichtungen geistige Entwicklung und Lernen legte er am Seminar in Heidelberg ab. Seit 2003 ist er an der Schwarzbach Schule der Johannes-Diakonie angestellt. Ab 2007 teilte er sich mit seiner Kollegin Constance Seeliger eine Konrektorenstelle, seit 2013 ist er Schulleiter der Schwarzbach Schule.

Sabine Richter

Sabine Richter, geboren am 01.01.1964 in Dresden, studierte Pädagogik in zwei gesellschaftspolitischen Systemen. Die daraus gewonnenen Erkenntnisse reicherte sie mit Qualifizierungen wie systemische Beratung, Personalentwicklung und EFQM Business Excellence an. Als ILEP-Assessorin ist sie mit dem Excellence-Ansatz seit 18 Jahren vertraut, wendete ihn über zehn Jahre als Personal- und Qualitätsmanagerin an und verfügt über vielfältige Erfahrungen aus über 50 Assessments und Trainings. In Erfurt führt sie ihr gewerbliches Unternehmen mit den Schwerpunkten Management, Personal, Qualität. In dieser Mission unterstützt sie Unternehmen in Ost und West bei Veränderungsprozessen, auf dem Weg zur Business Excellence und außerdem vor allem dabei, dass die Menschen in den Organisationen erfolgreich, gesund und resilient bleiben.

Tanja Rothkegel

Tanja Rothkegel blickt auf mehr als 20 Jahre Berufserfahrung in der Touristik- und Transport/Logistik-Branche sowie eine ebenso lange freiberufliche Tätigkeit in der Gesundheitsbranche zurück. Durch die Kombination dieser unterschiedlichen Wirkungsfelder und die langjährige Tätigkeit in einem internationalen Konzern im Bereich Business Excellence bietet sie eine außergewöhnliche Expertise, um die Zusammenhänge zwischen Mitarbeitergesundheit und unternehmensspezifischen Vorgehensweisen zu verstehen und in Einklang zu bringen. Als erfahrene EFQM Excellence Assessorin und IHK-geprüfte betriebliche Gesundheitsmanagerin weist sie umfassende Praxiserfahrung in der Identifizierung von Potenzialen in strategischen Unternehmensprozessen und der zielgerichteten Ableitung von Change-Maßnahmen auf.

Richard Schiederdecker

Dr. Richard Schieferdecker ist geschäftsführender Vorstand im Aachener Institut für Mittelstandsentwicklung e.V. Als Ingenieur, Forscher, Berater und Trainer beschäftigt er sich seit 25 Jahren mit Geschäftsmodellen und Geschäftsmodellentwicklung, Unternehmensaufbau und Unternehmensentwicklung sowie unterstützender Software. Seit 2018 liegt sein Arbeitsfokus speziell auf der Frage, wie in einer Stadt und Städteregion die Strukturen geschaffen werden können für eine Entwicklung hin zu zukünftigem lebenswertem Leben innerhalb planetarer Grenzen. Er ist Assessor für die Initiative Ludwig-Erhard-Preis e.V. und Partner der Initiative.

Hans-Dieter Schinner

Dr. rer. pol. Hans-Dieter Schinner ist seit 2002 Geschäftsführer der International Industrial Consult – IIC GmbH Frankfurt mit Beratungs- und Trainingsangeboten im Bereich Industrial Engineering und Organisationsentwicklung. Er verfügt über Projektmanagementerfahrung in Europa, Afrika und Asien. Hans-Dieter Schinner bekleidete von 2014 bis 2019 das Amt des Präsidenten der European Association of Business Process Management (EABPM), er war Regionalleiter Frankfurt der gfo – Gesellschaft für Organisation e.V. und ist als Gutachter für die Akkreditierungsagentur AQAS e.V. tätig. Von 2009 bis 2014 war Hans-Dieter Schinner als Professor für den Aufbau des Masterstudiengangs Industrial Engineering am Polytechnicum/Namibia University for Science and Technology in Namibia verantwortlich. Zusammen mit Prof. Dr.-Ing. Vera Hummel erarbeitet er Curricula zur Entwicklung und Durchführung von Lehrveranstaltungen. Dr. Schinner ist zurzeit an europäischen Projekten im Bereich Digitalisierung und Stressmanagement in kleinen und mittleren Unternehmen beteiligt.

Carina Schneppenheim

Carina Schneppenheim absolvierte den Bachelor of Arts im Studiengang Betriebswirtschaft (Studienschwerpunkte: Controlling, internationales Management) im Jahr 2011/12 an der Hochschule Fresenius Köln. Nach ihrem Studium war sie dort in den Jahren 2012 bis 2014 als wissenschaftliche Mitarbeiterin im Rahmen eines Forschungs- und Entwicklungsprojekts tätig. Berufsbegleitend studierte sie an der Europäischen Fachhochschule in Köln Human Resource Management und absolvierte dort im Jahr 2015 ihren Master of Arts. Seit 2015 ist sie im Familienunternehmen als HR-Managerin tätig.

Andreas Schubert

Andreas Schubert ist seit 2011 Partner und Geschäftsführer von Great Place to Work® Deutschland. Der Diplom-Psychologe war 2002 bereits an der Institutsgründung beteiligt. Seine Arbeitsschwerpunkte sind Business Development, Kooperationen und Netzwerke sowie Grundlagenforschung.

KARSTEN SCHULTE-DEUSSEN

Dr. Karsten Schulte-Deußen ist Teamleiter beim Great Place to Work® Deutschland. Er verantwortet die Durchführung sämtlicher nationaler und internationaler Mitarbeiterbefragungen des Instituts und berät Unternehmen zu Fragestellungen rund um das Thema Arbeitsplatzkultur. Karsten Schulte-Deußen studierte Psychologie an der Technischen Universität Berlin und der University of Manchester und promovierte zum Thema Arbeitszufriedenheit am Institut für Wirtschafts- und Sozialpsychologie der Universität zu Köln. Vor seinem Eintritt beim Great Place to Work® Institute war als Organisationsberater sowie in der Markt- und Meinungsforschung tätig.

CARSTEN SCHULZ

Der gebürtige Hannoveraner hat Ende der 1980er-Jahre seine Ausbildung zum Fachgehilfen in steuer- und wirtschaftsberatenden Berufen absolviert und wurde 2003 zum Steuerberater bestellt. Seit 2004 ist er geschäftsführender Partner der HSP STEUER Henniges, Schulz & Partner Steuerberatungsgesellschaft mbB, womit der Erfolg seinen Lauf nahm. Heute ist er zudem geschäftsführender Kommanditist der HSP GRUPPE, Vorstandsvorsitzender der HSP STEUER AG, Aufsichtsratsvorsitzender von VALTAXA, dem Verband der Angestellten in steuerberatenden Berufen in Deutschland e.V., und jüngst auch Vizepräsident der Steuerberaterkammer Niedersachsen. Carsten Schulz ist seit Juli 2018 zum Assessor bestellt.

FRANK SLAWIK

Frank Slawik ist geschäftsführender Gesellschafter der mib Management Institut Bochum GmbH, die Partner der Initiative Ludwig-Erhard-Preis e.V. ist. Er ist branchenübergreifend tätig und begleitet seit Mitte der 1990er-Jahre Unternehmen und Organisationen im Rahmen der Strategieentwicklung und -umsetzung, oft orientiert am EFQM-Excellence-Modell. Zu seinen Kunden zählen überwiegend mittelständische Unternehmen bzw. mittelständisch geprägte Einheiten aus größeren Organisationen und Konzernen sowie Organisationen aus dem Gesundheitswesen und der öffentlichen Verwaltung. Ebenfalls fungiert er seit 1999 als leitender Assessor beim Ludwig-Erhard-Preis.

Lars Vogel

Lars Vogel, geboren 1978 in Neustrelitz (Mecklenburg), absolvierte ein sozialökonomisches Studium mit dem Schwerpunkt Volkswirtschaftslehre am Department für Wirtschaft und Politik der Universität Hamburg bzw. der Hamburger Universität für Wirtschaft und Politik (HWP) sowie an der Universität Rostock. Nach dem Diplom als Volkswirt war er in der volkswirtschaftlichen Abteilung der HSH Nordbank in Hamburg tätig. Seit 2006 ist er Mitarbeiter der Ludwig-Erhard-Stiftung e.V., erst als wissenschaftlicher Referent und Redakteur, seit 2008 als Geschäftsführer. Die Themenschwerpunkte der Arbeit sind wirtschaftswissenschaftliche, ordnungspolitische und zeitgeschichtliche Fragen, vor allem zu Ludwig Erhard und der Sozialen Marktwirtschaft.

Hubert Vogl

Dr. Hubert Vogl ist Professor für Logistikmanagement an der IUBH Internationalen Hochschule. Als Geschäftsführer eines mittelständischen Logistikdienstleisters in der Kontraktlogistik war er über 20 Jahre in der Industrie tätig. Im Mittelpunkt stand die Planung und Umsetzung von Logistik- und Montagestandorten im Supply-Chain-Management-Umfeld. 2011 erfolgte die Promotion zum Dr.-Ing. an der BTU Cottbus. Im Rahmen seiner Doktorarbeit wurde ein Reifemodell zur adaptiven Anlaufreife eines in automobile Serienanläufe integrierten Logistikdienstleisters entwickelt und erfolgreich in die betriebliche Praxis umgesetzt. Dr. Hubert Vogl ist Auditor und EFQM-Assessor. Sein Forschungs- und Beratungsschwerpunkt liegt in den Bereichen Prozessorientierung, Reifegradentwicklung und Smart Green Supply Chain.

Carsten Wiesner

Carsten Wiesner war nach seinem Abschluss im Studiengang Maschinenwesen an der TU Stuttgart 2008 mehrere Jahre für ein Beratungsunternehmen im Bereich Produktionsoptimierung und QM tätig; später wechselte er zu einem Entwicklungsdienstleister; seit 2012 ist er bei Lock Antriebstechnik GmbH tätig. Dort baute er als Leiter Qualitäts- und Prozessmanagement ein QM-System nach DIN ISO 9001:2015 und ein ganzheitliches Produktionssystem nach den bekannten Lean-Prinzipien auf und verantwortete die Umsetzung der Inhalte des Lock-Unternehmensmodells. Im Rahmen seines MBA-Studiums im Studiengang International Business Management entwickelte er ein Reifegradmodell, welches die Messung der digitalen Transformation von produzierenden Unternehmen ermöglicht. Nach seinem MBA-Abschluss im Jahr 2017 übernahm er die

Bereichsleitung Services und wurde Mitglied des Managementteams. Er verantwortet die Bereiche Auftragsabwicklung und Versand, Kundenservice und Service Solutions sowie das Qualitätsmanagement.

Meike Wilmowicz

Meike Wilmowicz begeistert mit Business ohne Brimborium – Excellence mit Struktur und Herz. Als Partnerin der Initiative Ludwig-Erhard-Preis e.V. unterstützt sie Unternehmen dabei, die Basis für weiteres Wachstum zu schaffen – mit klaren Prozessen und Werkzeugen für die Umsetzung von gemeinsamen Zielen. Aus der Praxis – für die Praxis: Der Grundstein für ihre Business-Excellence-Erfahrung ist die nun seit über 20 Jahren enge und erfolgreiche Zusammenarbeit mit Klaus Kobjoll. Unter ihrer Leitung gewann das Unternehmen Glow & Tingle den Ludwig-Erhard-Preis. Motivation durch einen neu gewonnen Überblick und schnelle, messbare Erfolge – zum Wohle aller am Unternehmen Beteiligten. Ihr Ziel von erfolgreicher Arbeit beinhaltet nicht nur akademische Kenntnis, sondern vielmehr zu verstehen. Vor allem aber: anwenden – ergebnisorientiert und nachhaltig!

Elmar Zeller

Elmar Zeller ist Diplom-Ingenieur und arbeitet seit 1988 für die Steinbeis-Stiftung für Wirtschaftsförderung in Stuttgart. Dort hat er in verschiedenen Funktionen Unternehmen unterschiedlicher Größe erfolgreich dabei begleitet, die Leistungsfähigkeit ihrer Prozesse und die Qualität ihrer Produkte zu verbessern. Seit 1998 übt er diese Tätigkeit als geschäftsführender Gesellschafter der TQU International GmbH, Neu-Ulm aus. Er hat eine große Zahl von Fachbeiträgen veröffentlicht und ist Mitautor der Publikation „Excellence aus erster Hand – Erfahrungen für den Anwender". Seine neueste methodische Entwicklung ist Quality Stream Mapping (QSM). Er verknüpft darin unterschiedliche Methoden wie Prozessaudit, Risikoanalyse und Problemlösungstechniken, um Risiken in Prozessen zu erkennen und im Fehlerfall schnell reagieren zu können. Seit 30 Jahren ist er Mitglied bei der Deutschen Gesellschaft für Qualität (DGQ), hat dort viele Trainings geleitet und dabei auch eine große Anzahl an DGQ-Auditoren ausgebildet. Er ist Mitglied im Leitungsteam des Fachkreises Audit und Assessment bei der DGQ und dort auch gewählter Delegierter.

HERMANN ZIEGLER

Hermann Ziegler ist geschäftsführender Gesellschafter der mpool consulting GmbH in Saarbrücken, die Partner der Initiative Ludwig-Erhard-Preis e.V. ist. Er ist branchenübergreifend tätig und begleitet seit 25 Jahren Organisationen auf ihrem Weg zur Excellence. Auf der Basis langjähriger Erfahrungen unterstützt er seine Kunden bei der Entwicklung und Umsetzung von Strategien und Organisationsstrukturen. Ein Schwerpunkt dabei ist die Entwicklung eines Geschäftsprozessmanagements mit ganzheitlichem Ansatz. Vor seinem Wechsel in die Unternehmensberatung arbeitete er 14 Jahre in der Industrie. Ebenfalls fungiert er seit Jahren als Assessor beim Ludwig-Erhard-Preis.

Vorstellung des EFQM Excellence Modells 2020

Was ist Excellence?

Das Wort „Excellence" hat in der modernen Gesellschaft viele Bedeutungen. Es wird beispielsweise verwendet, wenn ein Center of Excellence als Kompetenzzentrum gegründet wird oder Excellence-Hochschulen als besonders gute Bildungsstätten herausgestellt werden. Es werden selbst Produkte mit dem Wort „Excellence" begleitet, wie z.B. Treibstoff. Auch das EFQM Excellence Modell verwendet diesen Begriff.

In diesem Beitrag erfahren Sie:

- was Excellence im Rahmen des EFQM Excellence Modells bedeutet
- welche Unterschiede zwischen vertikalem und horizontalem Lernen der Organisation bestehen
- warum der Excellence-Ansatz eine Chance bietet, bessere Ergebnisse zu erzielen
- wie der Excellence-Ansatz zur optimalen Ausrichtung einer Organisation beitragen kann

André Moll

Bedeutung von Excellence im Sinne des EFQM-Modells

Im Kontext von Unternehmensleistungen ist der Excellence-Begriff durch den EFQM-Ansatz besetzt. Es geht darum, eine besonders ausgeprägte Stakeholder-Orientierung als günstige Eigenschaft einer Organisation zu beschreiben. Ein stark vereinfachtes Bild kann das herausarbeiten. Angenommen, eine Organisation liegt in der Reife ihres Handelns auf einem Pfad irgendwo zwischen Chaos und Perfektion. Die meisten Organisationen sind in ihrer Reife dem Chaos näher als der Perfektion.

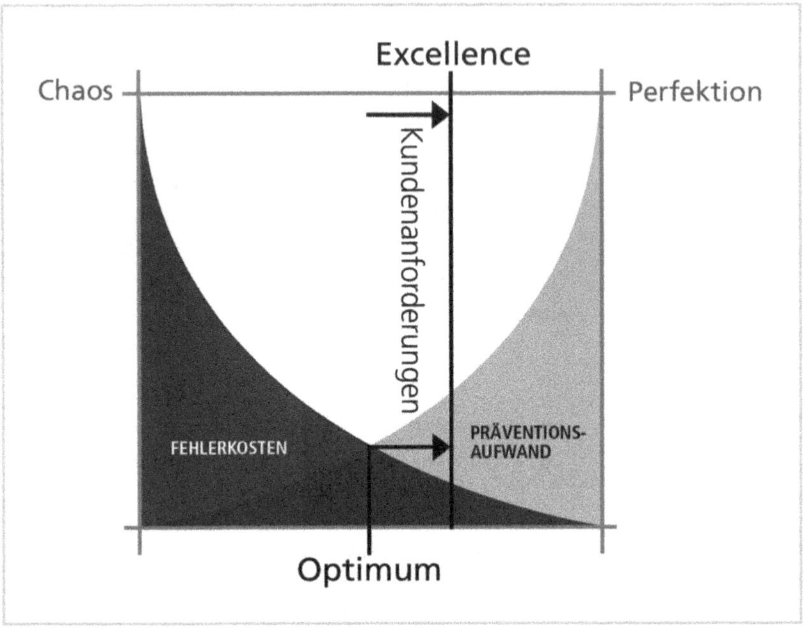

***Abb. 1:** Definition von „Excellence"*

Balance zwischen Aufwand und Nutzen

Es gibt nur eine kleine Gruppe ausgeprägt strukturierter Organisationen. Bestenfalls sind das diejenigen Organisationen, die sich bewusst mit der Gestaltung ihres Managementsystems befassen. All diese Organisationen, die dort ihre Systeme gestalten, Prozesse anlegen und in ihrer Art und Weise mehr oder weniger die Bedürfnisse und Erwartungen ihrer Interessengruppen treffen oder erfüllen, kann man entlang dieser Achse zuordnen. Dabei korreliert dieser Zustand zwischen Chaos und Perfektion auf der einen Seite mit einem Anteil an Fehlern und verpassten Chancen oder an entgangenen Gewinnen, die dadurch entstanden sind, dass die Organisation nicht reif genug war, diese Gewinne einzufahren oder diese Chancen zu ergreifen. Er korreliert aber auf der anderen Seite auch mit einem Aufwand zur Gestaltung des Systems, das es erlaubt, diese Chancen zu ergreifen. Eine gut aufgestellte Organisation achtet darauf, dass die Balance zwischen dem Aufwand zur Gestaltung der Systeme und dem daraus resultierenden Erfolg ausgewogen ist. Irgendwo auf dem Weg zwischen Chaos und Perfektion durchläuft die Organisation ein Optimum. Dieses Optimum zeichnet sich dadurch aus, dass der Gesamtaufwand, nämlich der Aufwand, der durch Fehlleistung entsteht, kombiniert mit dem Aufwand, der durch Prävention entsteht, sich zu einem Minimum entwickelt (siehe Abb. 1).

Meistenteils ist das jedoch für eine Organisation nicht hinreichend. Das heißt beispielsweise, dass die Interessengruppe Kunde von der Organisation ein Leistungsvermögen einfordert, welches jenseits des existierenden Leistungsvermögens liegt. Das ist durchaus nicht ungewöhnlich, denn meistenteils erwarten Ansprechpartner immer etwas mehr, als gerade geht.

Horizontales Lernen

Man kann das an einem praktischen Beispiel festmachen: Gesetzt den Fall, eine Organisation, z.B. ein Dienstleister, vermittelt zu ihrem Kernprodukt, wie der Gebäudereinigung, noch irgendeine Art von Zusatzservice. Das kann eine Blume sein, die man auf einen Schreibtisch stellt, wenn jemand Geburtstag hat oder sich ein Anlass dazu bietet. Wenn man das dann irgendwann nicht mehr tut, wird die Erwartung, dass zu bestimmten Momenten eine solche Blume gebracht wird, enttäuscht und eine selbst kultivierte Kundenerwartung wird frustriert. Dadurch entsteht eine Unzufriedenheit, die nicht entstanden wäre, hätte man es gar nicht erst getan. Deswegen ist es wichtig, sich Gedanken zu machen, welchen Servicelevel man besetzen möchte (siehe Abb. 2). In diesem Buch wird auch über Service-Excellence geschrieben und genau dieses Thema weiter vertieft.

Wir haben es also in der Ausprägung der Reife- und Leistungsfähigkeit des Systems mit der Überlegung zu tun, ob man diese Reife- und Leistungsfähigkeit auch nachhaltig aufrechterhalten kann. Deswegen spricht man vom horizontalen Lernen der Organisation: nämlich der bewussten Überlegung, in welcher Ausprägung das eigene Handeln besonders erfolgreich ist, wenn man versucht, die Reife der eigenen Organisation zu verbessern.

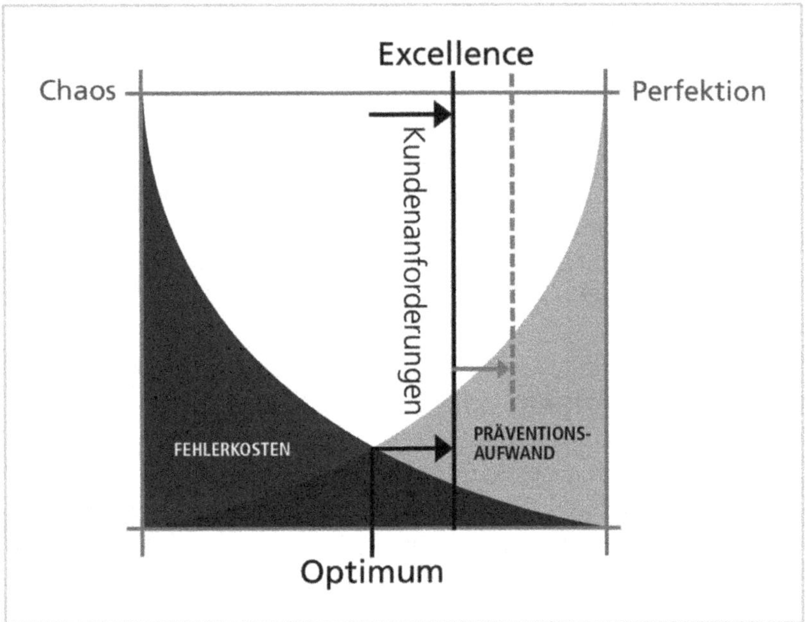

Abb. 2: *Horizontales Lernen*

Vertikales Lernen

Alternativ dazu kann die Organisation versuchen, die Effizienz des eigenen Handelns zu steigern. Wir sprechen hier vom vertikalen Lernen, d.h., eines der vorrangigen Ziele der Organisation ist, die Kurve bezüglich des Aufwands zu senken. Dadurch ist es möglich, den wirtschaftlichen Erfolg zu steigern ohne gegenüber dem Kunden etwas zu verändern.

Diese Fähigkeit, Effizienz zu steigern, kann aus einem KVP-Prozess (kontinuierlicher Verbesserungsprozess) heraus generiert werden. Es können aber auch bewusst Projekte, vielleicht sogar Change-/Transformationsprojekte gestartet werden, um die Organisation auf ein anderes Level der Leistungsfähigkeit hin zu entwickeln.

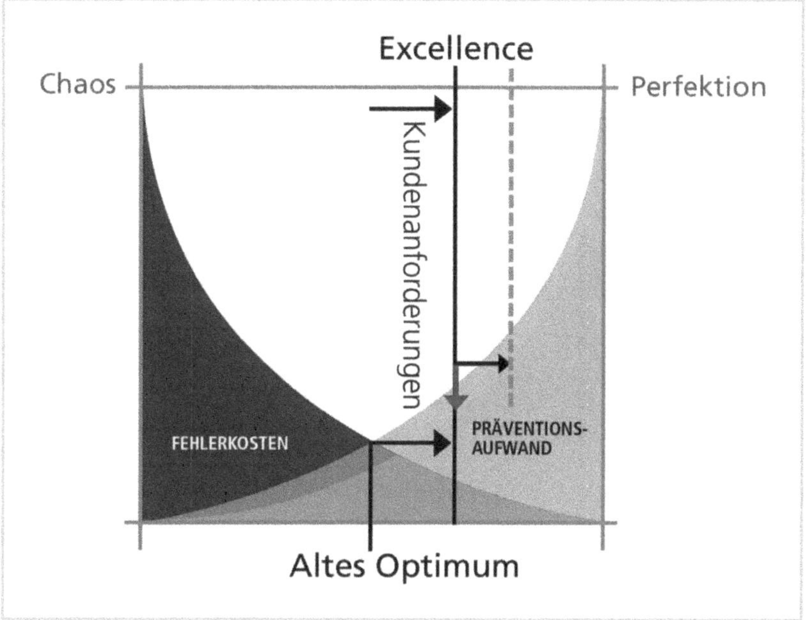

Abb. 3: *Vertikales Lernen*

Am Ende steht die Überlegung, die Organisation auf ihren Zweck hin auszurichten. Das heißt, die systemischen Ansätze in der Organisation genau so zu gestalteten, dass sie den unternehmerischen Zweck der Organisation in optimaler Weise unterstützen (siehe Abb. 4). Diesen idealisierten Zustand erreicht man typischerweise nur in Teilen. In der Realität verschiebt sich auch der Anspruch dessen, was zu leisten ist, um besonders attraktiv in einer Branche zu sein, stetig. Meistenteils besteht die Notwendigkeit, die eigene Leistung zu verbessern, weil der Wettbewerb zwischen den Unternehmen dazu führt, dass die Leistungserwartung der Interessengruppen steigt.

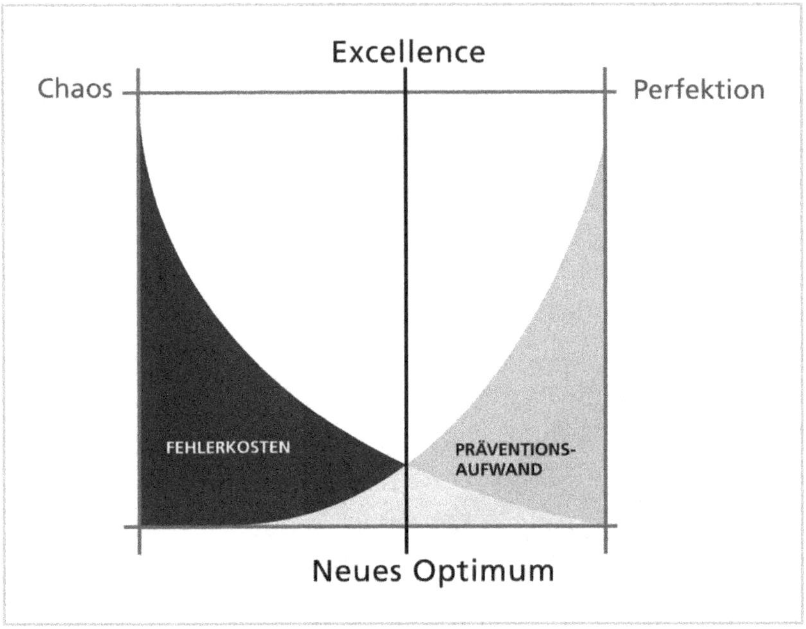

***Abb. 4:** Die auf ihren Zweck ausgerichtete Organisation*

Da das in diesem Beitrag beschriebene Prinzip in Richtung auf sämtliche Interessengruppen hin durchdacht werden muss, haben wir ein mehrdimensionales Problem. Mehrdimensional dahin gehend, dass auch für die Mitarbeiter, für Lieferanten, für bestimmte Anspruchsgruppen wie Anleger, Bürger, Behörden etc. die entsprechenden Anforderungen erkannt, eintaxiert und in einer bestimmten Ausprägung beachtet werden müssen. Am Ende des Tages ergibt sich so die reale vollständige Leistungsfähigkeit der Organisation bezogen auf all ihre Interessengruppen.

Wer jetzt sagt, dass sei ihm zu kompliziert, missachtet die Tatsache, dass jede Organisation unabhängig davon, wie sie sich gestaltet, diesem Anspruch genügen muss. Er ist allgegenwärtig und universell. Es gibt nur den unterschiedlichen Umgang damit: sich entweder bewusst in aller Breite damit zu befassen, es ausschließlich intuitiv zu gestalten (was nur wenigen Unternehmerpersönlichkeiten gelingt) oder das Problem segmenthaft zu bearbeiten (z.B. durch ein QM-System).

Excellence als Chance für bessere Ergebnisse

Der Vorteil des Excellence-Gedankens, sich diesem Flechtwerk von Bedürfnissen und Erwartungen bewusst in aller Breite und auch in der Kenntnis der sich zum Teil widersprechenden Erwartungen zu stellen, birgt die Chance, ein besseres Ergebnis zu erzielen. Wenn man lediglich aus dem Tagesgeschäft heraus Entscheidungen trifft, wie man sich bezogen auf die ein oder andere Erwartung oder Anforderung verhält, wird man die wirklich optimale Ausrichtung der Organisation wahrscheinlich nie erreichen.

Dabei können auch die Normen nicht helfen, denn diese beschreiben ein gesundes Mittelmaß. Sie beschreiben den Normalfall, nämlich was man typischerweise tun sollte. Was eine Norm nicht leisten kann, ist die spezifische Überlegung, was eine Organisation im Einzelfall tatsächlich braucht oder eben auch nicht braucht. Deswegen ist es im Grunde viel attraktiver, sich mit einem Modellansatz zu befassen, der die Fähigkeit vermittelt, das Gedankengebäude zu diesem Flechtwerk der Stakeholderinteressen aufzubauen und die Organisation dadurch unterstützt daraufhin zu bewerten, wie gut sie diese Erwartungen und Bedürfnisse bereits erfüllt.

Ich wünsche allen Organisationen, dass sie durch diesen Gedanken beflügelt werden, die entsprechenden Bedürfnisse und Erwartungen auf einem höheren Niveau zu befriedigen und somit ein höheres Niveau an Wettbewerbsfähigkeit zu erreichen. Und das unabhängig davon, ob man sich einer Bewertung anhand dieses Modells stellt oder nicht.

Der optimale Reifegrad für eine Organisation

Damit ergibt sich die finale Frage: Wie gut muss meine Organisation gestaltet sein, um maximal erfolgreich zu sein? Wäre es besser, wenn der erreichte Zustand der Excellence aussieht wie in Abbildung 5?

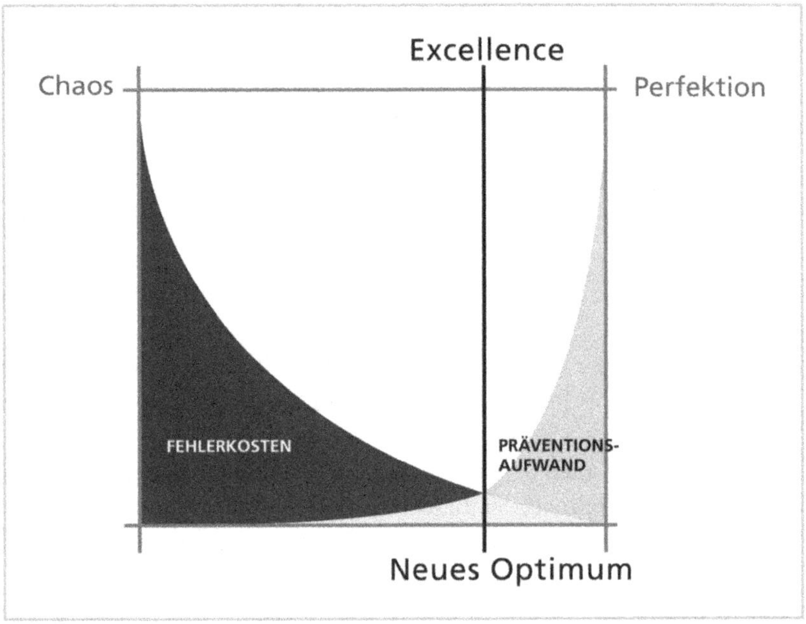

***Abb. 5:** Zustand hoher Reife*

Oder ist es sogar nötig, eine noch höhere Reife des eigenen Handelns anzustreben? Im Extremfall könnte es so aussehen wie in Abbildung 6.

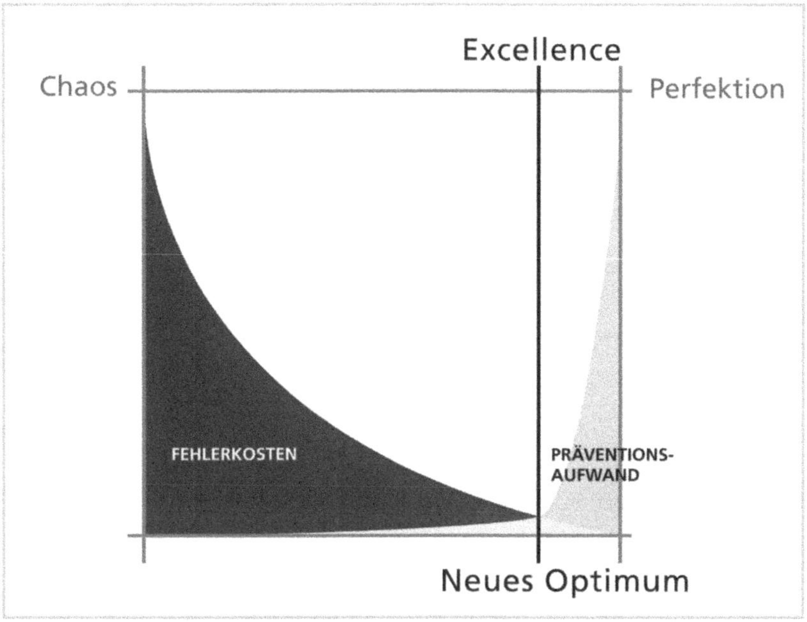

Abb. 6: *Reife nahe der Perfektion*

Die Kollegen aus England sprechen allerdings von sogenannten „coffin corners“ und meinen damit die beiden Zonen geringster oder höchster Reife. Es ist verständlich, dass der wirtschaftliche Erfolg ausbleibt, wenn man zu schlecht ist. Umgekehrt hat sich allerdings auch gezeigt, dass es kritisch ist, wenn die Organisation über alle Maße an der Reife der Abläufe arbeitet, da die stetigen Veränderungen im Umfeld Anpassungen erzwingen. Wenn man eine Organisation hinsichtlich des Istzustands sehr weit optimiert hat, geht durch jede Veränderung sehr viel geleisteter Aufwand verloren. Im Extremfall kostet das so viel Geld, dass die Leistungserbringung nicht mehr wirtschaftlich ist.

Für manche Organisationen kann es günstig sein, sich mit einem überschaubaren Reifegrad in einem volatilen Umfeld zu bewegen (siehe Abb. 7). Die angestrebte Reife der Organisation kann für den wirtschaftlichen Erfolg hinreichend sein. Beispiel könnte eine Schule sein, die mit ihren bescheidenen Mitteln ein moderates Maß der Organisationsreife anstrebt und auf diesem Niveau dauerhaft erfolgreich ihrem Zweck nachgehen kann.

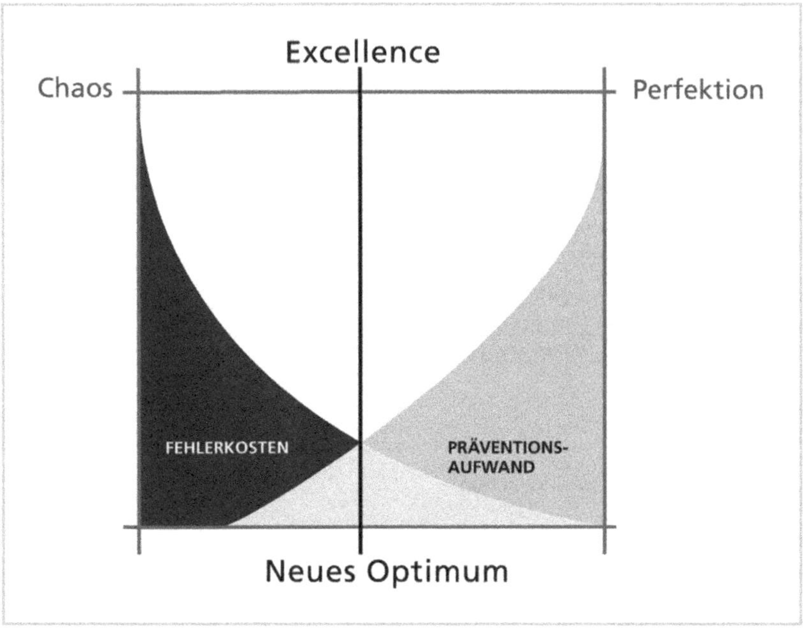

Abb. 7: *Excellence auf moderatem Niveau*

Das Gewinnen eines Preises muss nicht für jede Organisation ein attraktives Ziel sein. Das sollte Sie allerdings nicht davon abhalten, genau auszuloten, welcher Reifegrad für Sie und Ihre Organisation optimal ist. Die Preisträger des Ludwig-Erhard-Preises haben nicht Perfektion erreicht, sondern eine optimale Reife für das jeweilige Geschäft. Deswegen liegen deren Ergebnisse nicht bei 1.000 Punkten, sondern bei 600 oder 700 Punkten.

Das Kriterienmodell 2020

André Moll

Erläuterung zur Struktur

Jedes Teilkriterium wird in diesem Kapital anhand einer standardisierten Struktur erläutert. Nach der namentlichen Benennung folgt eine kompakte Zusammenfassung der thematischen Schwerpunkte. Im Anschluss werden die primären Wechselwirkungen innerhalb des Modells dargestellt und die in der Praxis anzutreffenden Vorgehensweisen und Artefakte beispielhaft aufgezeigt. Abschließend werden zu beachtende Spezifika hinsichtlich der Bewertung nach RADAR herausgearbeitet.

Inhaltsübersicht Kriterienmodell

Befähiger

Kriterium 1: Zweck, Vision, Strategie

Kriterium 2: Organisationskultur und Führung

Kriterium 3: Einbindung der Interessengruppen

Kriterium 4: Nachhaltigen Nutzen schaffen

Befähiger

Kriterium 1: Zweck, Vision, Strategie
Teilkriterium 1a: Definition von Zweck, Vision und Strategie
1. Thematische Schwerpunkte
In diesem Teilkriterium wird hinterfragt, inwieweit die Organisation den Grundgedanken ihrer Existenz, die Wichtigkeit für ihr Umfeld und den Wert ihrer Geschäftstätigkeit erarbeitet hat. Weiter soll beleuchtet werden, wie eine daraus abgeleitete Vision ihre Interessengruppen anspricht und sie diese in die Gestaltung und Verbreitung eingebunden hat. Das Kriterium sucht nach der Definition der Bereiche, in denen die Organisation durch herausragende Leistungen an ihrer Vision arbeiten muss. Es fragt weiter, ob die Organisation eine positive Wirkung auf ihr Umfeld entfaltet.
2. Wechselwirkungen
Das Kriterium bildet die Basis für alle anderen Kriterien des Modells. Es hat eine Schlüsselbedeutung für die Ausgestaltung der Ergebnisseite und muss die Grundlage für die Ableitung aller Vorgehensweisen bis hin zum einzelnen Prozess sein.
3. Vorgehensweisen
⇨ Definition des Geschäftsmodells/der Mission der Organisation ⇨ Ableitung einer Vision als Teil des Strategieprozesses ⇨ Strategieprozess mit Erarbeitung der Alleinstellungsmerkmale (Unique Selling Propositions - USPs) ⇨ Messsystem zur Ermittlung der Auswirkungen der Geschäftstätigkeit
4. Artefakte
In der Praxis findet man folgende Dokumente: Leitbild, Mission, Vision, Strategiedokumente, Kennzahlenportfolio, Ergebnisse von Befragungen etc.
5. Bewertung nach RADAR
Die neue RADAR-Bewertung 2020 fragt zunächst nach der Logik der Gestaltung dieser Grundsätze, speziell vor dem Hintergrund der Interessengruppenorientierung. In der Praxis ist die Umsetzung weniger spannend als der wirkungsvolle Review und das Lernen bezüglich der Grundsätze, was im Idealfall zu wesentlichen Weiterentwicklungen des Geschäftsmodells führt und nicht nur zu „Verschönerungen“ an bestehenden Überlegungen/Strategien.

Kriterium 1: Zweck, Vision, Strategie
Teilkriterium 1b: Interessengruppenmanagement
1. Thematische Schwerpunkte
Das Kriterium erfragt das Portfolio der Interessengruppen inklusive einer Priorisierung hinsichtlich ihrer Bedeutung für die Umsetzung des Geschäftsmodells. Darüber hinaus sollen die Auswirkungen der Geschäftstätigkeit auf alle Interessengruppen betrachtet werden. Es soll beleuchtet werden, wie die Erwartungen und Bedürfnisse der Interessengruppen systematisch und valide erhoben werden. Auch die Wechselwirkungen der Interessengruppen stehen im Fokus des Kriteriums. Schließlich wird eine Überlegung oder Strategie gesucht, mit der ein aktives Management der Interessengruppe im Sinne der eigenen Ausrichtung betrieben wird.
2. Wechselwirkungen
Die Übersicht über die Interessengruppen ist eine Grundvoraussetzung für eine erfolgreiche Geschäftstätigkeit. Daher ist die erfolgreiche Ausgestaltung des Interessengruppenmanagements eine notwendige Bedingung, um das Geschäftsmodell auszugestalten. Es zahlt damit ebenfalls in die Breite des Modells ein.
3. Vorgehensweisen
Die Umsetzung eines Interessengruppenmanagements setzt die Identifikation der relevanten Interessengruppen voraus. Ein Strategieprozess sollte eine auf Interessengruppen ausgerichtete Segmentierung der Funktionalstrategien aufweisen. Daraus sollten entsprechende Projekte oder Prozessziele definiert werden, deren Erreichung sich in entsprechend segmentierten Ergebnissen widerspiegelt.
4. Artefakte
Die minimale Ausgestaltung eines Interessengruppenmanagements ist die Erarbeitung des Interessengruppenportfolios inklusive einer Priorisierung. Darüber hinaus erzeugen Organisationen gegebenenfalls Matrizen, um die zum Teil einander widersprechenden Erwartungen und Bedürfnisse der Interessengruppen systematisch zu erarbeiten. Beste Unternehmen haben ein „Parlament" der wesentlichen Interessengruppen einberufen, um die Aussprache mit den Interessengruppen fundierter zu realisieren.
5. Bewertung nach RADAR
In der Praxis sind die Betrachtungen der Interessengruppen oft nur der Normforderung gewidmet und zeigen wenig Substanz. Die Bewertung des Vorgehens – welchen Mehrwert zieht die Organisation aus dieser Gestaltung? – ist oft schon die relevante Hürde. Auch die Frage nach der Validität der Erarbeitung könnte zu einer interessanten Diskussion führen.

Kriterium 1: Zweck, Vision, Strategie
Teilkriterium 1c: Ecosystem, eigene Fähigkeiten und wichtige Herausforderungen verstehen
1. Thematische Schwerpunkte
Das Kriterium hinterfragt das Verständnis der Organisation für das globale Umfeld. Dazu zählen neben übergeordneten Trends auch die Anforderungen globaler Werte in Bezug auf Nachhaltigkeit und korrektes Verhalten. Die Analyse dieser Rahmenbedingungen soll den Erfolg der eigenen Geschäftstätigkeit absichern. Darüber hinaus wird nach Vorgehensweisen gefragt, die es der Organisation erlauben, gegenwärtige und zukünftige Entwicklungen hinsichtlich ihrer Auswirkung auf den Geschäftserfolg zu analysieren und gegebenenfalls angemessen darauf zu reagieren. Dazu sollen die gegenwärtigen Fähigkeiten und eventuell notwendige zusätzliche Entwicklungen betrachtet werden, um dadurch die Organisation weiter optimieren zu können. Die Analyse von Daten, Informationen und Wissen soll der Organisation dabei helfen, ihre wesentlichen Herausforderungen zu erkennen.
2. Wechselwirkungen
Die in diesem Kriterium beschriebenen Vorgehensweisen sind wesentliche Inputs für die Strategiearbeit und zahlen damit in das Kriterium 1d ein.
3. Vorgehensweisen
In der Praxis lassen sich die Vorgehensweisen großer Organisationen unter „Business Intelligence" subsummieren. Kleinere Organisationen sammeln dazu Informationen in Vorbereitung ihres Strategieprozesses. Die Kenntnis der Reife der eigenen Fähigkeiten wird oft über die Begutachtung der wesentlichen Prozesse der Organisation einerseits und die Güte der Ergebnisse andererseits erhoben. Eine versierte Gegenüberstellung der Erwartungen, Trends und Fähigkeiten in dokumentierter Form kann man nur bei hoch entwickelten Organisationen erwarten. Im neuen Modell ist der Begriff „Ecosystem" eingeführt worden, der neben dem Netzwerk der handelnden Organisationen im Umfeld der eigenen Organisation auch die Summe aller sonstigen Einflüsse darstellt. In diesem Kriterium werden davon nur die Einflüsse betrachtet, die auf Interessengruppen zurückzuführen sind.
4. Artefakte
Die Ergebnisse der Aktivitäten zu diesem Kriterium finden sich oft in Dokumenten wieder, die Teil des Strategieprozesses sind. Seltener sind diese Erkenntnisse als relevante Aufzeichnungen direkt dem Managementsystem zugeordnet. Da Organisationen diese Ergebnisse oft als sehr vertraulich empfinden, wird den Assessoren dieses Material im Assessment selten an die Hand gegeben.
5. Bewertung nach RADAR
Für die Bewertung muss man sehr stark die Größe der Organisation in Betracht ziehen, um die Angemessenheit der Aktivitäten fair bewerten zu können. Je volatiler der Markt ist, umso mehr Bedeutung erlangen die Ergebnisse dieses Kriteriums.

Kriterium 1: Zweck, Vision, Strategie
Teilkriterium 1d: Strategieentwicklung
1. Thematische Schwerpunkte
Dieses Teilkriterium betrachtet die Reife des Strategieprozesses. Es erwartet, dass aus wesentlichen Herausforderungen Maßnahmen abgeleitet werden, um im Wettbewerb mithalten zu können. Es wird gefragt, wie aus der Strategie Ziele und Maßnahmen abgeleitet werden. Die Einbindung wesentlicher Interessengruppen in die Strategiearbeit wird als eine Option gesehen. Die Weiterentwicklung des Geschäftsmodells als extreme Form der Strategieentwicklung wird genauso hinterfragt wie die Anpassung der strategischen Schwerpunkte entsprechend den Impulsen aus dem Umfeld.
2. Wechselwirkungen
Das Kriterium wird von den vorangegangenen Kriterien gespeist. Es bietet die Basis für alle weiteren Kriterien, da die Strategie die Verknüpfung zwischen den abstrakten Überlegungen eines Geschäftsmodells und den praktischen Aktivitäten des Tagesgeschäfts darstellt.
3. Vorgehensweisen
Ein Strategieprozess sollte eigentlich standardmäßig in jeder Organisation vorhanden sein. In der Realität wird dieser Prozess oft nicht mit der Aufmerksamkeit betrieben, die ihm gebührt. Die Durchführung der Strategiearbeit als Projekt kann auch eine Handlungsoption sein, wenn dadurch eine größere Flexibilität erreicht wird.
4. Artefakte
Ein dokumentierter Strategieprozess oder eine analoge dokumentierte Vorgehensweise zur Entwicklung der Organisation wird typischerweise gefunden. Die Ergebnisse dieses Prozesses werden teilweise sehr strukturiert erarbeitet und finden sich in Strategiepapieren. Teilweise werden Funktionalstrategien erzeugt und dezentral verwaltet.
5. Bewertung nach RADAR
Die Bewertung des Strategieprozesses hat eine besondere Bedeutung, da dieser einen wesentlichen Treiber des Unternehmenserfolgs darstellt. Die Frage nach der Fundiertheit der zugrunde liegenden Überlegungen hängt in ihrer Ausprägung stark von der Größe und Komplexität der betrachteten Organisation ab. Nicht immer ist der komplexere Prozess für eine Organisation auch der bessere Prozess. Die Eignung des Prozesses lässt sich auf Basis seiner Ergebnisse bewerten. Daher ist die Betrachtung der Ergebnisseite relevant für die Einschätzung der Reife des Strategieprozesses.

Kriterium 1: Zweck, Vision, Strategie
Teilkriterium 1e: Gestaltung des Managementsystems
1. Thematische Schwerpunkte
Das Kriterium erfragt, wie die Organisation ein Managementsystem gestaltet, das geeignet ist, sie so zu lenken, dass es ihr gelingt, die eigenen Ziele zu erreichen und den wesentlichen Herausforderungen zu begegnen. Es hinterfragt, inwieweit die wesentlichen Interessengruppen in Entscheidungsprozesse eingebunden werden. Ein weiterer Schwerpunkt ist die Ausgestaltung von Review-Aktivitäten, die dazu dienen sollen, mit der Entwicklung der Umgebung Schritt zu halten sowie die Strategieumsetzung, Entwicklung der Leistungen und den Wandel der Organisation zu bewerten. Das Kriterium sucht nach einem Mess- und Berichtswesen, um das eigene Handeln zuverlässig und transparent gegenüber den Interessengruppen berichten zu können. Schließlich wird die Einhaltung aller rechtlichen Vorgaben hinterfragt.
2. Wechselwirkungen
Das Kriterium fußt auf den Grundsätzen der Organisation und den Festlegungen der Strategie. Je nachdem, mit welchem Geschäftsmodell eine Organisation tätig und wie offensiv die Strategie ausgerichtet ist, ergeben sich unterschiedliche Anforderungen an das Managementsystem. Die Kriterien der Umsetzung und Messung ziehen aus diesem Kriterium die wesentlichen Impulse.
3. Vorgehensweisen
Oft wird in Organisationen lediglich das bestehende Managementsystem betrachtet und nicht die Mechanismen, die Einfluss auf das Managementsystem nehmen. Das Kriterium sucht nach der Arbeit am System. Daher ist das Gespräch mit der Führung der Organisation teilweise die wesentliche/einzige Vorgehensweise, die tatsächlich Einfluss auf das Managementsystem nimmt.
4. Artefakte
Im Unternehmen findet man oft ausufernde Dokumentationen des Managementsystems. Weniger dagegen finden sich dokumentierte Überlegungen, wie das Managementsystem entwickelt werden muss. Daher lohnt die Suche im Umfeld der Strategiearbeit und bei allen Aktivitäten, die mit dem Wandel der Organisation zu tun haben.
5. Bewertung nach RADAR
Bei der Bewertung der Gestaltung des Managementsystems empfiehlt es sich, von der Gegenwart auszugehen – weil man so die Umsetzung erleben kann – und dann den Blick in die Vergangenheit zu richten, weil dort die Wurzeln der umgesetzten Veränderungen des Managementsystems zu finden sind. Aus der Vergangenheit heraus lässt sich der komplette RADAR-Zyklus nachvollziehen.

Kriterium 2: Organisationskultur und Führung
Teilkriterium 2a: Organisationskultur lenken und ihre Werte fördern
1. Thematische Schwerpunkte
Das Kriterium erfragt, welches Verständnis der eigenen Kultur vorhanden ist und wie auf die Kultur Einfluss genommen wird, damit diese für den Zweck der Organisation angemessen erscheint. Weiter befasst sich das Kriterium mit den Werten der Organisation und erfragt, wie daraus Verhaltensregeln abgeleitet werden, die kommuniziert und beachtet werden. Daraus leiten sich ein ethisch begründbares Verhalten, Achtsamkeit und Verlässlichkeit in Wechselwirkung mit den Interessengruppen ab. In diesem Sinne wird auch die Betrachtung der Auswirkungen der Geschäftstätigkeit auf die Umwelt hinterfragt. Die Verantwortung des Unternehmens für eine bewusste Nutzung der begrenzten Ressourcen steht hier im Fokus. Durch ein System von Zielvereinbarungen und Anerkennung unterstützt die Organisation die gewünschte Kultur und macht Erfolge erlebbar. Schließlich sucht die Organisation nach guten Beispielen in ihrem Umfeld und erkennt diese als Wegweiser für eine nachhaltigere Zukunft an.
2. Wechselwirkungen
Dieses Kriterium bildet die Wurzel der gemeinsamen Aktivität der Führungskräfte und Mitarbeiter im Unternehmen. Es setzt Klarheit in der Ausrichtung der Organisation voraus, damit eine Passung zwischen Kultur und Geschäftsmodell erreicht werden kann. Die Wahrnehmung der Mitarbeiter zeigt, ob eine tragfähige Kultur entstanden ist.
3. Vorgehensweisen
Die Gestaltung einer Unternehmenskultur hängt ganz stark mit der Kommunikation der Führungskräfte zusammen. Die Quellen der Erkenntnis liegen oft außerhalb der Organisation. Sehr gute Organisationen forschen deswegen nach den Gründen für den Erfolg der Marktbegleiter. Innerhalb der Organisation muss ein Konsens zwischen den Führungskräften und den Mitarbeitern erreicht werden. Die Wege dahin haben oft eher projektartigen Charakter. In der Fallstudie von thyssenkrupp können Sie mehr dazu lesen.
4. Artefakte
Hinsichtlich der Kultur und der Werte findet man oft attraktive Poster oder gar Kalender, die die Botschaften kommunizieren sollen. Im schlimmsten Fall ist es nur beschriebenes Papier. Daher sind die Rückmeldungen der Mitarbeiter im Zweifel interessanter. Befragungen zur Kultur oder zu den Werten verdeutlichen deren Akzeptanz.
5. Bewertung nach RADAR
Die Bewertung einer Kultur an sich steht den Assessoren nicht zu. Ein Assessment ist kein Gesinnungstest. Daher ergibt sich die Antwort auf die Frage nach der Angemessenheit der Kultur aus den Rückmeldungen der Interessengruppen, insbesondere der Mitarbeiter. Als Assessor bewertet man daher schwerpunktmäßig die Vorgehensweise und ihren Erfolg, nicht das subjektive Gefallen der Kultur oder der Werte.

Kriterium 2: Organisationskultur und Führung
Teilkriterium 2b: Wandel ermöglichen
1. Thematische Schwerpunkte
Das Kriterium hinterfragt, wie es der Organisation gelingt, sich so aufzustellen, dass Veränderungsaktivitäten erfolgreich durchgeführt werden können. Dazu zählen auch eine positive Haltung gegenüber Veränderung, die Freiheit, Neues auszuprobieren und gegebenenfalls Fehler zu machen, um daraus zu lernen. Das Kriterium sucht nach der Bereitschaft zu lernen, dauerhaft an Verbesserung zu arbeiten und insbesondere den Wandel der Organisation zu bewältigen. Es wird hinterfragt, wie hoch die Veränderungsgeschwindigkeit ist, insbesondere im Hinblick auf die Notwendigkeiten, die sich aus dem Geschäftsmodell ableiten. Dabei wird hinterfragt, inwieweit die Erkenntnisse aus vorangegangenen Veränderungen genutzt werden, um Wege für zukünftige Veränderungen zu erkennen.
2. Wechselwirkungen
Das Kriterium hat einen starken Strategiebezug und bildet das Bindeglied zwischen den grundsätzlichen Überlegungen (z.B. Vision) und der realen Welt der Umsetzung. Es wird „am Prozess“ gearbeitet, wenn es um die Betrachtung der Umsetzung geht.
3. Vorgehensweisen
Ein Veränderungsprozess als dokumentiere Vorgehensweise wäre eine Möglichkeit, systematisch am Wandel der Organisation zu arbeiten. Aber abgeleitet aus der Kultur ergibt sich die Überlegung, wie umfänglich beispielsweise Prozesse dokumentiert werden müssen, wenn man deren Beständigkeit aus der Umfeldanalyse ableiten kann. Ein Geschäftsführer sagte einmal: „Wir haben hier einen schönen Turm gebaut, doch jetzt wünschte ich, es wäre nur ein Zelt.“
4. Artefakte
Bewertungen aus dem Umfeld (Business Intelligence) bilden die Basis für die Veränderungsnotwendigkeit. Bewertungen der Prozesse und Abläufe könnten Hinweise auf deren Adaptierbarkeit ergeben. Ein Track Record der Entwicklungen der letzten Zeit zeigt auf, welcher Weg bereits gegangen wurde, und verhindert das Laufen im Kreis.
5. Bewertung nach RADAR
Es ist schwierig zu bewerten, welche Chancen einer Organisation schon entgangen sind. Jedoch wird relativ schnell deutlich, ob bei der Gestaltung neuer Abläufe eher agil gedacht wird oder eher bewahrend und statisch. Für Assessoren ist die Stringenz zwischen den Signalen aus dem Umfeld, der Arbeit an den Konzepten und der Umsetzung in den Systemen ein Erfolgsmerkmal. Am Ende steht die Wettbewerbsfähigkeit der Organisation im Vordergrund. Dieser Motivator für Veränderung kann im Gespräch gut genutzt werden und Klarheit schaffen, welche Treiber für Veränderung in der Organisation aktiv sind.

Kriterium 2: Organisationskultur und Führung
Teilkriterium 2c: Kreativität fördern
1. Thematische Schwerpunkte
In diesem Kriterium wird hinterfragt, welches Verständnis die Organisation hinsichtlich des Nutzens von kreativem Verhalten für die Erfüllung des Geschäftszwecks entwickelt hat. Es wird hinterfragt, ob die Kultur Kreativität und schnelles Lernen, insbesondere im Kontext ruckartiger (disruptive change) Veränderungen im Umfeld, fördert. Dabei liegt ein Schwerpunkt auf der Nutzung geeigneter Instrumente und Techniken zur Entwicklung von Verbesserungen in unterschiedlichsten Situationen. Die Nutzung von Netzwerken für das Lernen und das gemeinsame Entwickeln von Neuerungen werden als eine Option gesehen. Dabei ist die Suche nach externen Vergleichen wesentlich, um zu erkennen, ob man mit der Entwicklung im Umfeld Schritt halten kann.
2. Wechselwirkungen
Dieses Kriterium beschreibt die Ausarbeitung der Überlegungen aus dem vorangegangenen Kriterium. Die Veränderungen werden im Modell als wesentlicher Erfolgstreiber gesehen. Deren Ergebnisse finden sich in den Kriterien der Umsetzung und müssten auf der Ergebnisseite entweder indirekt (Ergebnisse werden durch die Veränderung besser) oder direkt hinterfragt werden (mit Kennzahlen, die die Agilität der Organisation beschreiben).
3. Vorgehensweisen
Entwickelte Organisationen haben die Lernprozesse in dokumentierten Verfahren angelegt. Der KVP ist der niederschwelligste Lernprozess in diesem Kontext. Methoden wie Design Thinking oder Customer Journey sind nur Beispiele für zahlreiche Optionen für ein strukturiertes Lernen in der Organisation.
4. Artefakte
Oft ist es schwierig, Lernprozesse im Detail nachzuvollziehen. Im QM-nahen Bereich bieten die Protokolle von KVP-Sitzungen beispielhaft einen Einblick in die Schnelligkeit und Ernsthaftigkeit der Arbeitsweisen. Entsprechende Aufzeichnungen sollte es auch für jede andere Methode geben.
5. Bewertung nach RADAR
Die Bewertung von Lernaktivitäten ist deshalb schwierig, weil sie teilweise dezentral und von unterschiedlichen Menschen auf unterschiedlichem Niveau ausgeführt werden. Oft kann man diese nur im Kontext der zugrunde liegenden komplexen Vorgehensweisen realistisch einschätzen. Die Bewertung dieses Kriteriums ist daher eher schwierig. Insbesondere Großunternehmen mit einem ganzen Pool an Methoden unterscheiden sich erst auf der Umsetzungsebene. Dort sieht man, was bei den entsprechenden Aktivitäten zustande kommt und ob die Kultur tatsächlich Fehler toleriert.

Kriterium 2: Organisationskultur und Führung
Teilkriterium 2d: Ausrichtung auf Zweck, Vision und Strategie
1. Thematische Schwerpunkte
Die Organisation soll ihre grundsätzliche Ausrichtung allen wesentlichen Interessenpartnern vermitteln, um diese für ihren Geschäftszweck zu gewinnen. Es soll eine positive Atmosphäre der Zusammenarbeit erreicht werden. Dazu zählt auch die Bereitschaft für ernsthaftes Feedback durch die Interessenpartner. Deren Engagement soll dauerhaft aufrechterhalten werden, indem ihnen die Wichtigkeit ihres Beitrags zum Zweck der Organisation klar vermittelt wird. Durch die vorhandenen Systeme und Arbeitsweisen wird eine dauerhafte, vertrauensvolle Zusammenarbeit ermöglicht. Die Erfolge der Organisation werden zusammen mit den wichtigsten Interessenpartnern gefeiert, um deren Engagement zu festigen.
2. Wechselwirkungen
Das Management der Interessenpartner wurde bereits in Kriterium 1b beschrieben. Dort lag der Schwerpunkt auf dem Verständnis der Interessen dieser Gruppen. Daraus leitet sich die Notwendigkeit ab, das Engagement dieser Gruppen für den eigenen Zweck zu erreichen. Aus Befragungen heraus lässt sich als Ergebnis nachvollziehen, inwieweit es gelungen ist, dieses Engagement zu entfachen.
3. Vorgehensweisen
Die Kommunikation der Führungskräfte ist ein wesentliches Instrument, um die Ausrichtung der Organisation gegenüber den Interessenpartnern zu vertreten. Im Idealfall ergeben die Funktionalstrategien bezüglich der Interessengruppen Aussagen, warum es für eine bestimmte Gruppe attraktiv ist, sich an diesem Geschäftsmodell zu beteiligen.
4. Artefakte
Die Kommunikation sollte auf dokumentierten Grundaussagen beruhen, die die Argumentation gegenüber den Interessengruppen unterstützen. Pläne, wann und durch wen das Gespräch mit den Interessengruppen gesucht wird, zeugen von einem systematischen und planvollen Vorgehen. Die Ergebnisse der Wahrnehmungen dieser Gruppen runden die zu erwartenden Artefakte ab.
5. Bewertung nach RADAR
Die Bewertung dieses Kriteriums ergibt sich anhand mehrerer Aspekte: Neben der Eignung der grundsätzlichen Aussagen für die Kommunikation spielen die Planung dieser Kommunikation und die Befähigung der Führungskräfte für diese Kommunikation eine wesentliche Rolle. Die Umsetzung ist oft schwer zu bewerten, da sich aus der Umsetzung selbst nur indirekte Rückmeldungen ergeben. Die wertvollste Rückmeldung kommt von den Interessengruppen selbst. Das heißt, man bewertet die Umsetzung aus den Rückmeldungen der Interessengruppen heraus.

Kriterium 3: Einbindung der Interessengruppen
Teilkriterium 3a: Kunden
1. Thematische Schwerpunkte
Es wird hinterfragt, inwieweit die Organisation Kundengruppen segmentiert. Dazu sollte die Organisation eindeutige Kriterien festgelegt haben. Weiter wird betrachtet, wie es der Organisation gelingt, einen adäquaten Kontakt zum Kunden über alle Stufen des Wertschöpfungsprozesses zu pflegen. Dabei liegt ein Schwerpunkt darauf, die Erwartungen der Kunden hinsichtlich der Kommunikation und des Kontakts zu verstehen. Daraus leiten sich Anforderungen für Kommunikationskanäle ab, durch die der Kunde rasch Feedback zu seinen Erlebnissen geben und die Organisation darauf schnell reagieren kann.
2. Wechselwirkungen
Aus der Strategie heraus sollte eine Teilstrategie den Kunden als wesentlichste Interessengruppe fokussieren. Von dieser ausgehend unterstützt dieses Teilkriterium mit seinen Überlegungen die Umsetzung der Wertschöpfungsaktivitäten. Auf der Ergebnisseite zeigen Wahrnehmungsergebnisse, aber auch Leistungsmessungen, inwieweit die Anforderungen des Kunden hinsichtlich der Kommunikation und Betreuung erfüllt wurden.
3. Vorgehensweisen
Ein differenzierter Prozess zur Betreuung der Kunden im Wertschöpfungsprozess wird von diesem Kriterium gesucht. Dabei ist sehr stark branchenabhängig, welche Eigenschaften dieser Prozess haben muss. Im Dienstleistungsbereich beschreiben Konzepte von „Service-Excellence" den Kundenerlebnispfad.
4. Artefakte
Spitzenorganisationen zeichnen den Erlebnispfad der Kunden in der Wechselwirkung mit der eigenen Organisation detailliert nach und optimieren ihn in dokumentierten Prozessdarstellungen der Serviceprozesse. Die Unterscheidung von „on stage" versus „backstage" fokussiert das Engagement aller beteiligten Personen auf den Kunden. Die Auswertung der Ergebnisse (z.B. POS-Befragung) erfolgt zeitnah und wird zur Steuerung des kundenbezogenen Prozesses genutzt.
5. Bewertung nach RADAR
Die Bewertung der Kundenorientierung unterscheidet sich massiv je nach Notwendigkeit. Daher ist im ersten Schritt, die von der Führung vorgegebene Definition des Servicelevels zu hinterfragen. Daraus ergibt sich ein Anspruchsniveau, das die Grundlage für die Bewertung der Reife der Aktivitäten bildet. Der Ringschluss von RADAR erfolgt über die Ergebnisse, die wiederum die Treiber für Lern- und Verbesserungsaktivitäten sind.

Kriterium 3: Einbindung der Interessengruppen

Teilkriterium 3b: Mitarbeiter

1. Thematische Schwerpunkte

In diesem Kriterium wird hinterfragt, inwieweit eine Personalstrategie mit entsprechenden Plänen die Gesamtstrategie unterstützt. Das Verständnis der aktuellen und zukünftigen Erwartungen der Mitarbeiter soll dazu genutzt werden, die Rahmenbedingungen entsprechend zu adaptieren, um als attraktiver Arbeitgeber zu erscheinen. Weiter sollen die Mitarbeiter befähigt werden, die Notwendigkeiten und Chancen in der Weiterentwicklung ihres eigenen Wissens und ihrer Fähigkeiten zu erkennen. Sie sollen darin gestärkt werden, Erfahrungen und Lernerlebnisse innerhalb der Organisation auszutauschen, und wenn sinnvoll auch darüber hinaus. Die Balance zwischen den Anforderungen der Organisation und den Interessen der Mitarbeiter ist ein weiterer Schwerpunkt in diesem Kriterium. Schließlich wird erfragt, inwieweit die Organisation sich um die Menschen kümmert, sie anerkennt und auf ihre Gesundheit und Unversehrtheit achtet.

2. Wechselwirkungen

Das Kriterium wird wesentlich beeinflusst von den Überlegungen zur Kultur und Strategie der Organisation. Das Mitarbeitermanagement ist wesentlicher Treiber der wahrnehmbaren Leistungsfähigkeit der Organisation. Dadurch ergibt sich der Zusammenhang mit der Ergebnisseite über die Wertschöpfungsprozesse. Auf der Ergebnisseite sollten Kennzahlen den Einfluss der Mitarbeiter auf den Unternehmenserfolg widerspiegeln.

3. Vorgehensweisen

In diesem Kriterium werden die typischen Aktivitäten des Personalmanagements beleuchtet. Durch die Mannigfaltigkeit der Aktivitäten ergibt sich hier ein weites Feld möglicher Prozesse und Vorgehensweisen.

4. Artefakte

Neben der Personalstrategie sollten zahlreiche Personalprozesse dieses Kriterium in der gelebten Praxis der Organisation repräsentieren. Genauso wichtig sind aber die Ergebnisse und Aufzeichnungen zu den Personalaktivitäten, die für die Bewertung sehr relevant sind.

5. Bewertung nach RADAR

Die Bewertung nach RADAR ist insofern herausfordernd, als kaum ein Kriterium mehr Inhalt hat als dieses. Die Aktivitäten des Personalmanagements gesamthaft zu bewerten, bedarf einer intensiven Betrachtung, damit die Aussagen in der Bewertung die Realität einigermaßen vollständig abbilden. Ist die Stichprobe zu klein, so ist es reiner Zufall, welche Themenkreise im Feedback fokussiert werden.

Kriterium 3: Einbindung der Interessengruppen
Teilkriterium 3c: Behörden und Finanzpartner
1. Thematische Schwerpunkte
Das Kriterium hinterfragt, welche wesentlichen Interessengruppen die Organisation identifiziert hat, die ein grundsätzliches Interesse (wirtschaftlich, rechtlich oder allgemein) an der Organisation haben und deren Erwartungen bekannt sind. Diese werden in den Prozess der Strategieentwicklung eingebunden, um so ihre Ambitionen im Prozess zu verwirklichen. Weiter fragt das Kriterium, ob zu diesen Interessengruppen eine Beziehung zum gegenseitigen Vorteil etabliert wurde und das Handeln der Organisation einen hohen Grad an Vertrauen ermöglicht.
2. Wechselwirkungen
Dieses Kriterium greift ein Segment der Interessenpartner heraus und skizziert deren Rolle im Kontext der Erarbeitung der Strategie. Dabei wird der Fokus auf diese Gruppe von Interessenpartnern - basierend auf dem Zweck der Organisation und mit Blick auf die zu erreichenden Ziele - genutzt, um den Interessenausgleich zu hinterfragen, der sich auf der Ergebnisseite abbilden müsste. Die Segmentierung findet sich ebenfalls auf der Ergebnisseite wieder..
3. Vorgehensweisen
Das Kriterium hat zwei wesentliche Inhalte: das Management der Interessengruppen, die ein wesentliches finanzielles Interesse an der Organisation haben, sowie das Management der Interessengruppen, die ein rechtliches Interesse an der Organisation haben. Daher laufen die Finanzprozesse und die Compliance-Prozesse in dieses Kriterium ein. Kleinere Organisationen werden zu diesem Kriterium relativ wenig darstellen können, wenn ein Inhaber der wesentliche Kapitalgeber ist und außer vonseiten des Finanzamts kein öffentliches Interesse an dieser Organisation besteht.
4. Artefakte
Eine Portfoliodarstellung der Interessengruppen sollte auch dieses Segment mit abdecken. In größeren Organisationen sollte zum Thema Compliance eine konkrete Verantwortlichkeit definiert sein, die Prozesse festgelegt hat, um dieser Verantwortung gerecht zu werden. Hinsichtlich der Finanzen sollte das Controlling Auswertungen erzeugt haben, die den Geldgebern klar vermitteln, wie mit dem Kapital der Organisation gearbeitet wird.
5. Bewertung nach RADAR
Wie schon angedeutet ist der Anspruch in diesem Kriterium stark größenabhängig und je nach Geschäftsmodell unterscheiden sich die Inhalte deutlich in ihrer Komplexität. Das führt zu Schwierigkeiten bei der RADAR-Bewertung, denn der kleine Handwerksbetrieb, der ohne Fremdkapital auskommt und außer zum Finanzamt und zur Berufsgenossenschaft keine Behördenkontakte pflegt, kann in diesem Kriterium trotzdem eine überzeugende Leistung abliefern. Die Schwierigkeit besteht darin, dass viele Organisationen gegenüber den Behörden eine eher reaktive Aufstellung haben und nicht unbedingt Spitzenleistungen erzeugen wollen. Das sollte sich nicht gegen die Organisation wenden.

Kriterium 3: Einbindung der Interessengruppen

Teilkriterium 3d: Gesellschaft

1. Thematische Schwerpunkte

Dieses Kriterium beleuchtet das Verständnis der Organisation hinsichtlich ihres Beitrags für die Gesellschaft. Dabei wird erfragt, welche wesentlichen Gruppen für die Organisation die „Gesellschaft“ bilden und welche Erwartungen hinsichtlich des Beitrags der Organisation bestehen. Dabei sollten Beziehungen zum wechselseitigen Vorteil angestrebt werden. Durch Transparenz und Vertrauenswürdigkeit sollte die Organisation dafür sorgen, dass sie das Vertrauen dieser Gruppen der Gesellschaft gewinnt.

2. Wechselwirkungen

Dieses Kriterium greift ein weiteres Segment der Interessenpartner heraus und skizziert deren Rolle im Kontext der Erarbeitung der Strategie. Dabei wird der Fokus auf diese Gruppe der „Gesellschaft“ basierend auf dem Zweck der Organisation und mit Blick auf die zu erreichenden Ziele genutzt, um in dem erweiterten Umfeld das notwendige Vertrauen zu gewinnen, damit keine Blockaden oder Hürden für das eigene Geschäft entstehen. Die Segmentierung findet sich analog auf der Ergebnisseite wieder und motiviert dazu, wesentliche Wahrnehmungen dieser Gruppen zu hinterfragen.

3. Vorgehensweisen

Aus dem Portfolio der Interessengruppen heraus entsteht eine Teilstrategie für all die Interessengruppen, die die „Gesellschaft“ bilden. Dabei ist die Festlegung, welche Gruppen dazugehören, individuell, und damit ist es teilweise schwer zu bewerten, ob diese Zuordnung optimal für den Geschäftszweck ist. Es sollten Ziele für die Arbeit mit diesen Interessengruppen definiert sein. Daraus ergibt sich ein bewusstes Verhalten gegenüber Gruppen, die nicht primär in die Geschäftstätigkeit eingebunden sind.

4. Artefakte

Neben dem Interessengruppenportfolio sollte die Organisation die Win-win-Situation herausgearbeitet haben. Dieses sollte dazu führen, dass dokumentiert ist, welcher Effekt von einer Gruppe der Gesellschaft auf die Organisation ausgeht (z.B. Tierschutz oder Forderungen zur Gleichbehandlung). Umgekehrt sollte sich die Organisation bewusst sein, welche kollateralen Effekte von der Organisation ausgehen und welchen Einfluss sie damit auf die Gesellschaft nimmt (vgl. das Public-Value-Konzept von Timo Meynhardt).

5. Bewertung nach RADAR

Für die RADAR-Bewertung ist der Strategiebezug eine maßgebliche Größe, um die Qualität des Vorgehens zu betrachten. Die schiere Menge an Aktivitäten ist dagegen weniger ein Zeichen einer hohen Reife. Das klare Analysieren der Wirkungen der Organisation auf die Gesellschaft und die daraus abgeleiteten Verbesserungsaktivitäten sind dagegen wesentlich als Treiber einer hohen Akzeptanz in der erweiterten Umgebung. Die Auswahl der Gruppen, die die Gesellschaft bilden, und dabei wieder die Auswahl der Gruppen, mit denen man aktiv arbeitet, ist sowohl für die Befähigerseite als auch für die Ergebnisseite von hoher Bedeutung.

Kriterium 3: Einbindung der Interessengruppen
Teilkriterium 3e: Partner und Lieferanten
1. Thematische Schwerpunkte
Das Kriterium hinterfragt das Verständnis der Organisation hinsichtlich der Unterscheidung von Partnern und Lieferanten basierend auf dem Geschäftsmodell der Organisation. Es sucht nach dem Strategiebezug und nach der Vorgehensweise, um eine transparente und vertrauensvolle Beziehung zu realisieren. Zum Erreichen der gemeinsamen Wertschöpfung sucht das Kriterium nach einer geeigneten Weise, Partnerschaften aufzubauen. Schließlich wird erfragt, wie die Organisation daran arbeitet, Kultur, Erfahrungswissen und Know-how aller Beteiligten zum wechselseitigen Vorteil zu entwickeln.
2. Wechselwirkungen
Dieses Kriterium greift ein weiteres Segment der Interessenpartner heraus und skizziert deren Rolle im Kontext der Erarbeitung der Strategie. Dabei wird der Fokus auf Partner und Lieferanten in der Umsetzung und auch auf die Kultur und das Gedankenmodell des wechselseitigen Vorteils gelegt. Die Segmentierung findet sich analog auf der Ergebnisseite analog wieder. Sie motiviert dazu, Partner- und Lieferantenbefragungen durchzuführen, um aus dem Feedback dieser Gruppen nachvollziehen zu können, ob der eigene Anspruch des wechselseitigen Vorteils tatsächlich erfüllt ist.
3. Vorgehensweisen
Dieses Kriterium beleuchtet einen Teil der Geschäftstätigkeit, der bereits durch die ISO-Normen besetzt ist. Klassisches Partner- und Lieferantenmanagement sucht allerdings nicht nach einer gemeinsamen Kultur oder einem wechselseitigen Vorteil. Eine bilaterale Kommunikation, die auch absichert, dass die Partnerorganisation die Win-win-Situation sieht, sollte sich in den zugrunde liegenden Prozessen wiederfinden.
4. Artefakte
Neben den klassischen Prozessen des Partner- und Lieferantenmanagements könnten erweiterte Betrachtungen der Bewertung der Beziehungen (nicht nur Lieferantenbewertungen) vorliegen. Rückmeldungen von Partnern und Lieferanten sollten strukturiert vorliegen, was nicht heißt, dass diese aus klassischen Befragungen resultieren müssen.
5. Bewertung nach RADAR
Ein Partner- und Lieferantenmanagement ist heutzutage Standard. Für die RADAR-Bewertung ist der Strategiebezug ein wesentliches Merkmal. Mit Blick auf den Anspruch eines wechselseitigen Vorteils kommt in der Gestaltung und Umsetzung dieses Themenkreises eine Erweiterung der Betrachtung zum Tragen, die noch nicht Standard ist. Der Bezug zur Ergebnisseite ist maßgeblich, um faktenbasiert die Arbeitsweise verbessern zu können.

Kriterium 4: Nachhaltigen Nutzen schaffen
Teilkriterium 4a: Gestaltung der Wertschöpfung
1. Thematische Schwerpunkte
Das Kriterium hinterfragt das Verständnis der Differenzierungsmerkmale und wie diese für den Wertschöpfungsprozess genutzt werden. Daraus leitet sich ein Portfolio von Produkten und Dienstleistungen ab, die sich aus dem Zweck der Organisation ergeben. Die Bedürfnisse gegenwärtiger und zukünftiger Zielgruppen sollten der Organisation bekannt sein. Bei der Gestaltung der Wertschöpfung sollte der Lebenszyklus genauso betrachtet werden wie die Wirkung auf die öffentliche Gesundheit, Sicherheit oder die Umwelt. Über Marktrecherchen, Befragungen und andere Formen des Feedbacks wird ein angemessenes Wertversprechen entwickelt, das der Wertschöpfung zugrunde liegt. Schließlich fragt das Kriterium, wie wesentliche Interessengruppen eingebunden werden, um sich an diesem Entwicklungsprozess zu beteiligen.
2. Wechselwirkungen
Abgeleitet aus dem Zweck der Organisation und der Produktstrategie ergeben sich die Entwicklungsaktivitäten, die in diesem Kriterium beschrieben sind. Parallel dazu kann bereits die Kommunikation stattfinden, die im folgenden Kriterium beschrieben wird. Daraus leitet sich die Fähigkeit zur Wertschöpfung ab, die durch das Feedback der Leistungsempfänger bestätigt wird und sich in Leistungskennzahlen widerspiegelt.
3. Vorgehensweisen
Ausgehend von der Marktanalyse und anderen Instrumenten zur Vorbereitung einer Produktentwicklung sucht das Kriterium nach einem Produktentwicklungsprozess, der basierend auf erkannten Bedürfnissen zusammen mit der relevanten Zielgruppe durchgeführt wird.
4. Artefakte
In der Praxis wird der Inhalt dieses Kriteriums oft in zwei unterschiedlichen Bereichen bearbeitet. Die Marktrecherche wird typischerweise im Marketing durchgeführt, während der Produktentwicklungsprozess eher im technischen Bereich stattfindet. Das Marketing verfügt dazu oft über einen Prozess und erzeugt in der Regel Präsentationen, die die Reife der Betrachtung erkennen lassen. Der klassische Entwicklungsprozess hat Gates und kann über die Gate Reviews bewertet werden.
5. Bewertung nach RADAR
Für die klassische kommerzielle Organisation ist dieses Kriterium einfach zu bewerten. Problematisch wird es bei Behörden, deren Zweck gesetzlich festgelegt ist. Dann kann es sein, dass man dieses Kriterium komplett streicht und aus der RADAR-Bewertung herausrechnet. Dadurch wird man auch den Organisationen gerecht, die keine Produkte entwickeln.

Kriterium 4: Nachhaltigen Nutzen schaffen
Teilkriterium 4b: Kommunikation und Verkauf
1. Thematische Schwerpunkte
In diesem Kriterium wird hinterfragt, wie die Organisation aus den Differenzierungsmerkmalen und Wertversprechen eine Kommunikation mit potenziellen Kunden ableitet. Dabei werden Netzwerke und Einflüsse auf die Onlinekanäle sowie die klassischen Kommunikationskanäle verantwortungsvoll genutzt. Mittels einer Vertriebsstrategie verkauft die Organisation ihre Produkte und Dienstleistungen an die entsprechenden Interessengruppen. Dabei wird den Zielgruppen in der Anbahnung und darüber hinaus Unterstützung angeboten, um einen erfolgreichen Verkauf zu gewährleisten.
2. Wechselwirkungen
Aus der Strategie leitet sich die Vertriebsstrategie ab. Die Produktentwicklung unterstützt die Verkaufstätigkeit durch attraktive Produkte und die eigentliche Wertschöpfung ergibt sich als Folgeaktivität des Verkaufs. Auf der Ergebnisseite beschreiben Schlüsselkennzahlen den Vertriebserfolg.
3. Vorgehensweisen
Ein Vertriebsprozess, der sich aus der Vertriebsstrategie ableitet, bildet das Rückgrat der Aktivitäten dieses Kriteriums. Im Idealfall ist der Prozess kennzahlengesteuert. Die Befragung der Kunden beleuchtet auch den Anbahnungsprozess und die Unterstützungsleistungen auf dem Weg zum Verkauf.
4. Artefakte
Ein dokumentierter Vertriebsprozess zusammen mit einem Instrument zur Steuerung der Vertriebsaktivitäten ist in vielen Organisationen anzutreffen. Die dokumentierte Vertriebsstrategie vermittelt verbindliche Ziele für die Vertriebsaktivitäten.
5. Bewertung nach RADAR
Für klassische Unternehmen bildet dieses Kriterium keine Hürde. Für Behörden oder andere Organisationen, die ihre Leistungen nicht verkaufen, kann hier die Kommunikation dieser Leistungen und die Begleitung der Kunden bei der Inanspruchnahme der Leistungen betrachtet werden. Wenn etwa eine Polizeiorganisation bewertet wird, finden strukturierte Kommunikationsprozesse statt. Beispielsweise werden Präventionsmaßnahmen initiiert, Informationen im Internet publiziert oder es wird der Kontakt mit dem Bürger bei öffentlichen Veranstaltungen gesucht. Mithilfe solcher analoger Vorgehensweisen kann die Reife der Ansprache des Bürgers bewertet werden.

Kriterium 4: Nachhaltigen Nutzen schaffen
Teilkriterium 4c: Wertschöpfung erzeugen
1. Thematische Schwerpunkte
Das Kriterium hinterfragt, wie Wertschöpfung effektiv und effizient gestaltet wird, um dauerhaft das Wertversprechen zu erfüllen. Im Einzelfall könnten sogar die Erwartungen der Kunden übertroffen werden. Es soll beleuchtet werden, wie es der Organisation gelingt, negative, soziale und umweltbezogene Auswirkungen zu begrenzen. Schließlich sollen die Zielgruppen im verantwortungsvollen Umgang mit den Produkten und Dienstleistungen unterstützt werden.
2. Wechselwirkungen
Ausgehend vom Zweck der Organisation entsteht durch den hier beschriebenen Wertschöpfungsprozess die wesentliche Leistung der Organisation. Die Strategie der Organisation definiert die Rahmenbedingungen für die Wertschöpfung. Nachfolgendes Kundenfeedback definiert die Akzeptanz der erzeugten Produkte und Dienstleistungen. Der Fokus auf die möglichen negativen Auswirkungen des eigenen Handelns sollten im Kontakt mit der Gesellschaft hinterfragt werden. Relevante Messgrößen der negativen Auswirkung sollten systematisch erhoben und über die Zeit reduziert werden.
3. Vorgehensweisen
Der Wertschöpfungsprozess wird in der Gegenwart prozessorientiert gesteuert. Es gibt zahlreiche Instrumente, um die Effizienz des Wertschöpfungsprozesses zu steigern. Durch Audits und andere Formen des Reviews werden die Tätigkeiten hinterfragt. Zudem werden die Leistungen des Wertschöpfungsprozesses gemessen.
4. Artefakte
Neben einem dokumentierten Prozess verfügen die meisten Organisationen über umfassende Aufzeichnungen, die die Ergebnisse und die Leistung des Wertschöpfungsprozesses charakterisieren. Instrumente zur Optimierung des Prozesses sind in großer Zahl etabliert und ergeben ihrerseits nachvollziehbare Ergebnisse.
5. Bewertung nach RADAR
Die Bewertung des Wertschöpfungsprozesses ist durch die große Anzahl an dokumentierten Prozessen und Verfahren typischerweise einfach. In dem Moment, wenn eine Organisation keinen klassischen Wertschöpfungsprozess besitzt, ist zu hinterfragen, worin die Wertschöpfung liegt. Beispiele dafür sind künstlerische Organisationen, deren Ergebnisse nicht zwingend klassischen kommerziellen Gedanken folgen. Aber auch die Bundeswehr erzeugt einen Nutzen, der jedoch nicht nach den gleichen Maßstäben gemessen werden kann wie der einer kommerziellen Organisation. Hier gilt es dann das EFQM-Modell frei zu interpretieren.

Kriterium 4: Nachhaltigen Nutzen schaffen
Teilkriterium 4d: Kundenerlebnis gestalten
1. Thematische Schwerpunkte
Das Kriterium hinterfragt, wie die wesentlichen Wahrnehmungen der Zielgruppen bei der Zusammenarbeit mit der Organisation definiert und eingeführt werden. Der Fokus liegt darauf, wie der Kunde nahtlos und einfach die unterschiedlichen Stufen der Wertschöpfung durchläuft und dabei Messungen der wesentlichen Kontaktpunkte der „Reise" erhoben werden. Weiter wird die Individualisierung des Kundenerlebnisses beleuchtet. Dies wird im Zusammenhang mit der Spezifizierung von Produkten und Dienstleistungen gesehen. Dabei werden die Fähigkeit, die Verfügbarkeit und die Ermächtigung der Mitarbeiter, zu einer positiven Wahrnehmung des Kunden beizutragen, hinterfragt. Weiterhin sucht das Kriterium nach kurzfristigen Feedbackmöglichkeiten, um die unterschiedlichen Phasen der Wertschöpfung sowie die Produkte und Dienstleistungen zu verbessern.
2. Wechselwirkungen
Die in diesem Kriterium betrachteten Aktivitäten unterstützen die Wertschöpfung der Organisation. Das Kundenerlebnis sollte in der Strategie vorskizziert sein. Ein Servicelevel definiert darin das Niveau der Leistungserbringung für den Kunden. Die Ergebnisseite mit den resultierenden Wahrnehmungsergebnissen dokumentiert den Erfolg der Aktivitäten.
3. Vorgehensweisen
In der Praxis wird oft von Service-Excellence gesprochen und Organisationen entwickeln entsprechende Strategien zur Differenzierung im Markt. Da das Marketing/der Vertrieb für diese Aktivitäten verantwortlich ist, sind die Festlegungen gegebenenfalls auch in einer Vertriebsstrategie hinterlegt.
4. Artefakte
Service-Excellence-Aktivitäten werden in einer eigenen Dokumentation dargestellt. Entsprechende Anforderungen wurden sogar in einem Leitfaden zur Service-Excellence festgeschrieben. Demnach wird eine Organisation, die diesem Gedanken folgt, eine Darstellung des Kundenerlebnispfads erarbeitet haben.
5. Bewertung nach RADAR
Die Bewertung nach RADAR wird in dem Moment schwierig, in dem die Organisation nicht den Anspruch hat, einen Kunden zu begeistern (z.B. die Bundeswehr). Dann kann es sinnvoll sein, dieses Kriterium auszulassen. Bei sehr kleinen Organisationen ist das Erwartungsniveau entsprechend anzupassen. Deren Fähigkeit, komplexe Überlegungen anzustellen, sind schon allein personell begrenzt, wodurch sich typischerweise einfachere Lösungen ergeben, die man nicht als schlecht bewerten sollte.

Kriterium 5: Leistungsfähigkeit und Transformation vorantreiben
Teilkriterium 5a: Management der Leistung und des Risikos
1. Thematische Schwerpunkte
Das Kriterium hinterfragt, wie ein System zum Management der Leistung einen engen Zusammenhang zwischen dem Zweck/der Strategie und den Zielen der Wertschöpfung sowie den nachgelagerten Ergebnissen herstellt. Dieses System soll geeignet sein, Verbesserungsmöglichkeiten faktenbasiert zu erkennen. Aus den Erkenntnissen werden Projekte oder Verbesserungsprozesse abgeleitet. Es werden Chancen und Risiken identifiziert und deren mögliche Wirkung auf den Geschäftserfolg betrachtet. Schließlich betrachtet das Kriterium das umfassende Management sämtlicher Risiken, angefangen von operativen oder finanziellen Risiken bis hin zu IT-Sicherheitsrisiken.
2. Wechselwirkungen
Das Kriterium bildet die Brücke zwischen der Befähigerseite mit den entsprechenden Aktivitäten und der Ergebnisseite, hier insbesondere der Leistungsmessung.
3. Vorgehensweisen
Das Modell erwartet eine Organisation, die zur Bewertung ihrer Leistungen ein komplexes System der Leistungsmessung etabliert hat, das in der Lage ist, zu allen relevanten Aspekten faktenbasiert Aussagen zu treffen. Aktivitäten des Controllings decken diese Leistungsanalysen weitgehend ab. Daneben wird ein Risikomanagement beschrieben, das in größeren Organisationen eine eigene Abteilung darstellt.
4. Artefakte
Im Controlling gibt es üblicherweise ein Kennzahlensystem, das die Geschäftstätigkeit hinreichend abbildet, um die oben beschriebenen Schlüsse ziehen zu können. Risikomanagementsysteme sind typischerweise dokumentiert, da ein Teil der Risikoabwehr sich durch die Fundiertheit des Verfahrens im Umgang mit Risiken ergibt.
5. Bewertung nach RADAR
Die hier beschriebenen Vorgehensweisen sind typischerweise in Wirtschaftsunternehmen und größeren Organisationen vorzufinden. Es gibt jedoch auch Organisationen, die mangels Größe oder mangels Notwendigkeit die beschriebenen Vorgehensweisen nicht umfänglich realisieren. Eine Bäckerei könnte beispielsweise ihr HACCP-System als Risikomanagementsystem deklarieren. Weiterführende Systeme hätten eher akademischen Charakter. Ähnlich sieht es mit dem Controlling in Kleinunternehmen aus, hier muss man als Assessor die Machbarkeit als Korrektiv für die Bewertung nutzen.

Kriterium 5: Leistungsfähigkeit und Transformation vorantreiben
Teilkriterium 5b: Zukunftsfähigkeit sichern
1. Thematische Schwerpunkte
Dieses Kriterium hinterfragt die Notwendigkeit von Veränderungen in der Gestaltung der Organisation, um den wesentlichen Herausforderungen gerecht zu werden und Chancen nutzen zu können. Dabei sollen Anpassungen der Strategie und des Geschäftsmodells, bis hin zu dessen Neugestaltung, die Zukunftsfähigkeit sichern. Auch die Ausgestaltung der Organisationsstruktur soll hinterfragt werden, um dem Zweck der Organisation bestmöglich gerecht zu werden. Auch die Nutzung adaptierbarer Arbeitsweisen könnten dazu beitragen, die dauerhafte Stabilität des operativen Geschäfts zu stärken. Die Organisation sollte in der Lage sein, ihre Wertschöpfungsaktivitäten schnell zu restrukturieren, wenn die Notwendigkeit dafür absehbar ist.
2. Wechselwirkungen
Dieses Kriterium hat einen starken Bezug zum Kriterium 2b. Es stellt die operative Betrachtung der Change-Aktivitäten dar. Bezogen auf die Wertschöpfungsprozesse wird hier die Betrachtung der Arbeit am Prozess eingefordert.
3. Vorgehensweisen
Das Kriterium erwartet eine hohe Aufmerksamkeit der Organisation hinsichtlich Veränderungsoptionen. Weiterhin wird die Fähigkeit zur Veränderung beleuchtet. In der Praxis spielen hier ein Changemanagement-Ansatz und die Fähigkeit zum erfolgreichen Projektmanagement eine große Rolle. Im Idealfall verfügt die Organisation über konzeptionelle Ideen, wie Veränderungen im Geschäftsmodell realisiert werden. Hier geht es nicht um den KVP.
4. Artefakte
Ein dokumentierter Ansatz für das interne Changemanagement wäre eine Basis für die Diskussion. Eventuell hat die Organisation Aufzeichnungen vorangegangener Veränderungen dieser Art. Das Projektmanagement könnte durch einen entsprechenden Prozess zur Durchführung von Projekten festgelegt sein. Alternativ existieren oft Verfahrensanweisungen oder Konzepte zum Projektmanagement.
5. Bewertung nach RADAR
Für die Bewertung sind die oben genannten Artefakte ein guter Ausgangspunkt. Die Umsetzung lässt sich optimal anhand der vorangegangenen Aktivitäten erkennen. Besonders interessant ist, ob die Organisation aus den Aktivitäten lernen konnte. Dabei geht es nicht um das Nachbessern einzelner Projekte, sondern um das Weiterentwickeln der eingesetzten Konzepte.

Kriterium 5: Leistungsfähigkeit und Transformation vorantreiben
Teilkriterium 5c: Innovation und Technologie
1. Thematische Schwerpunkte
Das Kriterium befasst sich mit der Fähigkeit der Organisation, kreativ zu sein, Innovationen zu entwickeln und sprunghafte Veränderungen bewältigen zu können. Es hinterfragt, ob die Organisation von Innovationen profitieren kann und aus diesen die Notwendigkeiten der Weiterentwicklung der eigenen Geschäftstätigkeit ableitet. Dazu betrachtet die Organisation alle neuen Technologien, mit denen die Wertschöpfung verbessert oder aber die begleitende Infrastruktur adaptiert werden könnte. Die Schnelligkeit der Umsetzung stellt dabei einen wesentlichen Erfolgsfaktor für den Nutzen dar, den die Organisation aus der Innovation schöpfen kann. Schließlich wird die Betrachtung der Lebenszyklen der Technologien angesprochen, um im Sinne der Kreislaufwirtschaft den Mehrwert der eigenen Wertschöpfung im Einklang mit dem Umfeld zu optimieren.
2. Wechselwirkungen
Dieses Kriterium hat einen engen Bezug zur Strategie und zur Leistungserbringung. Es ist ein Segment der Gesamtstrategie einer Organisation und wird hier im Kontext des Wandels der Organisation als separater Punkt genannt. Auf der Ergebnisseite müssten Erkenntnisse zur technologischen Wettbewerbsfähigkeit vorliegen, die den Fortschritt hinsichtlich des Technologieeinsatzes nachvollziehbar machen
3. Vorgehensweisen
In der Praxis haben Unternehmen mehrere zuständige Personen, die sich um den technologischen Fortschritt kümmern. In diesem Kriterium liegt der Fokus auf der Technologie, die für die Wertschöpfung genutzt wird. Die dazu relevanten Vorgehensweisen in Organisationen finden in der Regel direkt in Entwicklungsbereichen, in der Konstruktion oder im Produktionsbereich statt. Bei Dienstleistern sind oft IT-Themen relevante Technologieaspekte. Hier ergibt sich ein Sinnzusammenhang zum Kriterium 5a, da IT-Risiken oft mit IT-Technologien zusammenhängen.
4. Artefakte
Viele Organisationen erarbeiten sich ein Technologieportfolio und dokumentieren darin die Aktualität und Zukunftsfähigkeit der Technologien. Oft verknüpft sich das Technologiemanagement mit der Investitionsplanung, die ihrerseits auf Abschreibungsfristen des Maschinenparks beruht.
5. Bewertung nach RADAR
Die Bewertung des Technologiemanagements ist immer dann einfach, wenn ein Produktionsunternehmen betrachtet wird. In Dienstleistungsunternehmen ist zu klären, welche Aspekte unter den Technologiebegriff fallen. Beispielsweise wird in vielen Pflegeorganisationen das Konzept zur Pflege als Technologie empfunden. Die Expertenstandards sind dort klassische Quellen für neue Technologien.

Kriterium 5: Leistungsfähigkeit und Transformation vorantreiben
Teilkriterium 5d: Nutzung von Informationen und Wissen
1. Thematische Schwerpunkte
In diesem Kriterium wird hinterfragt, wie die Organisation die für den Geschäftsbetrieb notwendigen Daten erhebt und Lücken in der Datenerhebung erkennt und schließt. Die Analyse dieser Daten soll in einer Weise erfolgen, dass ein Mehrwert entsteht, handlungsrelevante Informationen erkannt werden und daraus Entscheidungen abgeleitet werden können. Die Entwicklung von Informationen und Wissen aus den Daten soll ein Lernen und Verbessern in der Organisation ermöglichen. Dabei können auch weitere Interessenpartner eingebunden werden, um neue Ideen und gemeinsam neue Lösungen zu entwickeln. Der Datenschutz wird in diesem Kriterium explizit angesprochen, insbesondere die Vermeidung von Datenmissbrauch, aber auch die Sicherung des intellektuellen Eigentums der Organisation.
2. Wechselwirkungen
Dieses Kriterium beleuchtet im Detail den Umgang mit Wissen, was im Kontext der Veränderung der Organisation neben den externen Treibern der Veränderung die Rahmenbedingungen für Veränderung aus den Innensicht festlegt. Die Arbeit mit Daten und Informationen ist eine wichtige Vorarbeit für den Strategieprozess. Auf der Ergebnisseite sollten die aufbereiteten Daten sichtbar sein, insbesondere vor dem Hintergrund von Relevanz und Nutzen, aber auch der Anwendbarkeit der Daten.
3. Vorgehensweisen
In der Praxis wird ein guter Teil der hier beschriebenen Analysen im Controlling durchgeführt. Es kann aber sein, dass spezifische Daten bereits in Fachabteilungen bearbeitet werden. Beispiele dafür sind die Qualitätssicherung oder das Marketing.
4. Artefakte
Bei der Auswertung kommen oft Verfahren zum Einsatz, die entweder in Prozessen festgeschrieben sind oder sich durch softwareunterstützte Auswertungslogiken ergeben. Der Zusammenhang zwischen der Aufbereitung von Daten und dem Kennzahlenportfolio kann helfen, die Sachverhalte transparent zu machen.
5. Bewertung nach RADAR
Im Idealfall befasst sich mit der Bewertung dieses Teilkriteriums ein Assessor, der einschlägige betriebswirtschaftliche Vorkenntnisse hat. Ansonsten wird es schwierig zu entscheiden, ob die Arbeit mit den Daten auf einem fachlich hohen Niveau stattfindet. Die reine Rückmeldung zu den Formalismen (z.B., dass es einen Prozess für ... gibt) hilft einer Organisation nicht weiter. Daraus ergibt sich eine Anforderung für die Zusammensetzung von Assessorenteams.

Kriterium 5: Leistungsfähigkeit und Transformation vorantreiben
Teilkriterium 5e: Management von Werten der Organisation
1. Thematische Schwerpunkte
Dieses Kriterium befasst sich mit dem Management von materiellen und immateriellen Werten der Organisation. Dabei wird hinterfragt, inwieweit diese bekannt und geeignet sind, die Organisation bei der Umsetzung ihrer Geschäftsidee zu unterstützen. Die Frage der optimalen Nutzung dieser Werte wird genauso gestellt wie die nach der Weiterentwicklung dieser Werte - orientiert an den Notwendigkeiten, die durch externe Einflüsse an die Organisation herangetragen werden. Auch die Werte, die nicht mehr nützlich für die Organisation sind, sollen erkannt und verantwortungsvoll entsorgt werden. Schließlich wird das Management der Finanzen als separater Punkt betrachtet.
2. Wechselwirkungen
Auch dieses Teilkriterium bezieht sich auf einen Teil der Strategie. In der Modellgestaltung trägt dieses Teilkriterium ein Segment der Strategiearbeit bei, das neben den vorangegangenen Teilkriterien die Organisation befähigt, ihre Geschäftstätigkeit wirkungsvoll und wettbewerbsfähig durchzuführen. Die Summenparameter des Assetmanagements finden sich auf der Ergebnisseite wieder.
3. Vorgehensweisen
Operativ zerfällt der Inhalt dieses Kriteriums in mindestens drei Bereiche: Finanzmanagement, Assetmanagement und Materialmanagement. Dazu sollte es auch entsprechende Vorgehensweisen geben. Je größer eine Organisation ist, desto differenzierter sind hierzu die Aktivitäten gestaltet.
4. Artefakte
Die Prozesse des Finanzmanagements sind aufgrund gesetzlicher Forderungen typischerweise anzutreffen. Im Assetmanagement muss das nicht zwingend der Fall sein. Es gibt Organisationen, die das Assetmanagement outgesourct haben. Das Materialmanagement wiederum wird oft von Lean-Management-Ansätzen erfasst. Dazu existieren dann Prozesse und Auswertungen der Bestände.
5. Bewertung nach RADAR
Bei den Prozessen des Finanzmanagements ist die Betrachtung oft einfach, da ein qualifizierter Review durch die Wirtschaftsprüfer den Assessoren ein klares Bild der Lage liefert. Das Assetmanagement ist dann problematisch zu bewerten, wenn eine Verwaltungsgesellschaft die Liegenschaften besitzt und das Management dieser Liegenschaften nicht die Aufgabe der betrachteten Organisation ist. Dann sollte man die Betrachtung der Liegenschaften aus dem Assessment ausschließen und nur die Pflege der Gebäude und Einrichtungen bewerten. Das Materialmanagement ist oft eine Stärke der Organisation im Produktionsbereich. Bei Dienstleistern kann es sein, dass die Relevanz des Materials so gering ist, dass man sich überlegen muss, mit welchem Gewicht dieser Aspekt in die Bewertung einfließt.

Ergebnisse

Kriterium 6: Wahrnehmungen der Interessengruppe
Zu diesem Kriterium gibt es kein Teilkriterium.
1. Thematische Schwerpunkte
⇨ Wahrnehmungen der Kunden, z.B. Kundenerlebnis, Marke und Reputation, Qualität der Leistung, Grad der Innovationsfähigkeit, Serviceleistungen, Kommunikationsverhalten ⇨ Wahrnehmungen der Mitarbeiter, z.B. Kultur, Arbeitsplatz, Haltung der Organisation, Arbeitsbedingungen, Entgelt, Reputation, Kommunikation, Attraktivität, Zukunftsfähigkeit ⇨ Wahrnehmungen der Behörden und Finanzpartner, z.B. Finanzmanagement, Sicherheit und Struktur, soziale Verantwortung, Umweltverhalten, Compliance, Reputation, Leistungen der Organisation, Zukunftsfähigkeit, allgemeiner Eindruck ⇨ Wahrnehmungen der Gesellschaft, z.B. Erfüllung der Erwartungen, Wirkung der Leistungen (z.B. Produktrisiken etc.), Grad der Transparenz, Bewertung des ethischen Verhaltens, Wirkung auf das lokale Umfeld, Beitrag zur Nachhaltigkeit, Haltung zur Kreislaufwirtschaft, Haltung zu Ungleichbehandlung, Diversität, Inklusion und Gleichbehandlung der Geschlechter ⇨ Wahrnehmung der Partner und Lieferanten, z.B. Geschäftsverhalten, Zusammenarbeit, Nutzung von Technologien, Anpassungsfähigkeit, soziales Engagement, Haltung zur Kreislaufwirtschaft, Leistungsverbesserung, Beziehungsmanagement, Organisationsstruktur, ethisches Verhalten, Nachhaltigkeit der Beziehung
2. Wechselwirkungen
Die Wahrnehmungen haben die gleiche Clusterung wie die Clusterung der Interessengruppen auf der Befähigerseite. Dadurch, dass diese Cluster keine Teilkriterien sind, hat der Anwender die Freiheit, Interessengruppen zu ergänzen oder wegzulassen.
3. Vorgehensweisen
Es werden die Ergebnisse von Befragungen gesucht. Die Befragung selbst ist hier nicht Teil der Bewertung. Der Fokus liegt auf statistisch belastbaren Erkenntnissen.
4. Artefakte
Es geht um Auswertungen von Befragungen. Zeitreihen der unterschiedlichen Aspekte werden gesucht, um diese bewerten zu können.
5. Bewertung nach RADAR
Die Bewertung der Ergebnisse erfolgt mit der entsprechenden RADAR-Matrix. Hinsichtlich Umfang und Relevanz ist zu entscheiden, welche Wahrnehmungen für die Organisation handlungsrelevant sind. Die Schwierigkeit liegt in der Gewichtung der Qualität der Wahrnehmungen der unterschiedlichen Interessengruppen.

Kriterium 7: Strategie- und leistungsbezogene Ergebnisse
Zu diesem Kriterium gibt es kein Teilkriterium.
1. Thematische Schwerpunkte
Dieses Kriterium sucht nach den Messungen der Leistungen der Organisation, die belegen, dass sie in der Lage ist, ihren Zweck zu erfüllen, ihre Strategie umzusetzen und die angestrebte Wertschöpfung zu erzielen. Dazu können finanzielle und nicht finanzielle Größen zählen. Es können sowohl strategische als auch operative Messgrößen sein. Im Idealfall ergibt sich ein Sinnzusammenhang zwischen den Wahrnehmungsergebnissen auf der einen Seite und diesen Leistungsmessungen auf der anderen Seite. Die Organisation soll durch die Messergebnisse befähigt werden, Prognosen hinsichtlich zukünftiger Leistungen zu erstellen. Bei der Auswahl der geeignetsten Leistungsindikatoren können sowohl die Erwartungen wichtiger Interessengruppen oder strategische Zielstellungen eine Orientierung geben. Beispiele für solche Leistungsmessungen können sein: finanzielle Endergebnisse, Leistungsmengen, Marktanteile, Erreichung strategischer Zielgrößen etc.
2. Wechselwirkungen
Die Ergebnisse resultieren aus den Tätigkeiten, die in den Themenfeldern der Kriterien der Befähigerseite des Modells beschrieben sind. Analog den Wahrnehmungen empfiehlt sich eine nach Interessengruppen segmentierte Darstellung der Leistungen.
3. Vorgehensweisen
Aus dem Controlling heraus ergeben sich Kennzahlen, die im Idealfall bereits eine an den Interessengruppen ausgerichtete Struktur haben. Sollte das nicht der Fall sein, ist eine Zuordnung nicht schwierig. Eine Gesamtübersicht jeglicher Leistungsmessungen ist die Basis für die sinnvolle Gestaltung eines Kennzahlensystems, das eng mit der Strategie verknüpft ist.
4. Artefakte
Ein Portfolio der Kennzahlen, das auch als Kennzahlenbaum dargestellt wird, verdeutlicht auf einen Blick die Struktur des Kennzahlensystems einer Organisation.
5. Bewertung nach RADAR
Die Bewertung der einzelnen thematischen Cluster mit der RADAR-Matrix ist relativ einfach. Die Schwierigkeit liegt darin, die Reife des Kennzahlensystems als Ganzes zu erfassen. Je nach Komplexität kann es schwierig sein, „genug“ von „zu viel“ zu unterscheiden. Auch im Einzelfall ist die Bedeutung der gezeigten Kennzahlen nur aus den Gesprächen mit den „Kunden“ dieser Kennzahlen in den einzelnen Bereichen der Organisation zu erschließen. Somit verteilt sich die Bewertung der Kennzahlen über das gesamte Assessment.

Die RADAR-Bewertungslogik 2020

Im EFQM Modell hat die RADAR-Logik eine herausgehobene Bedeutung. Sie ermöglicht die nachvollziehbare, faktenbasierte Bewertung von Prozessen über Teilkriterien, Kriterien und Teile von Organisationen bis hin zu kompletten Organisationen. Abgeleitet vom PDCA-Zyklus ist die RADAR-Logik das Herz des Modells.

In diesem Beitrag erfahren Sie:

- was mithilfe der RADAR-Logik bewertet wird und welche drei Bewertungsmatrizen zum Einsatz kommen
- wie die RADAR-Logik die Quantifizierung von Bewertungsergebnissen und damit den indirekten Vergleich der oben genannten Bewertungsgegenstände (z.B. Prozesse) erlaubt
- wie eine Organisation durch das Ergebnis einer RADAR-Bewertung einem Leistungsniveau (z.B. R4E, LEP-Preisträger) zugeordnet werden kann

André Moll

Die Struktur der RADAR-Logik

Die RADAR-Bewertungslogik stellt den Bewertungsansatz des EFQM Modells dar. Für jedes der sieben Hauptkriterien und insgesamt 25 Teilkriterien kann diese Bewertungslogik angewendet werden, um einerseits qualitative Aussagen zu Stärken und Potenzialen zu ermitteln und diese Erkenntnisse andererseits zu nutzen, um die Reife der Organisation auch quantitativ zu definieren.

Die RADAR-Logik gliedert sich in Elemente und zugehörige Attribute. Die Elemente sind übergeordnete Bewertungsaspekte. Es werden auf der Seite der Befähiger „Vorgehen", „Umsetzung" sowie „Bewertung & Verbesserung" unterschieden. Auf der Seite der Ergebnisse heißen die Elemente „Relevanz & Nutzen" sowie „Leistung". Somit sind auf dieser Ebene die Eigenschaften der RADAR-Logik gegenüber der Version 2013 gleich geblieben. Jedoch wird im Modell 2020 eine RADAR-Matrix für jeweils einen der drei Abschnitte des Kriterienmodells angeboten.

Damit in der Anwendung eine größere Klarheit hinsichtlich der Zuordnung entsteht, sind die Elemente jeweils in zwei bis vier Attribute gegliedert. Die Attribute bilden die unterste Ebene der Betrachtung. Um die Attribute zu definieren, bietet die RADAR-Logik zu jedem Attribut eine kurze Beschreibung.

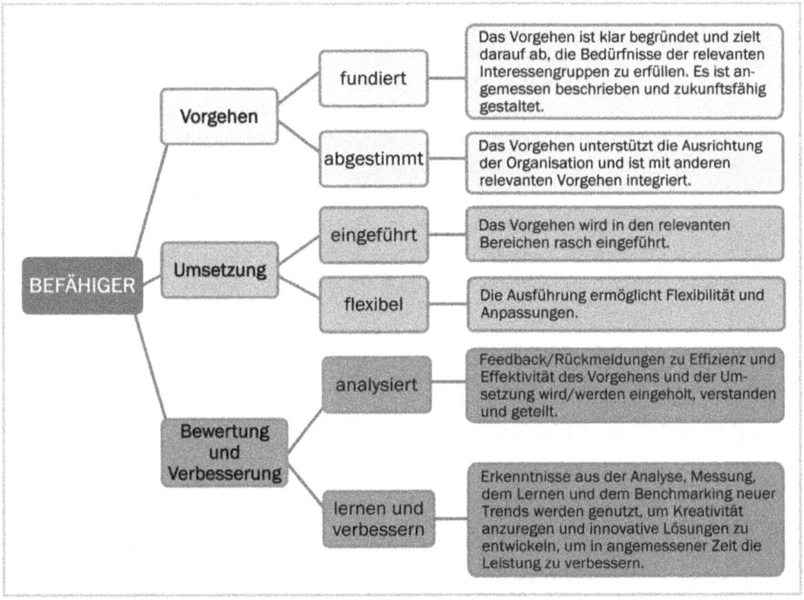

Abb. 1: *Elemente und Attribute der RADAR-Bewertungslogik für die Befähiger*

Die Attribute richtig zu interpretieren, ist eine wichtige Voraussetzung für die erfolgreiche Anwendung der RADAR-Logik. Jeder Anwender sollte

sollte die Bewertungsmatrizen – die in der Broschüre des EFQM Modells abgedruckt sind – so lange benutzen, bis die Bedeutung der Abstufungen der Attribute verinnerlicht ist.

Hinsichtlich der Befähigerseite zeigt Abbildung 1 die insgesamt sechs Attribute der Bewertungslogik. In der dritten Ebene werden die Attribute definiert. Sie erklärt dem Anwender, welche Aspekte mit einem bestimmten Attribut angesprochen sind. Sämtliche Darstellungen entsprechen dem Arbeitsstand des EFQM Modells 2020 im Sommer 2019.

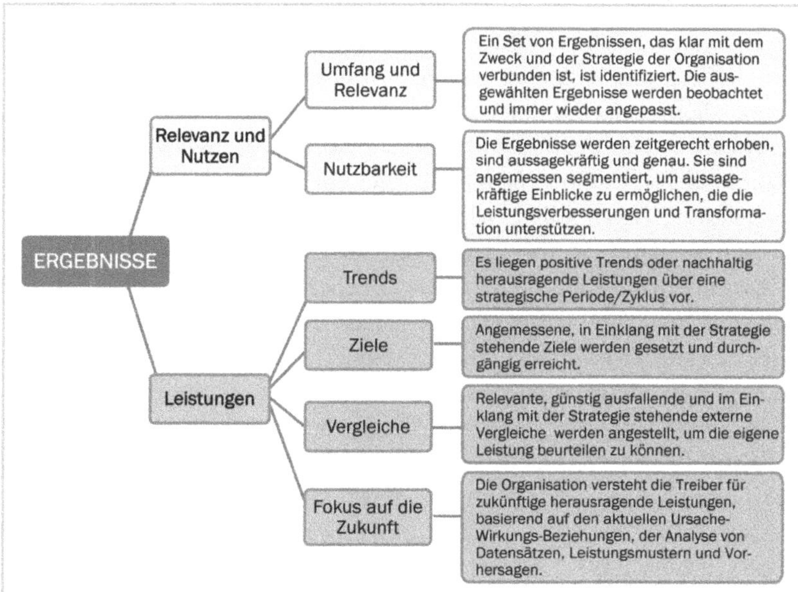

Abb. 2: *Elemente und Attribute der RADAR-Bewertungslogik für die Ergebnisse*

Analog zeigt Abbildung 2 den Aufbau für die Ergebnisseite. Die beiden Elemente der Ergebnisseite gliedern sich ebenfalls in sechs Attribute. Deren Beschreibung in der dritten Ebene definiert in gleicher Weise die zu betrachtenden Aspekte.

Die Bedeutung der Attribute wird durch deren beispielhafte Anwendung deutlich. Der Vertriebsprozess einer Organisation hängt über seine Zielsetzung mit der Strategie der Organisation zusammen. Diese Zielsetzung bildet den Ausgangspunkt der Bewertung. Um diese nachzuvollziehen, bietet sich das Bild einer liegenden Acht (siehe Abb. 3) an. Den Ausgangspunkt einer jeden Anwendung von RADAR bildet das Verständnis der Zielsetzung der betrachteten Abläufe. Die Zielsetzung prägt, wie Abläufe geplant werden. Das Modell sucht immer nach dem Bezug zum Zweck der Organisation. Dieser ergibt sich über die Strategie und zuletzt über die Ziele, die sich aus der Strategie ableiten.

Im ersten Schritt wird die Fundiertheit des Elements „Vorgehen" – also der Planung – betrachtet. Dazu ist das Verständnis der Zielsetzung unerlässlich. Es ist die Frage zu beantworten, welche Interessengruppen Profiteure des zu betrachtenden Ablaufs sind und inwieweit bereits die Planung deren Erwartungen berücksichtigt und den optimalen Nutzen herbeiführt. Letztendlich wird so betrachtet, ob die Planung grundsätzlich geeignet ist, die Zielsetzung zu erreichen. Das Modell sucht insbesondere die Zukunftsfähigkeit der Planung. Damit ist gemeint, ob das Vorgehen längerfristig geeignet ist, das richtige Ergebnis zu erzielen, oder zumindest Eigenschaften aufweist, die es erlauben, das Vorgehen an neue Erfordernisse anzupassen.

Als weiteres Attribut charakterisiert „abgestimmt" die Reife des Vorgehens. Hier wird betrachtet, inwieweit das Vorgehen die Ausrichtung der Organisation unterstützt und mit anderen relevanten Aktivitäten verknüpft ist. Wenn das Vorgehen auf ein Ziel ausgerichtet ist, das einen klaren Bezug zur Strategie hat, ist das bereits ein wichtiger Anhaltspunkt für dieses Attribut. Mit dem Begriff „Ausrichtung" ist eine erweiterte Betrachtung der für den Erfolg der Organisation relevanten Festlegungen gemeint, die über den relativ engen Rahmen der reinen Strategie hinausgeht. Die Einbindung des betrachteten Vorgehens in die Gesamtplanung ist ein weiterer Aspekt. Beispielsweise könnte das Vorgehen des Vertriebsprozesses über die Prozesslandkarte oder die Balanced Scorecard in die Organisation eingebunden sein.

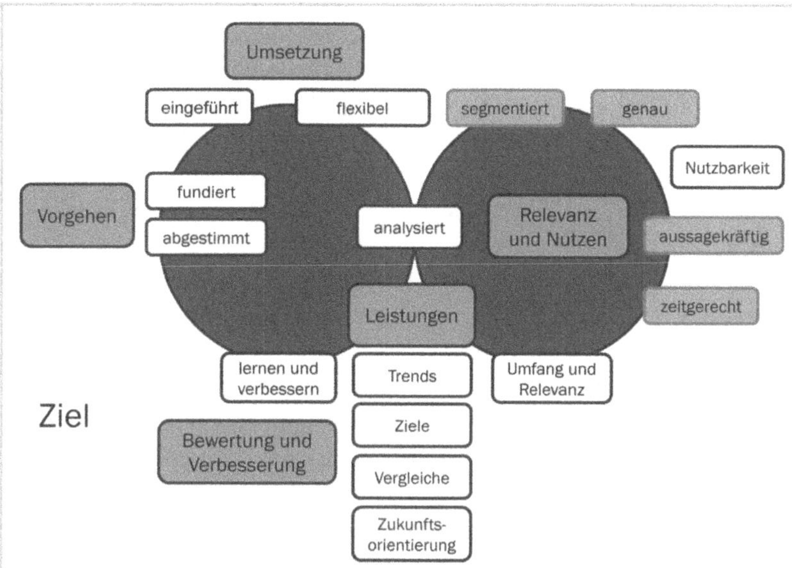

Abb. 3: *Konzept der „liegenden Acht" zur Darstellung der RADAR-Logik*

Hinsichtlich des in der Chronologie folgenden Elements „Umsetzung" stellt sich zunächst die Frage, ob das Vorgehen „eingeführt" ist. Damit ist nicht gemeint, dass irgendetwas eingeführt ist, sondern dass der Zusammenhang zwischen der zuvor betrachteten Planung des Vertriebsprozesses, was im Rahmen des Prozesses geschehen soll, und dem, was tatsächlich geschieht, offensichtlich ist. Die meisten Assessoren werten hier nicht konsequent. Die Bewertung der Umsetzung ergibt sich in ihrer Qualität aus der Einhaltung der Planung. Jede Abweichung vom Plan führt uns direkt zum nächsten Attribut „flexibel".

Dazu sind zwei Überlegungen anzustellen: Einerseits ist die Frage zu klären, ob die Umsetzung im Kontext der realen Umgebung so geplant ist, dass – wenn nötig – eine hohe Flexibilität möglich ist. Das bedeutet, dass die reale Umsetzung so vonstattengehen kann, dass sie aktuellen bzw. temporären Anforderungen genügen kann. Andererseits ist zu fragen, ob die reale Umsetzung so stattfindet, dass der Eindruck entsteht, dass die Änderungen in einem Maß stattfinden, das bei der Konzeption des Prozesses vorgesehen war. Wir grenzen hier kreativen Wildwuchs von planvoller Anpassung des Vorgehens ab. In der Gegenwart werden vermehrt Planungsmethoden verwendet, die iterativ ein Ziel anpeilen (z.B. SCRUM). Der Vertriebsprozess kann beispielsweise in der Urlaubszeit mit weniger Personal durchgeführt werden, während in saisonalen Hochphasen die Leistung des Vertriebsprozesses durch zusätzliche Kräfte gestärkt wird.

Das Element „Bewertung & Verbesserung" ist ein Schlüsselelement. In der Interpretation als „liegende Acht" bildet das Attribut „analysiert" den Kreuzungspunkt zur Ergebnisseite. Das Attribut „analysiert" der Befähigerseite hinterfragt die Wahrnehmung und Messung der Effektivität und Effizienz, inklusive der zugehörigen Auswertungen und der Verteilung der Information an alle relevanten Stellen. Um die daraus resultierenden Ergebnisse bewerten zu können, müssen vorher „Umfang & Relevanz" der Ergebnisse betrachtet werden. Damit geht die Betrachtung nahtlos auf die Ergebnisseite über. Ein gutes Assessment wird so durchgeführt, dass bei der Diskussion der Befähigerseite immer der Brückenschlag zur Ergebnisseite gesucht wird. Die weiteren Attribute des Elements „Relevanz & Nutzen" charakterisieren die Eignung der Messergebnisse als eine Basis für Managemententscheidungen. So ist die „Nutzbarkeit" der Daten ein oft unterschätzter Aspekt. Wenn die Messung keine glaubwürdigen Ergebnisse liefert, hat das direkte Auswirkungen auf die Interpretation der damit erfassten „Leistungen" – dem zweiten Element der Ergebnisseite. Ein bekannter englischer Vordenker zum Excellence-Ansatz prägte schon in 2009 die Aussage: „Shit in, shit out!" Wenn also die Messung kein verlässliches Ergebnis bringt, kann auf eine Interpretation der Ergebnisse weitgehend verzichtet werden, da die Unwägbarkeit des Messfehlers der erkannten Leistung viel Gewicht nimmt. Im Falle des Vertriebsprozesses steht die Betrachtung des Konzepts zur Messung der Prozessleistung im Rahmen des Attributs im Fokus. Es geht nicht darum, einfach nur zu schauen, ob eine Messung stattfindet, sondern ob eine Messung stattfindet, die eine qualifizierte Aussage zur Effektivität und Effizienz des Vertriebsprozesses erlaubt.

Wenn für den Vertriebsprozess dargestellt wird, dass dessen Effizienz gemessen wird, muss sicher sein, dass die Ergebnisse so erhoben wurden, dass sie „zeitgerecht", d.h. zum richtigen Zeitpunkt, erhoben wurden und „aussagekräftig" sind. Darüber hinaus sollten die Ergebnisse „genau" sein, was meint, dass die Werte einen vertretbaren Vertrauensbereich aufweisen, also nicht nur eine Schätzung darstellen. Als weiterer Punkt zur Qualifizierung der Messung wird die „Nutzbarkeit" der Daten durch die geeignete Segmentierung erreicht. Erst durch diese vier Eigenschaften kann die Erfüllung des Attributs „Nutzbarkeit" belegt werden.

Die Messung könnte beispielsweise nach Märkten, Kundengruppen oder Produkten segmentiert sein. In der Regel sind Gesamtwerte über alles wenig geeignet, um damit operativ zu steuern. In der Praxis liegen häufig segmentierte Werte vor. Diese werden jedoch selten in Unternehmensbeschreibungen oder Bewerbungsbroschüren transparent dargestellt.

Erst wenn „Relevanz & Nutzen" eindeutig geklärt sind, beginnt die Interpretation der Leistung. Die RADAR-Logik macht die Leistung an „Trends", an der „Ziele"-Erreichung, an günstigen „Vergleichen" und an der „Zukunftsorientierung" der Ergebnisse fest. Auch wenn eine Trendanalyse im ersten Schritt trivial erscheint, so sind Kenntnisse der Branche, der außergewöhnlichen Ereignisse (z.B. Zukäufe, Abspaltungen etc.) wichtig. Die RADAR-Logik betrachtet, um Erfolg von Glück zu unterscheiden, standardmäßig eine strategische Periode. Dabei ist zu klären, was eine Organisation für sich als sinnvolle „strategische Periode" empfindet. Die Gefahr besteht darin, dass die Organisation genau die Zeit als strategische Periode empfindet, in der sich die Ergebnisse positiv entwickelt haben. Hier besteht bereits im Vorfeld des Assessments Klärungsbedarf, der die Rahmenbedingungen der betrachteten Organisation mit den Anforderungen der Vergleichbarkeit von Bewertungsergebnissen nach RADAR in Einklang bringen muss.

Nur mit einer profunden Kenntnis der Ereignisse im Betrachtungszeitraum kann eine aussagekräftige Interpretation entstehen. Oft kommt es vor, dass die Organisation durch außergewöhnliche Ereignisse zu einzelnen Messungen keine vergleichbaren Zeiträume zeigen kann. Im

Falle des Vertriebsprozesses kann das beispielsweise die Integration der Vertriebsaktivitäten eines zugekauften Mitbewerbers in den eigenen Vertriebsprozess sein. Dann werden zu den Größen, die durch die Integration betroffen sind, andere Perioden betrachtet als bei den Größen, die davon nicht betroffen sind. In der Trendentwicklung kann man auch das Jahr des Übergangs in der Betrachtung aussparen und stattdessen zwei Betrachtungsperioden analysieren.

„Ziele" und „Vergleiche" werden stets mit Bezug auf die Strategie betrachtet. Dabei obliegt es der Organisation festzulegen, zu welchen Kennzahlen Ziele definiert werden. Durch die selbst getroffene Festlegung, deren Plausibilität zu diskutieren ist, ergibt sich der Umfang der Kennzahlen, die hinsichtlich „Ziele" und „Vergleiche" betrachtet werden. Die Organisation kann im Umkehrschluss so viele Kennzahlen mit Zielen belegen, wie sie möchte. Es werden schlichtweg nur die „Ziele" und „Vergleiche" für die strategisch wichtigen Ergebnisse betrachtet. Im Falle des Vertriebsprozesses kann beispielsweise der durchschnittliche Umsatz je Kunde eine strategisch relevante Kennzahl sein. Diese Festlegung kann jede Organisation allerdings – begründet – selbst treffen.

Bei der aktuellen Regelung kann eine Organisation ihre Prioritäten selbst festlegen und ist erst dann angehalten, die Aspekte, die sie für prioritär hält, auch mit Zielen und Vergleichen eng zu steuern.

Aus der Interpretation der Leistung leitet die Organisation Erkenntnisse ab, die zum Attribut „Lernen & Verbessern" führen. In diesem Attribut geht es um die Betrachtung, wie aus den Erkenntnissen zur Leistung über Lernprozesse und kreative Aktivitäten neue innovative Lösungen entstehen, die zeitnah die Leistungen verbessern. Der Ringschluss ergibt sich, wenn aus den Verbesserungen ein angepasstes Vorgehen entsteht, welches neue Ziele unterstützt.

Die Anwendung der RADAR-Logik

Die Anwendung der RADAR-Bewertungslogik ist wie eingangs erwähnt auf unterschiedlichen Ebenen möglich: angefangen bei einzelnen Tätigkeiten und Abläufen über Prozesse bis hin zur Gesamtorganisation. Dabei werden jedoch grundsätzlich zwei Situationen unterschieden: Entweder wenden die eigenen Führungskräfte einer Organisation die RADAR-Logik an – in dem Fall spricht man von einer Selbstbewertung – oder externe Gutachter (Assessoren) arbeiten mit der RADAR-Logik. Diese Bewertung wird Fremdbewertung genannt. Diese kann wiederum Teil eines Preisverfahrens sein oder als „friendly assessment" ausschließlich dem Erkenntnisgewinn dienen.

Unabhängig von der Art der Anwendung beruht die Bewertung zunächst auf einer Anzahl von Feststellungen, die der Anwender hinsichtlich des Betrachtungsgegenstands getroffen hat. Die Feststellungen haben unterschiedliche Ausprägungen. Einige beschreiben sehr positive Eigenschaften und werden als „Stärken" tituliert. Viele beschreiben die Normalität und sind weder gut noch schlecht.

Einige wiederum beziehen sich auf Aspekte, deren Verbesserung die Organisation leistungsfähiger bzw. erfolgreicher machen würde. Diese Feststellungen werden Verbesserungspotenziale genannt. Der EFQM-Ansatz spricht bewusst nicht von Schwächen oder synonymen Begriffen. Hintergrund ist die Erkenntnis, dass eine negativ belegte Benennung eher dazu führt, dass derlei Aspekte gar nicht zur Sprache kommen. Die Verantwortlichen könnten sich angegriffen fühlen – „Das, was Sie die letzten Jahre gemacht haben, ist schlecht!" – und würden nach Wegen suchen, ein solches Feedback zu vermeiden, statt an der Verbesserung zu arbeiten.

Die Anwendung in der eigenen Organisation

Im Kontext der Selbstbewertung wird die RADAR-Logik häufig nur qualitativ angewendet, um den Konflikten auszuweichen, die sich ergeben, wenn quantitative Wertungen abgegeben werden sollen. In dem gruppendynamischen Prozess der Interpretation der Feststellungen hin zu Stärken und Potenzialen gibt es häufig Polarisierungstendenzen, die dazu führen, dass die Betrachtung entweder zu wohlwollend stattfindet

(Nabelschau – alles ist gut!) oder in die zu kritische Gegenrichtung geht (Alles ist schlecht! Wir stehen noch ganz am Anfang).

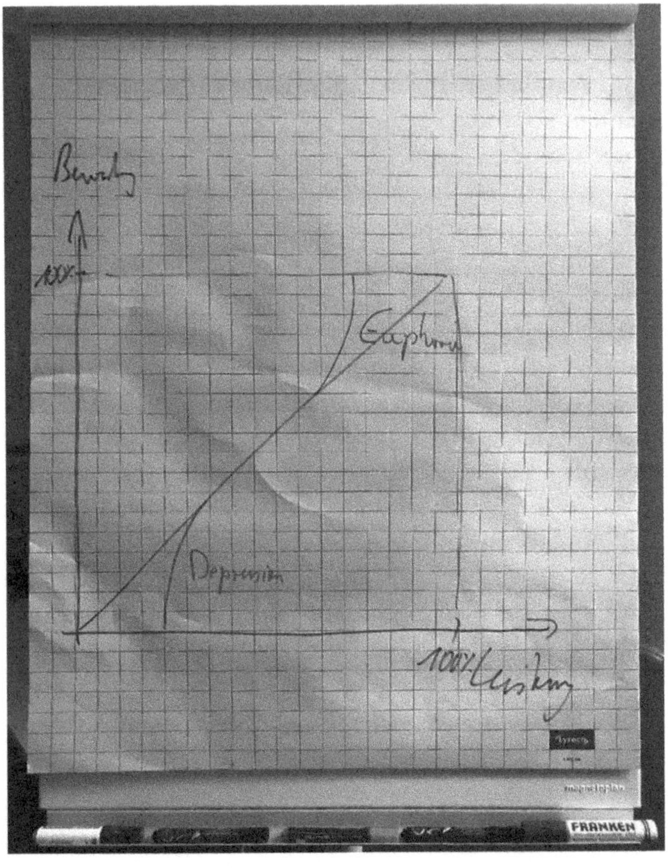

Abb. 4: *Gruppendynamischer Prozess in der Bewertung*

Deshalb bietet es sich an, immer wieder zu reflektieren, ob man noch „neutral" bewertet. Meist ist es sogar besser, einen externen Moderator für die Bewertung zu engagieren. Fatal ist es, wenn ein Qualitätsmanager die eigene Geschäftsleitung in einer Selbstbewertung moderiert. Damit kann sich der Systemverantwortliche in kritische Situationen bringen, wenn sich die Geschäftsführung angegriffen fühlt.

Für die Selbstbewertung gibt es wiederum mehrere Methoden, die im Excellence-Leitfaden [1] von WEKA MEDIA beleuchtet werden.

Die Anwendung im Preisverfahren

Die „Königsklasse" der Anwendung der RADAR-Logik ist der Einsatz im Preisverfahren. Während die Vergleichbarkeit eines Selbstbewertungsergebnisses mit dem Ergebnis einer anderen Organisation nur begrenzt wichtig ist, wird im Preisverfahren die RADAR-Bewertungslogik eingesetzt, um den Vergleich von Organisationen zu erreichen. Hier besteht ganz konkret die Absicht, die im Sinne des Excellence-Gedankens beste Organisation zu identifizieren. Dazu bedarf es einer Kalibrierung der bewertenden Assessoren in der Anwendung der RADAR-Logik. Dazu wird in Trainings und Briefings mit den Assessoren die Anwendung der Bewertungsmethode geübt.

Im Preisverfahren werden jeweils Teams eingesetzt, die von erfahrenen Assessorenteamleitungen geführt werden. Aus der Pluralität der einzelnen Wahrnehmungen, Interpretationen und Wertungen entsteht ein „Konsens", der eine größere Aussagekraft als das Feedback einer Einzelperson hat. Eine Jury betrachtet zu einem späteren Zeitpunkt die Ergebnisse der bewerteten Organisationen und bestimmt daraus die Platzierungen in Gold, Silber und Bronze. Aus einer neutralen Perspektive kompensiert die Jury durch die intensive Betrachtung der Arbeitsergebnisse der Einzelteams eventuell auftretende Abweichungen.

Punktwertung

Zu jedem Element wird eine Punktwertung erzeugt. Dazu erarbeitet sich der Assessor mithilfe der Bewertungsmatrix eine Wertung zu den jeweiligen Attributen und mittelt daraus eine Wertung für das Element. Daraus wiederum errechnet sich die Bewertung in Gänze.

Dabei sind zwei wichtige Einschränkungen hinsichtlich des Mittelns von Zahlen vorgegeben. So kann der Wert von „Relevanz & Nutzen" nie höher sein als der Wert von „Umfang & Relevanz". Das ist darin begründet, dass sich die Aussagekraft der Messung durch mangelnde Nutzbarkeit der Daten zwar mindern, sich der Mangel an relevanten Messgrößen durch deren Nutzbarkeit aber nicht beheben lässt.

Weiterhin begrenzt die Fundiertheit der Planung grundsätzlich die Wertung für ein Kriterium der Befähigerseite. Wenn es kein Konzept gibt, wie eine Zielsetzung erreicht werden soll, ist ein ungeplanter Aktionismus der Organisation keine Ausprägung von Excellence, selbst wenn dabei zufällig etwas sehr Gutes entsteht.

Um die Punktwertung zu beherrschen, bedarf es der Kenntnis von Referenzen. In den Assessorentrainings der Initiative Ludwig-Erhard-Preis wird anhand von aktuellen Unterlagen, die Bewerber der Initiative freundlicherweise zur Verfügung stellen, die Relation zwischen einer Wertung auf der Hunderterskala und der realen Situation in der Organisation hergestellt. Je mehr Kenntnisse früherer Bewertungen ein Assessor besitzt, umso trefflicher kann diese Person einen Sachverhalt bewerten. Ein erfahrener Assessor sollte mindestens fünf bis zehn Assessment durchlaufen haben, ehe er das numerische Werten als Teamleiter moderieren kann.

Die Änderungen im Rahmen der Revision 2020

Auf der Ebene der Elemente der RADAR-Logik gibt es im Zuge der Revision 2020 einige Änderungen. Auf der Ebene der Attribute wurden erhebliche Änderungen vorgenommen, um die RADAR-Logik zu vereinfachen. Auf der Befähigerseite wird das Attribut „angemessen" in „flexibel" umgetauft. Am Sinn hat sich dadurch nichts Wesentliches geändert. Die drei Attribute von „Bewertung & Verbesserung" werden auf zwei reduziert. Diese heißen „analysiert" sowie „Lernen & Verbessern".

Dabei ändert sich der Sinngehalt bei „analysiert" gegenüber dem vorherigen Attribut „Messung" dahin gehend, dass Feedback zusätzlich zur Betrachtung von Effizienz und Effektivität des Vorgehens ergänzt wurde. Zudem wurde die Betrachtung hinzugenommen, ob die Erkenntnisse verstanden und geteilt wurden. Damit kommt ein neuer Aspekt in die Bewertung. Die RADAR-Logik erwartet hier mehr als die Erhebung der reinen Zahlen.

Die zwei Attribute „Lernen & Kreativität" und „Verbesserung & Innovation" aus dem Modell 2013 sind im neuen Modell zu einem Attribut „Lernen & Verbessern" verschmolzen.

Auf der Ergebnisseite werden die beiden Attribute „Integrität" und „Segmentierung" aus dem früheren Modell 2013 zum Attribut „Nutzbarkeit" zusammengefasst, ohne dass eine Sinnänderung damit verbunden ist.

Das Attribut „Tragfähigkeit" des alten Modells wurde in „Zukunftsorientierung" umbenannt, wobei auch hier keine schwerwiegende Sinnänderung damit verbunden ist.

Insgesamt wurden die Hinweise zu RADAR gestrafft und die RADAR-Bewertungsmatrix weiter grafisch vereinfacht.

Das neue Modell wurde hinsichtlich der RADAR-Logik anwendungsfreundlicher gestaltet. Das Hauptproblem fast aller Unternehmen ist die Handhabung der Unwägbarkeit, was zukünftig geschehen wird. Mit der Revision ist dieser Aspekt noch etwas deutlicher im Modell verankert worden. Dabei hat das Betrachten dieser Aspekte Grenzen, denn die Assessoren können auch nicht in die Zukunft schauen. Somit ergibt sich aus der RADAR-Logik der Fokus auf die wesentlichen Verbesserungspotenziale. Darin liegt der wertschöpfendste Teil der Sachinformation, die sich im Assessment ergibt. Die reine Einschätzung der Reife einer Organisation anhand der Numerik der RADAR-Logik ist nur ein Add-on zu dieser Information. Im schlimmsten Fall ist die Validität dieser Information begrenzt, und egal, welche Änderung diese oder zukünftige Modellrevisionen bringen – sie werden dieses Problem nicht beheben können.

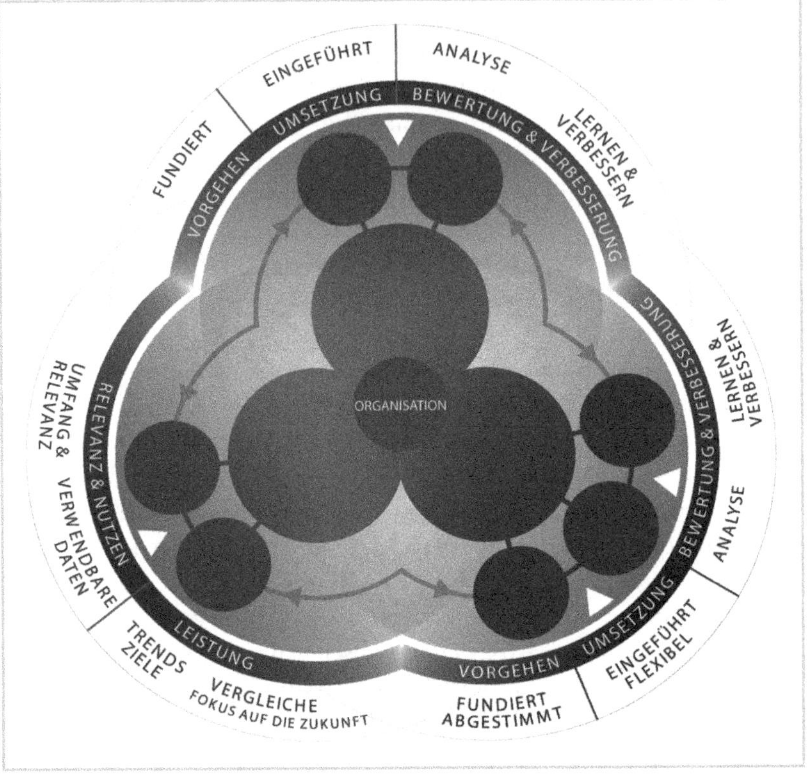

Abb. 5: *RADAR-Bewertungslogik 2020*

Literatur

[1] Moll, A.; Kohler, G. (Hrsg.): *Excellence-Leitfaden – Praktische Umsetzung des EFQM Excellence Modells. Kissing: WEKA MEDIA, 2018, 3. unveränderte Auflage*

Zusammenfassung

Die RADAR-Bewertungslogik ist eine Schätzung. Nicht allen Anwendern ist das klar. Daraus leitet sich ab, dass jedes Bewertungsergebnis nur ein Anhaltspunkt für die Reife einer Organisation ist. Der wahre Nutzen der RADAR-Bewertung liegt in der strukturierten Analyse von Sachverhalten und in der Breite der Anwendbarkeit. Aus den Preisverfahren ist klar, dass eine Abweichung von bis zu 20 Punkten zwischen zwei unabhängigen Wertungen unterschiedlicher Organisationen noch kein Grund zur Annahme ist, dass ein signifikanter Unterschied vorliegt.

Das Arbeiten mit den Attributen ist der entscheidende, nutzenstiftende Aspekt der RADAR-Logik. Die Grundfrage ist: „Haben wir einen plausiblen Weg erarbeitet, um das Ziel zu erreichen?" Die Anwendung bereits in der Planungsphase im Sinne der Grundfrage generiert einen erheblichen Nutzen für die Organisation. Durch eine systematische Anwendung der RADAR-Logik auf Prozessebene haben viele Organisationen ihre Leistungsfähigkeit massiv erhöht.

Der Zweck der RADAR-Logik wird deutlich, wenn man sie vom kontinuierlichen Verbesserungsprozess (KVP) abgrenzt. Während der KVP nach den inkrementellen Verbesserungen sucht, sucht die RADAR-Logik nach umfassenden Verbesserungsmöglichkeiten, die teilweise zu neuen Vorgehensweisen führen. Die Priorisierung der erkannten Verbesserungspotenziale und deren Nutzung zur Weiterentwicklung der Organisation ermöglichen Veränderungen in großen Schritten. Darin liegt die Chance der Anwendung von RADAR!

Die Neuerungen des EFQM Modells 2020

Durch die Modellrevision steht den Nutzern ein verbessertes EFQM Modell 2020 zur Verfügung. Für all diejenigen, die das bestehende Modell 2013 kennen, ist es wichtig zu erfahren, was die wesentlichen Änderungen sind, die die Modellrevision gebracht hat.

In diesem Beitrag erfahren Sie:

- welche Neuerungen das EFQM Modell 2020 bringt
- welche Bedeutung diese Neuerungen haben
- wie sich die Anwendung des Modells dadurch ändert

André Moll

Wegfall der Grundkonzepte

Das EFQM Excellence Modell 2013 bestand aus drei Teilen: den Grundkonzepten, dem Kriterienmodell und der RADAR-Logik. Das Modell 2020 besteht nur noch aus dem Kriterienmodell und der RADAR-Logik.

Die Änderung bei den Grundkonzepten ist in einem Satz erklärt: Man hat sie weggelassen.

Der Hintergrund besteht darin, dass das Modell 2020 zugänglicher und weniger komplex sein soll. Eine Möglichkeit, diesen Effekt zu erreichen, lag darin, die Konzepte einfach ersatzlos zu streichen. In der Praxis hatten die Konzepte selbst mit der Korrelationsmatrix zum Kriterienmodell eine Komplexität erzeugt, die den meisten Nutzern eher Unbehagen als Begeisterung entlockt hat.

Das Fehlen der Grundkonzepte ist für die klassische Selbst- und Fremdbewertung kein Problem, da dabei das Kriterienmodell und die RADAR-Logik zum Einsatz kommen. Bei Fremdbewertungen speziell für den Ludwig-Erhard-Preis wurden die Grundkonzepte zur Gliederung der Zusammenfassung des Ergebnisses genutzt. Der Mehrwert war eine abstraktere Darstellung der Erkenntnisse. Das Wegfallen dieser Struktur ist in diesem Kontext überbrückbar, ansonsten wurden die Grundkonzepte nur zur Vermittlung der dem Excellence-Gedanken als Basis dienenden Annahmen genutzt. Dazu gibt es auch alternative Argumentationen (siehe Beitrag „Was ist Excellence?").

Das Kriterienmodell

Die Änderungen im Kriterienmodell sind erheblich. Die Analyse des Kriterienmodells 2020 im Detail finden Sie in einem separaten Beitrag. In der Gegenüberstellung werden hier auf der Ebene der Kriterien und Teilkriterien die Änderungen diskutiert.

Dazu ist in diesem Beitrag eine Korrelationstabelle dargestellt. Sie legt in der ersten Spalte das Modell 2020 als Basis zugrunde und zeigt in der zweiten Spalte, in welchen Teilkriterien des Modells 2013 entsprechende Inhalte zu finden sind. In der dritten Spalte wird das Modell 2013 als Basis zugrunde gelegt und die vierte Spalte zeigt, wo diese Inhalte im Modell 2020 zu finden sind. Grundsätzlich müsste man die Zusammenhänge noch feingliedriger betrachten. Deshalb darf man die Korrelationen auch nur als groben Anhalt sehen. Im Detail gäbe es noch mehr Korrelationen. Diese haben jedoch nicht die gleiche Bedeutung wie die im Folgenden genannten.

Tab. 1: *Korrelationstabelle Modell 2020 und Modell 2013*

Modell 2020	Modell 2013	Modell 2013	Modell 2020
1a	1a, 2c	1a	1a, 2a, 2d
1b	2a	1b	1e
1c	2a, 2b	1c	3a–e
1d	2c	1d	1e, 2c, 2d

Modell 2020	Modell 2013	Modell 2013	Modell 2020
1e	1b, teilweise 1d, 5a	1e	2b, 5a
2a	1a	2a	1b, 1c, 3d
2b	1e	2b	1c
2c	Grundkonzept, 1d	2c	1a, 1d, 3d, 5a
2d	1a, 1d, 2d	2d	2d, 5a
3a	5e, 1c	3a	3b
3b	3a–e, 1c	3b	3b
3c	1c, teilweise 4b, Rest neu	3c	3b
3d	neu, 1c, teilweise 2, 4	3d	3b
3e	1c, 4a	3e	3b
4a	5b	4a	3e
4b	5c, teilweise 5e	4b	3c, 5e
4c	5d	4c	5e
4d	neu	4d	5c
5a	1e, 5a, 2c, 2d	4e	5d
5b	1e	5a	1e, 5a
5c	4d	5b	4a
5d	4e	5c	4b
5e	4b, 4c	5d	4c
6	6a, 7a, 8a, 9a teilweise	5e	3a, 4b
7	6b, 7b, 8b, 9a, 9b	6a	6
		6b	7
		7a	6
		7b	7

Modell 2020	Modell 2013	Modell 2013	Modell 2020
		8a	6
		8b	7
		9a	6, 7
		9b	7

Die Struktur des neuen Modells hat auf der ersten Ebene nur noch sieben statt neun Kriterien. Diese sieben Kriterien gliedern sich nunmehr in drei Kategorien: „Ausrichtung", „Realisierung" und „Ergebnisse". Dadurch wird die klassische Aufteilung in Befähiger und Ergebnisse abgelöst. Faktisch bilden „Ausrichtung" und „Realisierung" die Befähiger. Dieser abstrakte Begriff wird allerdings im neuen Modell nicht mehr genutzt. Es endet auch die Gleichgewichtung von Aktivität und Ergebnis. Das neue Modell wertet 600 von 1.000 Punkten für die Aktivitäten und 400 von 1.000 Punkten für die Ergebnisse.

Innerhalb der Ausrichtung ist ein klarer Fokus auf die Organisationskultur neu ins Modell aufgenommen worden. Das klassische Führungsthema ist in der Umsetzung der Kultur aufgegangen. Insgesamt hat die Umsetzung des Zwecks der Organisation als primärer Motivator jeglicher Handlung eine größere Bedeutung bekommen.

Die Umsetzung bringt als ersten Schritt die Stakeholderorientierung. Damit wird ein Defizit aller früheren Modelle behoben: Zu jeder Interessengruppe gibt es nun ein Teilkriterium auf der Seite der Aktivitäten und ein analoges Kriterium auf der Ergebnisseite. Die Gestaltung des Nutzens hat eine höhere Bedeutung erlangt und wird im Modell mit zweifacher Wertung gewichtet. Der neue Begriff der Transformation bringt den Gedanken disruptiver Veränderungen ins Modell.

Auf der Ergebnisseite sind auf der ersten Ebene nur „Wahrnehmungen" und „Leistungen" unterschieden. Dadurch ergeben sich auch nur zwei Kriterien. Unter diesen beiden Kriterien gibt es keine Teilkriterien mehr. Dadurch ergibt sich eine einfachere Struktur.

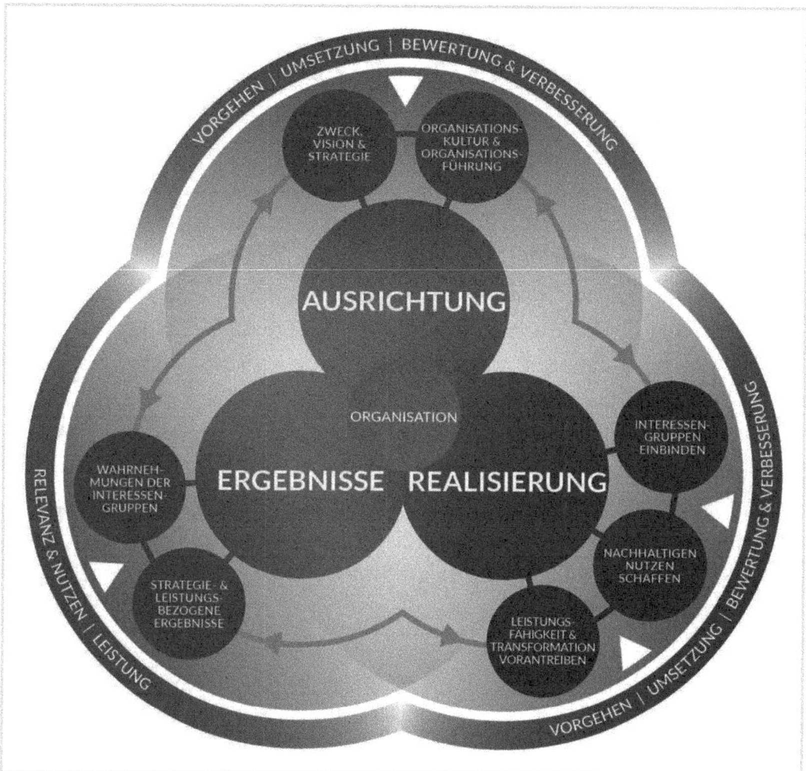

Abb. 1: *Das EFQM Modell 2020*

Durch die Änderungen ist die Anwendbarkeit in Anlehnung an die Strategiearbeit der zu betrachtenden Organisationen strukturell angelegt. Die Ausrichtung des Modells auf die wesentlichen Interessengruppen stärkt seinen zugrunde liegenden Ansatz. Nachteilig ist die Verminderung der Betrachtung der Personalarbeit auf ein einziges Teilkriterium. An dieser Stelle muss im Zusammenspiel zwischen den Assessoren und der zu bewertenden Organisation geklärt werden, ob die Betrachtung des mitarbeiterbezogenen Teilkriteriums gegebenenfalls intensiver stattfindet, um die Anschlussfähigkeit zum alten Modell zu unterstützen. Auf der Ergebnisseite ist durch die Verschmelzung jeglicher Bezüge zu den Interessengruppen in einem einzigen Kriterium den Organisationen eine Tür geöffnet, um entsprechend ihrer spezifischen Strategie die Ergebnisse der Wahrnehmungen und der Leistungsmessungen darzustellen.

Für den Assessor bringt das neue Modell eine massive Veränderung. Es geht nicht nur um die Umgruppierung einiger Kriterien, sondern um eine Veränderung der Art, wie Assessments durchgeführt werden. Anders als bei einem Audit ist die EFQM-Betrachtung eine strategiebasierte Analyse der Organisationsstruktur. Das neue Modell fordert vom Assessor ein durchgängig strategisches Denken. Viel Operatives wurde aus dem Modell herausgestrichen.

Für den Bewerber ist das Modell viel flexibler an die Strategie anpassbar. Die Kategorien bieten mit der Grundlogik „Why? How? What?" eine gut nachvollziehbare Struktur. Die Teilkriterien laden dazu ein, sich mit der konzeptionellen Ebene der Organisation zu befassen. Damit wird der inhaltliche Abstand zu den klassischen Systemnormen der ISO wiederhergestellt.

RADAR

Die Änderungen in der RADAR-Logik sind nicht so weitreichend wie im Kriterienmodell. Mit der Revision 2020 ist es gelungen, den Ausprägungen, die sich numerisch mit 0 bis 100 % Erfüllungsgrad darstellen, eine verständlichere Benennung zu geben. Während das Modell 2013 im Deutschen über mehr oder weniger umfassende Nachweise sprach, wird nun über den Erreichungsgrad gesprochen. Die Abgrenzung zwischen „wird nicht erreicht", „wird teilweise erreicht", „wird weitgehend erreicht", „wird vollständig erreicht" und „wird in herausragender Weise erreicht" bringt mehr Klarheit als die bisherige Darstellung mit „keine Nachweise", „einige Nachweise" etc.

Während die Elemente von RADAR gleich geblieben sind, gibt es auf der Attributsebene Änderungen:

Aus „angemessen“ wird „anpassungsfähig“, ohne dass sich der Sinn wesentlich ändert.

Die drei Attribute „Messung“, „Lernen & Kreativität“ und „Verbesserung & Innovation“ werden in zwei Attribute neu geordnet. Dabei wird der Inhalt von „Messung“ in dem neuen Attribut „erhoben & analysiert“ sachdienlicher dargestellt. Die beiden anderen Attribute verschmelzen zu „Lernen & Verbessern“, wobei inhaltlich eine hohe Ähnlichkeit zum Modell 2013 bestehen bleibt.

Auf der Ergebnisseite wird im Element „Relevanz & Nutzen“ die Zahl der Attribute ebenfalls von drei auf zwei reduziert. Aus „Integrität“ und „Segmentierung“ wird im Modell 2020 das Attribut „verwertbare Daten“, das die Inhalte beider Attribute des Modells 2013 enthält. Um den Fokus auf die Zukunft weiter zu stärken, wird aus „Tragfähigkeit“ das Attribut „Zukunftsorientierung“.

Im Modell 2013 wurde hinsichtlich der Tragfähigkeit hinterfragt, inwieweit die Organisation plausibel machen kann, dass sich Entwicklungen von Kennzahlen längerfristig positiv ergeben werden. In 2012 empfand das Autorenteams des Modells diese Überlegungen als sehr herausfordernd. Mit der aktuellen Revision wurde klar, dass der einzig interessante Aspekt die Zukunftsperspektive ist. Ein Hauptanliegen der Anwenderunternehmen ist die Bewältigung des unternehmerischen Risikos. Daher ist die Prognosefähigkeit eine wichtige Eigenschaft, um den unternehmerischen Erfolg nicht als ein Zufallsereignis zu sehen.

Insgesamt ändert sich in der Anwendung der RADAR-Logik wenig. Die Vereinfachungen wirken sich positiv auf die Anwendbarkeit aus. Für Assessoren wie Bewerber bringen die Veränderungen in der RADAR-Logik kaum Schwierigkeiten mit sich. Schwerwiegender ist die Veränderung in der Struktur des Kriterienmodells, wodurch die 1.000 Punkte, wie schon angesprochen, anders verteilt werden. Dadurch sind die Bewertungen nach dem neuen Modell nicht anschlussfähig zu den Bewertungen nach dem alten Modell. Es ist zu erwarten, dass Organisationen mit einem starken Personalmanagement mit dem neuen Modell einige Punkte einbüßen. Organisationen, die stark im Wertschöpfungsprozess sind, werden vom neuen Modell profitieren. Wer sehr gute Kundenwahrnehmungen hatte, wird mit dem neuen Modell ebenfalls einige Punkte einbüßen müssen. Im Einzelfall wird sich der Effekt zeigen. Er wird aber nicht prägend für das Ergebnis des Assessments sein.

Fazit

Die Änderung des Kriterienmodells ist mutig, da ein über mehr als zwei Jahrzehnte genutzter Ordnungsrahmen verloren geht. Allerdings ist es in einem Zeitalter der Veränderung notwendig, die alten Zöpfe auch einmal abzuschneiden. Die Weiterentwicklung des Modells eröffnet den Nutzern neue Chancen, die es lohnend erscheinen lassen, sich intensiv mit dem neuen Modell zu befassen.

Selbstbewertungsfragebogen der Initiative Ludwig-Erhard-Preis zum neuen EFQM Modell 2020

Das Modell selbst ist eine logisch geordnete Reihe von Hinweisen, die bei der Betrachtung einer beliebigen Organisation hinsichtlich der Reife ihrer Struktur hilfreich ist. Zur Durchführung dieser Analyse kann ein Fragenkatalog dienlich sein. Wir stellen Ihnen einen solchen Fragenkatalog zum neuen EFQM Modell 2020 zur Verfügung.

In diesem Beitrag erfahren Sie:

- wie Sie einen individuellen Selbstbewertungsfragebogen für Ihre Organisation zusammenstellen
- welche Möglichkeiten es gibt, diesen Selbstbewertungsfragebogen einzusetzen

André Moll

Die Fragebogenmethode steht und fällt mit der Qualität der Fragen. Kein Fragebogen kann leisten, für alle Beteiligten gleichermaßen verständlich, auf das Wichtige fokussiert und gut handhabbar zu sein. Der vorliegende Fragebogen soll deshalb als Basis zur Gestaltung eines optimalen Fragebogens für Ihre Organisation dienen. Sie finden den Fragebogen als editierbare Excel-Datei auf der beiliegenden USB-Karte.

Erarbeiten Sie mithilfe dieses Fragebogens einen sinnvollen Satz von Fragen, mit dem Sie in die Selbstbewertung einsteigen können. Streichen Sie dazu einfach alle Fragen, die Sie für Ihre Organisation als nicht angemessen empfinden. Die verbleibenden Fragen (maximal ein Viertel der angebotenen Fragen) sollten Sie sprachlich an Ihre Organisation anpassen und mit einer kleinen Referenzgruppe auf Verständlichkeit prüfen.

Danach können Sie diese Fragen entweder als Orientierungsrahmen für einen Workshop nutzen oder zum Fragebogen ausbauen.

Vorgehensweise beim Erstellen eines individuellen Selbstbewertungsfragebogens:

- Schritt 1:
  Streichen Sie alle Fragen, die aus Ihrer Sicht weniger wichtig sind. Das sollten etwa 75 % der Fragen sein.
- Schritt 2:
  Passen Sie die verbleibenden Fragen der Sprache Ihrer Organisation an.
- Schritt 3:
  Passen Sie die Priorisierungskriterien den Prioritäten Ihrer Organisation an.
- Schritt 4:
  Überlegen Sie, wie Sie die Methode verwenden wollen. Sie können Fragebögen zum Verschicken gestalten oder Arbeitsblätter, um den Fragebogen in einem Workshop einzusetzen.

Fazit

Nutzen Sie die Fragen mit Bedacht! Es ist wichtig, dass Sie eine Kultur des Aufbruchs und nicht der Abrechnung erzeugen. Die gute Einführung der Befragung ist wichtig. Beachten Sie hierzu auch den Excellence-Leitfaden, der mehr Informationen zur Umsetzung einer Selbstbewertung gibt.

Aufbau des Selbstbewertungsfragebogens der Initiative Ludwig-Erhard-Preis

Name des Haupt-kriteriums	**Thema des Teil-kriteriums**	**Thema des Ansatzpunkts**	**Frage zum Ansatz-punkt**
Zweck, Vision und Strategie	Zweck und Vision definieren	Definition: Zweck	Welchen Zweck verfolgt die Organisation und aus welchem Grund ist dieser Zweck für die wesentlichen Interessengruppen attraktiv?
Zweck, Vision und Strategie	Zweck und Vision definieren	Definition: Vision	Wie entwickelt die Organisation eine auf den Zweck ausgerichtete Aussage zur Vision, die alle relevanten Interessengruppen anspricht?
Zweck, Vision und Strategie	Zweck und Vision definieren	Einbindung von Interessengruppen	Wie bezieht die Organisation die Interessengruppen in die Erarbeitung von Zweck und Vision ein?
Zweck, Vision und Strategie	Zweck und Vision definieren	Leistungen für Vision	Wie stellt die Organisation fest, welche Leistungen erreicht werden müssen, um die Vision zu verwirklichen?
Zweck, Vision und Strategie	Zweck und Vision definieren	Verantwortung für Umfeld	Wie stellt sich die Organisation der Verantwortung für das (erweiterte) Umfeld, um so ein verantwortungsvoller Teil des Gesamtsystems zu sein?

Name des Haupt-kriteriums	Thema des Teil-kriteriums	Thema des Ansatzpunkts	Frage zum Ansatz-punkt
Zweck, Vision und Strategie	Interessen-gruppen identifizieren und ihre Bedürf-nisse verstehen	Interessen-gruppen analysieren	Wie analysiert die Organisation, welche Gruppen einen posi-tiven oder negativen Einfluss auf die Ver-wirklichung der Vision haben?
Zweck, Vision und Strategie	Interessen-gruppen identifizieren und ihre Bedürf-nisse verstehen	Auswirkung auf Interessen-gruppen	Wie versteht die Organisation, welche Auswirkungen sie bei ihren Interessengrup-pen erzeugt?
Zweck, Vision und Strategie	Interessen-gruppen identifizieren und ihre Bedürf-nisse verstehen	Bedürfnisse und Erwartungen	Wie erkennt die Organisation die Be-dürfnisse und Erwar-tungen der Interessen-gruppen?
Zweck, Vision und Strategie	Interessen-gruppen identifizieren und ihre Bedürf-nisse verstehen	Beziehung zu Interessen-gruppen	Wie ermittelt die Organisation das Verhalten der Interes-sengruppen, um eine dauerhafte Beziehung zu pflegen?
Zweck, Vision und Strategie	Interessen-gruppen identifizieren und ihre Bedürf-nisse verstehen	Fähigkeiten und Strategien	Wie erkennt die Organisation, welche Leistungen die Interes-sengruppen erbringen können und wollen?

Inspiration zur Umsetzung des Modells

Ideen zur Anwendung des EFQM Excellence Modells

Ziel dieses Beitrags ist es, Klarheit darüber zu verschaffen, wie man das Excellence-Modell der EFQM in Unternehmen und Organisationen anwenden kann. Es werden zahlreiche Anwendungsmöglichkeiten vorgestellt, um die Bandbreite der Anwendung des Excellence-Ansatzes zu vermitteln.

In diesem Beitrag erfahren Sie:

- wie man den Excellence-Ansatz mit dem Auditing verknüpft
- wie man den Excellence-Ansatz als Review-Instrument einsetzt
- welche Vorteile eine Fremdbewertung mit sich bringt
- warum es sich lohnt, eine Selbstbewertung durchzuführen, und wie man das am geschicktesten macht
- wie Anwender den Ansatz optimal nutzen
- wie man sich um den Ludwig-Erhard-Preis bewirbt

André Moll

Historie

In der Vergangenheit sprach man von Total Quality Management (TQM) und meinte damit einen Ansatz, der dominant alle Aktivitäten eines Unternehmens in den Kontext dieser frühen Form der Excellence-Umsetzung stellte. Die Mehrzahl der Versuche, einen reinen TQM-Ansatz zu realisieren, ist gescheitert. Jetzt könnte man sagen: „Dann taugt der Ansatz nichts!" Doch weit gefehlt. Der genaue Betrachter bemerkt ein Muster im Scheitern vieler dogmatischer Anwender. In vielen Fällen war das Scheitern mit einer Überforderung der handelnden Personen verknüpft. Ein zu sehr auf die Methode ausgerichtetes Arbeiten lenkte von den Problemen des operativen Geschäfts ab. Dadurch wurden diese nicht genügend fokussiert, und sobald der Eindruck einer Krise aufkam, war der Wille der Geschäftsführung, TQM zu betreiben, erlahmt und man verfiel wieder in gewohnte Arbeitsweisen.

Was soll uns diese Beobachtung sagen? Eine wichtige Erkenntnis ist, dass es – egal, welche Methode oder welcher Ansatz ins Feld geführt wird – am Ende an der Akzeptanz liegt, ob es ein Erfolg wird. Zu erkennen, welche Arbeitsweise einem selbst liegt, und wie man es vermeidet, in diesem großen Spiel eine Niederlage zu kassieren, soll im Folgenden erörtert werden.

Excellence als Ergänzung des Auditansatzes

In den Organisationen der Gegenwart gibt es Ermüdungserscheinungen hinsichtlich der Aufrechterhaltung normativer Systeme. Es ist einfach, eine populistische Diskussion zur Auditierung nach den ISO-Normen loszutreten. Die typischen Parolen sind, dass es so etwas nicht braucht und dass es sowieso keinen Nutzen stiftet.

Wer solche Sprüche bringt, hat sich das Szenario einer Welt ohne eine Reflexion der Eignung und Leistungsfähigkeit der Unternehmen nicht vor Augen geführt. Die richtige Überlegung muss sein: Wie kann ein Auditkonzept so attraktiv gestaltet werden, dass alle Beteiligten den Sinn und Nutzen sehen und sich aktiv beteiligen?

Eine Möglichkeit, ein Audit aufzuwerten, ist, die Teilüberlegungen des Excellence-Ansatzes in den Auditprozess einfließen zu lassen. Es gibt dabei zwei typische Spielarten:

1. **RADAR im Audit verwenden**
   Die Bewertungslogik des Excellence-Ansatzes lehnt sich am PDCA-Zyklus an. Der Mehrwert der Bewertung von RADAR liegt in der stärkeren Betrachtung der Ergebnisse als Motivatoren für Aktivitäten und als Belege für den Erfolg von Aktivitäten.

Ohne die inhaltliche Struktur eines Audits zu verändern erfragt man den Sachverhalt ausgehend von der Frage, welches Ziel diese Aktivität motiviert: Welches Ziel soll durch diesen Prozess erreicht/unterstützt werden? Damit ist der Aspekt des Strategiebezugs, der im Attribut „abgestimmt" der RADAR-Logik definiert ist, adressiert. Danach kann man die weiteren Aspekte des Vorgehens erfragen. Ein Aspekt ist die Frage nach dem Kunden der betrachteten Aktivität. Diese Frage sollte nicht monokausal gestellt werden. Manche Prozesse haben primäre und sekundäre Interessenpartner. Diese sekundären Interessenpartner werden meist nicht in gleichem Maße beachtet. Beispielsweise hat der Vertriebsprozess als primären Kunden den Empfänger der Ware. Als sekundäre Interessenpartner sind das Lager, der Versand und gegebenenfalls die Fertigung aber wichtig für den Erfolg des Vertriebsprozesses und haben Erwartungen an die Vertriebsaktivitäten, welche sich zu beachten lohnen. Diese im Audit zur Sprache zu bringen, kann die Gestaltung des Prozesses auf einem ganz anderen Niveau hinterfragen, als das bei einem klassischen Audit der Fall wäre. Bei der Umsetzung bringt RADAR die Frage nach der „Flexibilität" der Umsetzung ins Spiel. Die Diskussion, wie weit die Leitplanken des Prozesses gesteckt sind und ob das für den Erfolg günstig oder ungünstig ist, kann zu einer Erkenntnis führen. Eine sehr enge Prozessführung kann dazu führen, dass das Prozess so umgesetzt wird, dass logische Variationen nicht stattfinden und man stumpf auf dem geplanten Pfad bleibt, und sei er noch so ungünstig. Zu viele Freiräume führen zu einer Effizienzminderung, weil man zu viele Varianten auslebt und sich dadurch eine Beliebigkeit breitmacht, die den Prozess unübersichtlich und unsteuerbar macht.

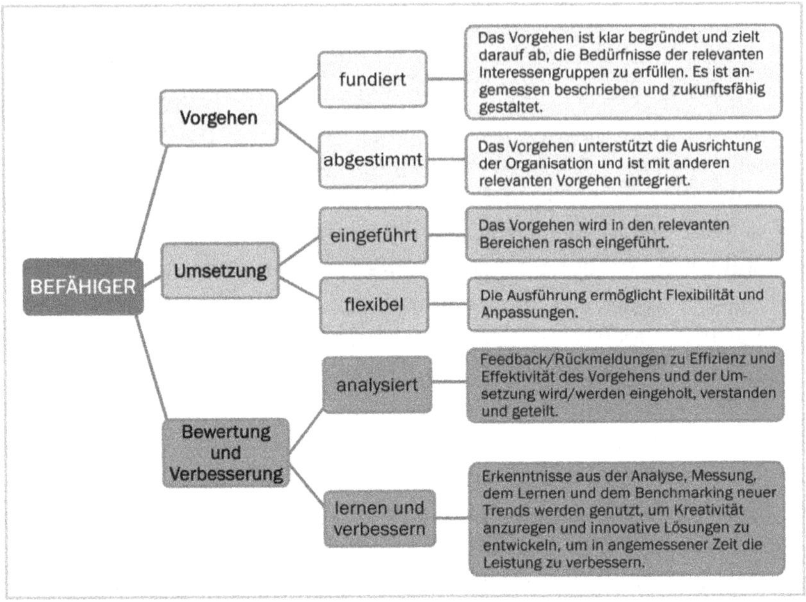

Abb. 1: *RADAR-Logik – Befähigerseite*

Der entscheidende Punkt ist die „Analyse“: Woran ist zu erkennen, dass der Prozess erfolgreich läuft? Dabei geht es nicht unbedingt um technisch messbare Größen, sondern auch um attributive Messungen (gut versus schlecht). Eine Evaluation der Abläufe an den relevanten Stellen ist das Idealbild des Excellence-Ansatzes. Dabei geht es nicht darum, möglichst viel zu messen, sondern ein Konzept zu haben, welches sicherstellt, dass die Prozesse insgesamt in der Umsetzung auf den Unternehmenserfolg ausgerichtet werden und eine Steuerung dafür sorgt, dass sofort auffällt, wenn sich die Prozesse von diesen Zielstellungen entfernen.

Schließlich ist zu erfragen, wie die Erkenntnisse genutzt werden, um aus ihnen zu lernen. Es ist die Frage zu klären, wie dezentral KVP an den Prozessen stattfindet. Dabei ist nicht die beeindruckendste Lösung die bessere, sondern die wirkungsvollere. Diese erkennt man mit dem letzten RADAR-Attribut „Bewertung & Verbesserung“: Wie viele Verbesserungen sind tatsächlich zustande gekommen? Damit ist die Betrachtung der realen Abläufe vollständig.

Ambitionierte können auch die RADAR-Bewertungslogik der Ergebnisseite nutzen. Wer das will, kann sich im Beitrag zur RADAR-Logik dazu kundig machen.

2. **Selbstbewertungsfragen über den Auditfragenkatalog verteilen**
   Die andere Möglichkeit besteht darin, sich zu überlegen, durch welche zusätzlichen Fragen man den Nutzen des Audits erhöhen kann. Dazu gibt es eine Frageliste, die mit ca. 160 Fragen die Inhalte des Kriterienmodells abdeckt. Diese finden Sie auf der beiliegenden USB-Karte im Buch. Es gilt daraus Fragen zu priorisieren, die in besonderem Maße geeignet sind, zusätzliche Erkenntnisse aus den Auditgesprächen zu ziehen.
   Dazu empfiehlt es sich, erst einmal mutig zu streichen. Im ersten Lauf sollte man mindestens die Hälfte der Fragen streichen. Danach kann man sich dann in Abstimmung mit Kollegen Gedanken machen, welche Fragen aufgenommen werden sollten, die man so bislang nicht gestellt hat. Überlegen Sie sich mögliche Antworten und beantworten Sie sich anschließend selbst die Frage, ob diese Antworten zu einer Erkenntnis führen, die verwertbar ist. Wenn Sie diese Frage mit Nein beantworten, kann die Frage gestrichen werden. Ein gutes Ergebnis sind zehn bis zwanzig wichtige Fragen, die ins Audit einfließen.

Prozess-management	Schlüssel-prozesse	~~Nach welchen Kriterien werden die Schlüsselprozesse selektiert?~~ Basic Wie hängen die Schlüsselprozesse mit der Strategie zusammen? ~~Wie arbeitet die Organisation an den Schlüsselprozessen, um ihre Strategie umzusetzen?~~ Reife noch nicht erreicht. ~~Wie werden die Schlüsselprozesse hinsichtlich ihrer Eignung, die Strategie umzusetzen, bewertet?~~ Basic
Prozess-management	Management des Wertstroms	~~Wie wird die Wertschöpfung der Organisation durch Prozesse so gestaltet, dass sie auch über die Grenzen der Organisation hinaus gelenkt wird?~~ Da sind wir noch nicht. ~~Wie werden die Prozesse zur Erzeugung der Wertschöpfung bewertet und verbessert?~~ Basic Wie werden die Nahtstellen im Wertstrom bearbeitet?
Prozess-management	Prozesseigner	~~Wie ist die Rolle des Prozesseigners definiert?~~ Basic ~~Mit welchen Befugnissen sind Prozesseigner ausgestattet, um ihre Aufgabe erfolgreich ausführen zu können?~~ Basic Wie wird die Arbeit der Prozesseigner bewertet, um eine optimale Entwicklung der Prozesse zu ermöglichen? ~~Wie wird bewertet, inwieweit alle Prozesse auf einem festgelegten Niveau entwickelt sind?~~ Noch nicht so weit. ~~Wie wird die Qualifikation der Prozesseigner systematisch weiterentwickelt?~~ Basic
Prozess-management	Prozess-leistungs-indikatoren	~~Wie wird die Leistungsfähigkeit der Prozesse gemessen?~~ Basic ~~Welche Kennzahlen beschreiben die Effizienz der Prozesse?~~ Basic ~~Welche Kennzahlen beschreiben die Effektivität der Prozesse?~~ Basic Wie hängen die Prozesskennzahlen mit der Strategie zusammen?

Abb. 2: *Ein Auszug als Beispiel*

Durch die Ergänzung der Auditinhalte um die entsprechenden Aspekte des Excellence-Ansatzes profitiert der Auditansatz, ohne dass jemand weit aus der Deckung gehen muss. Wenn man also risikoarm einen Schritt Richtung Excellence gehen möchte, ist das der Weg der geeignete Weg.

Den Excellence-Ansatz als Review-Instrument einsetzen

Das Deprimierendste, was man in den deutschen Unternehmen antrifft, ist das, was man als Management Review aus der ISO 9001 übernommen hat. In 90 % aller Unternehmen ist das eine halbherzig aufgestellte Kulisse, die mit dem Zweck, den die Mitglieder des Normungsgremiums eigentlich erreichen wollten, nichts zu tun hat.

Wie oben angedeutet bietet sich hier eine „Spielwiese“, um aus einer meist wenig nutzbringenden Struktur eine wirklich sinnstiftende Reflexion zu gestalten.

Für den Management Review benötigt ein Unternehmen zunächst ein Konzept, wie dieser Review wirkungsvoll in die Managementaktivitäten eingebettet werden kann, sodass ein maximaler Nutzen entsteht. Abbildung 3 beschreibt die Kaskade von der Mission bis zu den Ergebnissen. Wenn man das Thema „Management Review“ weit deutet, geht es im ersten Schritt darum, die Stimmigkeit des eigenen Konzepts zu hinterfragen.

Wenn man in der Abbildung nachzeichnet, welche Beziehungsebenen betrachtet werden, erkennt man schnell, ob man die Organisation auf mehreren Ebenen der Abstraktion betrachtet.

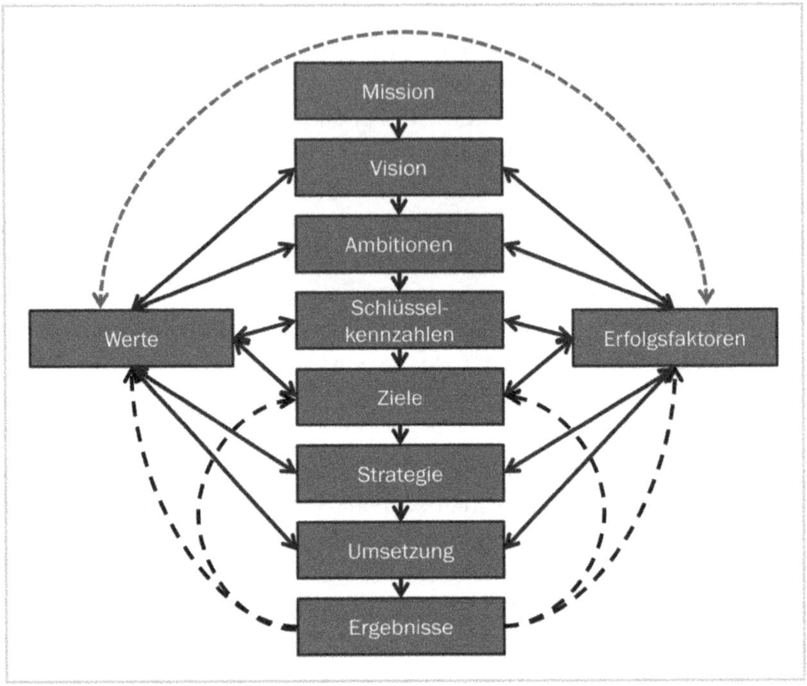

Abb. 3: *Konzept des Excellence-Ansatzes*

Man beginnt daher diesen Review mit ein paar Kardinalfragen, die im Folgenden genannt sind:

1. Hat unsere Mission/unser Unternehmenszweck kurz-, mittel- und langfristig noch Bestand? Geht eventuell unser Daseinszweck absehbar verloren? (Existenzfrage)
2. Ist unsere Vision weiter die richtige Orientierung oder haben wir Impulse erkannt, die uns Anlass geben, die Vision zu überdenken?
3. Wenn sich aus den beiden Fragen ein Handlungsbedarf ergibt, so ist eine Schleife über eine Grundsatzdiskussion nötig, die gut vorbereitet sein will. Dazu bedarf es einer intensiven Betrachtung von Zukunftsszenarien, SWOT-Betrachtungen und Stakeholderanalysen. Sollte im

Review dieser Handlungsbedarf erkannt werden, wird es eine separate Aktion, diesen zu bearbeiten.

4. Welche wesentlichen qualitativen Ziele leiten sich aus der Vision ab? Sind diese eindeutig definiert?
5. Ist klar, welche Stellgrößen geeignet sind, die Entwicklung der Organisation in Richtung der strategischen Ambitionen nachzuvollziehen?
6. Hier geht es noch nicht um Zielgröße im Sinne des zu erreichenden Anspruchsniveaus, sondern um die schlichte Festlegung, ob man den Unternehmenserfolg beispielsweise über den Umsatz oder den Gewinn messen möchte.
7. Sind die Ziele angemessen und nachvollziehbar gesetzt und generell erreichbar?
8. Wenn man diesen Teil der Betrachtung bearbeitet, ist es auch sinnvoll, sich die RADAR-Bewertungslogik für die Ergebnisse anzuschauen. Denn die stellt noch einmal ergänzende Fragen, wie z.B. nach Vergleichen, die die Zielfindung unterstützen können, oder die Frage nach der „Zukunftsorientierung" des Managementkonzepts, um die Ziele zu erreichen.
9. Allzu oft findet man Zielsetzungen, die besonders mittelfristig reines Wunschdenken darstellen. Wenn eine Wachstumskurve zu interpretieren ist, ist ein Vergleich mit schon erreichten Erfolgen hilfreich. Wenn ein Unternehmen in den kommenden fünf Jahren um 20 % wachsen möchte, ist das unter bestimmten Rahmenbedingungen denkbar. Wenn das Unternehmen aber in den letzten fünf Jahren nicht einmal 10 % Wachstum erreicht hat und die Trendentwicklung verflacht, sind gute Gründe für die Trendumkehr gefragt.
10. Ist man hinsichtlich Kompetenzen und Ressourcen (finanziell wie personell) in der Lage, alle geplanten strategischen Maßnahmen umzusetzen, ohne die Organisation zu überfordern?
11. Im Regelfall wird zu viel gewollt. Das erzeugt ein ungutes Gefühl des Scheiterns im Team und besetzt das Strategiegeschehen negativ.
12. Wie wird die unterjährige Bearbeitung der strategischen Maßnahmen gesteuert?

13. Spätestens monatlich sollte der Stand der Projekte betrachtet werden. Es sollte innerhalb der strategischen Maßnahmen nochmals eine Priorität geben, um die „Muss-Projekte“ zu sichern. Es ist spannend zu sehen, wie auch hier nachgesteuert wird. Werden Projekte mangels Erfolg beendet? Werden Projektaufträge modifiziert? Werden zusätzlich unterstützende Projekte gestartet? Daraus ergibt sich ein Eindruck, wie intensiv das Managementteam tatsächlich an der Strategie arbeitet.
14. Wie erklärt sich die Zielerreichung der wesentlichen strategischen Ziele?
15. Auf der Unterscheidung zwischen Glück und günstigen Umständen einerseits und erarbeiteten Ergebnissen und der Fähigkeit, die Ziele auch unter erschwerten Umständen zu erreichen, andererseits liegt hier der Fokus der Diskussion.
16. Welche Faktoren hat das Managementteam erkannt, die sich positiv oder negativ auf die Geschicke der Organisation auswirken?
17. Im Idealfall hat man im Rahmen der Strategiearbeit hinsichtlich der Erfolgsfaktoren Überlegungen angestellt. Ein Kraftfelddiagramm kann eine geeignete Form sein, um die Erfolgsfaktoren im Zusammenhang darzustellen. Es gibt grundsätzlich positive und negative Erfolgsfaktoren, die den angestrebten Erfolg wahrscheinlicher oder unwahrscheinlicher werden lassen.
18. Welche der erkannten Werte, die das Managementteam kultiviert, unterstützen den Erfolg der Organisation und welche Werte sollten fokussiert oder ergänzt werden?
19. Das bewusste Erkennen von Werten ist ein wichtiger Findungsprozess. Eine Einschätzung der Führungsleistung des Managementteams hinsichtlich der zu promotenden Werte ist hier wichtig.

Diese Art des Reviews kann den Strategieprozess deutlich schärfen und die Schlagkräftigkeit der Organisation erhöhen, ohne große Wogen zu erzeugen.

Die Standortbestimmung als Start eines dauerhaften KVP-Programms

Die externe Begutachtung ist die geeignete Option, um ohne großen internen Aufwand eine Rückmeldung zur Reife der eigenen Organisation zu erhalten. Dabei gibt es mehrere Stufen der Anerkennung, die mit Begutachtungen unterschiedlicher Länge und Intensität korrelieren. Eine Einordnung nach den sogenannten Levels of Excellence kann ein fruchtbarer Impuls für die Unternehmensentwicklung sein. Dabei wird in einem Vorgespräch ermittelt, ob der vorhandene Entwicklungsstand der Organisation eher für eine ausführliche Betrachtung spricht oder ob eine Einsteigerbegutachtung „Committed to Excellence 2 Stars" angemessener erscheint.

Mit dem Ansatz eines einfachen Assessments, das nur einen Tag dauert und am Mittag des zweiten Tages ausgewertet wird, kann man mit diesem Verfahren minimalinvasiv einen nachhaltigen Impuls setzen.

Es finden Gespräche mit den Führungskräften zu den Themenkreisen Führung und Strategie, Personal, Prozesse, Lieferkette, Technologie, Kundenorientierung, Controlling etc. statt, die am Ende durch Gespräche mit Mitarbeiterfokusgruppen gespiegelt werden.

Daraus ergeben sich Stärken und Potenziale, die auf der Ebene der Hauptkriterien des Excellence-Modells berichtet werden. Dazu wird eine RADAR-Bewertung erzeugt, die die Organisation in den Vergleich zu anderen und besten Organisationen setzt.

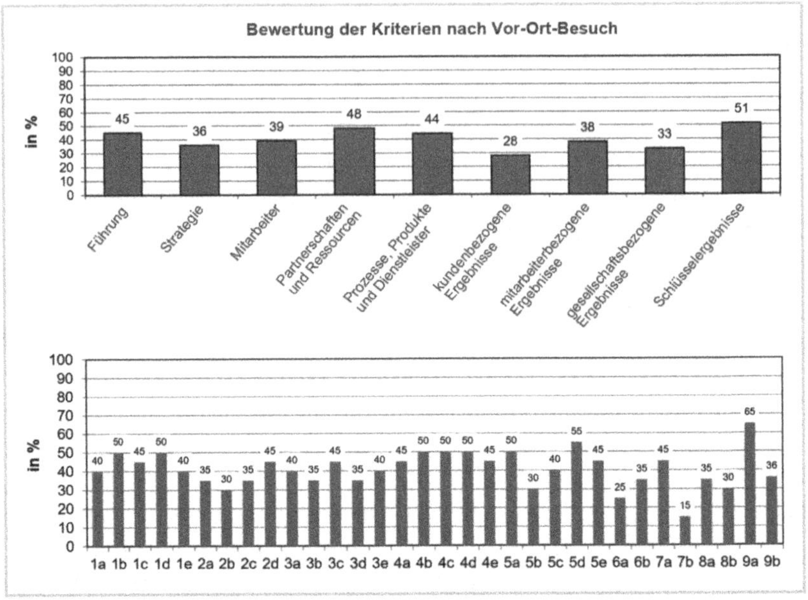

Abb. 4: *Beispiel einer differenzierten RADAR-Bewertung*

Aus den faktischen Feststellungen und der Einordnung nach der RADAR-Bewertungslogik ergeben sich konkrete Handlungsoptionen, die im Managementteam diskutiert und priorisiert werden können, um daraus die wesentlichen zu erkennen, die als nächste Schritte die Organisation weiterbringen. Manche Organisationen beobachten ihre Managemententwicklung über viele Jahre nach dieser Methode.

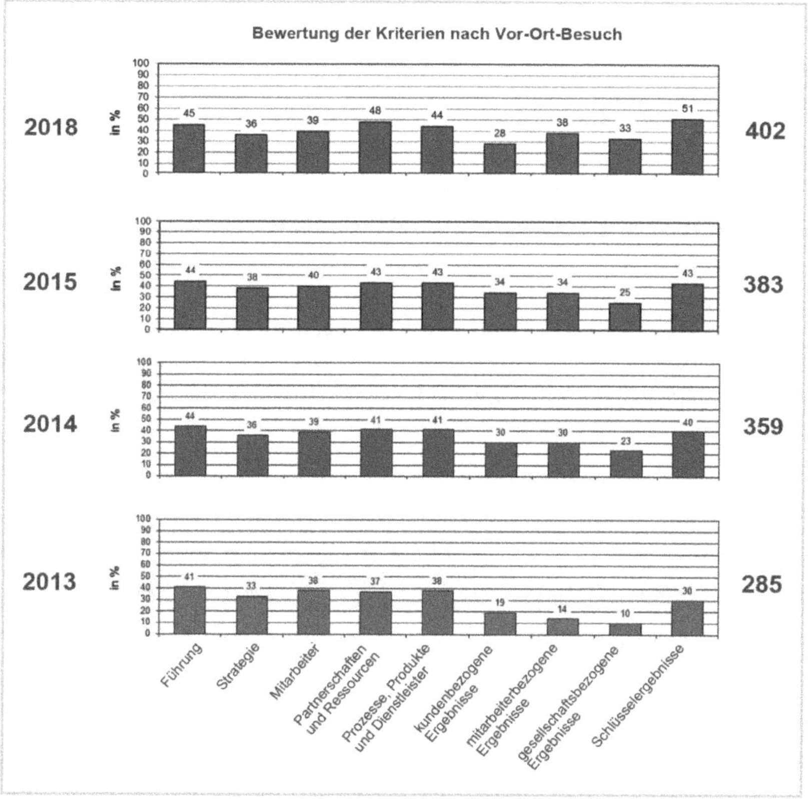

Abb. 5: *Gegenüberstellung von Ergebnissen der RADAR-Bewertung*

So erreicht man ein Gefühl für die Fortschrittsgeschwindigkeit der eigenen Organisation und kann über viele Jahre immer wieder Entwicklungsimpulse erlangen.

Die Verwendung des Excellence-Ansatzes in der Selbstbewertung

Im „Excellence-Leitfaden" wird die Selbstbewertung mit dem Excellence-Modell der EFQM als Instrument zur Weiterentwicklung der eigenen Organisation ausführlich beschrieben.

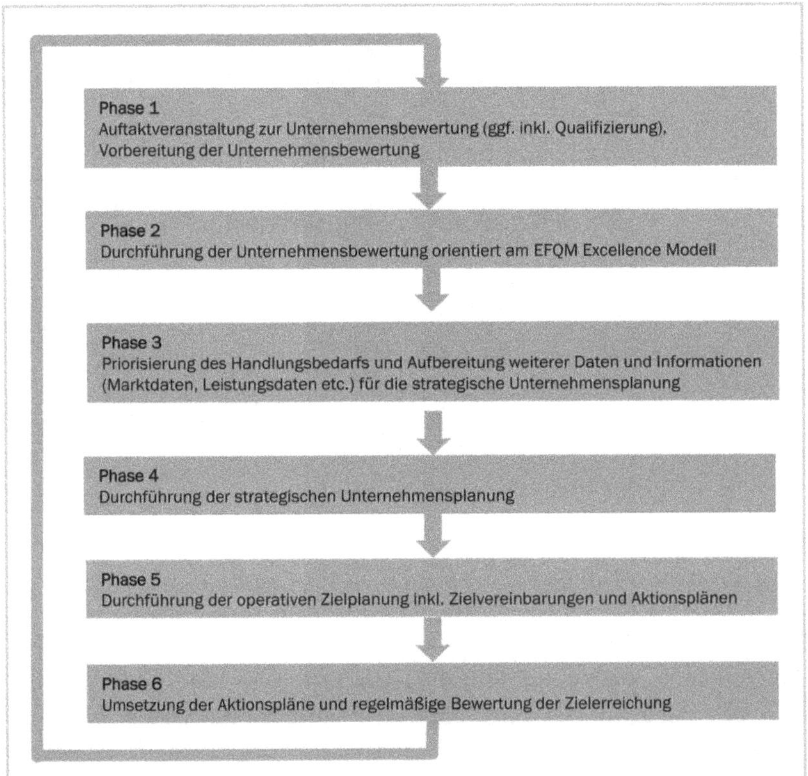

Abb. 6: *Ablauf einer Selbstbewertung*

In den in der Abbildung dargestellten sechs Phasen erreicht man eine sinnvolle Verknüpfung von Unternehmensbewertung und Strategieentwicklung. Lesen Sie dazu gerne den „Excellence-Leitfaden“, um vertiefende Informationen zu erhalten.

Der Vorteil der Selbstbewertung liegt in einer Diskussion der Reife der eigenen Abläufe in einem größeren Team. Dadurch erreicht man eine substanzielle Diskussion der Stärken und Potenziale im eigenen Führungsteam. Es ist auch möglich, über die Verwendung eines Fragebogens (siehe beiliegende USB-Karte im Buch) viele Menschen aus der Organisation in das Projekt einzubinden und damit einen guten Querschnitt der Wahrnehmungen einzufangen.

Der umfassende Ansatz in der Gegenwart

Während in der Vergangenheit Organisationen den TQM-Ansatz als umfassenden Ansatz verwendet haben, gehen in der Gegenwart viele Organisationen so vor, dass sie mehrere Managementansätze mischen. Viele nutzen Methoden, wie Lean Management oder Six Sigma als Instrumente zur Verbesserung der Unternehmensleistung. Unternehmen wie Bosch oder BMW haben Produktionssysteme und nutzen den Excellence-Ansatz zur Bewertung und Steuerung der weiteren Ansätze.

Die Standorte der oben genannten Unternehmen setzen sich regelmäßig externen Bewertungen aus, um neue Impulse für ihre Managemententwicklung einzusammeln. Nach einigen Jahren der internen Anwendung gehen den handelnden Personen oft die Ideen aus, wie man die Organisation noch weiter verbessern kann, dann ist die externe Begutachtung der Treiber für „out of the box“-Ideen.

Das Ringen um den Excellence-Preis

Es gibt eine kleine Gruppe von Organisationen, die den Anspruch für sich entwickelt haben, ihre jeweiligen Märkte dominieren zu wollen. Ihnen geht es nicht ums Mitmachen, sondern ums Vormachen. Dadurch entwickeln sie eine sehr hohe Entwicklungsgeschwindigkeit und denken kompetitiv. Sobald eine hinreichende Reife von über 400 Punkten erreicht ist, stellen sie sich der Bewertung durch Preisassessoren. Diese Bewertung durch meist fünf bis sieben Assessoren dauert eine ganze Woche und stellt die rigoroseste Bewertung dar, die man erhalten kann.

Für das kleine Geld der Bewerbungsgebühr erhält man eine Bewertungsleistung, die zwischen 25.000 bis 50.000 Euro wert ist. Das ist der Vorteil der Spitzenunternehmen, die eine Win-win-Situation ermöglichen. Die Assessoren erleben ein Topunternehmen und lernen aus dem Assessment. Im Gegenzug bringen sie ihre Expertise zum Wohl der bewerteten Organisation ein. Die Gruppe der Ludwig-Erhard-Preis-Assessoren profitiert von dem Management-Know-how dieser sehr ambitionierten Organisationen und überträgt diese generellen Erkenntnisse in ihre Organisationen. Da auf Interessenkonflikte geachtet wird, ist sichergestellt, dass nicht der Wettbewerb zur Bewertung kommt.

Fazit

Dieser Beitrag hat eine Übersicht über die Handlungsoptionen für die Umsetzung des Excellence-Ansatzes vorgestellt. Die wichtige Erkenntnis liegt darin, dass man nicht nur Begutachtungen und Preisverfahren als Anwendungsfeld des Modells sieht, sondern auch viele niederschwellige Einsatzmöglichkeiten. Mit dem neuen Modell werden diese nochmals attraktiver. Im Bewerber-Leitfaden der Initiative Ludwig-Erhard-Preis findet man alle Handlungsoptionen zur Begutachtung. Für alle weiteren Informationen können Sie die Tutorials der Initiative nutzen. Darin werden viele gute Ideen zur Anwendung des Modells vermittelt.

Literatur

[1] Moll, A.; Kohler, G. (Hrsg.): *Excellence-Leitfaden – Praktische Umsetzung des EFQM Excellence Modells. Kissing: WEKA MEDIA GmbH & Co. KG, 2013, 3. unveränderte Auflage*

Der Stakeholder-Ansatz der EFQM

Die wesentliche Basis eines ganzheitlichen Managementansatzes ist die Betrachtung sämtlicher Interessengruppen. Dieser Aspekt wird jedoch im EFQM Excellence Modell mehr angedeutet denn erläutert. Dieser Beitrag vermittelt, wie Unternehmen der Gegenwart ihr Interessengruppenmanagement aufbauen.

In diesem Beitrag erfahren Sie:

- was eine Interessengruppe ist
- wie man die Interessengruppen zueinander in Relation setzt
- wie man Interessengruppen mit Prozessen verknüpft
- wie der Zusammenhang zwischen Interessengruppen und Kennzahlen hergestellt wird.

André Moll

Definition der Interessengruppen

Um ein erfolgreiches Management der Interessengruppen etablieren zu können, muss klar sein, was eine Interessengruppe ist. Unter einer Interessengruppe versteht man eine oder mehrere Organisationen oder aber eine bzw. mehrere natürliche Personen. Die Interessengruppe ist von einem diffusen Umfeld abzugrenzen. Das heißt, eine Interessengruppe ist typischerweise ansprechbar. Die meisten Manager denken an Kunden, Mitarbeiter, Shareholder, Geldgeber etc. Um sicher zu sein, dass man sämtliche Interessengruppen erfasst hat, ist es wichtig, auch jene Gruppen zu beleuchten, die nicht im inneren Ring des Geschäftsmodells stehen, aber einen indirekten Einfluss auf die Geschäftstätigkeiten haben. Beispiele dafür sind Interessenvereinigungen wie PETA, die das

Geschäft einer Tierhandelsorganisation beeinflussen können, ohne am Geschäft beteiligt zu sein.

Die Definition der Interessengruppe orientiert sich wesentlich daran, welches konkrete Interesse eine bestimmte Gruppe hat bzw. haben könnte. Diese Art Überlegung ist allerdings keine einseitige, sondern es gilt auch zu überlegen, welches Interesse die eigene Organisation an dieser Gruppe hat. Es ist also ein Wechselspiel zwischen dem eigenen Interesse an der externen Gruppe und dem externen Interesse an der eigenen Organisation. Aus dieser Überlegung heraus lässt sich für jede Interessengruppe herausarbeiten, wie die Konstellation des Interesses ist. Damit sind wir in der Lage, das Portfolio der Interessenpartner zu entwickeln.

Portfolio der Interessenpartner

Wenn also die expliziten und impliziten Interessen jeder Interessengruppe klar definiert sind, also die Interessen, die die Interessengruppe geäußert hat, und die Interessen, die wir der Interessengruppe unterstellen oder die wir erwarten, so kann man sich überlegen, ein Portfolio aufzumachen, in dem man beispielsweise Gruppen ähnlichen Interesses clustert, oder – was auch häufig genutzt wird – ein egozentriertes Bild zu zeichnen, also die eigene Organisation ins Zentrum eines Netzwerks von Interessenpartnern zu setzen. In dieser Darstellung (Abb. 1) ist die Möglichkeit gegeben, eine besonders intensive Beziehung zu anderen Interessengruppen dadurch anzudeuten, dass diese Interessengruppe sehr dicht bei der eigenen Organisation gezeichnet wird, während Interessengruppen, die eher einen losen Zusammenhalt in der eigenen Organisation haben, weiter weg positioniert werden.

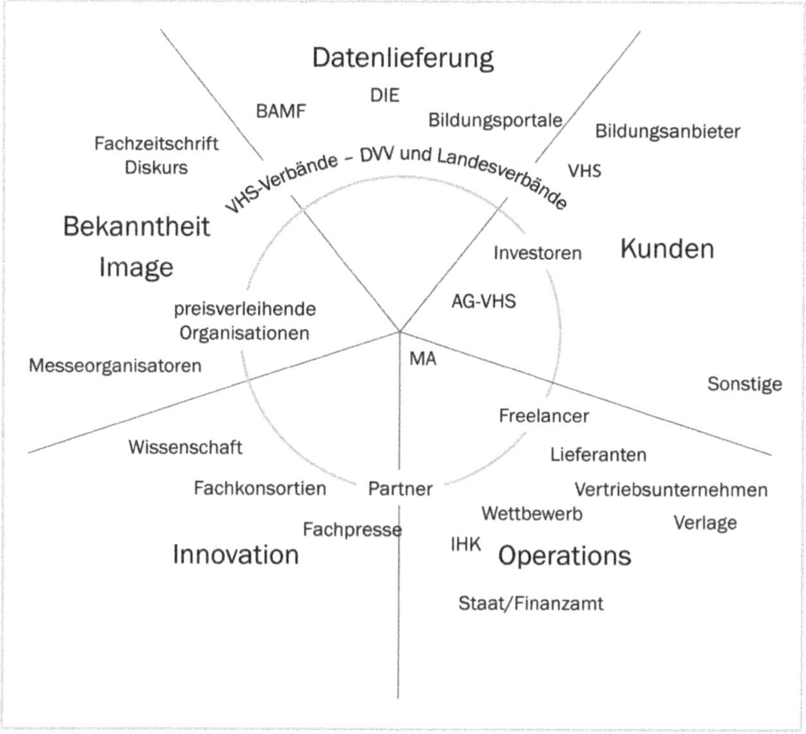

Abb. 1: *Portfolio der Interessengruppen (Quelle: Fallstudie der EFQM „cmx-Konzepte GmbH & Co. KG")*

Zwei Beispiele: Die Mitarbeiterschaft, die sowohl ein Interesse am Erfolg der Organisation hat als auch klar definierte Erwartungen hinsichtlich der Leistungen für die einzelnen Mitarbeiterinnen und Mitarbeiter, ist eine Gruppe, die sehr dicht an der eigenen Organisation steht. Umgekehrt kann ein Finanzamt als Repräsentant der Interessenpartner, die den Staat repräsentieren, relativ weit weg sein, weil hier keine innige Beziehung herrscht, sondern bestimmte Pflichten erfüllt werden, ohne dass die Ambition besteht, diese Pflichten überzuerfüllen, bzw. die Erwartungen des Finanzamts stark formalisiert sind und sich über die Zeit hinweg nicht wesentlich verändern.

Die Portfoliodarstellung könnte auch tabelliert stattfinden. Der Vorteil der tabellierten Form ist, dass man die Interessenpartner nach unterschiedlichen Charakteristika sortieren kann, d.h., auf der einen Seite könnte man sie beispielsweise in unterschiedlichen Gruppen jeweils ähnlicher Charakteristika zusammenführen, also etwa die segmentierte Darstellung all der Gruppen, die die Eigenschaft „Kunde“ oder „Lieferant“ in sich tragen, erhalten. Bei Lieferanten unterscheidet man weiter zwischen Rohstofflieferanten und Dienstleistungslieferanten, zwischen Lieferanten, die direkt liefern, oder auch Lieferanten, die als Tier 2 in der Kette stehen und damit indirekt über die Tier-1-Lieferanten beliefern. Damit sind wir beim nächsten Punkt, nämlich bei der Verquickung dieser Überlegungen mit dem operativen Tagesgeschäft, z.B. den Prozessen.

Verquickung der Stakeholder-Orientierung mit den Prozessen

All diese Überlegungen führen nicht zu einer Verbesserung der eigenen Geschäftsaktivitäten, wenn sie nicht in die Gestaltung der Abläufe einfließen. Das heißt, die eben beschriebenen Portfolio-Überlegungen sollten dazu dienen, die Ausrichtung der Prozesse auf die Interessengruppen zu optimieren. Dazu ist ein weiterer Schritt zu gehen. Es handelt sich um die Überlegung, wie die einzelnen Interessengruppen durch die Prozesse einen Mehrwert erfahren. Ein Bewerber um den Ludwig-Erhard-Preis mit eher anglophilem kulturellen Hintergrund stellte die Frage: „Who will celebrate with us?“, und codierte damit die Überlegung, dass sich der Erfolg eines Prozesses daraus ergibt, für welche Interessengruppe das Prozessergebnis ein Erfolg ist. Auch hier können wir das Portfolio nutzen und um die Überlegung ergänzen, in welchem Prozess die erkannten Erwartungen/Bedürfnisse eine Rolle spielen, d.h. welche Prozesse benötigt werden, damit dem Bedürfnis dieser Interessengruppe entsprochen werden kann. Diese Überlegungen sollten losgelöst von einer klassischen

Prozesslandkarte funktionieren, denn das Hineinschreiben dieser Dinge in eine Prozesslandkarte führt oft dazu, dass eine unübersichtliche Darstellung entsteht oder sich die Hinweise über diverse Seiten einer komplexen Darstellung verteilen und damit nicht leicht für eine strategische Betrachtung zugänglich sind.

Die Darstellung im Portfolio zielt darauf hin, im nächsten Schritt über die Referenzierung auf die wesentlichen Abläufe also Prozesse oder ähnliche Aktivitäten so abzusichern, dass die Erfüllung der Bedürfnisse dieser Interessengruppen gesteuert wird. Die Fragestellung ist, wie man das macht. Wenn wir das Prozessmanagement als wesentliches Instrument heranziehen, um die Erfüllung abzusichern, so werden wir spätestens dann merken, ob das Prozessmanagementsystem die richtigen Eigenschaften hat, um das zu leisten. Wenn also zu den wesentlichen Prozessen Prozesskennzahlen existieren, ist der nächste Schritt der Erarbeitung die Ergänzung dieses Portfolios der Interessenpartner. Die Prozesse und Abläufe – und ich spreche da bewusst von Prozessen und Abläufen, denn die Erfahrung zeigt, dass die Organisation im günstigen Fall 70 bis 80 % ihrer Abläufe als Prozesse definiert – bilden die Brücke zu den Kennzahlen. Häufig ist es so, dass mindestens 20 bis 30 % der Aktivitäten einer Organisation ohne Prozesse vonstattengehen. Es wäre fahrlässig, diese auszublenden – deswegen auch der Hinweis, sich nicht blindlings auf die Prozesslandkarte zu verlassen.

Auch hier ist die Frage, wie feingliedrig man die entsprechende Darstellung aufbaut. Geht man auf die Ebene der Hauptprozesse, sind diese zum Teil so kursorisch, dass man nicht die Feingliederung erreicht, die dabei hilft, operativ zu steuern. So kann man die entsprechenden Kennzahlen nicht erkennen. Oder aber man arbeitet so feingliedrig, dass man einerseits nie fertig wird und andererseits ein Konstrukt erzeugt, das so komplex ist, dass es in der Organisation keine Akzeptanz finden wird. Das ist der entscheidende Punkt: All diese Instrumente zur Umsetzung des Excellence Ansatzes sind nur dann hilfreich, wenn sie von der Mehrzahl der Mitwirkenden in der Organisation tatsächlich akzeptiert und angewandt werden.

Die Anwendung von Kennzahlen zur Steuerung der Interessengruppenorientierung

Im ersten Schritt sollte der Abgleich zwischen den Interessengruppen und den vorhandenen Kennzahlen relativ einfach vonstattengehen. Hier ist vor allem die Frage zu stellen, ob die vorhandenen Kennzahlen für die Bedürfnisse der Interessengruppen spezifische Erkenntnisse liefern. Das größte Risiko liegt darin, „Sowieso-da-Kennzahlen“ also irgendwelche Kennzahlen, die indirekt die Interessen der entsprechenden Gruppen präsentieren, zu verwenden. Daraus resultiert oft, dass diese Kennzahlen keine steuerungsrelevanten Eigenschaften haben, weil sie wahrscheinlich auch auf diverse andere Aspekte abheben. Am Ende des Tages kann so keine aktive Steuerung des Interessengruppenportfolios stattfinden. Weiter ist zu bedenken, wie schwierig es ist, die Kennzahlen zu erheben, die spezifisch sind. Schlimmstenfalls ist die Frage zu beantworten, ob wir überhaupt die Kennzahlen kennen, die das spezifische Interesse darstellen. Denn eine der Hauptüberlegungen des Excellence-Ansatzes ist die Differenzierung zwischen der Wahrnehmung („perception“) und der Leistung („performance“). Die Gegenüberstellung dieser beiden Aspekte ist eines der Schlüsselmerkmale des Excellence-Modells, d.h., man kann jeden fragen, inwieweit das, was wir gerade tun, „gut“ ist, und man wird eine Antwort erhalten. Vielleicht „mäßig“ oder „geht so“, und dann ist zu überlegen, wo der Hebel ist, mit dem man diese Veränderung herbeiführen kann, um von „mäßig“ zu „gut“ oder sogar „sehr gut“ zu gelangen.

Wenn das das Hauptanliegen ist, bedarf es einer soliden Kenntnis der Zusammenhänge der Kennzahlen untereinander. Dazu kann eine Balanced Scorecard (BSC) ein Ansatz sein oder ein interessengruppenorientiertes Kennzahlenportfolio. Dieses zu entwickeln ist ähnlich aufwendig wie die Gestaltung der BSC, aber hat durch die spezifische Ausrichtung an den tatsächlichen Interessengruppen einen größeren Mehrwert.

Leadership 4.0 – mit Führungsexcellence zu Wettbewerbsvorteilen

Industrie 4.0 ist in Deutschland ein Symbolbegriff für die immer komplexere Welt verbunden mit turbulenten Zeiten. Für alle Organisationen besteht in diesem Umfeld ein Anpassungsdruck. Von außen durch Themen wie Digitalisierung, disruptive Geschäftsmodelle oder unsichere Marktbedingungen. Von innen durch die Bedürfnisse einer neuen Mitarbeitergeneration (Y und Z) oder den Bedarf an agilen und selbststeuernden Strukturen und Prozessen. In diesem Kontext ergeben sich ganz neue Anforderungen an die Führung und parallel die Chance, mit Leadership 4.0 und agilem Führen eine Antwort auf Industrie 4.0 zu finden und damit einen Wettbewerbsvorteil zu schaffen.

In diesem Beitrag erfahren Sie:

- weshalb und welche neuen Führungsmuster erforderlich sind
- wie Führung zu Ihrem entscheidenden Wettbewerbsvorteil wird
- mit welchen praktischen Maßnahmen Sie Leadership 4.0 in der Praxis umsetzen

„Führung ist weniger ein Steuern, sondern vielmehr ein Navigieren in turbulenten Zeiten.“

Fredmund Malik

Jürgen Freisl

Neue Führungsmuster für die VUKA-Welt

Im aktuellen Management- und Führungsverständnis nimmt die dynamische und komplexe Welt, die als **VUKA-Welt** bezeichnet wird (Volatilität, Unsicherheit, Komplexität, Ambiguität), eine zentrale Rolle ein. Um mit **Kundenfokus** flexibel am Markt agieren zu können und eine hohe **Wettbewerbsfähigkeit** zu schaffen, ist eine **Kultur der ständigen Veränderung** erforderlich. Parallel sehnen sich Menschen nach Stabilität und Orientierung.

Als Reaktion auf diese Rahmenbedingungen werden von der Führung oftmals bestehende Denk- und Verhaltensmuster reproduziert. Verstärkt wird versucht, den Anforderungen mit „mehr desselben" zu begegnen: Vorgaben, Kontrollen, Standards und Beschleunigung.

Zum erfolgreichen Umgang mit Komplexität sind neue Muster gefragt, die Unsicherheit und Vielfalt akzeptieren und sogar bewusst fördern und nutzen:

„Das Ganze ist mehr als die Summe seiner Teile." (Aristoteles)

Hier können Muster und Prinzipien aus komplexen Ökosystemen unterstützen, da es sich bei Organisationen ebenfalls um komplexe Systeme handelt, in denen Themen wie Ganzheitlichkeit, Vielfalt, Vernetzung, Wechselwirkungen, Nachhaltigkeit, Flexibilität und **Agilität** wichtige Erfolgsfaktoren darstellen.

Diese Elemente und dieses Verständnis liegen auch der Führungsphilosophie und dem Führungssystem „EFQM Excellence Modell" zugrunde. Im Kern geht es dabei für die Führung mit Leadership 4.0 darum, ein **agiles** und **menschenorientiertes System** zu gestalten, das wie beim Seiltanz die Balance zwischen Beweglichkeit und Stabilität und in der Veränderung Sicherheit und Orientierung für die Menschen schafft.

Führung und Kultur als entscheidende Wettbewerbsvorteile

Leadership 4.0 bedeutet ein neues Rollenverständnis – die Führung agiert als Lotse und Navigator, um die Organisation „auf Kurs" zu halten. Mit **Agilität** und **Menschenorientierung** im Fokus wird dies mehr und mehr eine **„Arbeit am System"** (als Kontextgestalter) und weniger eine „Arbeit im System" (als Optimierer).

Mit einer Balance aus transaktionalem und transformationalem Führungsstil gestaltet sich agiles Führen als sogenannte **integrative Führung.** Die gefragten Fähigkeiten der Führung werden beispielsweise in der Metastudie „Führungskompetenzen im digitalen Zeitalter" [6] dargestellt. Zu den Topkompetenzen zählen:

- Wertschätzung und Kommunikationsfähigkeit
- Veränderungs- und Innovationsfähigkeit
- strategisches Denken und Transparenzorientierung

Die auch hierbei adressierten Schwerpunkte Agilität und Menschenorientierung (Führung als Interaktionsprozess) akzentuieren die Rollen der Führung als **Systemgestalter, Innovator** und **Moderator.**

Zusammen mit den Menschen der Organisation schafft die Führung eine Kultur der Excellence, auf deren Basis Agilität und Menschenorientierung gelebt werden. Dies zeigt sich dadurch, dass sich Mitarbeiter mit Leidenschaft einbringen, durch Empowerment Selbstorganisation stattfindet und Ko-Kreation zur Entwicklung der Organisation und der darin arbeitenden Menschen führt.

Damit schafft Leadership 4.0 nachhaltigen Erfolg und mit der Betonung auf Kultur einen klaren zusätzlichen Wettbewerbsvorteil (neben den klassischen Wettbewerbsvorteilen wie Qualität, Innovation oder Markenstärke). In Anlehnung an Musterbrecher® [13] ergibt sich daraus ein anschauliches Modell.

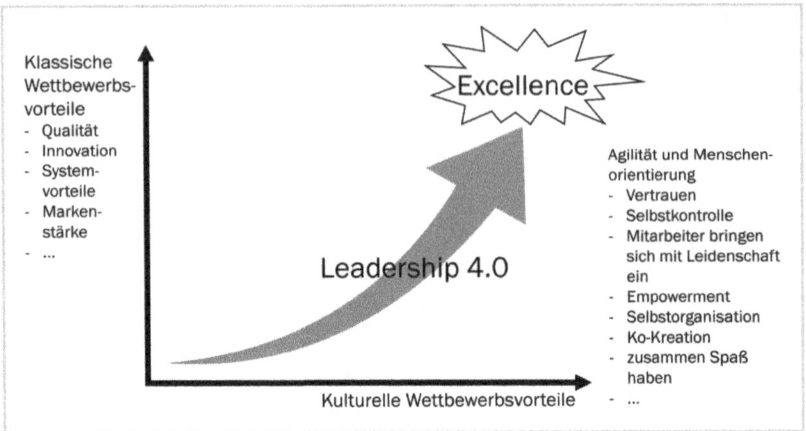

Abb. 1: *Mit Leadership 4.0 zu Wettbewerbsvorteilen*

Johann Tikart, ehemaliger Geschäftsführer von Mettler-Toledo, sagte einmal: *„Solange ich die Menschen zu deren Tun anleitete, funktionierte alles auch genau so, wie es meiner Rationalität entsprach. Doch zu meiner Überraschung musste ich erleben, dass diese Abläufe nur so abliefen, wie ich es mir ausgedacht hatte, solange ich die Aufmerksamkeit darauf richtete. Sobald ich mich abwandte, musste ich erkennen, dass die Dinge anders liefen. Das System fiel auch nicht in seinen Ausgangszustand zurück, sondern ging in einen nicht vorhersehbaren Zustand über. Ich dachte, dass dies mit der Trägheit der Menschen zu tun haben müsse und meinte, durch längeres Ausüben von Druck die ausgedachten Abläufe etablieren zu können. Doch das war ein Irrtum. Ich konnte noch so viel Energie aufwenden – sobald ich mich etwas anderem zuwandte, verfiel dies wieder. Diese Erlebnisse machten mich sehr nachdenklich und ich stellte meine eigene Logik in Frage. Ich musste feststellen, dass diesen künstlich geschaffenen Organisationssystemen, die wir in der Rationalität konstruieren, etwas Elementares fehlt: die eigene Lebensfähigkeit! Man muss akzeptieren, dass ein Unternehmen, das ich als natürliches System bezeichne, nicht mit der Regelmäßigkeit einer Maschine funktioniert. Das hat es ja auch noch nie getan!“* [13]

Vom Sinn zur Wirkung – ein praktisches Führungssystem

Exzellente Führung hat das Ziel, eine exzellente Organisation zu gestalten, die nachhaltig herausragende Leistungen erzielt, welche die Erwartungen aller ihrer **Interessengruppen** erfüllt oder übertrifft (Philosophie des Excellence-Modells der EFQM).

Ein ganzheitliches, vernetztes und agiles Geschäftssystem unterstützt die Führung dabei, die gewünschte Wirkung nachhaltig und auf Basis der vorher genannten **Wettbewerbsvorteile** zu erzielen. Dieses **Geschäftssystem** lebt durch und mit den Mitarbeitern der Organisation und stellt im Idealfall ein **sich selbst revitalisierendes System** dar.

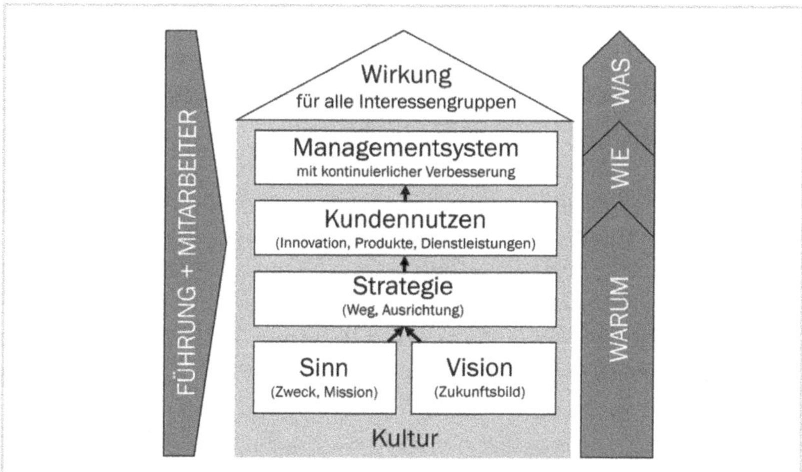

Abb. 2: *Ein sich selbst revitalisierendes Geschäftssystem*

Kultur als Basis und Führung als Vorbild

Die wesentliche Erfolgsvoraussetzung ist die **Kultur,** die in einem **Leitbild** mit definierten **Werten** konkretisiert und greifbar dargestellt wird. Wichtiger als die Definition der Werte sind die gemeinsame Entwicklung einer Kultur der Excellence und vor allem das Leben in der täglichen

Praxis. Hier ist die Führung als **Vorbild,** Ermöglicher und Ermutiger gefragt.

Menschen sind nach aktuellen Erkenntnissen der Hirnforschung motiviert, wenn sie in ihrer Tätigkeit einen Sinn oder einen Zweck erkennen, zu dem sie einen Beitrag leisten können. Deshalb ist das **„Warum“ (der Sinn)** so elementar, das als Kernelement im Golden-Circle-Modell von Simon Sinek beschrieben wird.

Für die Organisation sind dies der **Zweck,** die **Mission** oder der **Geschäftsauftrag** – ein Beispiel hierzu aus der Gesundheitsbranche: *„Bewahrung und Förderung des menschlichen Lebens“.*

In Abhängigkeit von den **Marktbedingungen,** den **Kundensegmenten** und deren **Bedürfnissen** wird der Zweck der Organisation auch bis zu spezifischen **Produkten** und **Dienstleistungen** konkretisiert.

Die Strategie ist der Weg zum Zukunftsbild

Ein weiterer Teil ist die Leidenschaftsfrage – die Frage nach der **Vision** oder dem gemeinsam getragenen Traum. Die Vision beschreibt als inspirierendes und emotionales **Zukunftsbild,** was die Organisation im Rahmen ihres Zwecks erreichen möchte, und bildet daraus ein **langfristiges Zielbild** als Orientierung und Richtung. Beispiele hierfür sind: *„Ein Computer auf jedem Schreibtisch“* (Bill Gates) oder *„Ein Mensch auf dem Mond am Ende des Jahrzehnts“* (J.F. Kennedy 1961).

Die **Strategie** beschreibt den Weg und die grundsätzliche Art und Weise, wie der Zweck – ausgerichtet an der **Vision** – umgesetzt werden soll. Strategische Aussagen lösen konkrete Handlungen aus und Strategien lassen sich immer praktisch umsetzen.

Produkte und Dienstleistungen sind im Kern bereits im Zweck formuliert. Es stellt sich an dieser Stelle allerdings die wichtige Frage: Wie verändern sich die Produkte und Dienstleistungen (z.B. **Innovationen**) aufgrund des Sinns, der Vision und der Strategien? Ein Beispiel: „Durch die Strategie der Einfachheit und Verständlichkeit werden alle

Beschreibungen und Leistungen überarbeitet. Es werden Kunden dazu eingeladen, die das aus ihrer Sicht überprüfen."

Mit einem Managementsystem zu herausragenden Ergebnissen

Für die nachhaltige **Umsetzung, Überprüfung und Verbesserung** der Strategie ergeben sich automatisch Themen wie **Ziele, Aufbauorganisation (Struktur), Ablauforganisation (Prozesse)** inklusive **Wertschöpfung und -schaffung für alle Interessengruppen, Projekte und Maßnahmen, KVP** (kontinuierlicher Verbesserungsprozess) und **Innovation** etc.

Auch für diese Themen, die nach dem Golden-Circle-Modell das **„Wie"** betreffen, gelten als Grundprinzipien Agilität und Menschenorientierung im Rahmen von Leadership 4.0.

Im Sinne der Ganzheitlichkeit und Vernetztheit wird aus diesen Themen ein **Managementsystem** geschaffen, das die Transformation vom Sinn (**„Warum"**) über das Managementsystem (**„Wie"**) zur Wirkung (das **„Was"** nach dem Golden-Circle-Modell) gestaltet.

Damit schafft die Organisation mit Führungsexcellence **Wettbewerbsvorteile und positive Leistungen für alle Interessengruppen** und erreicht eine **positive Wahrnehmung bei allen Interessengruppen.**

Literatur und Quellen

[1] APPELO, J.: *How to change the world. Rotterdam: Jojo Ventures BV, 2012*

[2] BERGER, W.: *Anleitung zur artgerechten Menschenhaltung. Bielefeld: Kamphausen Media GmbH, 2012*

[3] GLOGER, B.; RÖSNER, D.: *Selbstorganisation braucht Führung. München: Carl Hanser Verlag GmbH & Co, 2017*

[4] GRESSER, K.; FREISLER, R.: *Agil und erfolgreich führen. Bonn: Edition managerSeminare, 2017*

[5] HÄUSLING, A.: *Agile Organisationen. Freiburg: Haufe-Lexware GmbH & Co. KG, 2018*

[6] INSTITUT FÜR FÜHRUNGSKULTUR IM DIGITALEN ZEITALTER: *Führungskompetenzen im digitalen Zeitalter. Metastudie 2019*

[7] KORTMANN, O.: *30 Minuten Transformationales Führen. Offenbach: GABAL Verlag GmbH, 2016*

[8] LALOUX, F.; REINVENTING ORGANIZATIONS – : *Ein Leitfaden zur Gestaltung sinnstiftender Formen der Zusammenarbeit. München: Verlag Franz Vahlen GmbH, 2015*

[9] VON MUTIUS, B.: *Disruptive Thinking – Das Denken, das der Zukunft gewachsen ist. Offenbach: GABAL Verlag GmbH, 2017*

[10] PREUSSLING, J.; SICHART, S.: *Agiles Führen – Aktuelle Methoden für moderne Führungskräfte. Freiburg: HAUFE., 2018*

[11] SINEK, S.: *Finde dein Warum – Der praktische Wegweiser zu deiner wahren Bestimmung. München: Redline Verlag, 2018*

[12] VIEWEG, W.: *Management in Komplexität und Unsicherheit – Für agile Manager. Wiesbaden: Springer, 2015*

[13] WÜTHRICH, H. A.; OSMETZ, D.; KADUK, S.: *Musterbrecher. Hamburg: Murmann Verlag, 2016*

[14] ZUR BONSEN, M.: *Leading with Life – Lebendigkeit in Unternehmen umsetzen und nutzen. Wiesbaden: Gabler, 2009*

Strategieentwicklung gekoppelt mit der EFQM-Selbstbewertung

Die Orientierung am EFQM Excellence Modell sowie die Ergebnisse einer Selbst- bzw. Fremdbewertung im Vorfeld der Strategieentwicklung liefert fundierte Erkenntnisse über die eigenen Fähigkeiten als Unternehmen. Neben der Markt- und Wettbewerbsanalyse ist dies eine wesentliche Grundlage für die zielgerichtete Strategieerarbeitung.

In diesem Beitrag erfahren Sie:

- wie eine Selbst- bzw. Fremdbewertung orientiert am EFQM Excellence Modell prozessual in Ihre Strategieentwicklung zu integrieren ist
- welchen inhaltlichen Mehrwert Sie durch eine fundierte Selbst- bzw. Fremdbewertung für Ihre Strategieentwicklung gewinnen
- worauf Sie bei der Nutzung einer Unternehmensbewertung anhand des EFQM Excellence Modells achten sollten

FRANK SLAWIK

Der Strategieprozess

Strategieentwicklung, Zieleplanung, Maßnahmenentwicklung und deren -umsetzung sowie regelmäßiges Controlling gehören zu den wesentlichen Aufgaben der Führungskräfte im Unternehmen. Dies ist meistens im Managementsystem des Unternehmens als Führungsprozess in der Prozesslandkarte definiert. In mittelständischen Unternehmen und Organisationen verläuft dieser Prozess häufig generisch betrachtet in mehreren Schritten ab (siehe Abb. 1), wobei nicht immer die dargestellte

Reihenfolge zwingend einzuhalten ist und Schritte wie Missions- und Visionsentwicklung üblicherweise nicht jährlich durchlaufen werden.

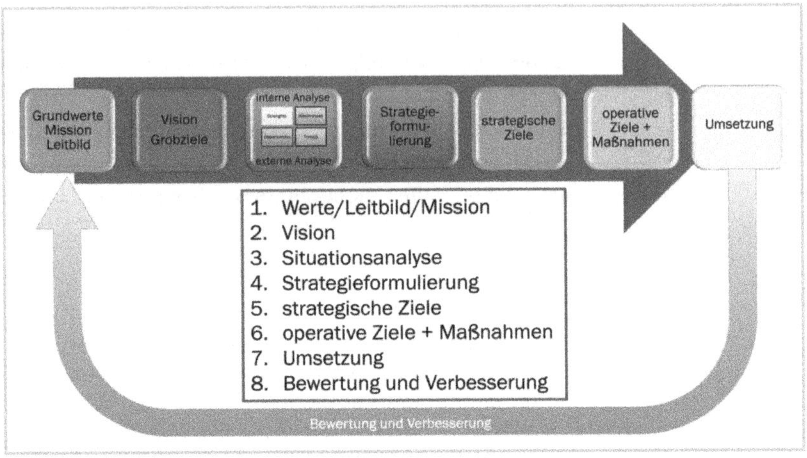

Abb. 1: *Der grundsätzliche strategische Planungsprozess in mittelständischen Unternehmen und Organisationen in acht Schritten*

Die interne und externe Analyse ist ein wesentlicher Schritt im Strategieprozess und die Informationsbasis für die vorzunehmende Strategieformulierung.

Die **externe Analyse** kann in mehrere Schritte gegliedert werden. So ist es zunächst sinnvoll, grobe Trends in Form von Chancen und Risiken aus den erweiterten Umfeldsektoren der Organisation abzuleiten. Eine geeignete Methode ist hier die PESTEL-Analyse. Einen Schritt konkreter wird die Stakeholderanalyse, um gegenseitige Ansprüche mit relevanten Interessengruppen rund um das Unternehmen zu beschreiben. Um das Spannungsfeld der Marktabhängigkeiten des Unternehmens darzustellen und eine entsprechende Verhandlungsposition auf Beschaffungs- und Absatzmärkten zu analysieren, bieten sich hingegen Methoden wie die

Branchenstrukturanalyse nach Porter (5 Forces) oder direkte Wettbewerbervergleiche an.

Für die **interne Analyse** ist es gerade in der heutigen Zeit der kontinuierlichen, manchmal auch disruptiven Veränderung als Unternehmen bedeutend zu wissen, auf welche wesentlichen Unternehmensstärken man vertrauen kann und in welchen Bereichen das Unternehmen Verbesserungspotenziale aufweist (Resource-based View).

Unternehmensbewertung orientiert am EFQM Excellence Modell

Nach Malik [1] liefern betriebswirtschaftliche Steuerungs- und Informationssysteme zumeist operative Daten, besonders das Finanz- und Rechnungswesen.

Für eine fundierte umfassende interne Analyse bietet sich eine Unternehmensbewertung orientiert am EFQM Excellence Modell an – unabhängig davon, ob es sich um eine Selbst- bzw. Fremdbewertung handelt. Abbildung 2 zeigt einen generischen Ablauf für die erstmalige Durchführung einer Selbstbewertung.

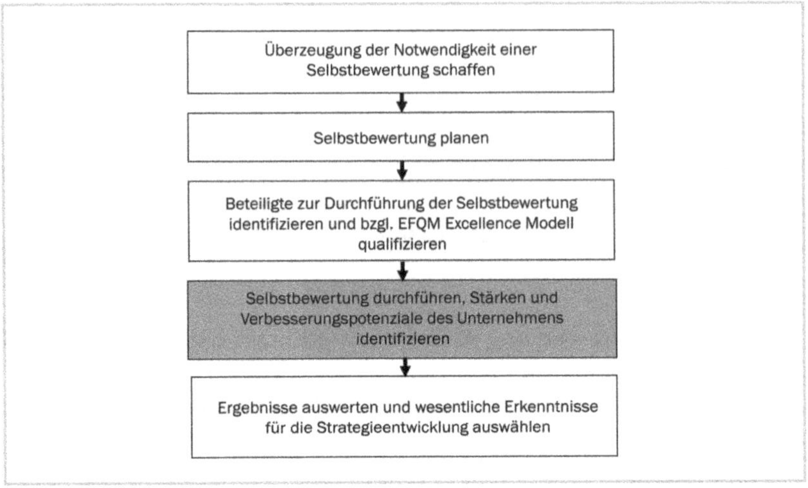

Abb. 2: *Ablauf Selbstbewertung orientiert am EFQM Excellence Modell*

Die Bewertung trägt dazu bei, dass die Führungskräfte ein möglichst ähnliches Verständnis bezüglich der Lage und des Reifegrads des Unternehmens erlangen. Diese Zielsetzung gilt es den Führungskräften zu vermitteln. Es geht nicht darum, abzuprüfen, inwieweit Forderungen einer „Norm" umgesetzt und gelebt werden. Es ist eine sehr strukturierte, auf Fakten beruhende Methode zur Identifizierung und Bewertung der Stärken und Verbesserungspotenziale einer Organisation und zur regelmäßigen Fortschrittsmessung.

Stattfinden sollte diese Bewertung einige Tage bis Wochen vor der eigentlichen Strategieentwicklung. Die Unternehmensbewertung auf Basis des EFQM Excellence Modells wird in der Praxis oft alle zwei bis drei Jahre unter aktiver Beteiligung der Führungskräfte durchgeführt.

Da viele Unternehmen das Kalenderjahr für das Geschäftsjahr zugrunde legen und die Durchführung der strategischen Unternehmensplanung inklusive Jahreszielplanung oft zum Ende des dritten Quartals bzw. zum Anfang des vierten Quartals beginnt, erfolgt die Unternehmensbewertung vielfach im Zeitraum Juni bis Oktober.

Die Ergebnisse einer Organisationsbewertung orientiert am EFQM Excellence Modell liefern eine breite Facette an Erkenntnissen sowohl auf der Mikro- als auch auf der Makroebene. Unter anderem werden Stärken und Potenziale zu Themen wie Unternehmenskultur, Personalplanung und -entwicklung, Prozessfähigkeit sowie Ergebnisqualität identifiziert. Auch wird die Qualität des Strategieprozesses begutachtet. Nachfolgend ein beispielhafter Auszug aus den Ergebnissen eines mittelständischen Unternehmens, das alle drei Jahre eine Selbstbewertung orientiert am EFQM Excellence Modell für die Strategieüberprüfung und deren Weiterentwicklung sowie für die Jahreszielplanung nutzt.

Stärken (Auszug)

- Ein nachhaltiges Programm zur Führungskräfteentwicklung befähigt die Geschäftsführer und Abteilungsleiter, die Unternehmenskultur umzusetzen und Wandel zu gestalten.
- Aufgrund langjähriger Unternehmenszugehörigkeit vieler Mitarbeitender sind die fachliche Kompetenz und die Anwendungskompetenz im Vergleich zu den Wettbewerbern hoch.
- Der Beschwerdeprozess ist seit Langem in Unternehmen etabliert und es ist eine positive Fehlerkultur im Unternehmen entstanden.
- Die regelmäßig durchgeführten fundierten Kundenbefragungsergebnisse zeigen, dass die Kundenzufriedenheit gerade in Bezug auf wesentliche vom Markt geforderte Faktoren wie Zuverlässigkeit, Schnelligkeit und Qualität der Leistung höher ist als beim direkten Wettbewerb und zu den besten in der Branche gehört.
- …

Verbesserungspotenziale (Auszug)

- Das Vorantreiben wesentlicher Veränderungen gelingt nur zum Teil in der gewünschten Geschwindigkeit und Konsequenz. Die „Change-Fähigkeit“ aller ist im Unternehmen unterschiedlich ausgeprägt (Loslassen des Gewohnten, Annahme und Anwendung des Neuen – z.B. weg von abteilungsbezogenem hin zu abteilungsübergreifendem Denken und Arbeiten).

- Weiterhin hinkt das Unternehmen seinem eigenen Anspruch, als einer der Innovatoren der Branche zu gelten, hinterher. Die Weiterentwicklung bestehender Leistungen und die Veränderung einzelner bestehender Geschäftsmodelle und Prozesse gelingt zumeist eher schleppend.
- Die Fluktuationsrate bei „jüngeren Mitarbeitenden" ist höher als der Branchendurchschnitt. Es gelingt nicht, sich dem angestrebten Ziele, sich als Arbeitgebermarke in der Branche zu etablieren, signifikant zu nähern.
- ...

Für die Strategieentwicklung gilt es, aus den Ergebnissen dieser Bewertung die für das strategische Management relevanten Erkenntnisse hinsichtlich der **Stärken** und der **Verbesserungspotenziale** auszuwählen und diese den im Rahmen der externen Analyse identifizierten **Chancen** und **Risiken** gegenüberzustellen.

Fazit

Für Unternehmen und Organisationen gilt es, sich trotz der schneller auftretenden, manchmal disruptiven Veränderungen mit der strategischen Unternehmensentwicklung regelmäßig auseinanderzusetzen, Strategien (weiter) zu entwickeln, Ziele zu setzen und diese umzusetzen sowie Controlling zu betreiben. Im Rahmen der hierfür notwendigen regelmäßigen Analysen liefert eine Unternehmensbewertung orientiert am EFQM Excellence Modell eine umfassende Analyse aus interner Sicht. Diese bietet eine fundierte, breite Grundlage für das Gegenüberstellen von Stärken und Verbesserungspotenzialen (interne Analyse) einerseits und Chancen und Risiken (externe Analyse) andererseits, das als Basis für die Strategieentwicklung dienen kann. Hierbei gilt es sich zu fokussieren und die strategierelevanten Erkenntnisse aus der Unternehmensanalyse orientiert am EFQM Excellence Modell herauszuarbeiten.

Literatur

[1] MALIK, F.: *Strategie – Navigieren in der Komplexität der neuen Welt. 2., überarbeitete und erweiterte Auflage, Frankfurt a.M.: Campus, 2013*

[2] MÜLLER-STEWENS, G.; LECHNER, C.: *Strategisches Management – Wie strategische Initiativen zum Wandel führen. 5., überarbeitete Auflage, Stuttgart: Schäffer-Poeschel, 2016*

[3] MOLL, A.; KOHLER, G.: *Excellence-Leitfaden – Praktische Umsetzung des EFQM Excellence Modells. Düsseldorf: Symposion Publishing, 2013*

Zusammenfassung

Wie bereits oben erwähnt liefert die Unternehmensbewertung orientiert am EFQM Excellence Modell eine umfassende Unternehmensanalyse, gegliedert nach Stärken und Verbesserungspotenzialen. Für die Strategieentwicklung sowie die daraus abzuleitenden strategischen und operativen Ziele ist es relevant, dass die am Prozess beteiligten Führungskräfte ein ähnliches Verständnis der Unternehmenssituation haben und klären, welche erzielten Ergebnisse aus der Unternehmensbewertung aktuell und perspektivisch für das strategische Managen des Unternehmens relevant sind.

Der ganzheitliche Ansatz im EFQM Excellence Modell kann dazu verleiten, viele der identifizierten Potenziale in den strategischen Fokus zu nehmen und diese parallel „abarbeiten" zu wollen. Strategie zu formulieren bedeutet auch, sich als Unternehmen zu positionieren und zu fokussieren. Daher gilt es als Unternehmen bei der Strategieentwicklung und beim Setzen von strategischen und operativen Zielen immer wieder zu bewerten, was aufgrund des aktuellen und perspektivischen Umfelds sowie der Fähigkeiten des Unternehmens strategisch relevant ist.

Die Balanced Scorecard als strategisches Umsetzungs-instrument

Die Strategie ist ein Dreh- und Angelpunkt auf der Befähigerseite des EFQM-Modells. Die Ausgestaltung der Strategie hat initialen Einfluss auf alle anderen Befähiger- und Ergebniskriterien. In diesem Beitrag wird ein praktikabler Umsetzungsansatz für die strategische Planung eines Unternehmens über das Instrument der Balanced Scorecard (BSC) vorgestellt.

In diesem Beitrag erfahren Sie:

- warum es vor der eigentlichen Entwicklung strategischer Unternehmensziele essenziell ist, eine Umfeld- und Unternehmensanalyse durchzuführen
- warum die Planung strategischer Ziele, Kennzahlen, Vorgabewerte und Maßnahmen die Voraussetzung für die Gestaltung der übrigen Befähiger- und Ergebniskriterien ist
- wie durch das Anwenden der Ursache-Wirkungs-Beziehung ein Balancing innerhalb der vier BSC-Perspektiven Finanzen, Kunden, Prozesse und Mitarbeiter erreicht wird
- warum eine BSC erst durch ein konsequentes Kaskadieren und Nachhalten über einen Zielvereinbarungsprozess (ZVP) lebt

DIETER KNON

Bereits ein erster Blick auf das EFQM-Modell zeigt deutlich, dass die Strategie eine zentrale Rolle spielt. Die Benennung der Strategie als wesentliche Aufgabe bei der Ausgestaltung der Organisation macht deutlich, dass die strategische Unternehmensplanung die Grundlage für die Ausführung des Geschäftsmodells beschreibt.

Der Ansatz zur Strategiearbeit im EFQM-Modell zeigt in geradezu idealer Weise einen systematischen, strategischen Planungsprozess auf. Vorbereitend ist eine Umwelt- und Umfeldanalyse durchzuführen. Hier bietet sich als pragmatisches Instrument eine SWOT-Analyse (Strengths, Weaknesses, Opportunities, Threats) an. Aus den Ergebnissen der Analyse erfolgen eine Priorisierung der strategischen Erfolgsfaktoren, eine Ableitung der strategischen Ziele und Maßnahmen, das Balancing der Ziele und abschließend das Herunterbrechen der strategischen Ziele auf operative Mitarbeiterziele. Für die Planung, die Umsetzung und den Review der strategischen Ziele hat sich die Balanced Scorecard als Tool etabliert (siehe Abb. 1).

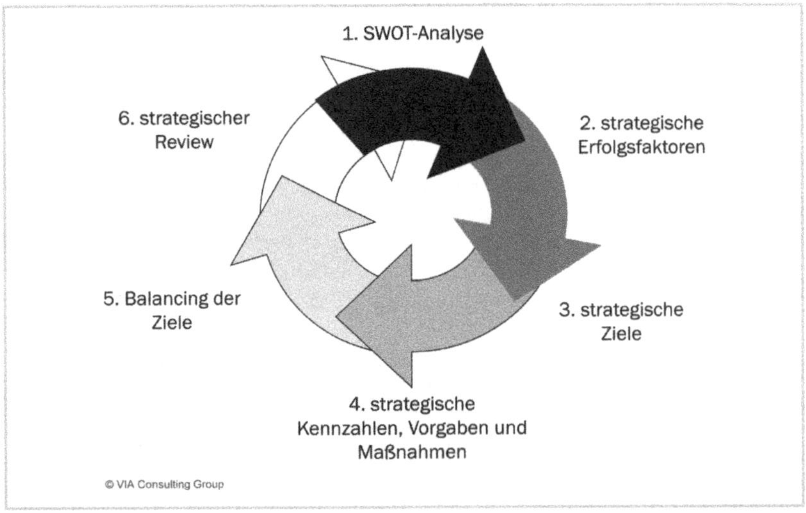

Abb. 1: *Strategieprozess*

SWOT-Analyse

Über eine SWOT-Analyse werden die heutigen Stärken und Verbesserungsbereiche sowie die zukünftigen Chancen und Risiken zu den klassischen Perspektiven einer Balanced Scorecard – Finanzen, Kunden, Prozesse und Mitarbeiter – analysiert (siehe Abb. 2). Aus der SWOT-Analyse lassen sich dann die strategischen Erfolgsfaktoren priorisieren, die eine echte Differenzierung gegenüber den Wettbewerbern für die Zukunft ermöglichen.

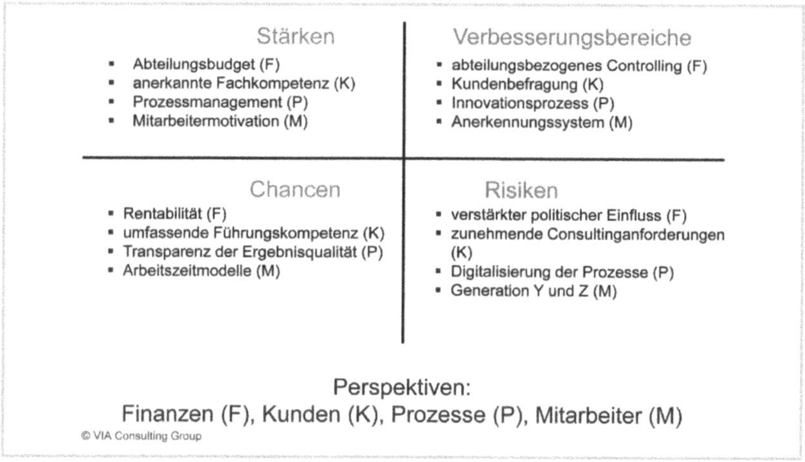

Abb. 2: *Beispiel SWOT-Analyse*

Balanced Scorecard

Die Balanced Scorecard stellt als strategisches Umsetzungsinstrument die langfristigen Ziele zu den vier Perspektiven Finanzen, Kunden, Prozesse und Mitarbeiter dar. Dabei ist entscheidend, dass nur die wirklich strategisch relevanten Ziele in diese ausbalancierten Steuerkarte integriert werden. Die Ableitung der strategischen Ziele ergibt sich aus den strategischen Erfolgsfaktoren der SWOT-Analyse. Jeder strategische

Erfolgsfaktor wird in ein Ziel übersetzt und mit einer Kennzahl, einem Vorgabewert und strategischen Projekten bzw. Maßnahmen konkretisiert (siehe Abb. 3). Die Balanced Scorecard reflektiert sowohl Kennzahlen vergangener Leistungen (Lagging Indicators) als auch Leistungstreiber für zukünftige Leistungen (Leading Indicators). [1]

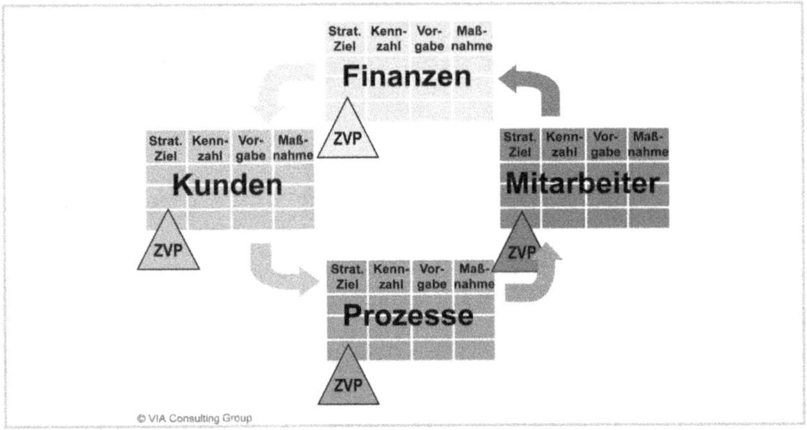

Abb. 3: *BSC*

Anschließend wird die Ursache-Wirkungs-Beziehung (Wenn-dann-Beziehung) über die vier Perspektiven der Balanced Scorecard überprüft. Das heißt, das Erreichen der Mitarbeiterziele sollte die Realisierung der Prozessziele ermöglichen, die Erfüllung der Prozessziele ermöglichen die Kundenziele und diese schließlich das Erreichen der Finanzziele. Im Falle einer Lücke in der kausalen Kette muss gegebenenfalls ein fehlendes strategisches Ziel ergänzt werden. Falls eine Organisation z.B. ein Wachstumsziel in der Finanz- und der Kundenperspektive definiert hat, in der Prozessperspektive einen abgeleiteten Kern- und Marketingprozess, in der Mitarbeiterperspektive aber ein entsprechendes Ziel fehlt, so muss dieses ergänzt werden. In der Mitarbeiterperspektive müsste dann also die Balanced Scorecard z.B. um ein strategisches Ziel zur Qualifikation der Führungs- und Fachkompetenz erweitert werden (siehe Abb. 4).

Durch diese Ursache-Wirkungs-Beziehung erfolgt das Ausbalancieren der Steuerkarte über alle Perspektiven. [2]

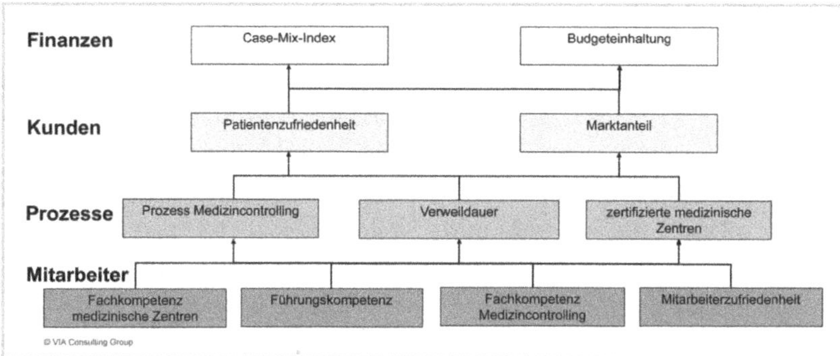

Abb. 4: *Ursache-Wirkungs-Beziehung*

Nachdem in der Balanced Scorecard z.B. für die nächsten fünf Jahre die Ziele definiert wurden, müssen diese durchgängig im Unternehmen kommuniziert und auf alle Mitarbeiter kaskadiert werden. Hierfür werden die strategischen Unternehmens- bzw. Abteilungsziele für die entsprechenden Mitarbeiter in Jahreszielen konkretisiert. [3] In der Beispieldarstellung wird das BSC-Ziel einer Klinik „Führungskompetenz Mediziner ist weiterentwickelt“ in das konkrete Jahresziel „Tutorenkonzept ist umgesetzt“ für einen medizinischen Abteilungsleiter konkretisiert (siehe Abb. 5).

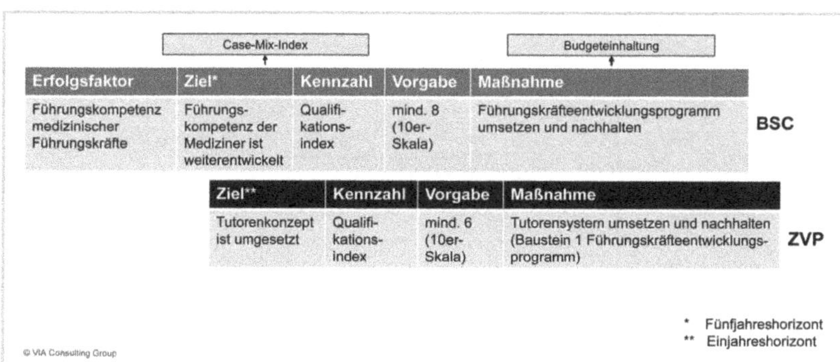

Abb. 5: *Beispiel BSC und ZVP*

Fazit

Die hohe Volatilität der wirtschaftlichen Entwicklung erfordert eine klare strategische Planung und gleichzeitig die Möglichkeit einer operativen Anpassungsfähigkeit. Die Balanced Scorecard stellt hier ein ideales Instrument dar, um zusammen mit der vorgelagerten SWOT-Analyse den langfristigen Zielhafen zu definieren, umzusetzen und zu überwachen und im Rahmen der angekoppelten Zielvereinbarung die Konkretisierung und Kommunikation an alle Mitarbeiter zu realisieren. Für die Führungskräfte einer Organisation stellt die Balanced Scorecard (siehe Abb. 6) mit ihren wenigen strategischen Kennzahlen ein ideales Steuerungscockpit dar (siehe Abb. 7). Der Review hinsichtlich der BSC-Ziele erfolgt in einem sog. Double-Loop-Verfahren, d.h., Abweichungen von den vereinbarten strategischen Zielen können top-down, aber auch bottom-up gemeldet und anschließend entsprechende Maßnahmen- bzw. Projektanpassungen vorgenommen werden. [4]

Strategische Klinikziele (5 Jahre, 2024)

Finanzen

Nr.	Ziel	Kennzahl	Soll	Ist	Maßnahme	Verantwortlicher	Termin	Status
1	Case-Mix-Index ist gesteigert	CMI	> 1,95	1,85	→ Codier-Review über Medizincontroller je Abteilung durchführen → DRG-Daten für jeden Abteilungs- und Bereichsleiter mit Ampellogik aufbereiten	Medizincontrolling	2023	
2	Budget ist eingehalten	%	≤ 100	100	→ Budgetdaten für jeden Abteilungs- und Bereichsleiter mit Ampellogik aufbereiten	Controlling	2024	

Patienten

Nr.	Ziel	Kennzahl	Soll	Ist	Maßnahme	Verantwortlicher	Termin	Status
3	Patientenzufriedenheit ist gesteigert	Zufriedenheitsindex (6er-Skala)	≤ 2	2,1	→ Patientenbefragung neu gestalten → Daten für jeden Abteilungs- und Bereichsleiter mit Ampellogik auswerten und aufbereiten → Gesamtanalyse der Patientenfeedbacks	QM	2023	
4	Mittlere Verweildauer ist reduziert	Tage	≤ 7,5	8,3	→ Daten für jeden Abteilungs- und Bereichsleiter mit Ampellogik auswerten und aufbereiten	Medizincontrolling	2022	
5	Marktanteil ist gesteigert (Onkologie und Endoprothetik)	% Onkologie % Endoprothetik	10 10	2 4	→ Marketingplan zu Onkologie- und Endoprothetikzentrum entwickeln und umsetzen	Marketing	2023	

Prozesse

Nr.	Ziel	Kennzahl	Soll	Ist	Maßnahme	Verantwortlicher	Termin	Status
6	Prozess zum Medizincontrolling (Codierung, Verweildauer) ist durchgängig etabliert	Datenverfügbarkeit %	100	70	→ Neuorganisation des Medizincontrollings mit Verantwortlichen je Abteilung umsetzen → Kernprozess bzgl. codier- und verweildauerrelevanten Tätigkeiten analysieren → Kernprozess bzgl. Codierung und Verweildauermanagement optimieren → Medizincontrolling IT-unterstützt neu gestalten	Medizincontrolling	2022	
7	Fachzentren sind zertifiziert	Zentrumszertifizierung Onkologie Zentrumszertifizierung Endoprothetik	ja ja	nein nein	→ Zertifizierungsprojekt onkologisches Zentrum planen und umsetzen → Zertifizierungsprojekt Endoprothetikzentrum planen und umsetzen → Audits für die Zentren planen und umsetzen	Abteilungsleiter	2023	

Mitarbeiter

Nr.	Ziel	Kennzahl	Soll	Ist	Maßnahme	Verantwortlicher	Termin	Status
8	Führungskompetenz der Mediziner ist weiterentwickelt	Qualifikationsindex (10er-Skala)	≥ 8	5,8	→ Führungskräfteentwicklungsprogramm umsetzen und nachhalten	Abteilungsleiter	2021	
9	Fachkompetenz zum Medizincontrolling ist gesteigert	Qualifikationsindex (10er-Skala)	≥ 9 (Medizincontroller Abteilung) ≥ 7 (Mediziner)	8,1 6,5	→ Medizincontroller der Abteilungen vertieft qualifizieren → Mediziner zum Medizincontrolling qualifizieren	Personalabteilung	2021	
10	Kompetenz zu medizinischen Zentren ist gesteigert	Qualifikationsindex (10er-Skala)	≥ 9 (Medizin, Pflege)	6,8	→ Mediziner und Pflegemitarbeiter der Zentren qualifizieren	Personalabteilung	2022	
11	Mitarbeiterzufriedenheit ist gesteigert	Zufriedenheitsindex (6er-Skala)	≤ 2	2,2	→ Mitarbeiterbefragung neu entwickeln und durchführen → Mehrgenerationenkonzept entwickeln und umsetzen	Personalabteilung	2023	

Legende
Ziel erreicht
Ziel nahezu erreicht (≤ 10 % Sollabweichung)
Ziel nicht erreicht

Abb. 6: *Beispiel BSC Klinik*

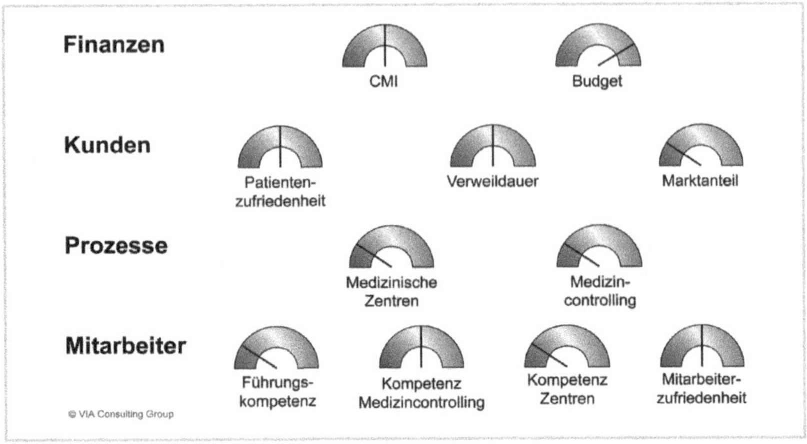

Abb. 7: *BSC als Kennzahlencockpit*

Literatur

[1] Kaplan, R.S.; Norton, D.P.: *Balanced Scorecard – Strategien erfolgreich umsetzen. Stuttgart: Schäffer-Poeschel, 2018*

[2] Preissner, A.: *Balanced Scorecard anwenden – Kennzahlengestützte Unternehmenssteuerung. München: Hanser, 2011*

[3] Friedag, H.R., Schmidt, W.: *Balanced Scorecard – einfach konsequent – Erfolgreiche Umsetzung im Unternehmen. Freiburg: Haufe Lexware, 2014*

[4] Knon, D.; Goerig, R.-M.; Gietl, G.: *Qualitätsmanagement in Krankenhäusern. 2. Auflage, München: Hanser, 2013*

Zusammenfassung

Die Unternehmen sind heute einem sich revolutionär entwickelnden Wettbewerbsumfeld ausgesetzt. Für Unternehmen, die sich innerhalb dieser neuen Umweltbedingungen orientieren wollen, ist es notwendig, für die Perspektiven Finanzen, Kunden, Prozesse und Mitarbeiter strategische Ziele, Kennzahlen, Vorgabewerte und Maßnahmen zu planen und umzusetzen. Diese strategischen Ziele werden durchgängig im Unternehmen kommuniziert und es werden für jeden Unternehmensbereich und jede Ebene über den Zielvereinbarungsprozess spezifische Jahresziele abgeleitet. Die Zusammenstellung der strategischen Kennzahlen in der Balanced Scorecard können als übersichtliches Steuerungscockpit genutzt werden.

Ziel des vorliegenden Beitrags ist es, die Vorteile der Balanced Scorecard als strategisches Umsetzungstool innerhalb des EFQM-Modells aufzuzeigen. Außerdem wird der Zusammenhang zwischen der Balanced Scorecard und der vorbereitenden SWOT-Analyse zur Ableitung der strategischen Erfolgsfaktoren dargestellt. Abschließend wird erläutert, wie das Andocken eines Zielvereinbarungsprozesses an die Balanced Scorecard diese operativ zum Leben erweckt.

Das Ende der Kompromisse: Excellence digital

In der digitalen Welt geschieht alles gleichzeitig, unvorhersehbar und rasant. Marktfähige Betaversionen ersetzen ausgereifte Produkte. Reflektiertes Echtzeitmanagement für heute und morgen ist die Herausforderung. Excellence-Modelle messen seinen Reifegrad.

In diesem Beitrag erfahren Sie:

- warum Management Systemdenken voraussetzt
- wie Ihr Managementsystem digital fit wird
- wie Excellence-Modelle Sie unterstützen

Birgit Behrens-Otto

Systemdenken als Managementfähigkeit

Award-Bewerber wie Auftraggeber von Begutachtungen gemäß EFQM sind oft erstaunt, wie schnell sich ein Assessorenteam in kurzer Zeit ein treffendes Bild vom Reifegrad ihres Managementsystems machen kann. Das gelingt, weil EFQM-Assessoren mithilfe des EFQM Excellence Modells zum Systemdenken („systems thinking", „systems dynamics") ausgebildet werden. Arnold und Wade definieren Systemdenken als einen *„Satz synergistisch analytischer Fertigkeiten, die genutzt werden, um die Fähigkeit zu steigern, Systeme zu erkennen und zu verstehen, ihr Verhalten vorherzusagen und sie in solcher Weise zu verändern, dass sie erwünschte Effekte hervorbringen"* [1]. Diese Fertigkeiten seien:

- Form als Kombination aus Element und Verbindung verstehen
- Ursache-Wirkungs-Mechanismen erkennen
- Rückkoppelung verstehen

- Ressourcen, deren Niveauänderungen sowie das System verändernde Variablen bestimmen
- nicht lineare Beziehungen identifizieren und verstehen
- Dynamik inklusive unerwartetes Verhalten eines Systems verstehen
- Komplexität durch Systemmodellierung reduzieren
- Systeme in unterschiedliche Größen skalieren und verstehen

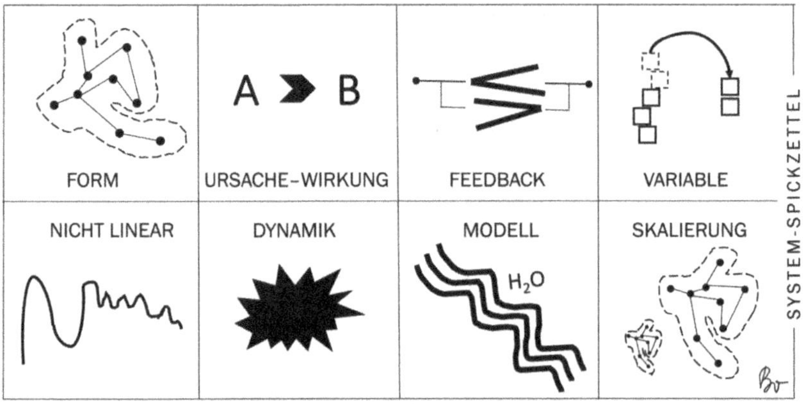

***Abb. 1:** System-Spickzettel*

Systemdenken ist eine Fähigkeit, die nicht nur Assessoren, sondern auch Manager besitzen müssen. Während EFQM-Assessoren gelegentlich seinen Reifegrad ermitteln, arbeiten Manager kontinuierlich an ihrem Managementsystem. Aber steht „Dynamik verstehen und System beeinflussen" auch in ihrem Anforderungsprofil und wurden sie darin ausgebildet?

Dynamik als Lebensrealität

Im industriellen Zeitalter begriff man Managementsysteme als Automaten, in denen in einer Aufbauorganisation verortete Experten in einer

Ablauforganisation, kausal getaktet, eine Strategie umsetzen und ein geplantes Ergebnis erzielen sollten. Theoretische Wirkmechanismen des Systems waren Baukastenprinzip, Arbeitsteilung und Kausaldenken. In der Praxis wirkten eher Machtkampf, Nacharbeit und Ergebnismanipulation. Mangels Transparenz für alle Beteiligten war diese Managementform lange erfolgreich. Unnötige Produktionskosten wurden auf den Preis geschlagen, ungewollte Produkte werbewirksam in den Markt gedrückt und ausgelaugte Mitarbeiter durch neue ersetzt.

Doch Unternehmen sind keine Automaten, sondern Systeme. Wirkmechanismen wie Verbindung, (Rück-)Koppelung, (nicht) lineare Beziehung, Wechselwirkung, Kettenreaktion, Druckveränderung oder Input-Output-Variabilität bestimmen ihre Form und erzeugen im Zusammenspiel ihre Dynamik. Bereits Alexander von Humboldt erteilte dem Automatendenken der Aufklärung nach seiner südamerikanischen Forschungsreise um 1800 eine Absage und beschrieb die Welt als Ökosystem.

Während sich das Systemdenken im wissenschaftlichen und künstlerischen Diskurs durchgesetzt hat, blieb seine Übernahme in die Praxis industrieller Organisation fragmentarisch. So relativiert etwa die Balanced Scorecard die einseitige Ausrichtung auf finanzielle Ergebnisse. Das Open-Book-Management propagiert eine systemweite Kostentransparenz, um die Dynamik eines Herstellungsprozesses besser zu verstehen. SPC wurde für die Steuerung dieser Dynamik propagiert. Meist als Einzelmaßnahme eingeführt, müsste die Wirkung jeder Methode auf das ganze Managementsystem betrachtet werden, um wirklich zu greifen. Vielen Beratern ist das bewusst, doch scheitern sie oft an der Trägheit überholter Organisationsformen.

Einzig die in den 1990er-Jahren entstandenen Excellence-Modelle (EFQM, Baldrige) beschreiben ein Managementsystem so, wie sein Name es verlangt: als System mit Form und Dynamik. Es steckt in jedem Satz der Modellbroschüren: Form entsteht aus den divergierenden Anforderungen unterschiedlicher Interessengruppen, einem Kernprozess zur Leistungserfüllung und dem Ergebnis dieses Prozesses aus dem Blickwinkel der Interessengruppen. Mit gezielten Rückkoppelungen im Prozessmanagement kann Dynamik im Sinne der Strategie beeinflusst werden. Mit der RADAR-Logik identifizieren Manager in ihrer Rolle als Assessoren die Wirkkraft solcher Rückkoppelungen in unterschiedlicher Skalierung (Flughöhe) von der Tagesarbeit bis zur jährlichen Selbstbewertung. Die Aufbauorganisation wird durch eine flexible Ablauforganisation ersetzt. Doch ihre Autoren machten einen Fehler: Sie setzten Systemdenken als Managementfähigkeit voraus und lieferten daher kein Rezept für den konkreten Systemaufbau.

Excellence fand trotzdem ihre Liebhaber: Menschen, die Ganzheitlichkeit suchen, und Organisationen, die sich als Organismen verstehen. Aber diese Gemeinschaft war lange ein kleiner Insider-Club, der sich lernend an unternehmerisches Systemdenken herantastete. Die Macht in der Aufbauorganisation blieb leider oft unangetastet. Das ist kein Wunder. Jahrzehntelang verkauften Berater den Entscheidern nur Leadership und Strategie. Das Managementsystem überließen sie geschäftstüchtigen Zertifizierern und überforderten Qualitätsmanagern. Mit der Six-Sigma-Welle schwappte die Prozessdynamik zwar kurzfristig ins Rampenlicht der Boardrooms von Großunternehmen, doch organisationale Konsequenzen zogen die dort sitzenden Unternehmensführer selten.

Jetzt wischt die Digitalisierung veraltete Organisationsformen einfach weg. Digital bedeutet Gleichzeitigkeit, Gelegenheit und Tempo. Nur Managementsysteme, die das abbilden, überleben. Nur Menschen, die sich auf Systeme einlassen, werden vom Burn-out verschont.

Management im Betazeitalter

Im vergangenen Jahrhundert riefen die Betaversionen der Software-Schmieden noch den Hohn etablierter Autofabrikanten hervor, die nach langen Entwicklungszeiten marktreife Produkte an Kunden verteilten. Heute ist aus „beta“ das Managementprinzip für die digitale Welt geworden: Wirf einen marktfähigen Prototyp auf den Markt, bleib dicht an den Usern und optimiere ihn mithilfe immer besser werdender Prozesse zu einem marktreifen Produkt. Dieses Verhalten ist sinnvoll, denn digitale Systeme sind so komplex, dass selbst ihre Programmierer nicht voraussagen können, was die Codes letztlich auslösen, wann und mit welcher Wucht.

Die digitale Plattformtechnik ermöglicht außerdem den Leistungsaustausch zwischen allen Usern in Echtzeit. Aus Angebot wird Gelegenheit. Datenqualität, Timing und Tempo bestimmen den Erfolg des Geschäftsmodells. Ein Managementsystem, das auf digitaler Technik fußt, muss daher kompromisslos systemisch sein: flexibel in der Form und konsequent bei der Regelung seiner Dynamik. Nur dann überlebt man den digitalen Hurrikan und die Forderung nach Nachhaltigkeit.

Die Aufgabe, ein solches Managementsystem zu entwerfen, liegt bei den Unternehmern und Managern. Altgediente Excellence-Fans sollten sich darüber freuen, dass es heute zahlreiche Designempfehlungen für reflektiertes Echtzeitmanagement gibt, denen Systemdenken zugrunde liegt: von Holacracy (Robertson) über Digital Business Modelling (Hoffmeister) oder den Agile-&-Lean-Ansatz (Foegen, Kaczmarek) bis hin zu radikalem Transformationsdesign (Sommer, Welzer). Um herauszufinden, wie gut diese neu zu entwickelnden Managementsysteme funktionieren, ist eine Reifegradbewertung mit der RADAR-Logik, wie sie das EFQM-Modell 2020 anbietet, nach wie vor das perfekte Instrument.

Literatur

[1] Arnold, R. D.; Wade, J.n P.: *A Definition of Systems Thinking: A Systems Approach. In: Procedia Computer Science 44 (2015), S. 669–678. www.sciencedirect.com/science/article/pii/S1877050915002860, Download: 06.05.2019*

[2] EFQM: *EFQM Excellence Modell/EFQM Model 2013. Brüssel: EFQM Publications, 2012*

[3] Foegen, M.; Kaczmarek, C.: *Organisation in einer digitalen Zeit – Ein Buch für die Gestaltung von reaktionsfähigen und schlanken Organisationen mit Hilfe von skalierten Agile & Lean Mustern. 3. Auflage, Darmstadt: wibas, 2016*

[4] Hoffmeister, C.: *Digital Business Modelling – Digitale Geschäftsmodelle entwickeln und strategisch verankern. 2. Auflage, München: Hanser, 2017*

[5] Robertson, B. J.: *Holacracy – The New Management System for a Rapidly Changing World. New York: Henry Holt, 2015*

[6] Sommer, B.; Welzer, H.ld: *Transformationsdesign – Wege in eine zukunftsfähige Moderne. München: oekom, 2017*

[7] Wulf, A.: *Alexander von Humboldt und die Erfindung der Natur. München: Bertelsmann, 2016*

[8] Yogeshwar, R.: *Nächste Ausfahrt Zukunft, Kapitel 5 Zaubern. Von der digitalen Magie. Köln: Kiepenheuer & Witsch, 2017, S. 143–188*

Zusammenfassung

Excellence-Modelle, z.B. das EFQM Modell 2020, setzen Systemdenken als Managementfähigkeit voraus. Es wird aber von Managern selten eingefordert. Der Widerspruch zwischen Aufbau und Ablauf hält in vielen Organisationen daher noch an. Digitalisierung wie Nachhaltigkeit zwingen zur Entwicklung systemischer Organisationsformen. Derzeit werden viele Designvorschläge veröffentlicht. Die EFQM-Reifegradermittlung durch Begutachtung (Assessment) ist das richtige Instrument, um deren Leistungsfähigkeit ganzheitlich zu beurteilen.

Der Nutzen des Modells aus der Sicht der Mitarbeitenden

Organisationen müssen sich auf einen noch stärkeren Fachkräftemangel einstellen. Es wird nicht mehr ausreichen, die Mitarbeitenden als eine Einheit zu sehen. Individuelle Interessen bedeuten eine Segmentierung auf allen Ebenen: Von der Personalauswahl über die Personalentwicklung bis hin zur Ermittlung der Zufriedenheit sowie des Mitarbeiterverhaltens sind gezielte Vorgehensweisen zu finden.

In diesem Beitrag erfahren Sie:

- warum Mitarbeitende in unterschiedliche Interessengruppen segmentiert werden sollten
- auf welchen Ebenen heraus die Organisation ihre Personalbindungsmaßnahmen weiterentwickeln sollte
- weshalb in der heutigen Zeit eine zielgerichtete Ergebnisdarstellung zur Personalentwicklung verfolgt werden sollte

Frank von Pablocki

Der Fachkräftemangel, der in fast jeder Branche (Baugewerbe, Gesundheits- und Sozialwesen, Dienstleistungsbranche usw.) immer stärker zum Tragen kommt, bedeutet nicht nur, dass die Organisationen sich auf ihre Mitarbeitenden konzentrieren, sondern auch, dass die Beteiligten sich auf ein ressourcenorientiertes Umfeld einlassen müssen. Denn es besteht auf beiden Seiten eine Grenze der Möglichkeiten, die sich bieten: Den Organisationen stehen nur begrenzte Sachmittel zur Verfügung. Auf der anderen Seite sind auch die Möglichkeiten des Mitarbeitenden endlich. Dies zeigt sich derzeit eindrucksvoll in der Altenhilfe. Es gibt einen bundesweit flächendeckenden Fachkräftemangel, ähnlich wie in vielen anderen Branchen, der sich jedoch in den einzelnen Organisationen ganz unterschiedlich auswirkt.

Die vorherrschende Divergenz ist unter anderem ein Ergebnis der jeweiligen umgesetzten „Mitarbeiterstrategie“. Sie zeigt auf, wie gut es einer Organisation gelingt, sich auf die Belange der einzelnen Mitarbeitenden einzustellen – ob es sich um die Arbeitszeit oder die jeweiligen Fähigkeiten und Fertigkeiten handelt. Die Organisation muss den Mitarbeitenden einen Arbeitsplatz und ein Arbeitsumfeld anbieten, das diese dazu befähigt, eine optimale Arbeitsleistung zu erbringen, ohne sich selbst dauerhaft zu überfordern. Organisationen, die sich mit dem EFQM Excellence Modell beschäftigen, erkennen in diesem Zusammenhang sehr schnell, wo ihr Einfluss auf die Leistungsfähigkeit der Mitarbeitenden und deren Wahrnehmung gegenüber der Organisation als Arbeitgeber liegt. Hierzu ist es unumgänglich, die Mitarbeitenden als eine der wesentlichen Interessengruppen der Organisation zu definieren.

Dafür sind nicht nur die Parameter zu bestimmen, die der Mitarbeitende erfüllen muss, sondern auch diejenigen Indikatoren, die der Mitarbeitende an die Organisation stellt. Was kann also dem Mitarbeitenden angeboten werden, damit er sich in seinem Arbeitsumfeld wiederfindet? Während „Babyboomer“ im Allgemeinen ein höheres Streben nach Status als die nachfolgenden Generationen haben, hat die „Generation X“ ein großes Autonomiebedürfnis. Sie ist es gewohnt, Eigenverantwortung zu übernehmen. Mitarbeitenden aus der „Generation Y“ kommt es vor allem auf das Gemeinschaftsgefühl an. Sie wollen etwas in einer Gruppe von Gleichgesinnten erleben und dies mit ihnen teilen. Die jüngsten Mitarbeitenden der „Generation Z“ wollen dagegen Einfluss auf das System nehmen [1]. Entsprechend diesen unterschiedlichen Anforderungen sollen und müssen sich die Organisationen Gedanken über diverse Zielgruppen, sprich unterschiedliche Mitarbeiteranforderungen machen. Denn: Den „einen“ Mitarbeitenden – mit den gleichen Wünschen und Bedürfnissen – gibt es schon lange nicht mehr. Folglich sind das Erleben und das daraus resultierende Verhalten des Mitarbeitenden genauso divers wie die durch die Sozialwissenschaften identifizierten Subgruppen der Gesellschaft. Somit muss ein wesentlicher strategischer Gedanke für die Zukunft auf die individualisierte Mitarbeiterentwicklung und die entsprechende Mitarbeiterfindung sein.

Personalkonzepte schaffen Orientierung und Transparenz

Sobald bei den Mitarbeitenden unterschiedliche Interessengruppen identifiziert sind, ist das systematische Vorgehen der Organisation in diesem Segment zu festigen. Somit sind die jeweiligen Konzepte auf die entsprechende Zielgruppe hin auszurichten und der entsprechende Nutzen ist darzustellen. Personalkonzepte sind nur dann sinnvoll, wenn sie ebenfalls dem Excellence-Gedanken folgen. Warum arbeiten wir mit diesen Mitteln und welches konkrete Ziel verfolgen wir damit?

Die Konzeption für die Personalplanung muss den betroffenen Mitarbeitenden transparent dargestellt werden. Welche Mitarbeiterpositionen sind derzeit vakant und mit welchen systematischen Vorgehensweisen wird versucht, die Stellen zu besetzen? Somit wissen die Mitarbeitenden, wo Defizite bestehen und ein – wenn auch nicht auf Dauer – bestehender Mehreinsatz notwendig ist. Des Weiteren kann hierdurch die Bereitschaft, kurzfristig andere Aufgaben zu übernehmen, gefördert werden.

Ein systematischer Einarbeitungsprozess schafft von Anfang an klare Strukturen. Je stärker sich die Mitarbeitenden eingebunden fühlen, umso prägnanter wird der psychologische Vertrag zwischen den Mitarbeitenden und der Organisation. Dieser legt die *„wechselseitigen Erwartungen und Angebote von Mitarbeitenden und Organisationen, die über den formal juristischen Arbeitsvertrag hinausgehen“* [2] fest. Im Rahmen der Einarbeitung erlebt der Mitarbeitenden des Weiteren eine ehrliche Auseinandersetzung mit seinen Fähigkeiten und Fertigkeiten, sodass ihm die wesentlichen und weiteren Entwicklungsziele aufgezeigt werden können.

Der Bereich der Beteiligungskonzepte ist vielfältig. High Potentials wollen mitgestalten. Sie sind in der Lage, Ideen für die persönliche Zukunft zu entwickeln und gleichzeitig ein Bild von der Zukunft der Organisation zu kreieren. Die jeweiligen Schulungs- und Weiterqualifizierungskonzepte sind auf diese Ansprüche hin auszurichten. Denn: Besonders die jüngeren Generationen wollen sich durch ein lebenslanges Lernen weiterbilden.

Die Be- und Entlohnungssysteme stellen in den Organisationen einen Faktor der Personalbindung dar. Es gibt in der heutigen Arbeitswelt keinen Unterschied zwischen Männern und Frauen, der ein unterschiedliches Lohngefüge rechtfertigen würde. Besonders vor dem Hintergrund, dass sich die Aufgabenverteilung – Männer sind in Führungspositionen und Frauen arbeiten in den „niedrig qualifizierten" Arbeitsbereichen – kaum noch unterscheiden. *„Die demografische Entwicklung, veränderte Altersstrukturen und die Berufswünsche der weiblichen Beschäftigten führen zudem eine Personalpolitik ad absurdum, die Organisationsmitglieder im Alter 45+, die noch mindestens 20 Berufsjahre vor sich haben, bei Weiterbildung, Jobrotation oder Aufstieg kaum mehr berücksichtigen."* [3] Der Bereich der Belohnungssysteme wird ebenfalls immer wichtiger – besonders vor dem Hintergrund, dass ein „Tankgutschein" als ein positives Belohnungssymbol wahrgenommen wird. Dieser verliert seinen Wert jedoch schnell. Hier ist auf der einen Seite die Kreativität der Organisation gefragt, auf der anderen Seite ist der kontinuierliche Austausch mit den Mitarbeitenden notwendig.

Die Personalentwicklung als Bindungsfaktor

Die Wahrnehmung der Mitarbeitenden in Bezug auf die Leistungsfähigkeit der Organisation beginnt schon bei der Auswahl. Organisationen mit einem positiven Bekanntheitsgrad haben es leichter, das gesuchte Klientel anzusprechen und zu gewinnen. Besonders vor dem Hintergrund, dass *„drei übergreifende Trends dafür [sprechen, dass] weiterhin große Erwartungen an Maßnahmen zur Integration neuer Mitarbeiter [gestellt werden]"* [4]. Dies betrifft zum einen den demografischen Wandel und die Diversität – zum anderen die Virtualisierung von Arbeitsbeziehungen, einhergehend mit einem Anstieg an Digitalisierung, und zum Schluss das immer deutlicher werdende Spannungsverhältnis von Verlässlichkeit und Flexibilität für viele Organisationen [5]. In diesem Zusammenhang ist immer die Perspektive des Mitarbeitenden einzunehmen:

1. Was kann die Organisation unter anderem leisten, um die Altersdiversität so zu gestalten, dass sie nicht als Hindernis im Arbeitsprozess angesehen wird? Es ist besonders auf eine mögliche Vielschichtigkeit von Unterschieden in Arbeitsgruppen zu achten. *„Wenn z.B. alle älteren Personen einer Gruppe gleichzeitig auch Männer sind, kann von dieser Teamzusammensetzung eine ganz andere Wirkung ausgehen, als wenn – bei gleichen Gruppenmittelwerten und Standardabweichungen für Alter und Geschlecht – das Geschlecht und das Alter der Personen nicht miteinander zusammenhängen.“* [5] Je nach Arbeitsaufgabe und Teamzusammensetzung sind Tandemlösungen bzw. „gemischte“ Arbeitsgruppen in den Personalentwicklungsprozess zu integrieren.
2. Wie kann die Organisation die Bindung von Mitarbeitenden und Teams unterstützen, wenn sich die Arbeitswelten immer stärker virtualisieren? In diesem Zusammenhang ist zu bedenken, dass *„Führung […] nicht nur über räumliche Grenzen hinweg verteilt [ist], sondern das Team muss sich in gut verteilten Funktionen weitgehend selbst führen. Die Rolle der Führungskraft verschiebt sich von einem hierarchischen Konzept hin zu mehr Selbstorganisation im Team.“*[6] Der regelmäßige Austausch über die Qualität der Zusammenarbeit stellt hier den wesentlichen Bindungsfaktor dar. Hinzu kommend führt das Thema Digitalisierung in vielen Organisationen zu einem Umbruch in den Arbeitsprozessen. Die Mitarbeitenden müssen an dieses Thema herangeführt und dauerhaft begleitet werden. Denn es gibt Organisationen, bei denen die Einführung von EDV-Systemen auf der operativen Ebene scheitert, weil die Fachkräfte die Entwicklung blockieren.
3. Besonders die Flexibilisierung der individuellen Arbeitszeit ist für viele Arbeitenden wesentlich. Hiervon hängt die Vereinbarkeit von Familie und Beruf bzw. die der individuellen Work-Life-Balance ab. In diesem Zusammenhang ist der Begriff der Personalentwicklung zum Thema Persönlichkeitsentwicklung umzugestalten. Mitarbeitende haben in unterschiedlichen Lebensphasen verschiedene Anforderungen an die Arbeitszeit und die Aufgabenverteilung. Organisationen, die sich auf

die speziellen Bedürfnisse der Einzelnen einlassen, stehen jedoch vor einer großen Herausforderung. Es darf nicht der Eindruck entstehen, dass bestimmte Mitarbeitende gegenüber anderen bevorzugt werden. Aus diesem Gefühl heraus kann sich schnell ein Konflikt auf der Ebene der Diversität ergeben (wenn z.B. ältere Mitarbeitende weniger arbeiten müssen oder Alleinerziehende Arbeitszeiten erhalten, um die herum sich die anderen organisieren müssen). Das gilt es zu vermeiden.

Tab. 1: *Die unterschiedlichen Anforderungen an die Personal- sowie Persönlichkeitsentwicklung in einer Organisation*

	Personalentwicklung	**Persönlichkeitsentwicklung**
Demografie und Diversität	In PE-Maßnahmen werden mögliche Konfliktpotenziale aufgedeckt und entsprechende individuelle Maßnahmen abgeleitet.	Der Mitarbeitende erkennt, dass die Organisation ein dauerhaftes Interesse an ihm und seiner jeweiligen Lebenssituation hat. Jede Lebensphase erfährt eine individuelle Würdigung.
Virtualisierung und Digitalisierung	Die Mitarbeitenden erarbeiten Strategien zur Zusammenarbeit in virtuellen Teams – wobei mit „virtuell" keine große räumliche Distanz aufgebaut werden muss. Dazu wird in Bezug auf EDV-Systeme und ihre Anwendung geschult.	Die Mitarbeitenden erhalten die Gelegenheit, ihre Verhaltensweisen innerhalb der jeweiligen Arbeitsform zu hinterfragen. Dieses geschieht kontinuierlich und unabhängig von der derzeitigen Position und dem Virtualisierungs- bzw. Digitalisierungsgrad.

	Personalentwicklung	**Persönlichkeitsentwicklung**
Verlässlichkeit und Flexibilität	Der Mitarbeitende wird auf den jeweiligen Flexibilisierungsgrad der Organisation geschult. Es bestehen außerdem Kenntnisse über die unterschiedlichen Personalkonzepte.	Die Organisation erarbeitet zusammen mit den Mitarbeitenden den möglichen Flexibilisierungsgrad der Aufgaben- und Arbeitszeitstruktur und schafft dadurch eine Kultur der Mitgestaltung.

Mit Kennzahlen die Personalbindung unterstützen

Durch die Segmentierung der unterschiedlichen Interessengruppen (Abteilungen, Qualifikationen, Alterscluster, Positionen usw.), die bei den Mitarbeitenden wiederzufinden sind, müssen die Ergebnisdaten entsprechend gegliedert werden. Es ist somit nicht damit getan, eine jährlich stattfindende Mitarbeiterbefragung durchzuführen und drei oder vier Leistungskennzahlen zu erheben, um damit die Situation in der Belegschaft abbilden zu können. Vielmehr muss sich die Organisation auf aussagefähige Ergebnisse konzentrieren. Abbildung 1 zeigt in diesem Zusammenhang eine mögliche Struktur auf.

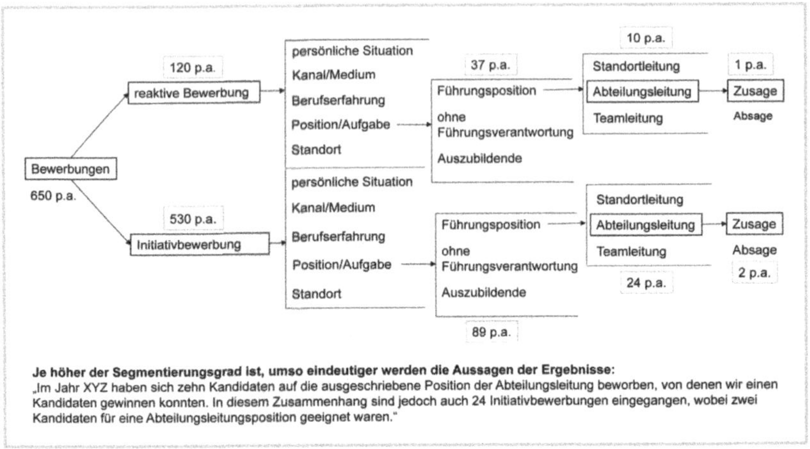

Abb. 1: *Die Segmentierung zur Ermittlung von Realdaten*

Befragungen

„Haben die Leitung und die Mitarbeiter ein wirkliches Interesse an den Ergebnissen der jeweiligen Befragung? Menschen, die an einer Befragung teilnehmen, haben in der Regel den Wunsch, dass ihre Meinung ernst genommen wird." [7] Die Personalbindung ist hierbei eng mit den jeweiligen Beteiligungsmöglichkeiten in der Organisation verknüpft. Somit sollten die Befragungen auch auf die entsprechende Mitarbeiterbindungsstrategie und die identifizierten Interessengruppen hin ausgerichtet sein.

Mögliche Metathemen einer Mitarbeiterbefragung:

- generelle Personalplanung und die Auswirkungen auf die eigene Arbeitszeit
- Zufriedenheit mit den Beteiligungsmöglichkeiten und mit der Umsetzung individueller Ideen
- Wahrnehmung der eigenen Person im Kontext des Arbeitsumfeldes durch Kollegen und Führungskräfte
- Zufriedenheit mit den Möglichkeiten der Arbeitszeit- und Arbeitsortflexibilisierung

Je nach Vorgehen können die Befragungen stark flexibilisiert werden. Es ist dabei infrage zu stellen, ob eine alle zwei Jahre stattfindende Befragung einen realen Mehrwert in einem disruptiven Marktumfeld schafft. Vielmehr lassen sich durch kurzzeitige Befragungen mit weniger Items, die jedoch auf die Bedürfnisse des Mitarbeitenden abgestimmt sind, klare Zusammenhänge zwischen dem wirtschaftlichen Erfolg und der vorherrschenden Meinung in der Belegschaft nachweisen. Durch dieses Vorgehen können die Mitarbeitenden ebenfalls aktiv an der Entwicklung der Organisation teilhaben sowie kurzfristig darauf reagieren.

Leistungsindikatoren als Möglichkeit der Steuerung von Mitarbeitenden und Teams

Für die meisten Mitarbeitenden sind Leistungsindikatoren, besonders wenn sie noch keine Berührung damit hatten, ein schwer zu durchdringendes Thema. Je zielgruppenspezifischer die Daten aufbereitet werden, umso wichtiger können jedoch die Erkenntnisse für den Einzelnen oder das Team sein – besonders dann, wenn die Mitarbeitenden kontinuierlich über ein „Kennzahlencockpit" o.Ä. über die Ergebnisse informiert werden. Vor diesem Hintergrund können von allen Beteiligten Maßnahmen aktiv eingeleitet werden, ohne dass es zu Fehlentwicklungen kommt, die über einen langen Zeitraum hinweg unentdeckt Schaden anrichten. Wer eine aktive und transparente Form der Mitarbeiterbeteiligung und eine ergebnisorientierte Arbeitsweise zugrunde legt, schafft jedoch Klarheit für alle Beteiligten. Hierdurch fühlen sich die Mitarbeitenden in ihrem weiteren Handeln bestätigt, womit sich der Kreis der Personalbindung schließt.

Literatur

[1] MANGELSDORF, M.: *Von Babyboomer bis Generation Z – Der richtige Umgang mit unterschiedlichen Generationen im Unternehmen. Offenbach: Gabal, 2015*

[3] REGNET, E.: *Frauen ins Management – Chancen, Stolpersteine und Erfolgsfaktoren (Praxis der Personalpsychologie (Human Ressource Management kompakt, Bd. 36). Göttingen: Hogrefe, 2017*

[2] GROTE, G.; STAFFELBACH, B. (HRSG.): *Schweizer HR-Barometer 2010 – Schwerpunkt Arbeitsflexibilität und Familie. Zürich: Verlag Neue Zürcher Zeitung, 2010*

[4] MOSER, K. ET AL.: *Onboarding – Neue Mitarbeiter integrieren (Praxis der Personalpsychologie – Human Ressource Management kompakt, Bd. 37). Göttingen: Hogrefe, 2018*

[5] WEGGE, J.; SCHMIDT, K.-H.: *Diversity Management – Generationsübergreifende Zusammenarbeit fördern (Praxis der Personalpsychologie – Human Ressource Management kompakt, Bd. 31). Göttingen: Hogrefe, 2015*

[6] BOOS, M. ET AL.: *Führung und Zusammenarbeit in verteilten Teams (Praxis der Personalpsychologie – Human Ressource Management kompakt, Bd. 35). Göttingen: Hogrefe, 2017*

[7] VON PABLOCKI, F.: *Wie zufrieden sind Sie? Strukturierte Kunden- und Mitarbeiterbefragungen. In: Häusliche Pflege 12/2016, S. 38–41*

Zusammenfassung

Durch den Fachkräftemangel in vielen Branchen (Bau, Gesundheit- und Sozialwesen usw.) müssen sich die Organisationen in Zukunft noch stärker auf die Bedürfnisse sowie Fähigkeiten und Fertigkeiten der Mitarbeitenden einstellen. Entsprechend sind die unterschiedlichen Interessengruppen bei den Mitarbeitenden zu identifizieren und jeweils mit differenzierten sowie zielgerichteten und konzeptionell unterstützen Vorgehensweise zu beantworten. In diesem Zusammenhang sind – neben den Themen der Personalgewinnung und Personalbindung – auch Befragungsergebnisse sowie die entsprechenden Leistungsindikatoren zu berücksichtigen. Denn: Die positive Wahrnehmung und die daraus entsprechende Bindung an die Organisation spiegeln immer das Ergebnis einer fundierten Personalpolitik wider.

Das EFQM Excellence Modell bietet den Organisationen eine Struktur der Ergebnisorientierung, die in dieser Art und Weise noch zu selten angewandt wird.

Excellence in der Mitarbeiterinvolvierung

Die Qualität der Mitarbeiterinvolvierung wird in Zukunft einer der entscheidenden Erfolgsfaktoren von Unternehmen sein. Dieser Beitrag befasst sich mit praktischen Ansätzen zur erfolgreichen Involvierung von Mitarbeitern in den täglichen Strategieumsetzungsprozess. Die folgenden Ausführungen basieren auf den positiven Erfahrungen aus Change-Projekten in verschiedensten Unternehmen und Branchen. Die aufgeführten Ansatzpunkte sind hilfreich, um den Wandel zu einer exzellenten Organisation erfolgreich zu starten.

In diesem Beitrag erfahren Sie:

- warum eine gefestigte Teamkultur die Grundlage für qualitatives Wachstum und Agilität bildet
- warum die strategische Klarheit für alle der Katalysator für eine wirkungsvolle Mitarbeiterinvolvierung ist
- warum Kultur Strategie ist

Dirk Kowalewski

In der heutigen Arbeitswelt sind ein hohes Tempo, gute Adaptionsfähigkeit und der unermüdliche Drang zu Innovationen gefordert. Nie zuvor war es so wichtig, höchst anpassungsfähig seine Arbeit zu verrichten. Das Zauberwort „Agilität“ wird als wirkungsvoller Lösungsansatz ausgerufen. In mittlerweile unzähligen Veröffentlichungen zu diesem Ansatz werden folgende Merkmale agil handelnden Unternehmen zugesprochen:

- hohe Kundenfokussierung in der Ausrichtung und den Abläufen der Organisation
- Lernkultur, die eine iterative Lösungsfindung und hohe Umsetzungsgeschwindigkeit ermöglicht
- gemeinsame Vision mit abgeleiteten Zielen und Maßnahmen, die auf die Geschäftsziele ausgerichtet sind [1]

Um eine Organisation zu erschaffen, die diese Merkmale aufweist, bedarf es einer Mitarbeiterführung, die geprägt ist von Nähe, Offenheit und Klarheit für den gemeinsamen Weg. Der Wandel zu mehr Agilität kann gelingen, wenn Führungskräfte selbst vorleben, was sie sich von ihren Teams wünschen und einfordern. In der Praxis hat sich die synchrone Umsetzung der zwei folgenden Ansatzpunkte als wirkungsvoll gezeigt:

- **Entwicklung einer Teamkultur, die in der Führungsmannschaft startet**
  Führungsteams strahlen durch ihr Verhalten gegenseitiges Vertrauen aus und leben ihren Mitarbeitern verbindliche Kooperation erfolgreich vor.
- **passgenaue Gestaltung und Vermittlung strategischer Führungselemente**
  Führungsteams vermitteln den gemeinsamen strategischen Weg so, dass sich Mitarbeiter dafür begeistern und an der Entwicklung des Unternehmens aktiv mitwirken wollen und können.

Die Schaffung einer Teamkultur als Fundament für qualitatives Wachstum und Agilität

Wenn zwischen allen „Mitspielern“ hohes Vertrauen besteht, dann können die Potenziale von Menschen, Prozessen, Methoden und Tools umfassend ausgeschöpft werden. Die Kausalkette, die zwischen der bestehenden Vertrauensqualität und dem daraus resultierenden Arbeitserfolg besteht, wird durch das Konzept der **fünf Dysfunktionen eines Teams** veranschaulicht. Dieses einfache Konzept lässt sich sehr gut im betrieblichen Alltag nutzen, um insbesondere Führungsteams in kurzer Zeit in eine hohe Qualität der Zusammenarbeit zu führen. Hier eine kurze Einführung in das Konzept der fünf Dysfunktionen eines Teams und ein Ausblick, wie es genutzt werden kann.

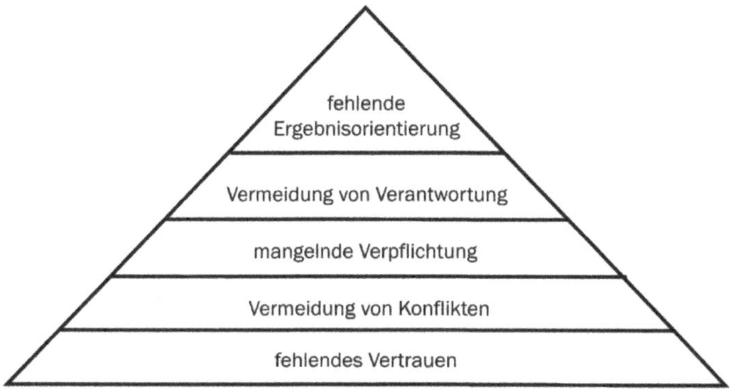

Abb. 1: *Die fünf Dysfunktionen eines Teams, in Anlehnung an P. Lencioni [2]*

Entsprechend der fundamentalen Bedeutung ist die erste Dysfunktion das **fehlende Vertrauen** zwischen den einzelnen Akteuren. Dies führt unmittelbar in die nächste Stufe, die eine erfolgreiche Teamentwicklung blockiert, in die Dysfunktion **Vermeidung von Konflikten.** Menschen, die sich nicht vertrauen, sind nicht fähig, sich objektiv und leidenschaftlich über Chancen und Risiken von Ideen auseinanderzusetzen. Stattdessen findet ein Rückzug statt und es werden nur Scheindiskussionen geführt, die keine Erkenntnisse bringen.

Ohne eine gesunde Streitkultur kommt es zur nächsten Dysfunktion: **mangelnde Verpflichtung.** Teammitglieder, die ihre Meinung nicht in einen offenen und leidenschaftlichen Dialog einbringen, werden sich kaum hinter eine Idee stellen und Entscheidungen verbindlich mittragen. Stattdessen werden in Besprechungen Scheinzustimmungen abgegeben, hinter denen aber keine überzeugte Selbstverpflichtung steht. Durch die fehlende Selbstverpflichtung gerät das Team in die nächste Dysfunktion:

Vermeidung von Verantwortung. Ohne die gemeinsame Verpflichtung zu einem klaren Aktionsplan werden selbst engagierte Menschen ihre Kollegen nur zögerlich auf ihr kontraproduktives und erfolgverhinderndes Verhalten hinweisen bzw. von ihnen entsprechende Rechenschaft einfordern.

Wird die Übernahme von Verantwortung nicht eingefordert, dann entsteht der Nährboden für das Gedeihen der fünften Dysfunktion: **fehlende Ergebnisorientierung.** Eine fehlende Fokussierung auf die Teamergebnisse besteht, wenn die Mitglieder ihre individuellen Bedürfnisse, wie beispielsweise die Verfolgung ihrer persönlichen Karriereziele oder die Bedürfnisse ihrer Abteilungen, über die Ziele des Führungsteams stellen. [2]

Um diese Dysfunktionen erfolgreich zu überwinden und sich zu einem „kraftvollen" Team zu entwickeln, können Führungsteams wie folgt vorgehen:

Innerhalb von moderierten Meetings starten sie mit einem Team-Quality-Assessment. Dabei geben alle Teammitglieder ihre Bewertung zur aktuellen Teamqualität entlang der fünf Dysfunktionen ab und begründen kurz ihre Einstufung. Darauf folgt unmittelbar der Dialog darüber, wie das Team die Qualität seiner Zusammenarbeit verbessern kann, und beschließt gemeinsam entsprechende Maßnahmen. Deren Umsetzung startet so schnell wie möglich. Mindestens einmal pro Quartal durchläuft das Team diese Selbstreflexion und steigert so Schritt für Schritt seine Teamqualität. Nach der Festigung dieser Vorgehensweise starten die Führungskräfte den gleichen Prozess innerhalb ihrer Mitarbeiterteams.

Um gemeinsam Excellence zu leben, müssen Führungskräfte- und Mitarbeiterteams nicht nur gut miteinander kooperieren, sondern auch ihr Handeln an einer von allen verstandenen Strategie ausrichten.

Strategische Klarheit für alle als Katalysator für eine exzellente Mitarbeiterinvolvierung

Wenn Mitarbeiter wissen und verstehen, **warum was wie** getan wird, dann können sie sich jeden Tag einbringen und die Zukunft ihres Unternehmens gezielt mitgestalten. Speziell für die Startphase von Change-Projekten ist es notwendig, dass sich Führungskräfteteams bewusst von der Hektik des Tagesgeschäfts distanzieren, die Gestaltung strategischer Führungselemente gezielt planen und sich auf den künftigen Weg einschwören.

Gemäß dem Statement des legendären Managementberaters Peter Drucker *„Culture eats strategy for breakfast!"* bietet es sich an, bei den **kulturprägenden Prinzipien und Einstellungen** zu beginnen. Es ist zu hinterfragen, welche typischen Verhaltensweisen im Unternehmen gelebt werden sollen, um die Unternehmensstrategie erfolgreich umzusetzen. Aus der Beantwortung der Frage „Wie müssen wir uns verhalten, um unsere Unternehmensstrategie selbst glaubwürdig zu leben?" können klare Handlungsprinzipien abgeleitet werden, die allen Mitarbeitern einen Orientierungsrahmen für ihr tägliches Handeln bieten.

Je größer und komplexer eine Organisation ist, desto schneller verlieren Mitarbeiter den Bezug zu dem fundamentalen **Zweck ihrer Organisation.** Sie beherrschen ihr alltägliches Aufgabenfeld, kennen aber die wesentlichen größeren Zusammenhänge nur unzureichend und können sich somit nicht optimal für die Entwicklung ihres Unternehmens einbringen. Um die Einbindung der Mitarbeiter zu fördern, ist es daher unerlässlich, ihnen immer wieder den Unternehmenszweck zu vermitteln und klare Antworten auf Fragen wie „Was ist unsere Mission?", „Warum tun wir, was wir tun?", „Was würden Kunden vermissen, wenn wir nicht mehr da wären?" zu geben. [3]

Auch ein klares Verständnis darüber, wer die **Zielkunden** der eigenen Organisation sind, ist eine fundamentale Voraussetzung dafür, damit sich alle Beteiligten für die Erfüllung der Kundenbedürfnisse optimal engagieren können: „Wer sind die Menschen, für die wir täglich arbeiten?", „Welche Wünsche, Träume und Ängste prägen sie?" „Worauf kommt es unseren Kunden an – was begeistert sie?". [4]

Keine Excellence ohne eine mitreißende Vision! Die Vision definiert das Zielbild der Organisation, das für alle Mitwirkenden Sinn stiftet und mitreißen soll. Um einer Vision diese Wirkung zu verleihen, muss sie für alle Mitarbeiter greifbar sein und einen klaren Bezug auf die Unternehmensmission, die Kernkompetenzen der Organisation und die Bedürfnisse der Zielkunden beinhalten. Excellence in der Mitarbeiterinvolvierung ist gelungen, wenn Mitarbeiter auf den verschiedensten Ebenen eines Unternehmens von „Unsere Vision ist…!“ sprechen und diese in alltäglichen Meetings und Workshops zum Thema machen. [3]

Nachdem das Führungsteam einen ersten Entwurf der Führungselemente entwickelt hat, erfolgen deren Weiterentwicklung und finale Festlegungen unter Einbeziehung der Mitarbeiter. Gemeinsam entwickelte Prinzipien und Zielbilder finden eine höhere Akzeptanz und werden von der Mehrheit getragen.

Fazit

Als Fazit ist festzuhalten: „Excellence in Mitarbeiterinvolvierung“ gelingt und entfaltet seine Wirkung, wenn Führungskräfte als ein lernendes und eingeschworenes Team auftreten und die Strategieumsetzung mit Begeisterung und Konsequenz vorleben! Ein solches „mitreißendes Führungsteam“ wird in der Regel nicht über Nacht geboren, sondern fordert den willentlichen Entschluss von jedem einzelnen „Leader“, bestehende Denk- und Verhaltensmuster selbstkritisch zu hinterfragen und diese gegebenenfalls aufzugeben. In unser dynamischen Welt müssen Teams sich immer wieder neu erfinden und dabei im Sinne der gemeinsamen Zielsetzungen spürbar verändern.

Kultur ist Strategie! Ist das Führungsteam entsprechend „unterwegs“, dann gilt es, allen Mitarbeitern den gemeinsamen Weg „passgenau“ zu vermitteln. Dabei geht darum, ein klares Selbstverständnis bei allen dafür zu etablieren, „wer wir sind und wo wir gemeinsam hin wollen“.

Wenn die gelebte Kultur und der strategische Weg zu einer Einheit verschmelzen, dann kann sich Agilität in der Organisation wirkungsvoll entfalten. Agil agierende Organisationen werden auch in einer zunehmend „fluideren" Welt in der Lage sein, als exzellente Organisation zu überzeugen und ihre Kunden zu begeistern!

Literatur

[1] Pixton, P.; Gibson, P.; Nickolaisen, N.: *The Agile Culture – Leading through Trust and Ownership. Crawfordsville: Pearson Education, 2014*

[2] Lencioni, P.: *Overcoming the Five Dysfunctions of a Team – A Field Guide. San Francisco: Jossey-Bass, 2005*

[3] Collins, J.: *Good to Great – Why Some Companies Make the Leap ... and Others Don't. New York: HarperBusiness, 2001*

[4] Bloom, R.H.: *The Inside Advantage – The Strategy that Unlocks the Hidden Growth in Your Business. New York: McGraw-Hill, 2008*

Zusammenfassung

In der heutigen Arbeitswelt sind ein hohes Tempo, gute Adaptionsfähigkeit und der unermüdliche Drang zu Innovationen gefordert. Darum wird die **Qualität der Mitarbeiterinvolvierung** in Zukunft ein noch wichtigerer Erfolgsfaktor von Unternehmen sein als bisher. Dieser Beitrag befasst sich mit praktischen Ansätzen zur erfolgreichen Involvierung von Mitarbeitern in den täglichen Strategieumsetzungsprozess. Die Ausführungen basieren auf den positiven Erfahrungen aus Change-Projekten in verschiedensten Unternehmen und Branchen. Der Leser erfährt kurz umrissen, warum eine **gefestigte Teamkultur** die Grundlage für qualitatives Wachstum und Agilität bildet und wie **strategische Klarheit** als Katalysator für eine exzellente Mitarbeiterinvolvierung dienen kann.

Excellence in der Personalentwicklung

„Personal-AS" heißt ein von der mpool consulting GmbH und vom Bundesministerium für Arbeit und Soziales (BMAS) und aus dem Europäischen Sozialfond (ESF) gefördertes Projekt, das das Ziel verfolgt, mithilfe des Excellence-Ansatzes die Umsetzung von Qualifizierungsplanung und Personalentwicklung in kleinen und mittleren Betrieben zu verbessern.

In diesem Beitrag erfahren Sie:

- wie die Personalentwicklung durch ein eigens entwickeltes EFQM-Modell nachhaltig verbessert wird
- wie auch in kleineren Unternehmen eine professionelle Kompetenzmatrix aufgebaut wird
- dass Kompetenzen auch an wertschöpfenden Arbeitsprozessen anstatt statischem Bereichsdenken orientiert werden können

Hermann Ziegler, Andreas Franke

Trotz tarifrechtlicher Bestimmungen hapert es in der Praxis generell an der Weiterbildungsbeteiligung in kleinen und mittleren Unternehmen (KMU). In diesem Praxisbeispiel wurde zur Erhöhung der Weiterbildungsbeteiligung von Beschäftigten und zur Stärkung der Gleichstellung von Männern und Frauen im Arbeitsleben die Hilfe des Excellence-Ansatzes gewählt.

Übergeordnete Ziele dabei waren die Stärkung der Anpassungs- und Wettbewerbsfähigkeit der Betriebe sowie die Erhöhung der Beschäftigungsfähigkeit von Arbeitnehmerinnen und Arbeitnehmern. Das Projekt **„Personal-AS"** sortiert sich dabei besonders in das definierte Handlungsfeld „Aufbau von Personalentwicklungsstrukturen" ein.

Ziel in diesem Handlungsfeld ist unter anderem die Entwicklung und Umsetzung von Konzepten der Personalentwicklung, z.B. die Entwicklung von Qualifizierungsplänen, Einführung von Diversity Management, die Ermittlung des Kompetenz- und Weiterbildungsbedarfs sowie die Qualifizierung von Schlüsselpersonen in Unternehmen. In diesen Bereichen liegt auch der Schwerpunkt von Personal-AS.

Nachhaltiges Personalassessment als Ziel

Im Rahmen von Personal-AS wurde ein Modell entwickelt, mit dem im Management von Betrieben der Metall- und Elektroindustrie und in der IT-Branche ein nachhaltigerer Ansatz des Themas **Personalassessment** verankert werden kann.

Eines der teilnehmenden Unternehmen ist die ICN GmbH + Co. KG, ein klassisches IT-Systemhaus mit Sitz im Dortmunder Technologiepark. Mit rund 20 Mitarbeitenden stellt das Unternehmen seit über 25 Jahren maßgeschneiderte Lösungen für eine vollständige IT in Unternehmen zur Verfügung. Zum Portfolio gehören das Entwerfen grundlegender Konzepte, das Installieren von Hard- und Software ebenso wie das Monitoring des alltäglichen Betriebs sowie Wartung und Support. Kunden sind vor allem KMU.

Das Arbeitsfeld spielt auch in branchenspezifische Anwendungen, z.B. Warenwirtschaftssysteme oder CAD-Systeme, hinein. Bei programminternen Problemen nimmt ICN Kontakt mit dem Hersteller auf und klärt sie in Vertretung des Kunden: *„Damit sind wir zurzeit sehr stark an der Entwicklung von Industrie 4.0 beteiligt, d.h., konkret zu erkennen, in welchem Veränderungsprozess sich der Kunde dabei befindet, zum Beispiel beim Thema Datensicherheit. Hier bedarf es spezifischer Kompetenzen."*

Die Mitarbeiterzahl bei ICN ist in den letzten zehn Jahren von sechs auf zwanzig angewachsen, der Umsatz ist entsprechend gestiegen, parallel dazu die Kundenzahl. Das bringt neue organisatorische Herausforderungen mit sich. Konnte früher auf Zuruf gearbeitet werden und waren die drei tätigen Gesellschafter des Unternehmens in alle Projekte involviert, stellt sich ab einer gewissen Größenordnung die Frage nach einer Unternehmens- und Kommunikationsstruktur. Es ging dabei auch um die Frage: Welche Kompetenzen stehen uns heute zur Verfügung und welche Kompetenzen braucht das Unternehmen? Schon lange bevor man bei Personal-AS einstig, hatte man den Plan, eine Kompetenzmatrix aufzustellen. Der Gedanke, der dahinterstand, war, dass man bestimmte Themen bestimmten Mitarbeitenden zuordnen muss, weil nicht jeder alles können kann. Es entwickelt sich automatisch ein Spezialistentum, beispielsweise im Bereich Server, spezielle Kundenanwendungen, Netzwerke oder Firewall-Systeme. Das gilt es auch transparent zu machen. Personal-AS bot dann den externen Anstoß, diese Kompetenzthemen professionell zu bearbeiten.

Kompetenzentwicklung in KMU ausbaufähig

Das Thema Kompetenzentwicklung wird normalerweise in einem kleineren Unternehmen sehr „hemdsärmelig“ angegangen und in der Regel wenig durchgeplant. Die Führung erkennt ein Thema im Markt, dass für ihre Kunden relevant werden könnte, und bittet dann einen Mitarbeiter, sich mit diesem zu beschäftigen.

Dabei setzte man bisher zunächst auf selbst organisiertes Lernen. Aber das hat logischerweise seine Grenzen, denn einige Hersteller setzen Zertifikate voraus, will man ihre Produkte verkaufen. So müssen z.B. für eine Microsoft-Partnerschaft bestimmte Qualifikationen der Mitarbeitenden nachgewiesen werden. Um diese Qualifikationen wurde sich immer gekümmert, weil sie überlebenswichtig für das Unternehmen sind. Hierzu wurden Budgets definiert und Schulungen organisiert.

Mit dem Führungsteam wurde an der Erstellung eines betrieblichen Handlungsplans gearbeitet. Die Vorgehensweise basiert methodisch auf dem Excellence-Modell der EFQM, das eine ganzheitliche Sicht auf Organisationen ermöglichen soll. Es bietet Organisationen Hilfestellung für den Aufbau und die kontinuierliche Weiterentwicklung von umfassenden Managementsystemen. Die Unternehmen nutzen es als Werkzeug, um auf Grundlage von Selbstbewertungen Stärken und

Verbesserungspotenziale zu ermitteln, die Unternehmensstrategie entsprechend auszurichten und ihren Geschäftserfolg zu verbessern. Um dauerhaft exzellente Ergebnisse zu erzielen, werden alle Mitarbeitenden in einen kontinuierlichen Verbesserungsprozess eingebunden.

Das Unternehmen hat den EFQM-Ansatz auf die spezifischen Belange des Personalmanagements in Unternehmen zugeschnitten. Im ersten Schritt setzte man eine Stufe höher an und analysierte, ob es eine Strategie im Unternehmen gibt. Und weitergehend, ob dieser strategische Ansatz im Unternehmen auch mit Personalthemen rückgekoppelt ist. Im Ergebnis ist es möglich, Unternehmen in ihrer Personalperformance zu vergleichen, differenziert nach den Befähigerkriterien.

Interessant war, dass sich das Unternehmen in vielen Bereich zunächst schlechter eingeschätzt hat, als es nach etwas weitergehender Überlegung eigentlich war. Oft war auch der Informationsstand unterschiedlich oder man hat um Begrifflichkeiten gerungen.

Umfassender Handlungsbedarf

Nach der Bestandsaufnahme und Selbstbewertung wurde in drei Workshops mit der Führung ein Handlungsplan erarbeitet (Abb. 1). Die Inhalte gingen plötzlich weit über das Thema Personalentwicklung hinaus. Als eine Aufgabe wurde z.B. definiert: Klarheit in den Abläufen und Prozessen schaffen. Im Gespräch mit den Mitarbeitenden wurde schnell erkannt, dass das Unternehmen mit einer starren Organisation auf der Basis von Abteilungen nicht wirklich weiterkommen wird. Deshalb wurden die Mitarbeitenden entlang der drei Kernprozesse befragt, an denen sie beteiligt sind bzw. sein möchten. Das hat sie relativ schnell motiviert, weil ihnen klar wurde, dass sich in der „Denke" des Unternehmens grundsätzlich etwas verändert. Also nicht mehr: hier die Abteilung Verwaltung, dort die Abteilung Technik, sondern ein einheitlicher Blick: Wer ist an den Prozessen beteiligt und womit wird Geld verdient?

Priorität	Verbesserungs-potenziale (VP)	Was sollte umgesetzt werden?	Verantwort-lichkeit (Wer?)	Zeitraum (Bis wann?)	Zuordnung
sofort	kein gemeinsames und ausformuliertes Leitbild	beteiligungsorientiertes Leitbild entwickeln, verschriftlichen und verankern	ICN	xxx	xxx
später	Kennzahlen zur Kundenzufriedenheit erfassen	Kennzahlen ableiten	ICN	xxx	xxx

Abb. 1: *Handlungsplan (Auszug)*

Die Sollkompetenzen der einzelnen Mitarbeitenden wurden sehr detailliert – z.B. im Bereich Hotline nach den Themen Firewalls, Netzwerke und spezielle Betriebssysteme – entlang der Prozesse ermittelt und durch eine Istbefragung der Mitarbeitenden nach den Kategorien „keine Kenntnisse", „Kenner", „Könner" , „Experte" abgestuft gespiegelt. „Experte"bedeutet hier, dass eine Person die Kompetenz hat, in diesem Arbeitsbereich selbstständig zu arbeiten und das Wissen auch weitergeben kann. Zudem wurde die Bereitschaft bzw. Notwendigkeit zur Weiterbildung im jeweiligen Bereich erfasst.

Ergebnis war eine sehr differenzierte Kompetenzmatrix, die einige Überraschungen bereithielt. So stellte sich heraus, dass die Kenntnis der von ICN vertriebenen Produkte bei vielen ausbaufähig war. Aufgrund des festgestellten Kenntnisniveaus ist es nun sehr einfach, die Mitarbeitenden zu identifizieren, die nachgeschult werden müssen. Insgesamt wurde über die Soll-Ist-Analyse eindeutig geklärt, wie viele Experten zu einem bestimmten Thema vorhanden sind und wie viele gebraucht werden. So wurde die Schulungsplanung auf ein solides Fundament gestellt.

Auch für die Ressourcenplanung ist die Kompetenzmatrix eine große Erleichterung (Abb. 2). Wenn ein Mitarbeiter ausfällt, kann man sich die Befragungsergebnisse ansehen und herausfiltern, wen man als Vertretung zu einem bestimmten Thema ansprechen kann. Das Gleiche gilt für den Fall, wenn jemand ein Problem auf dem Tisch hat, mit dem er nicht umgehen kann, oder wenn er keine Zeit hat. Somit hat ICN sich nicht nur in die Prozesswelt hineinbewegt, sondern auch eigene Unternehmensprozesse weiter digitalisiert.

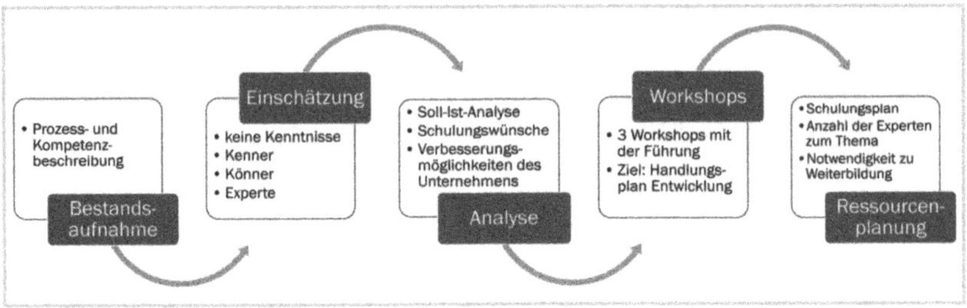

Abb. 2: *Prozessbeschreibung*

Positive Auswirkung auf Mitarbeitergewinnung und -bindung

Das Unternehmen ist jetzt eine Stufe weiter und kann nun konkreter ermitteln, um welche Themen es sich zukünftig kümmern muss, z.B. um die Bindung und die Neugewinnung von Fachkräften. Es ist heute schon so, dass über eine normale Anzeige kaum noch neue Mitarbeitende zu rekrutieren sind. Das bestätigen auch die anderen Unternehmen der Branche, die im IT-Club organisiert sind. Man wird über die Personalentwicklung aus den eigenen Kräften noch mehr herausholen können, aber letztendlich gibt es kein Qualitäts-, sondern ein Quantitätsproblem.

Aber auch bei der Rekrutierung ist ein System der Kompetenzeinschätzung und Ist- und Sollplanung, so wie es im Rahmen von Personal-AS bei ICN umgesetzt worden ist, grundsätzlich hilfreich. Wenn man auf die Frage eines neuen Mitarbeiters nach der Möglichkeit von Weiterbildungen eine Kompetenzmatrix vorlegen kann, in die er den Status seiner Kompetenzen eintragen und auch Wünsche äußern kann, ist das eine relativ einfache Form, einem Mitarbeiter in der Rekrutierungs-, aber auch später in der Bindungsphase zu vermitteln, dass das Unternehmen das Thema ernst nimmt und dass es für ihn gute Entwicklungsmöglichkeiten gibt. Es wird damit sichergestellt, dass das persönliche Weiterbildungsmotiv bei der Zielgruppe der neuen Mitarbeitenden sehr gut ankommt.

Auch beim Transfer der Projektergebnisse ist es wichtig, klarzumachen, dass es nicht um ein paar zusätzliche Schulungen geht, sondern dass ein System dahintersteht, das in eine Unternehmensstrategie eingebettet ist. Viele KMU stehen da heute noch am Anfang.

Fazit

Der von mpool im Rahmen von Personal-AS entwickelte EFQM-Beratungsansatz „Committed to Cultural Excellence" steht für eine nachhaltige Personalentwicklung auch im Mittelstand. Im Rahmen der Umsetzung (Handlungsplan) wurde eine prozessorientierte Kompetenzmatrix entwickelt, die für ein effizientes Wissensmanagement im Betrieb steht.

Exzellente Unternehmen – exzellente Prozesse!?

Prozesse, Prozessmodelle und Prozessmanagement sind seit Jahrzehnten Themen, mit denen sich Unternehmen befassen; oftmals aus Überzeugung, zuweilen, weil es von irgendjemandem gefordert wird. Jahrelange Erfahrung zeigt, dass es auf das richtige Maß ankommt, um den größtmöglichen Nutzen zu generieren. Ganz ohne geht es aber grundsätzlich nicht.

In diesem Beitrag erfahren Sie:

- warum Prozesse auch in der digitalen Welt und bei sich schnell ändernden Geschäftsmodellen eine Grundvoraussetzung für Exzellenz sind
- warum Prozesse, die zwar umfangreich dokumentiert sind, aber nicht gelebt werden und nur „im Schrank stehen“, für niemanden hilfreich sind
- warum Prozesse „Ende zu Ende“ gedacht werden müssen, auch und gerade über Organisationsgrenzen hinweg
- warum Prozessleistungsparameter über die Erwartungshaltung der Interessengruppen definiert werden müssen und nicht als das, was gerade schon gemessen wird oder einfach zu messen ist

Klaus Radermacher

Prozessmanagement ist seit Jahrzehnten ein beliebtes und immer wieder aufs Neue diskutiertes Thema in Firmen und Organisationen jeglicher Größenordnung. Ganze Beraterindustrien leben sehr gut davon, Business Process Reorganization (BPO), Business Process Reengineering (BPR) und viele andere Varianten von „BPx“ zu verkaufen. Warum sind Prozesse heutzutage überhaupt noch ein Thema? Zwischenzeitlich hatten sich in manchen Organisationen Ansichten durchgesetzt, dass man sich überhaupt keine sauber beschriebenen Prozesse und Prozessmodelle mehr leisten könne, da sich die Rahmenbedingungen des Geschäfts viel zu schnell änderten und die Prozesse spätestens dann, wenn sie dokumentiert seien, schon wieder veraltet wären. Dieses Credo wurde zwar überwiegend von IT- und Software-Fachleuten vertreten, von denen spätestens seit den 1960er-Jahren bekannt war, dass ihnen jegliche Dokumentation dessen, was sie im Laufe ihres Lebens so entwickelten, schon immer ein Gräuel war; aber auch in der „Generation Y" ist eine solche Haltung noch immer zu beobachten.

Minimalanforderungen

Was ist nun wirklich notwendig, wenn es um Prozesse geht? „Well, it depends ..." ist auf diese Frage die richtige Antwort. Minimalanforderungen sind:

- Prozesse für die wesentlichen Abläufe in der Organisation sind identifiziert, angemessen beschrieben und werden „gelebt".
- Es gibt klar definierte und messbare Prozessleistungsindikatoren (Key Performance Indicators – KPIs), die die Anforderungen an die Prozesse **aus Sicht der jeweiligen Interessengruppen** beschreiben.
- Prozessverantwortliche (Process Owner) nehmen ihre Verantwortung bezüglich der Weiterentwicklung, Pflege und Verbesserung der Prozesse wahr.

Gerade der zweite Punkt ist häufig die Achillesferse bei Unternehmensprozessen und -prozessmodellen. Viel zu oft werden KPIs dadurch definiert, dass ihr Messen möglichst einfach ist, oder aber es wird einfach das genommen, was ohnehin aus irgendeinem Grund schon gemessen wird. Dabei wird häufig übersehen, dass man bei auf solchen KPIs basierenden Verbesserungen Gefahr läuft, Unsinnigkeiten oder Kleinigkeiten zu optimieren, aber nicht das, was aus Sicht der Kunden, der Mitarbeiter, der Zulieferer oder sonstiger Interessengruppen relevant ist.

Falsch definierte KPIs sind nie hilfreich, oftmals sogar schädlich im Bemühen um kontinuierliche und nachhaltige Verbesserungen. Das Identifizieren richtiger und langfristig wertvoller KPIs ist nicht trivial, nicht selten brauchen Organisationen hierfür Hilfe von außen, etwa von erfahrenen Prozessspezialisten oder aber von Vertretern der Interessengruppen selbst, die gezielt zu ihren diesbezüglichen Erwartungen befragt werden sollten. Gerade der letzte Aspekt wird von mancher Organisation gescheut, sei es, weil er selbst einige Mühe bereitet, sei es, weil man fürchtet, mit Erwartungshaltungen konfrontiert zu werden, die man (noch) nicht erfüllen kann. Zudem ist es sehr wahrscheinlich, dass man als Organisation mit widersprüchlichen Erwartungen an ein und denselben Prozess konfrontiert wird. Nichtsdestotrotz ist es zwingend erforderlich, geeignete, „gute" KPIs zu definieren, wenn man den Prozess nachhaltig und im Sinne der definierten Zielsetzungen verbessern möchte.

Exzellente Prozesse erfordern ganzheitliches Denken

Ein anderes häufiges Problemfeld im Kontext Unternehmensprozesse und diese beschreibende Prozessmodelle zeigt sich darin, dass Prozesse nur innerhalb der unmittelbaren Organisationseinheit betrachtet und optimiert werden. Dies hat dann in der Regel sehr weit optimierte Teilprozesse zur Folge, aber keiner der Teilprozessverantwortlichen stellt sicher, dass der Gesamtprozess – beispielsweise aus Sicht der Kunden – überhaupt funktioniert. „Dafür bin ich/sind wir nicht zuständig", ist nicht nur eine Aussage, sondern für manchen Zeitgenossen nach wie vor eine Geisteshaltung. Kunden interessieren sich aber nicht für unternehmensinterne Hindernisse, die auf organisatorische oder kommunikative Defizite zurückzuführen sind. Gerade die Digitalisierung eröffnet ganz neue Möglichkeiten, Prozesse nicht nur unternehmensintern zu betrachten und optimieren, sondern auch externe Partner, Lieferanten, Zulieferer, Logistikdienstleister etc. in diese Optimierung miteinzubeziehen. Häufig machen Internet-Marktplätze und -Plattformen nichts anderes, als Prozesse unterschiedlicher Beteiligter mit ganz verschiedenen Teilleistungen über geeignete IT-Dienste zusammenzufügen und gegenüber dem Endkunden als ganzheitliche Dienstleistung anzubieten. Amazon, MyTaxi oder Uber sind hierfür Paradebeispiele.

Am Rande sei angemerkt, dass sich viele in irgendeiner Form für Prozesse Verantwortliche sehr wohl darüber im Klaren sind, das ihre Prozesse an den **„Schnittstellen"** zu anderen Prozessteilen nicht wirklich gut funktionieren, aber meinen, daran sei aufgrund der fehlenden weitergehenden Befugnisse nichts zu ändern. Dies ist sicherlich richtig, wenn man den Verantwortungsbereich auch mental nur auf das eigene, unmittelbare Umfeld beschränkt; da wird der im deutschen übliche Begriff „Schnittstelle", an dem etwas „geschnitten" wird (in diesem Fall der Prozess), zum Programm. Der Begriff **„Verbindungsstelle"** beschreibt viel besser, was wirklich notwendig wäre: Zwei Teile müssen geeignet miteinander verbunden werden und beide Seiten, davor und dahinter, sind gemeinsam dafür verantwortlich, dass dies funktioniert. Diese Änderung der Geisteshaltung hat schon in manchem Fall die Zusammenarbeit der Beteiligten am letztendlich gemeinsamen Prozess verbessert.

Prozesse müssen „leben" und „gelebt werden"

Bei der Pflege und Weiterentwicklung von Prozessen stehen die Verantwortlichen häufig vor der Herausforderung, sich mit langjährigen, vermeintlich bewährten Verfahren auseinandersetzen zu müssen. „Das haben wir schon immer so gemacht", ist nach wie vor das beliebteste „Totschlagargument", mit dem Veränderungen bewusst und gezielt verhindert werden. Vor allem die an solchen Prozessteilen operativ eingebundenen Personen, denen in der Regel vollkommen klar ist, dass „ihre Tätigkeit" in der jetzigen Form nicht mehr zur Wertschöpfung beiträgt, kämpfen am stärksten für den Erhalt des Status quo. Deshalb ist es wichtig, dass Prozessverantwortliche über persönliche Durchsetzungskraft und die Rückendeckung ihrer Vorgesetzten verfügen, um konsequent den Grundsatz durchzusetzen: **Aufgaben, die es gar nicht (mehr) gäbe, ohne die Leute, die diese Aufgaben erledigen, können entfallen!**

Die Frage, welche Form und welcher Detailgrad der Prozessdokumentation angemessen sind, lässt sich nicht allgemein und grundsätzlich korrekt beantworten. Erfahrungsgemäß spielen hier viele Faktoren eine Rolle: Prozessverständnis der Mitarbeiter und deren Bereitschaft, sich an festgelegte Prozesse zu halten, Dokumentationserfordernisse, die organisationsintern oder auch durch Gesetze und Vorschriften festgelegt werden, Komplexität der Prozesse und Notwendigkeit der kontinuierlichen Überprüfung einzelner Schritte. Das sind nur beispielhafte Faktoren, die zu berücksichtigen sind.

Grundsätzlich gilt aber, dass die vorhandene Prozessdokumentation den jeweils berechtigt Interessierten einfach zugänglich sein muss. Prozessbeschreibungen und Prozessdiagramme, die nur dann hervorgeholt werden, wenn der Zertifizierer oder Auditor im Haus ist, und ansonsten unbeachtet ihr Dasein als „Schrankware" fristen, sind überflüssig und das Papier, auf dem sie gedruckt, bzw. den Speicherplatz, auf dem sie abgespeichert sind, nicht wert.

Organisationen, die mit einem wirklichen Excellence-Anspruch unterwegs sind, werden einerseits die Ergebnisse ihrer zuvor korrekt und auf Basis von Erwartungshaltungen der Interessengruppen festgelegten KPIs systematisch und regelmäßig messen. Sie werden andererseits aber auch Benchmarks und Best-in-Class-Vergleiche heranziehen, um sich mit anderen Organisationen zu messen, und darauf aufbauend für sich selbst anspruchsvolle Ziele ableiten.

Prozessmanagement im operativen Tagesgeschäft

Wie können Unternehmen, auch in Zeiten sich immer schneller ändernder Anforderungen und vor dem Hintergrund, dass technologische Veränderungen und Innovationen in immer kürzeren Zeitabständen auch Einfluss auf die eigene Organisation nehmen können, sicherstellen, dass sie Prozesse etablieren und „leben", die ihnen nutzen und helfen und keinen unnötigen Ballast darstellen? Nachfolgende Punkte können als praktikable Checkliste genutzt werden:

- Schlüsselprozesse sind identifiziert und werden genutzt, um die Strategie der Organisation umzusetzen.
- Prozesse werden gestaltet und verbessert, um Wertschöpfung für Kunden und andere Interessengruppen zu generieren.
- Prozesse werden durchgängig „Ende zu Ende" gemanagt und gehen, wenn notwendig, über die Grenzen der Organisation hinaus.
- Prozessverantwortliche entwickeln, pflegen und verbessern die in ihrer Verantwortung liegenden Prozesse.
- KPIs sind definiert und Prozessergebnisse werden systematisch gemessen, um die Effektivität und Effizienz zu überprüfen und ihren Beitrag zum Erreichen der Ziele zu ermitteln.
- Die Leistungsfähigkeit der eigenen Prozesse wird mittels geeigneter Benchmarks verglichen, um daraus weitergehende Ansprüche und ein höheres Excellence-Niveau für die eigene Organisation abzuleiten.

Die Praxis zeigt, dass viele Organisationen auch heutzutage immer noch Schwierigkeiten haben, ihre eigenen Prozesse auch nur einigermaßen klar zu identifizieren und korrekt zu dokumentieren. Wenn dem so ist, dann macht das alle weiteren damit im Zusammenhang stehenden prozessbezogenen Aufgaben natürlich schwierig bis unmöglich. Trotzdem ist es auf dem Weg zur Excellence unabdingbar, die zuvor genannten Schritte konsequent abzuarbeiten. Wenn nötig, muss Unterstützung von externen Fachleuten hinzugeholt werden. Falls dies notwendig sein sollte, muss sichergestellt werden, dass das entsprechende Prozess-Know-how innerhalb der eigenen Organisation aufgebaut und gestärkt wird. Eine dauerhafte Abhängigkeit von Externen sollte tunlichst vermieden werden.

Fazit

Gute Prozesse, die in der Organisation systematisch gemanagt, gepflegt, kommuniziert und vor allem „gelebt" werden, sind auch in Zeiten der Digital Economy und sich schnell ändernder Anforderungen eine Voraussetzung für Excellence. Das Entscheidende ist dabei, dass die Prozesse angemessen sind, sowohl was den Detaillierungsgrad der Prozessbeschreibungen angeht als auch die Dokumentation. Seitenweise Beschreibungen und wandtafelgroße Flowcharts, die niemand in der Organisation kennt und die nur zu Audits hervorgeholt werden, kann man sich sparen. Ebenso sollte man sich aber alle Mitarbeiter ersparen, die sich hartnäckig auch unternehmensweit abgestimmten und angemessenen Prozessen verweigern. Hier das richtige Maß zu finden, ist in der Regel eine komplexe Herausforderung, deren Bewältigung sehr viel Erfahrung bedarf.

Digital Excellence: Managementkompetenz bleibt unverzichtbar!

Digitalisierung ist in aller Munde. Trotzdem sind viele Unternehmen und Organisationen diesbezüglich nicht gut aufgestellt. Der Beitrag liefert anhand konkreter Praxisbeispiele die Hintergründe hierfür und gibt Hilfen, wie es besser gemacht werden kann.

In diesem Beitrag erfahren Sie:

- warum Projekte im Umfeld Digitalisierung und Digital Excellence in der Regel nicht an Technologien scheitern
- warum auch in Zukunft „klassische" Managementkompetenzen sowohl in der analogen wie in der digitalen Welt große Bedeutung haben werden
- wie die konsequente Anwendung dieser „Skills" auch bei Digitalisierungsprojekten zu besseren Ergebnissen führt

Klaus Radermacher

Die Nutzung digitaler Technologien ist für uns heute so alltäglich wie die Nutzung von Strom und fließendem Wasser. Wir erwarten zu Recht, dass „das Netz" einfach da ist, dass es zuverlässig funktioniert und uns in allen Lebenslagen unterstützt. Das Internet und Internettechnologien sind *die* Grundlagen der allgegenwärtigen Digitalisierung, und Digitalisierung ist eine entscheidende Triebfeder der Globalisierung.

Mehr oder weniger seriöse Untersuchungen kommen entweder zu dem Ergebnis, dass „Deutschland auf die Digitalisierung vollkommen unzureichend vorbereitet ist", oder aber sie bestätigen, dass zumindest die eine oder andere Branche bereits gute „Erfolge bei der **Digital Transformation** erzielt" hat. Konkrete Kriterien, anhand derer sich diese

Einschätzungen objektiv messen lassen würden, sucht man bei solchen Aussagen meist vergeblich. Als zuverlässig gelten folgende Zahlen: **52 % der Unternehmen, die im Jahr 2000 zu den Fortune 500 zählten, gab es im Jahr 2017 nicht mehr!**

Als Hauptursache für diese dramatische Marktveränderung gilt aus heutiger Sicht die Digitalisierung bzw. eine unzureichende digitale Transformation der betroffenen Unternehmen. Für mittelständische Unternehmen liegen gesicherte Zahlen zu dieser Thematik nicht vor; Gründe, warum es anders als bei den ganz Großen sein sollte, sind allerdings auch nicht bekannt.

Ein Schlagwort mit Durchschlagskraft

„Digital Excellence" ist ein Schlagwort, auf das Google aktuell mehr als eine halbe Million Suchergebnisse liefert, und im Internet werden Checklisten und Roadmaps angeboten, um anhand einiger Fragen den Istzustand zu bestimmen und dann den Weg einzuschlagen. Wenn über Digital Excellence als Grundlage für zukünftige unternehmerische Erfolge gesprochen wird, geht dies häufig einher mit Slogans wie „Daten sind der Rohstoff des 21. Jahrhunderts" oder Anleitungen dahin gehend, wie existierende Geschäftsmodelle aus der „analogen Welt" erfolgreich „digital transformiert" werden können.

Dass neben den technischen und innovationsspezifischen Fragestellungen in jedem Fall auch „klassische Managementkompetenz" in erheblichem Umfang notwendig ist, um irgendein Digitalisierungsprojekt erfolgreich durchzuführen, wird in diesem Zusammenhang gern vernachlässigt. Die konsequente Anwendung bewährter Excellence-Methoden, wie beispielsweise im EFQM Excellence Modell beschrieben, hat sich auch in Digitalisierungsprojekten als sehr erfolgreich erwiesen. Die nachfolgenden Beispiele sollen dies verdeutlichen. Weiterhin zeigt dieser Beitrag einen Weg auf, was eine Organisation konkret tun muss, um Digital Excellence zu erreichen.

Daten versus Informationen

„Daten sind der Rohstoff des 21. Jahrhunderts!“ Diese plakative Aussage soll die Bedeutung von „Informationen“ (nicht Daten) in der digitalisierten Welt unterstreichen. Doch zwischen geschäftlichem Erfolg auf der Basis von physischen Rohstoffen einerseits und Daten andererseits gibt es gravierende Unterschiede. Physische Rohstoffe (Gold, Platin, seltene Erden, Erdöl etc.) haben einen umso größeren Wert, je weniger davon verfügbar ist. Der Wert resultiert daraus, dass ein Goldbarren oder ein Barrel Öl, das einem Unternehmen gehört, einem anderen Unternehmen nicht mehr verfügbar ist. Zudem ist der Transport physischer Rohstoffe vergleichsweise zeit- und kostenintensiv. Daten, die vermeintlichen „Rohstoffe des 21. Jahrhunderts“ hingegen, lassen sich mit minimalem Aufwand beliebig oft vervielfältigen und in Bruchteilen von Sekunden an nahezu jeden beliebigen Ort übertragen. Voraussetzungen hierfür sind lediglich eine funktionierende Kommunikationsinfrastruktur und etwas Strom. Es ist somit immer davon auszugehen, dass man Daten nicht so exklusiv besitzt wie physische Rohstoffe, sondern dass die gleichen Daten auch von anderen erhoben und gesammelt, erworben oder legal und zuweilen auch illegal kopiert werden können.

Bei genauerer Betrachtung stellen die „nackten“ Daten in Form von Bits und Bytes auch überhaupt keinen Wert dar. Wertvoll sind lediglich **Informationen,** die sich aus Daten erzeugen lassen. Hier liegt der Schlüssel für die Wertschöpfung bei diversen digitalen Geschäftsmodellen. Um aus Daten nützliche Informationen zu extrahieren, bedarf es heute noch vielfach der Kompetenz von Datenanalysespezialisten, auch wenn an dieser Stelle KI-Methoden schon viel leisten können und in Zukunft noch sehr viel mehr leisten werden. Spezialisten aus den Gebieten „Data Science“, „Data Analytics“, „Econometrics“ und ähnlichen Studiengängen gehören nicht zufällig zu den derzeit am meisten gesuchten Fachkräften. Und zusätzlich zu den Fachleuten, die in der Lage sind, aus Daten wertvolle Informationen zu extrahieren, benötigt man eine Strategie, die aufzeigt, welche Informationen im Zusammenhang mit einem Geschäft in welcher Form eingesetzt werden können, um daraus nachhaltigen Erfolg zu generieren. Um eine Strategie zu entwickeln und zur Grundlage von nachhaltigem Erfolg auch in einem sich immer schneller ändernden Umfeld zu machen, bedarf es eines wohldefiniertem Strategieentwicklungsprozesses. Eine Strategie muss entwickelt, umgesetzt und immer wieder überprüft und gegebenenfalls nachjustiert werden. Es müssen Projekte aufgesetzt und erfolgreich gemanagt werden, Projektergebnisse müssen in existierende Unternehmensprozesse einfließen, eventuell notwendige Veränderungen müssen gegen etablierte Verfahren und oft gegen starke Beharrungskräfte durchgesetzt werden. All dies erfordert klassische Managementkompetenz, wie sie auch in der alten „analogen" Welt gebraucht wurde. Das fachliche Know-how um „Big Data" oder andere Technologien im Zusammenhang mit der Digitalisierung ist „lediglich" ein zusätzliches Erfordernis.

Digitale Excellence und Prozesse

Die **Digitalisierung aller Geschäftsprozesse** ist ähnlich wie das Thema Daten ein oft wiederholtes Mantra im Zusammenhang mit „Digital Readiness" und „Digital Excellence". Dem möchte ich hier keineswegs widersprechen, aber auch hier gilt, dass es mit Digitalisierung allein nicht getan ist: Ein Prozess, der den Anforderungen nicht genügt und schlechte Prozessergebnisse liefert, wird allein durch Digitalisierung nicht besser. Es ist dann lediglich ein digitalisierter, technologisch möglicherweise innovativerer Prozess, der aber nach wie vor den gestellten Anforderungen nicht genügt. Erfahrungsgemäß wird dem Punkt der Angemessenheit von Prozessen gerade in Digitalisierungsprojekten viel zu wenig Beachtung geschenkt.

Dies ist auch darauf zurückzuführen, dass Digitalisierungsexperten häufig keine Prozessexperten sind. Prozessmanagement ist schon per Definition eine Managementaufgabe! Digitalisierung ist ein zusätzlicher Aspekt, durch den anderweitige Anforderungen aber keineswegs geringere Bedeutung bekommen:

- Welche Anforderungen werden an den Prozess gestellt?
- Sind diese bekannt, auch und gerade aus Sicht der unterschiedlichen für diesen Prozess relevanten Interessengruppen (Stakeholder)?
- Sind die Leistungsindikatoren (Key Performance Indicators – KPIs) und Erwartungshaltungen der verschiedenen Interessengruppen bekannt, abgestimmt und verbindlich festgelegt?
- Welchen Teil einer größeren Prozesskette (z.B. Ende-zu-Ende Betrachtung aus Kundensicht) stellt der Prozess dar?
- Sind die Verbindungsstellen zu anderen Prozessteilen bekannt, abgestimmt und definiert?

Solange auch nur eine einzige der letzten Fragen nicht wirklich überzeugend mit „Ja“ beantwortet werden kann, sollte ein Digitalisierungsprojekt nicht begonnen werden. (Anm. d. Autors: Ich spreche hier bewusst von Verbindungsstellen und nicht von Schnittstellen. Schnittstelle ist als Begriff in der deutschen Sprache zwar sehr weit verbreitet, ist aber genau das Gegenteil von dem, was im Allgemeinen gewollt und in der Regel gemeint ist.)

Zum Themenkomplex digitale Prozesse und insbesondere Digitalisierung von Geschäftsprozessen und Prozessmodellen gibt es aber noch weitere wesentliche Aspekte. Für eine Organisation ist es unzureichend, nur zu überlegen, inwieweit digitale Technologien Auswirkungen auf das eigene Geschäftsmodell, vorhandene interne wie externe Prozesse, Qualifikationsprofile der Mitarbeiter etc. haben können. Vielmehr gehört zu einer entsprechenden Strategieplanung eine sehr viel umfassendere Analyse: Welche Wertschöpfung können wir in einem digitalisierten Umfeld erbringen, die für unsere Kunden auch zukünftig einen derartigen Mehrwert darstellt, dass sie bereit sind, dafür so viel zu bezahlen, dass die auf diese Weise generierten Umsätze die nachhaltige Prosperität der Organisation sicherstellen?

Diese Fragestellung macht bereits deutlich, dass es hierauf keine einfachen Antworten gibt – dem Autor sind insbesondere keinerlei Beispiele bekannt, bei denen die berühmte „Killer-App“ oder der „innovative Online-Shop“ allein zu nachhaltigem Erfolg geführt hätten. (Auf „digitale

Eintagsfliegen“, wie z.B. Second Life zu Beginn des Jahrtausends, soll hier bewusst nicht weiter eingegangen werden.)

Digitale Excellence als strategischer Mehrwert

Digital Excellence für eine Organisation heißt, Antworten auf die zuvor erwähnten Fragen zu finden und diese Antworten in einer Strategie zusammenzufassen, die es dann konsequent umzusetzen gilt. Um die passenden Antworten zu finden, bedarf es einerseits fundierter Kenntnisse über aktuelle und zukünftige Technologien und deren Möglichkeiten und Auswirkungen. Es ist immer noch häufig zu beobachten, dass selbst sehr grundlegende Technologien und Entwicklungen von Unternehmen nicht in dem Maße verstanden sind, wie es für eine angemessene Berücksichtigung in der Strategieentwicklung notwendig wäre.

Neben der Innovationskompetenz sowohl auf der technischen als auch auf der Geschäftsprozessseite ist es zusätzlich unbedingt notwendig, dass angemessene Methoden und Verfahren zur Strategieentwicklung und -weiterentwicklung beherrscht und konsequent angewandt werden, um in einem sich immer schneller verändernden Umfeld nachhaltig erfolgreich zu sein.

Strategieentwicklung darf gerade vor dem Hintergrund von Digitalisierung und disruptiven Geschäftsmodellen, die irgendwo auf der Welt entwickelt werden und sehr schnell Einfluss auf Märkte und etablierte Geschäftsmodelle ganz woanders haben können, niemals eine einmalige Aktivität sein. Sie muss vielmehr zwingend regelmäßig auszuführender Teil eines übergeordneten Managementsystems sein. Die zeitliche Dauer, für die gewonnene Erkenntnisse und daraus abgeleitete Strategien Gültigkeit haben, wird aufgrund der rasanten Veränderungen immer kürzer.

Ein konkretes Beispiel

Nehmen wir zur Veranschaulichung einmal an, eine Organisation hat die für sich richtige Zukunftsstrategie entwickelt und die Erkenntnis gewonnen, dass nach einem Zeitraum von drei oder fünf Jahren ein großer Teil der dann zu erwartenden Umsätze mit anderen Geschäftsmodellen, Vertriebskanälen, Produkten und Dienstleistungen erwirtschaftet werden soll, als dies heute der Fall ist.

Die zur Erreichung der erkannten Veränderungen notwendigen Managementaktivitäten sind damit keinesfalls abgeschlossen; vielmehr geht es jetzt erst richtig los. Haben die Mitarbeiter des Unternehmens die notwendigen Kompetenzen und Fähigkeiten, um zukünftig die „neuen Aufgaben“ zu bewältigen? Falls nein, woher sollen die neuen Kompetenzen kommen? Kann die Organisation es sich leisten, neue Mitarbeiter mit den erforderlichen Fähigkeiten und Skills einzustellen? Sind solche Mitarbeiter überhaupt auf dem Arbeitsmarkt verfügbar? Gerade bei sehr innovativen Themen ist das häufig überhaupt nicht der Fall! Sehr viel wahrscheinlicher ist es dann, dass vorhandene Mitarbeiter entsprechend aus- und weitergebildet werden müssen. Wird dabei berücksichtigt, dass dies auch zeitaufwendig sein kann und die Mitarbeiter in dieser Zeit nicht für die Tätigkeiten zur Verfügung stehen, die sie derzeit ausüben? Diese Fragen verdeutlichen nur einen kleinen Teil der in einem solchen Kontext anstehenden Aufgaben, denen sich die Organisation widmen muss. Erneut sind dies klassische Managementaufgaben, die nur am Rande mit digitalen Technologien oder anderen Innovationen zu tun haben. Vielmehr handelt es sich bei diesem Beispiel um ganz klassische Themen des HR-Managements.

Fazit

Welches Fazit lässt sich ziehen, um für ein Unternehmen sicherzustellen, dass es auch im Kontext der Digitalisierung nachhaltig exzellent agiert?

1. Es muss sichergestellt sein, dass aus Kundensicht dauerhaft eine Wertschöpfung erfolgt. Auch in der digitalen Zukunft wird man nur mit zahlenden Kunden Umsätze erwirtschaften.
2. Sowohl technische (digitale) als auch nicht technische Innovationen und Entwicklungen (gesellschaftliche Trends, veränderte Werte etc.) und die zugrunde liegenden Technologien müssen verstanden sein und auf ihre jetzigen und zukünftigen Auswirkungen hin konsequent untersucht werden. Aufgrund der hohen und weiterhin größer werdenden Geschwindigkeit, mit der Innovationen und Technologien entwickelt werden, muss dies in einem sehr viel systematischeren und häufiger zu durchlaufenden Prozess erfolgen, als dies noch vor 10 oder 15 Jahren der Fall war.
3. Innovationen und neue Technologien sind immer im Kontext des Wertschöpfungsprozesses zu betrachten. Innovationen, die nur der Innovation wegen erfolgen, aber weder zu höherem Mehrwert aus Kundensicht noch zu höherer Effizienz bei der Generierung von Kundennutzen führen, verursachen letztendlich nur unnötige Kosten und sind kontraproduktiv.
4. Die Punkte 1 bis 3 müssen in einen systematischen und regelmäßig zu durchlaufenden Strategieentwicklungsprozess münden, dessen Ergebnisse mit ganz klassischen Managementmethoden in der Organisation umzusetzen sind. Die Strategieentwicklung darf keine „blinden Flecken“ haben, auch seit Jahrzehnten bewährte Sachverhalte müssen hinterfragt werden. Weisheiten wie „too big to fail“ oder „too small to succeed” haben keine Gültigkeit mehr. Aus der Strategieentwicklung müssen sich konkrete Projekte ergeben, die – mit messbaren Zielsetzungen ausgestattet – konsequent umgesetzt

und kontinuierlich auf Wirksamkeit und Erreichung des erwarteten Nutzens überprüft werden.

5. Mut zur Veränderung und unternehmerisches Agieren sind weiterhin notwendig: Wenn die Erkenntnis vorhanden ist, dass in der Vergangenheit Bewährtes für die Zukunft nicht tauglich ist, ist es nicht hilfreich, darauf zu beharren und zu hoffen, dass es schon irgendwie gut gehen wird. Wenn die Erkenntnis vorhanden ist, dass man für den einen oder anderen Schritt externe Hilfe benötigt, gilt es diese Hilfe schnell zu finden, um nicht unnötig Zeit zu verlieren.

Die Erfahrungen des Autors zeigen, dass ein konsequenter Einsatz von Excellence-Methoden, beispielsweise basierend auf dem EFQM Excellence Modell, gepaart mit fundiertem Technologie- und Innovations-Know-how eine gute Grundlage ist, um Digital Excellence zu erreichen und dann nachhaltig zu praktizieren. Ganz konkret bedeutet dies,

- eine klare, regelmäßig überprüfte Strategie zu haben, was bis wann erreicht werden soll,
- konkrete, messbare Ziele zu setzen und diese vorurteilsfrei zu überprüfen,
- bereit zu sein, auf Bewährtes zu verzichten, wenn eine ehrliche Analyse zeigt, dass das Bewährte nicht mehr benötigt wird, und
- das Umfeld, in dem man tätig ist, regelmäßig auch auf Auswirkungen der Digitalisierung zu überprüfen, die nicht von der eigenen Organisation ausgehen, sondern durch äußere Einflüsse einwirken.

Im Kontext der Digital Excellence gilt mehr als irgendwo sonst: Man muss handeln, solange man in der Lage ist, zu agieren; wenn man nur noch re-agieren kann, ist es zu spät! Man kann es auch wie folgt sehen: „Sowohl der Digitalisierung als auch der Globalisierung ist es egal, ob man sie mag oder nicht. Beide wirken auch auf diejenigen, die sie gar nicht wollen! Wer nicht vorbereitet ist, wird damit leben müssen, dass andere entscheiden, wie oder ob es überhaupt weitergeht.“

Digital Roadmap

Mit dem aus dem EFQM-Modell abgeleiteten Digital-Excellence-Ansatz können Organisationen ihren digitalen Reifegrad bestimmen, aus dem sich die Digital Roadmap für das Unternehmen ableiten lässt.

In diesem Beitrag erfahren Sie:

- wie Sie das sehr umfangreiche und häufig abstrakt diskutierte Thema der Digitalisierung für Ihre Organisation greifbar machen
- wie Sie analysieren, wie sich die Digitalisierung auf die verschiedenen Management- und Organisationsbereiche niederschlägt
- wie Sie Chancen und Risiken der Digitalisierung für Ihre Organisation systematisch erkennen

Matthias Bartels, Holger Doering

Die Digitalisierung ist seit einigen Jahren zu einem beherrschenden Thema geworden, wenn Unternehmen ihre externen Einflussfelder zur Ableitung von Chancen und Risiken bestimmen und bewerten. Sie ist derzeit der wohl stärksten Treiber von Veränderungen und wesentlicher Komplexitätstreiber der externen wie internen Welt von Organisationen. Sich mit der Digitalisierung zu befassen und entsprechende strategische Initiativen zu starten, ist dabei für jede Führungsmannschaft zur Pflichtaufgabe geworden. Doch stellt sich häufig die Frage, auf was diese eingeleiteten Initiativen tatsächlich einzahlen. Gibt es das digitale Unternehmen? Ist ein stärker digitalisiertes Unternehmen zukunftssicherer aufgestellt als seine Wettbewerber? Wann ist ein Unternehmen eigentlich digital fit? Was können und sollten wir demnach tun? Wie lassen sich die vielfältigen Möglichkeiten im Kontext der Digitalisierung in Einklang zueinander bringen und womit sollte eine Organisation beginnen?

Die Ergebnisse dieser Auseinandersetzung können nur zu griffigen Antworten und konkreten strategiefokussierten Handlungen führen, wenn bereits die gestellten Ausgangsfragen entsprechend präzise sind und das Thema ganzheitlich betrachtet wird. Digitalisierung ist kein isolierbarer Sonderbereich, sondern integraler Bestandteil in nahezu allen Organisationsbereichen und -aktivitäten. In vielen Organisationen wird das Thema Digitalisierung jedoch eher auf abstrakte oder auch symbolhafte Aktivitäten reduziert, die teilweise als Folge schlechten Gewissens oder aufkommenden Aktionismus angesehen werden müssen. Wesentliche Interessengruppen erwarten gerade von Führungskräften, bei Digitalisierungsthemen nicht untätig zu sein und keine relevanten Trends zu verpassen. Dieser Reflex führt häufig dazu, dass Führungskräfte eher zu Getriebenen als zu Treibern werden. Doch wie können sie eine aktive Gestaltungsrolle bei der Veränderung der Organisation im Zeichen der Digitalisierung einnehmen und die richtigen Maßnahmen und Projekte zur rechten Zeit angehen?

Aufgrund der hohen Komplexität und der thematischen Breite ist es nicht ohne Weiteres möglich, sämtliche Einflüsse, Implikationen und mögliche Reaktionen intuitiv zu erfassen, zu bewerten und zu verfolgen. Es empfiehlt sich daher, bei der Auseinandersetzung einer Organisation mit der Digitalisierung einen modellhaften Rahmen einzusetzen und – wie zuvor geschildert – möglichst die richtigen Fragen zu stellen. Der Vorteil des Einsatzes solcher „Frameworks“ ist, dass diese den Anwender mittels einer gut durchdachten inneren Logik systematisch durch alle für die Organisation relevanten Managementbereiche führen und dabei einen gezielten Blick auf die besonderen Handlungsfelder der digitalen Transformation legen. Die Kunst bei der Gestaltung eines solchen Rahmenwerks besteht darin, dieses weder zu abstrakt und allgemein anzulegen noch mit zu eng gehaltenen – fast als Tipps und Anregungen zu lesenden – Digitalisierungsvorschlägen zu versehen, welche oft eher zu einer Ansammlung von kurzzeitigen Trends oder zugespitzten Entwicklungen einer bestimmten Branche führen und sich mitnichten ohne Weiteres auf andere Branchen übertragen lassen.

Aktuelle Frameworks zur Bewertung des digitalen Reifegrads einer Organisation sind in größerer Zahl am Markt verfügbar – zum Teil ähnlich aufgebaut und mit vergleichbaren Inhalten. In der groben Ansicht entsprechen die typischen aufgeführten Bewertungsbereiche den Themenkategorien des EFQM Excellence Modells. Über die thematische Tiefe sowie die bedeutende RADAR-Logik verfügt das EFQM Excellence Modell jedoch exklusiv. Warum also bei der Ermittlung des eigenen digitalen Reifegrads in die Ferne schweifen, wenn das Grundgerüst dafür bereits in etablierter Form und seit vielen Jahren erprobt existiert? Das EFQM Excellence Modell eignet sich ideal dafür, die Digitalisierung nicht separat – womöglich in Form eines zusätzlichen Kriteriums – „anzubauen“, sondern die neuen Herausforderungen und Chancen, welche hier auf den Plan treten, integriert und im Zusammenhang über alle Managementbereiche hinweg zu betrachten.

Um die entsprechenden Fragestellungen, die die Digitalisierung in den einzelnen Teilkriterien mit sich bringt, besser ableiten zu können, wurde das EFQM Excellence Modell zum Digital-Excellence-Modell weiterentwickelt. Was bedeutet das? Eine zentrale Rolle spielt dabei der zunächst betrachtete Themenkompass „Digital Excellence“ (siehe Abb. 1).

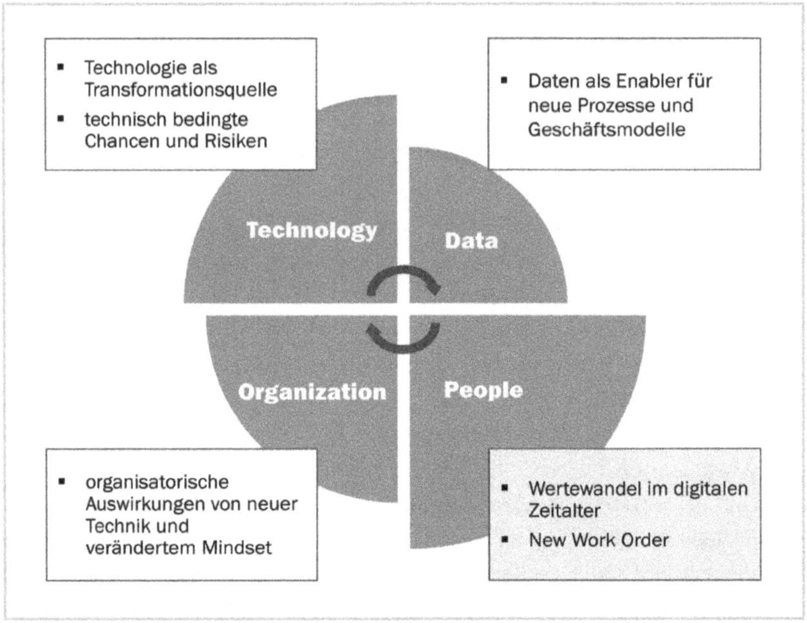

Abb. 1: *Themenkompass „Digital Excellence"*

Durch diesen soll verdeutlicht werden, dass die Digitalisierung nicht nur hart veränderte Bedingungen durch das Arbeiten mit Daten und den Einsatz entsprechender Technologien mit sich bringt. Auch Themen wie Unternehmenskultur und Kompetenzen der Menschen in der Organisation und im Organisationsumfeld sind Bestandteile des Veränderungsprozesses und entsprechend zu berücksichtigen. Diese Überlegungen sind bei der Erarbeitung von Digital Excellence in die Ausgestaltung der einzelnen Themenfelder des EFQM Excellence Modells eingeflossen. Ein Beispiel für eine solche Weiterführung eines Themenfelds ist in der folgenden Tabelle anhand des Themenfelds „Kundenbeziehungen" dargestellt.

Tab. 1: Beispiel EFQM Excellence Modell, Kriterium 5e „Kundenbeziehungen werden gemanagt und vertieft"

Kriterium 5e (EFQM Excellence Modell): Kundenbeziehungen werden gemanagt und vertieft	**Kriterium 5e (Digital-Excellence-Ansatz): Kundenbeziehungen werden gemanagt und vertieft**
Exzellente Organisationen: - Segmentieren ihre Kunden im Einklang mit der Strategie der Organisation und wenden geeignete Leitlinien und Prozesse für ein effektives Beziehungsmanagement an. Ermitteln und erfüllen die Kontakterfordernisse der Kunden im Tagesgeschäft und auf längere Sicht. - Gestalten und pflegen einen Dialog mit ihren Kunden, beruhend auf Offenheit und Transparenz. - Überwachen und überprüfen laufend die Erfahrungen und Wahrnehmungen ihrer Kunden und reagieren angemessen auf Rückmeldungen aller Art. - Stellen sicher, dass Kunden ihre Verantwortung in Bezug auf die Nutzung von Produkten und Dienstleistungen verstehen.	Exzellente Organisationen: - Segmentieren ihre Kunden im Einklang mit der Strategie der Organisation und wenden geeignete Leitlinien und Prozesse für ein effektives Beziehungsmanagement an. - **Analysieren die Chancen von digitalen Kommunikationswegen und nutzen diese. Dabei stellen sie ein konsistentes und kanalübergreifendes Kundenerlebnis her.** - Ermitteln und erfüllen die Kontakterfordernisse der Kunden im Tagesgeschäft und auf längere **Sicht und nutzen dafür entsprechende digitale Lösungen, um die Kundenbeziehungen zu dokumentieren, zu analysieren und transparent zu gestalten. Sie orientieren sich dabei an der individuellen Benutzersituation der Kunden.** - Gestalten und pflegen einen Dialog mit ihren Kunden, beruhend auf Offenheit und Transparenz. **Sie legen dabei insbesondere beim Austausch sensibler Daten hohen Wert auf Vertrauen und erarbeiten entsprechende Lösungen.**

Kriterium 5e (EFQM Excellence Modell): Kundenbeziehungen werden gemanagt und vertieft	**Kriterium 5e (Digital-Excellence-Ansatz): Kundenbeziehungen werden gemanagt und vertieft**
	- Überwachen und überprüfen laufend die Erfahrungen und Wahrnehmungen ihrer **Kunden insbesondere bzgl. des Einsatzes digitaler Produkte sowie digitalisierter Prozesse** und reagieren angemessen auf Rückmeldungen aller Art. - **Führen Kunden- und Interaktionsdaten kanalübergreifend zusammen, um daraus Erkenntnisse abzuleiten.** - Stellen sicher, dass Kunden ihre Verantwortung in Bezug auf die Nutzung von **konventionellen wie digitalen Produkten** und Dienstleistungen verstehen.

Auf diese Weise kann der Anwender von Digital Excellence sich von Themenbereich zu Themenbereich und von Managementbereich zu Managementbereich einen sehr fundierten Überblick darüber verschaffen, welchen Einfluss die Digitalisierung auf die eigene Organisation hat und welchen Reifegrad die eigene Organisation hierzu aktuell aufweist. Auf Basis dieser fundierten Erhebung des Status quo sowie der Stärken und Verbesserungspotenziale können Organisationen eine Roadmap ableiten, die organisationsspezifische, reifegradbasierte Migrationspfade aufzeigt. Durch die kontinuierliche Orientierung am Modell der Digital Excellence und wiederholte Bewertungen erfolgt ein Monitoring des Fortschritts entlang der Roadmap unter Berücksichtigung der jeweiligen internen Veränderungsgeschwindigkeit und von Veränderungen in der Unternehmensumwelt.

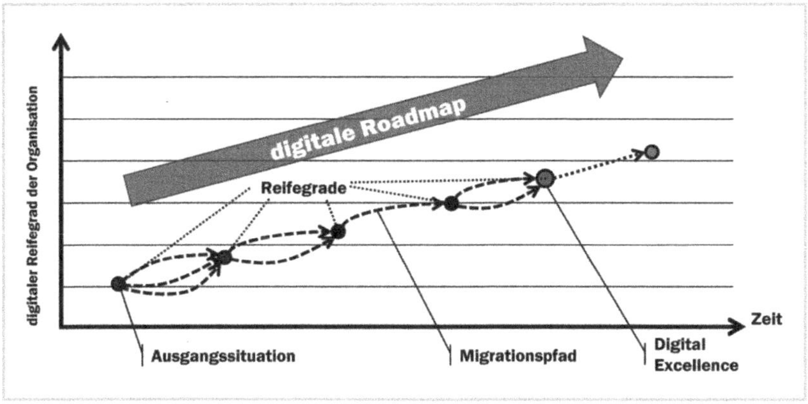

Abb. 2: *Entwicklung einer reifegradbasierten Roadmap durch Nutzung des Digital-Excellence-Ansatzes (in Anlehnung an das Projekt ADAPTION, https://adaption-projekt.de)*

Fazit

Der Grundansatz des Digital-Excellence-Modells besteht darin, die Digitalisierung nicht als ein großes Gespenst anzusehen, das sich über die Organisationen und die Gesellschaft legt. Die Digitalisierung findet Schritt für Schritt in den verschiedensten Teilbereichen und Sektoren der Unternehmensentwicklung und Steuerung statt und folgt einer Roadmap, welche einerseits Orientierung schafft und andererseits die Organisation reaktionsfähig erhält und fördert. Abläufe können zunehmend durch neue Technologien in Daten erfasst und gesteuert werden. Dies erweitert die Möglichkeiten und verbessert die Effizienz von Prozessen, lässt neue Geschäftsmodelle erwachsen und stellt neue Anforderungen an Wissen, Kompetenzen und Zusammenarbeit. Die Besonderheit der Digitalisierung als Impuls zur Veränderung von Organisationen und Märkten besteht mit Sicherheit darin, dass die Veränderungssprünge in Teilen besonders disruptive Auswirkungen haben können. Die Art und Weise, mit der Organisationen ihre Chancen und Risiken in Bezug auf die Digitalisierung analysieren und prüfen, muss hingegen nicht zwingend in gleicher Weise disruptiv entwickelt werden, sondern sie muss vielmehr in der Lage sein, Stabilität und Agilität zu berücksichtigen und zu fördern. Ein Beleg hierfür ist der Digital-Excellence-Ansatz.

Literatur und Quellen

[1] Projekt ADAPTION, *https://adaption-projekt.de*

[2] EFQM: *EFQM Excellence Modell/EFQM Model 2013. Brüssel: EFQM Publications, 2012*

Assessmentbasierte Analyse von Potenzialen und Unterstützungsbedarf bei der digitalen Transformation von KMU

Die Notwendigkeit der digitalen Transformation ist zur Überlebensfrage für alle Unternehmen jeglicher Branchen und Sektoren geworden. Doch gerade den KMU fehlt oft die Kompetenz, sich hierauf geeignet vorzubereiten. Der Beitrag stellt einen im Rahmen eines EU-Projekts entwickelten Werkzeugkasten vor, mit dem sich Unternehmen auf diese Herausforderung themenspezifisch vorbereiten können.

In diesem Beitrag erfahren Sie:

- wie sich das europäische Forschungsprojekt BITTMAS [1] mit internationalen Partnern aus Wissenschaft, Beratung, Verbänden und Industrie mit diesem Thema auseinandergesetzt und folgende Methoden und Instrumente zur Unterstützung von KMU entwickelt hat: eine webbasierte Lernplattform mit Trainingsmodulen, ein Glossar zum Selbststudium und eine Selbstbewertung der Prozesse im Hinblick auf das Digitalisierungspotenzial

C.-Andreas Dalluege, Hans-Dieter Schinner

Veränderte Anforderungen und sich dadurch verändernde Qualifikationsprofile der Mitarbeiter, immer komplexere digitale Systeme bis hin zur künstlichen Intelligenz und fehlende Standards für die nahtlose Einbettung bereits vorhandener Ressourcen sind nur einige Beispiele für die Herausforderungen, denen sich KMU im Zeitalter der Digitalisierung gegenübersehen. In den meisten Fällen fehlen geeignete Werkzeuge und Methoden, um Unternehmen im Transformationsprozess in den Wertschöpfungsprozessen, aber auch bei Trainings- und Lernmaterialien zu unterstützen.

Digitale Transformation als globale Herausforderung für die Wirtschaft [2]

Die neuen Ansätze der Digitalisierung und intelligenter Systeme sind bisher nur in sehr begrenztem Maß validiert und potenzielle Auswirkungen sind weder empirisch belegt noch mit standardisierten Methoden messbar. Im Vergleich zu großen Unternehmen, die sich Beratungskapazitäten einkaufen bzw. Fachleute für eigene Abteilungen vorhalten können, die den Ausbau der Digitalisierung und der intelligenten Systeme vorantreiben sollen, haben KMU meist nicht die finanziellen Möglichkeiten. Auch mangelt es ihnen oft an Fachwissen, Überblick sowie detaillierten Kenntnissen über Technologien, Methoden, Ansätze ihrer gegenseitigen Interaktion sowie Potenziale und Risiken [3][4].

Das BITTMAS-Projektkonsortium

Das Erasmus+-Projekt BITTMAS wurde von der EU im Zeitraum von September 2016 bis August 2019 gefördert. Unter der Leitung der Hochschule Reutlingen/ESB Business School, Prof. Dr.-Ing. Vera Hummel, und Dipl.-Kfm. (Univ.) Jörg Bauer arbeitete ein internationales Team von neun Einrichtungen an der wissenschaftlichen Ausarbeitung der Inhalte, die dann Grundlage der Schulungsangebote und Support-Tools wurden.

Auf der wissenschaftlich-methodischen Seite kooperierten neben der ESB Business School die türkische Sabancı-Universität (Istanbul), Hr. Abdullah Da cı, und zwei Forschungseinrichtungen: die Fraunhofer Austria Research GmbH, Hr. Fabian Ranz (Wien), und die rumänische IPA SA, Hr. Gabriel Vladut (Craiova).

Diese Expertise wurde durch zwei deutsche Unternehmensberatungen um praktische Erfahrungen mit mittelständischen Anwendern ergänzt:

Die International Industrial Consult AG, Dr. Hans-Dieter Schinner (IIC, Frankfurt), steuerte Fachwissen aus dem Bereich des Industrial Engineering bei und die IBK Management Solutions GmbH, C.-Andreas Dalluege (Wiesbaden), zum Thema Excellence.

Letzterer Partner agierte auch als Software-Haus zur Implementierung der beiden Assessment-Tools. Zwei weitere Partner repräsentierten eine breite Gruppen der Endanwender, die zur Validierung der Ergebnisse herangezogen wurden: der Dachverband der Baskischen Elektronik- und Informationstechnologie-Industrie (GAIA, Bilbao) und die irische Handelskammer (WCC, Waterford Chamber of Commerce). Ergänzt wurde das Konsortium durch einen assoziierten Partner aus dem Kosovo, die University for Business and Technology (UBT, Pristina).

Herangehensweise des EU-Forschungsprojekts BITTMAS

Europa ist primär ein Kontinent der KMU – neun von zehn Unternehmen sind KMU und zwei von drei Arbeitsplätzen sind in diesen KMU angesiedelt [5]. Diese Organisationen sind daher wesentlicher Teil der digitalen Reise, sie sind entscheidend für Wachstum und Wettbewerbsfähigkeit in Europa [6]. Den meisten der 8,25 Millionen KMU ist jedoch noch nicht bewusst, dass ohne eine Unternehmenstransformation Verbesserungen, Wachstum und Wettbewerbsfähigkeit verpasst werden [7][8].

Deshalb entwickelte das EU-Forschungsprojekt BITTMAS Lösungen zur Bereitstellung von Informationen, zur Entwicklung von Methoden und Selbstlernprozessen zum Erwerb von Wissen und Expertise zu bestehenden Technologien, Prozessen und Strukturen des digitalen Wandels.

BITTMAS bietet einen nutzerorientierten Ansatz (für Ausbilder, Mitarbeitende und Führungskräfte von KMU), um die digitale Unternehmenstransformation zu erleichtern und mit den rasanten Entwicklungen Schritt zu halten. Hierzu stellt BITTMAS folgende Tools bereit (basierend auf den Kriterien des EFQM Excellence Modells):

- eine Lernplattform mit Literaturbibliothek, Videogalerie und einem Glossar zur Information und Sensibilisierung der Nutzer in Bezug auf Digitalisierung und intelligente Systeme
- eine webgestützte Selbstbewertung zur Ermittlung der Potenziale für Prozessverbesserungen mittels digitaler Technologien auf Basis eines spezifischen Digitalisierungsdurchdringungsmodells
- Online-Coaching und Trainingsmodule zur Erweiterung des Wissens über 16 Digitalisierungskonzepte
- eine webgestützte Selbstbewertung zur Ermittlung der Umsetzungsanforderungen an die digitale Transformation, inklusive Priorisierung und Feinplanung der Umsetzungsideen, bis hin zum konkreten Projektauftrag

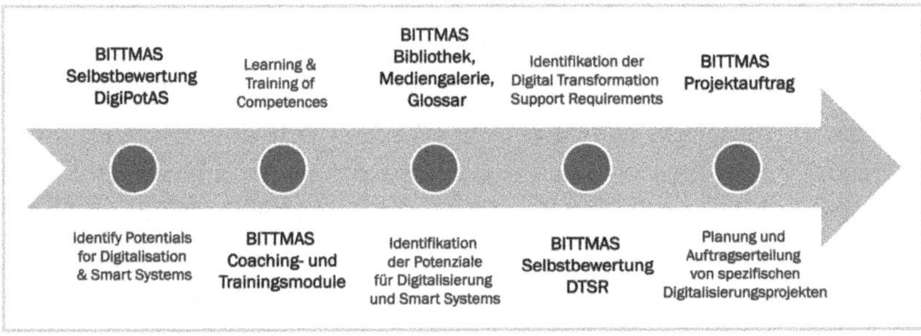

Abb. 1: *BITTMAS-Roadmap*

Die Umsetzung des BITTMAS-Projekts basiert auf einer umfangreichen Literaturrecherche, um Informations- und Lernmaterialien über Digitalisierung und intelligente Systeme zu sammeln, abzuleiten und zu definieren. Studien, Artikel und Standardreferenzen, Use Cases und Best-Practice-Beispiele wurden gesichtet und nach ihrer Relevanz empirisch kategorisiert.

Ausgehend von der Häufigkeit der Schlüsselwörter der recherchierten Literatur, den anschließenden Diskussionen im BITTMAS-Konsortium und dem Feedback externer Experten konnten im Rahmen von Digitalisierung und Smart Systems 16 Kernthemen/Konzepte abgeleitet werden, die im nachstehenden Abschnitt „Assessment der Digitalisierungspotenziale“ dargestellt werden.

Assessment der Digitalisierungspotenziale

Die Grundidee des Digital Transformation Self-Assessment (DITRASS) von BITTMAS basiert auf einem Vergleich des Status quo eines Unternehmens mit den erforderlichen Einflusstechnologien (Enabler), um anschließend zu einer Handlungsempfehlung zur Anwendung innovativer Digitalisierungskonzepte zu führen.

Als gemeinsame Definition der relevanten Digitalisierungskonzepte hat das BITTMAS-Konsortium 16 Konzeptbeschreibungen erarbeitet und als Voraussetzungen zehn dazu passende Enabler-Technologien definiert. Abschließend wurde die Korrelation der zehn Enabler zu den 16 Digitalisierungskonzepten bestimmt. Das hierauf basierende BITTMAS-Digitalisierungsdurchdringungsmodell dient dazu, auf der Grundlage einer Selbsteinschätzung in verschiedenen Kategorien eine ganzheitliche Aussage über den Stand des Digitalisierungsprozesses eines Unternehmens oder einer Organisation zu treffen.

Alle Fragen, Antworten sowie die durch die Korrelationsmatrix und das Durchdringungsmodell definierte Logik wurden in ein selbst entwickeltes Online-Tool überführt.

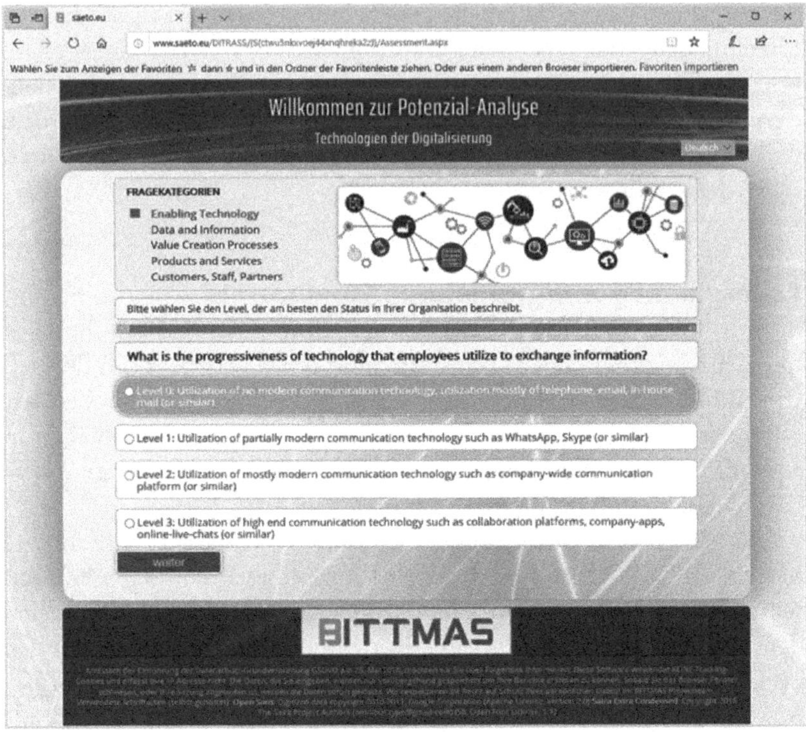

Abb. 2: Digital Transformation Self-Assessment (DITRASS), Level 0

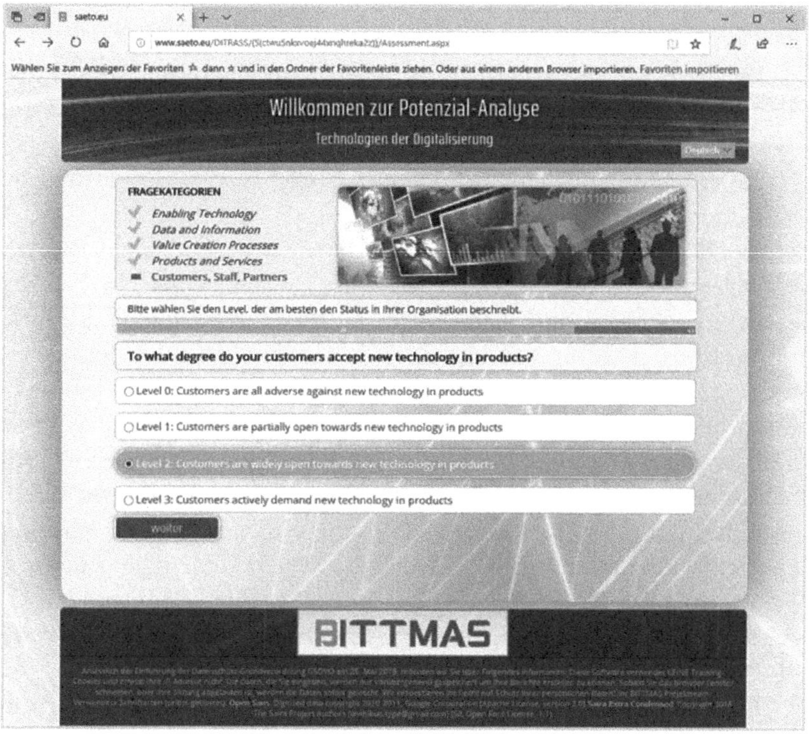

Abb. 3: *Digital Transformation Self-Assessment (DITRASS), Level 2*

Eine Bewertung aller Kriterien führt zur Bestimmung des Digitalisierungsgrads des Unternehmens in den einzelnen digitalisierungsrelevanten Kategorien, dargestellt durch Spinnennetzdiagramme.

Die BITTMAS-Lernplattform

Als Learning-Management-System wurde die Open-Source-Lösung ILIAS [9] ausgewählt, die eine hohe Benutzerfreundlichkeit mit einer breiten aktiven Community für kontinuierlichen kostenlosen Support und weiterführende Entwicklung kombiniert.

Bei der Recherche von themenspezifischen Literaturquellen wurden die gesammelten Dokumente in drei Bereiche eingeteilt und auf der BITTMAS-Lernplattform als filterbare Datentabelle implementiert:

- Anwendungsleitfäden: Technologien, Geschäftsmodelle, verfügbare Ressourcen (Finanzierung etc.)
- Good-Practice-Studien: Whitepaper/Standards, strategische Papiere, angewandte Aussagen
- Sektoren: Automotive, Logistik, Gesundheitswesen, Elektronik, Landwirtschaft, Instandhaltung, Wissen, Wirtschaft, IT, Finanzen

Aus urheberrechtlichen Gründen sind viele dieser Dokumente nicht als direkter, freier Download verfügbar, sondern wurden als Weblink auf die Originalquelle der jeweiligen Publikation in die Bibliothek aufgenommen. 32 Videos wurden in Grund- und Aufbauwissen kategorisiert und in der Lernplattform BITTMAS umgesetzt. Um ein gemeinsames Verständnis der Begriffe zu Digitalisierung, Industrie 4.0 und intelligenten Systemen zu erreichen, wurde die Plattform um ein Glossar mit 40 Begriffsdefinitionen ergänzt.

Nachdem der Nutzer ein geeignetes Konzept identifiziert hat, kann er über einen benutzerorientierten Lernpfad mithilfe der 16 Coaching- und Trainingsmodule Wissen über das Konzept erwerben, erweitern und testen. Ausgehend von einer Einführung mit Definitionen und der Darstellung der Vor- und Nachteilen sollte der Anwender einen groben Überblick über die Themen der digitalen Transformation gewinnen.

Assessment des spezifischen Unterstützungsbedarfs bei der Umsetzung

Entscheidet sich der BITTMAS-Anwender für die Umsetzung eines der Konzepte, kann er mit dem ergänzenden BITTMAS-Tool Implementation Requirements Assessment (IMTRASS) notwendige Maßnahmen für die Umsetzung der digitalen Transformation ermitteln.

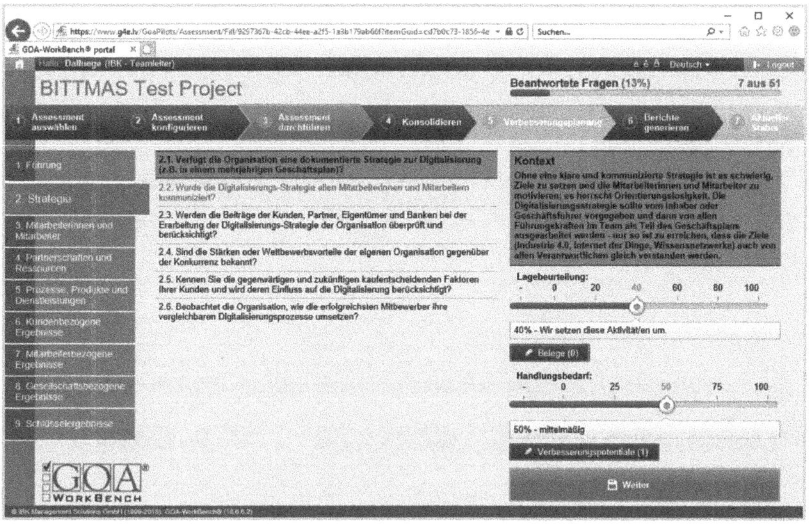

Abb. 4: *IMTRASS-Assessment-Screen*

Die Bewertung des spezifischen Unterstützungsbedarfs für die Digitalisierungstransformation der jeweiligen Organisation ist eine Selbstbewertung anhand der Kriterien und Teilkriterien des europäischen Excellence-Modells, wie es von CAF [10] und EFQM [11] propagiert wird. Es verwendet einen auf das Thema digitale Transformation optimierten, im Vergleich zum ursprünglichen Modell reduzierten Fragenkatalog und ermöglicht einen Überblick über die aktuelle Position der Organisation mit Schwerpunkt auf den Bereichen und Aktivitäten, die für die anstehenden digitalen Transformationsprojekte wichtig oder relevant sind. Dieser Fragenkatalog baut auf dem vereinfachten Assessmentverfahren auf, das in sieben ineinandergreifenden EU-Projekten der SAETO-Projektfamilie entwickelt, verfeinert und validiert wurde [12] [13] [14].

Das Assessment erlaubt es, während der Selbstbewertung von allen beteiligten Personen Ideen für Projekte zur effizienten Umsetzung und Verweise auf relevante Prozesse oder Personen zu sammeln und in der Konsolidierungsphase systemgestützt zusammenzuführen.

Die identifizierten Verbesserungsprojekt- bzw. Prozessvorschläge können anschließend priorisiert werden, wobei webgestützt eine breite Basis von Mitarbeitenden einbezogen werden kann, um eine hohe Motivation und Identifikation mit der Umsetzung zu erreichen.

Basierend auf der so entstandenen „Hitliste" können dann die einzelnen Projektideen detailliert und in konkrete Projektaufträge überführt werden.

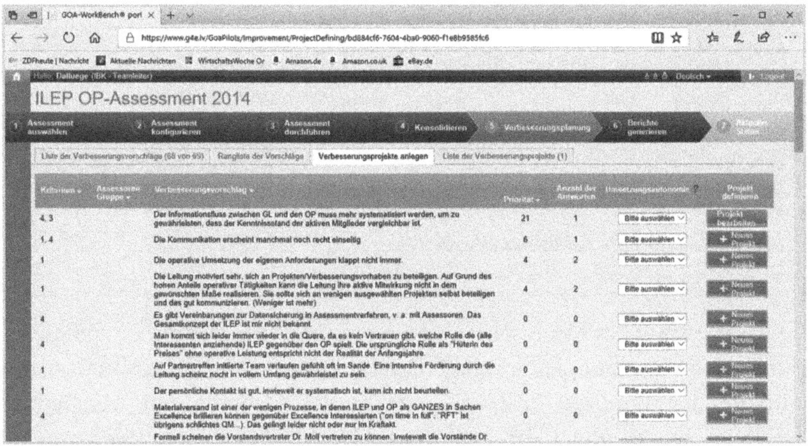

***Abb. 5:** IMTRASS-Projektpriorisierung*

Fazit: die frei zugänglichen Methoden und Werkzeuge

Das BITTMAS-Projekt wurde im August 2019 abgeschlossen und steht den Anwendern bis auf Weiteres kostenfrei zur Verfügung. Hierzu muss man sich lediglich auf der BITTMAS-Lernplattform registrieren. Der Zugriff auf BITTMAS ermöglicht dem Anwender:

- Ermittlung eines geeigneten Digitalisierungskonzepts durch Selbstbewertung mit einer Potenzialanalyse (BITTMAS-Selbstbewertung DITRASS)
- Generieren von Wissen über die Digitalisierung, insbesondere in Bezug auf KMU, über die Lernplattform BITTMAS und die damit bereitgestellte Literaturbibliothek, Videogalerie und das Glossar (BITTMAS-Lernplattform)
- Erlernen von 16 Digitalisierungskonzepten über Coaching- und Trainingsmodule mit Definitionen, Vorteilen, Enabler-Beschreibung, Anwendungsbeispielen und Review oder Test (BITTMAS-Coaching- und Trainingsmodule)
- Selbstbewertung zur Analyse von Support-Anforderungen bei der Umsetzung der digitalen Transformation (BITTMAS-Selbstbewertung IMTRASS)
- Priorisierung, Planung und Festlegung von (Teil-)Projekten zur besseren Umsetzung (Projektauftrag)

Der Zugriff auf die kostenfrei nutzbaren Module erfolgt unter: https://bittmas.eu.

Literatur und Quellen

[1] ERASMUS+-Programm: *Business Transformation towards Digitalization and Smart Systems (Unternehmenstransformation zur Digitalisierung und der Entwicklung von intelligenten Systemen). Projektreferenz: 2016-1-DE02-KA202-003437*

[2] Hummel V.; Bauer J.: *Methods and Tools for SMEs to Support Digital Transformation in Production and Logistics. In: Knowledge Valorisation in the Age of Digitalization. Proceedings of the International Conference on Competitive Manufacturing (COMA'19), 2019, S. 464–469*

[3] Bley, K.; Leyh, C.; Schäffer, T.: *Digitialzation of German Enterprises in the Production Sector – Do they know how „digitized" they are? 22nd Americas Conference on Information Systems, San Diego, 2016*

[4] Bley, K.; Leyh, C.: *Digitalisierung: Chance oder Risiko für den deutschen Mittelstand? – Eine Studie ausgewählter Unternehmen. In: HMD Praxis der Wirtschaftsinformatik 53(1), 2016, S. 29–41*

[5] European Commission: *Annual report on European SMEs 2016/2017 – Focus on self-employment. European Union, 2017*

[6] Gros, D.; Roth, F.: *The Europe 2020 Strategy – Can it maintain the EU's com petiveness in the world? Brüssel: Centre for European Policy Studies, 2012, S. 1*

[7] McKinsey Global Institute: *Pushing the frontier, capturing the benefits. McKinsey & Company, 2016, S. 11*

[8] Zimmermann, V.: *SMEs and digitalisation: The current position, recent developments and challenges. KfW Research No. 138, 2016*

[9] *www.rz.uni-freiburg.de/services/elearning/ewerkzeuge/lmsilias/ilias, Stand: 12.06.2019*

[10] *https://caf.eipa.eu/en/topic/show/&tid=191, Stand: 12.06.2019*

[11] *https://ilep.de/Artikel/cmx5b17ec8e15e7c.html, Stand: 12.06.2019*

[12] *www.saeto.eu/de, Stand: 12.06.2019*

[13] Dalluege, C.-A.; Franz, H.-W.: *IQM – Integriertes Qualitätsmanagement in der Aus- und Weiterbildung – Selbstbewertung für EFQM, CAF, Q2E, DIN EN ISO 9001/4 und andere QM-Systeme. 4. Auflage, Bielefeld: wbv, 2015*

[14] Dalluege, C.-A.: *EFQM als Bewertungsinstrument. In: Excellence-Handbuch – Grundlagen und Anwendung des EFQM Excellence Modells. Düsseldorf, 2013, S. 119–128*

Schlüsselkompetenz Agilität – das EFQM-Modell in der Führungskräfteentwicklung mittelständischer Logistikunternehmen

Agilität verspricht einen Wettbewerbsvorsprung für mittelständische Logistikunternehmen und steht für die Möglichkeit, unvorhergesehene Ereignisse durch schnelle Entscheidungsfindungen zu bewältigen. Dafür werden neben Technologien, die die Menschen durch genaue Prognosen und Handlungsempfehlungen in die Lage versetzen, mit dem Unplanbaren umzugehen, vor allem aber Führungskräfte benötigt, die die Kompetenz haben, ihre Prozesse und Kapazitäten in einer zunehmend vernetzten und volatilen Arbeitsumgebung proaktiv und ergebnisorientiert zu steuern. Das EFQM Excellence Modell kann mittelständische Logistikunternehmen darin unterstützen, ihre Führungskräfte auf die Herausforderungen in Markt und Gesellschaft systematisch vorzubereiten und ihre Wettbewerbsfähigkeit langfristig zu sichern. Dieser Beitrag befasst sich mit den Potenzialen einer auf den Excellence-Grundsätzen aufgebauten Führungskräfteentwicklung.

In diesem Beitrag erfahren Sie:

- vor welchen Herausforderungen die Führungskräfteentwicklung mittelständischer Logistikunternehmen steht
- wie Agilität zur Schlüsselkompetenz avanciert und die Konzeption der Weiterbildungsprogramme bestimmt
- wie Sie durch den Excellence-Ansatz die Qualifizierung der Führungskräfte wirksam an der Unternehmensstrategie und den Interessengruppen ausrichten können

HUBERT VOGL

Logistik heißt: „immer in Bewegung“. Egal ob Güter, Materialien, Menschen oder Informationen – Logistik ist die treibende Kraft, um alles, was zur Bedürfnisbefriedigung der Menschheit beiträgt, an jedem Ort der Welt und in einer immer kürzer werdenden Zeit verfügbar zu machen. Im internationalen Vergleich nimmt Deutschland eine Spitzenposition in den Bereichen Infrastruktur und Logistiktechnologie ein. Damit dies so bleibt, müssen sich gerade die mittelständischen Unternehmen zur Sicherstellung der Versorgung von Wirtschaft und Gesellschaft auf zahlreiche Entwicklungen und Megatrends einstellen, die ihnen den Weg in die Zukunft weisen und über die langfristige Sicherung der Wettbewerbsfähigkeit entscheiden werden [1]:

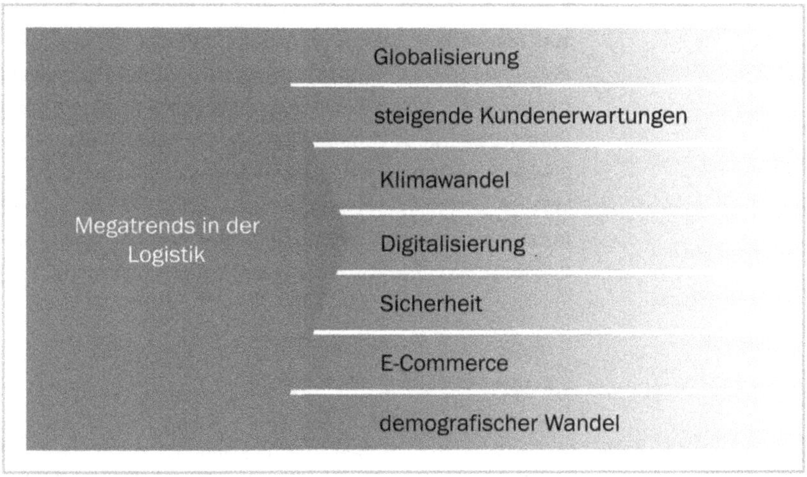

Abb. 1: *Megatrends in der Logistik*

Die Logistikunternehmen müssen damit den Spagat vollbringen – in einem zunehmend vernetzten, von Individualisierung, Klimaschutz und Sicherheitsrisiken geprägten Markt –, höchste Qualität und Flexibilität zu immer günstigeren Preisen anzubieten. Mehr denn je stehen die Führungskräfte im Fokus auf dem Weg zu einer agilen Logistikperformance. Eine Schlüsselrolle spielen die Teammanager Contract Logistics. Als Schnittstelle zwischen Mitarbeitern, Management, Kunden und Lieferanten sind sie für die fachliche und disziplinarische Leitung eines Logistikstandortes auf Teamebene zuständig und haben einen wesentlichen Einfluss auf die Zufriedenheit der Stakeholder. Die Herausforderung besteht in der Steuerung fehlerfreier und adaptiver Prozessabläufe auf Basis flexibler Kapazitäten. Fachwissen reicht hierfür nicht mehr aus. Agile Führungs-, Methoden- und Handlungskompetenzen rücken in den Mittelpunkt und müssen systematisch herangebildet und eintrainiert werden [2].

Führungskräfteentwicklung in mittelständischen Logistikunternehmen

Agile Führung zeigt sich in folgenden Prinzipien und Merkmalen:

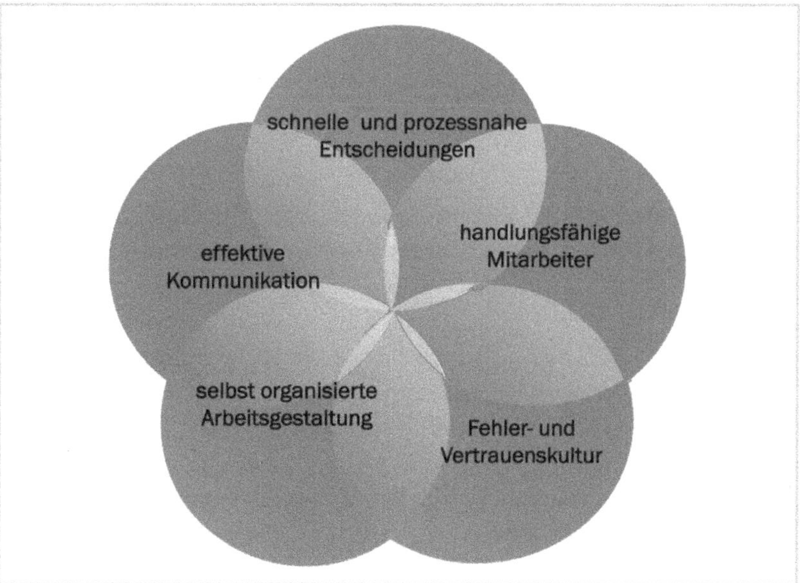

Abb. 2: *Agile Führung – Merkmale und Prinzipien*

Agilität als Schlüsselkompetenz erfordert Weiterbildungsprogramme, die zur Unternehmensstrategie passen, um proaktiv genau die Fähigkeiten zu entwickeln, die die Unternehmen mit ihren spezifischen Geschäftsmodellen in Zukunft brauchen. Werden die Führungskräfte aktiv einbezogen und wird die Unternehmenskultur beachtet, erhöhen sich Akzeptanz und Erfolg der betrieblichen Weiterbildungsaktivitäten deutlich. Mittelständische Logistikunternehmen betreiben jedoch meist keine systematische Personalentwicklung. Die Gründe hierbei sind vielfältig und reichen von finanziellen Aspekten über Zeitmangel bis zu den flachen Hierarchien und mangelnden Aufstiegsmöglichkeiten. Mittelständische Unternehmen haben knappe personelle Ressourcen, was die Implementierung einer langfristig angelegten Personalentwicklung erschwert.

Logistikdienstleister, die die Zeichen der Zeit erkannt haben, versuchen trotz der Hemmnisse eine auf die veränderten Rahmenbedingungen ausgerichtete Personalentwicklung aufzubauen und implementieren Seminare und Workshops zur Förderung ihrer Führungskräfte. Der Erfolg bleibt meist aus. Die Maßnahmen verlieren sich im betrieblichen Alltag [3]. Frustration, ein geschwächtes Selbstbewusstsein bei den Führungskräften sowie Verunsicherung bei den Mitarbeitern sind die Folgen. Ein klassisches Problem im Mittelstand: Es fehlt die Einbindung der Aktivitäten in eine wirksame Strategieentwicklung als übergeordneten Orientierungsrahmen.

Relevanz des EFQM Excellence Modells in der Führungskräfteentwicklung mittelständischer Logistikunternehmen

Das Grundschema des EFQM Excellence Modells beruht auf der gleichzeitigen Betrachtung von Interessengruppen, Prozessen und Ergebnissen. Bezogen auf den Strategieprozess lassen sich folgende Handlungsempfehlungen herleiten:

- **Die Strategie orientiert sich an den Bedürfnissen und Erwartungen der Interessengruppen.**

Die Bedürfnisse der Interessengruppen werden zusammen mit den Erwartungen der Führungskräfte als Input für die Weiterbildung und die Strategie herangezogen. Entwicklungstrends mit Bedeutung für das eigene Geschäftsmodell werden analysiert und berücksichtigt. Individuelle Qualifizierungsmöglichkeiten werden identifiziert, lang- und kurzfristige Ziele festgelegt und eine strategische Kompetenzentwicklung verfolgt. Basierend auf den Rückmeldungen der Interessengruppen werden die Vorgehensweisen im Weiterbildungskonzept reflektiert und notwendige Anpassungen eingeleitet.

- **Die Strategie beruht auf dem Verständnis der eigenen Leistungen und Fähigkeiten**.
  Operative Leistungstrends und die Kernkompetenzen der Organisation und der Führungskräfte werden analysiert und fließen in die Weiterbildungsstrategien ein. Personalisierte Performance-Bewertungen werden durchgeführt, um die Stärken und Schwächen der Führungskräfte zu verstehen und die Strategie der Weiterbildung zu justieren.
- **Die Strategie zeigt sich in den Schlüsselergebnissen**.
  Exzellente Weiterbildungsprozesse benötigen eine klare Strategie, um Leitlinien und Qualitätsansprüche daran anzupassen. Schlüsselergebnisse im Unternehmen werden analysiert, um Weiterbildungsbedarfe abzuleiten. Zur Sicherung der Nachhaltigkeit der Weiterbildungsmaßnahmen mit Transfer in die Arbeitswelt werden Evaluierungen durchgeführt.
- **Die Weiterbildungsziele und -prozesse werden transparent erarbeitet, kommuniziert und umgesetzt**.
  Ausgehend von der Strategie und den individuellen Erwartungen und Entwicklungsmöglichkeiten werden Seminarziele gesetzt und in Zusammenarbeit mit den Führungskräften konkrete Leistungsindikatoren entwickelt. Die Ziele und der Prozess von der Bedarfsermittlung bis zur Umsetzung eines Seminars werden verständlich kommuniziert. Die Teilnehmer des Seminars werden in die Lage versetzt, durch die Weiterbildung ihren Beitrag für das Unternehmen zu maximieren.

Fazit

Agilität avanciert zur Schlüsselkompetenz in der Logistik. Insbesondere mittelständische Logistikunternehmen müssen sich mit der nachhaltigen Entwicklung ihrer Führungskräfte auseinandersetzen. Eine exzellente Weiterbildung impliziert, dass die Vision der Organisation, die Ziele der Führungskräfte sowie die Erwartungen der Interessengruppen in eine gemeinsame Strategie fließen. Hieraus werden Weiterbildungspläne und Qualifizierungsziele vereinbart, entwickelt und umgesetzt sowie Methoden der Transfererfolgssicherung eingesetzt.

Das Kernziel besteht darin, die Verknüpfung zwischen den Erfolgsfaktoren der Organisation und einer langfristigen Führungskräfteentwicklung herzustellen. Dafür benötigen mittelständische Logistikunternehmen ein systematisches – auf die Möglichkeiten abgestimmtes – Vorgehen. Hierfür bietet das EFQM Excellence Modell eine Orientierung. Auf der Grundlage der RADAR-Logik werden Fragen zur Qualität der Kompetenzentwicklungsstrategie strukturiert angesprochen. Mittelständische Logistikunternehmen haben damit die Chance, ihre Kunden mit einer hoch qualifizierten und agilen Führungsmannschaft nicht nur zufriedenzustellen, sondern zu begeistern.

Literatur

[1] Voss, P. (Hrsg.): *Logistik – eine Industrie, die (sich) bewegt. Strategien und Lösungen entlang der Supply Chain 4.0. Wiesbaden: SpringerGabler, 2015*

[2] Vorbach, S. (Hrsg.): *Unternehmensführung und Organisation. Wien: Facultas, 2015*

[3] Vogl, H.: *Ein Reifemodell für Logistikdienstleister. In: Moll, A,; Kohler, G. (Hrsg.): Excellence-Handbuch – Grundlagen und Anwendung des EFQM Excellence Modells. Düsseldorf: Symposion Publishing, 2013*

Zusammenfassung

Mittelständische Logistikunternehmen stehen in einem Spannungsfeld steigender Anforderungen in Markt und Gesellschaft. Hinzu kommt, dass die Leistungen für die Kunden trotz zunehmender Individualisierung und Komplexität zu immer niedrigeren Kosten erbracht werden müssen. Agilität wird zur Schlüsselkompetenz für die Sicherung der langfristigen Wettbewerbsfähigkeit. Voraussetzung hierfür ist die Implementierung einer systematischen – an den Interessengruppen und der Unternehmensstrategie ausgerichteten – Führungskräfteentwicklung.

Ziel des vorliegenden Beitrags ist es, die Potenziale des EFQM Excellence Modells als Lösungsansatz für den Aufbau einer nachhaltigen Führungskräfteentwicklung mittelständischer Logistikunternehmen im Befähigerkriterium „Politik und Strategie“ aufzuzeigen.

Public Value im EFQM-Excellence-Ansatz

Organisationen leisten in ihrem Kerngeschäft und darüber hinaus wichtige Beiträge für die Gesellschaft. Gleichzeitig sitzt die Gesellschaft bei unternehmerischen Entscheidungen zunehmend mit am Tisch. Exzellente Organisationen nutzen dieses Spannungsfeld aktiv zur Bestimmung und Gestaltung ihres Public Value.

In diesem Beitrag erfahren Sie:

- was Public Value bedeutet
- wie viel davon im Excellence-Ansatz steckt
- wie Public Value in der Praxis aussieht
- ob Public Value bezahlbar ist

Sabine Richter

Was ist Public Value?

Juni 2018: Auf einem Leadership-Symposion referiert Timo Meynhardt zum Thema „Gemeinwohl als Führungsaufgabe". Anschließend entbrennt eine leidenschaftliche Diskussion: Ein Unternehmer schildert, dass er seit Jahren den örtlichen Vereinssport sponsert. Er beklagt, dass dies jedoch die Kommune nicht davon abhalte, gegen den geplanten Bau eines Parkplatzes für seine Firma zu klagen. Herr Meynhardt entgegnet darauf: „Kein Wunder. Es zählt das, was ankommt."

Denn: Was eine Organisation wertvoll für die Gesellschaft macht, kann nicht allein aus der Innensicht der Organisation bewertet werden. Der Wertbeitrag wird in erster Linie von den Adressaten – der gesellschaftlichen Öffentlichkeit – beurteilt. Public Value ist der Wertbeitrag, den eine Organisation für die Gesellschaft erbringt.

Public Value kann dezimiert oder zerstört werden, wenn die Interessen des gesellschaftlichen Umfelds bei unternehmerischen Entscheidungen nicht ausreichend berücksichtigt werden. Wie im Beispiel skizziert, sahen die Bürger*innen durch die Versiegelung einer großen Fläche die ökologische Nachhaltigkeit gefährdet. Hier stehen Unternehmerinteressen für Mitarbeiter*innen, Kunden und Lieferanten den kommunalen Interessen zunächst konträr gegenüber. Findet das Unternehmen keine Konsenslösung, kann es hierbei nicht nur an Image, sondern auch seinen gesellschaftlichen Rückhalt verlieren.

Wie viel Public Value steckt im EFQM-Excellence-Ansatz?

Der EFQM-Ansatz fokussiert darauf, dass exzellente Organisationen dauerhaft herausragende Ergebnisse erzielen, welche die Bedürfnisse und Erwartungen der Gesellschaft erfüllen oder gar übertreffen. [1] Der Public-Value-Ansatz orientiert sich ebenfalls an den gesellschaftlichen Erwartungen, die je nach politischem oder kulturellem Kontext ganz andere sein können als die innerhalb einer Organisation angenommenen. In beiden Ansätzen geht es um die Balance zwischen den relevanten Interessengruppen.

EFQM-Excellence geht davon aus, dass die Ergebnisse von Organisationen in erster Linie im Kerngeschäft erzeugt werden. Dieser Gedanke korrespondiert mit dem Pioniergeist von Peter Drucker, der im Gemeinwohlbeitrag die Legitimationsgrundlage von Organisationen sah. Die Einhaltung von Recht und Gesetz stellt die Legalität unternehmerischen Handelns dar, aber noch nicht dessen Legitimation. Deshalb befragen exzellente Organisationen ihre Kunden, Mitarbeiter*innen und andere gesellschaftliche Gruppen, wie legitim sie die Entscheidungen und Handlungsweisen der Organisation erleben.

Der Public-Value-Ansatz legt hierzu die Frage nahe: Welche Produkte stellt das Unternehmen her, welche Dienstleistungen erbringt die Organisation zur Deckung grundlegender Bedürfnisse und/oder zur Steigerung des gesellschaftlichen Wohlstands?

Beide Ansätze zielen darauf ab, auch die Nebenwirkungen der Geschäftstätigkeit zu identifizieren und mindestens gemeinwohlverträglich zu gestalten, insbesondere Umweltbelastungen zu minimieren.

Wie die Gemeinwohlforschung nimmt auch der Excellence-Ansatz gesellschaftliche Funktionen von Organisationen in den Blick, etwa zur individuellen und sozialen Bedürfniserfüllung, z.B. Selbstwerterhalt, Entwicklung und Kooperation, wie im Kriterium „Mitarbeiter" des Excellence-Modells beschrieben.

Wie sieht Public Value in der Praxis aus?

In Assessmentverfahren wird sichtbar, dass die Organisationen im Kerngeschäft und darüber hinaus zum Gemeinwohl beitragen. Sie leisten Beiträge zur beruflichen Bildung als Ausbildungs- und Praktikumsbetrieb. Sie inspirieren und unterstützen Mitarbeiter*innen, ihr Wissen als Referent*innen an Schulen, Prüfer*innen, Dozent*innen an Hoch-/Fachschulen weiterzugeben oder als Schöff*innen an Amtsgerichten zu wirken und vieles mehr.

Mit den folgenden Auszügen aus Assessmentberichten sollen die gesellschaftlichen Wertbeiträge ausgewählter Organisationen beispielhaft benannt und gewürdigt werden.

Robert Bosch GmbH Facility Management Feuerbach (FCM-Fe)

- FCM-Fe ist es im Jahr 2017 in Zusammenarbeit mit der IHK und dem Flughafen Stuttgart gelungen, die Ausbildung zum Werkfeuerwehrmann/zur Werkfeuerwehrfrau in Baden-Württemberg einzuführen.
- Der Gewässerschutz am Standort Feuerbach wird weit über das gesetzlich erforderliche Maß hinaus mithilfe moderner Technologien verfolgt, für die bereits ein Patent vergeben wurde. Mit dem innovativen Ansatz der Bodenluft-Dekontamination im Unterdruckverfahren wird eine

breit angelegte präventive Maßnahme für den Grundwasserschutz umgesetzt, die auch für zukünftige Generationen wirksam ist.

Firmengruppe Schleich & Haberl (S & H)

Das Unternehmen leistet wesentliche Beiträge zum Gemeinwohl aus dem Kerngeschäft heraus und darüber hinausgehend:

- S & H stellt preisgedämpfte Sozialimmobilien in Ballungszentren wie München zur Verfügung und unterstützt die Integration von Menschen mit Migrationshintergrund in die Hausgemeinschaft.
- Bei der Auswahl von Grundstücken nimmt S & H höhere Kosten in Kauf, um belastete Grundstücke wie eine ehemalige Tankstelle durch Bodengutachten und Erdaushub zu entlasten und ungenutzte Flächen einer bedarfsgerechten Nutzung zuzuführen.
- S & H schärft in ihrem Aktionsradius das Bewusstsein für Pflege und Vorsorge in der Gesellschaft.

Sozialservice Rochlitz gGmbH (SSG)

- Die SSG lenkt mit dem Siegel „Attraktiver Arbeitgeber Pflege“ die öffentliche Aufmerksamkeit auf das gesellschaftliche Thema Pflege.
- Die SSG engagiert sich über ihr Kerngeschäft hinaus für die Stadtsenioren und für andere gesellschaftliche Gruppen, insbesondere in Zusammenarbeit mit Schulen (z.B. mit dem Tag „Genial sozial“).

Abschließend ein Beispiel von Public Value außerhalb von Assessments:

AWO Kreisverband Nürnberg (AWO KV Nürnberg)

2018 hat die AWO KV Nürnberg die Herausgabe der gemeinsamen Zeitung „Mensch“ mit den sechs in Nürnberg ansässigen Wohlfahrtsverbänden initiiert, die derzeit eine bundesweit einmalige Form der Kooperation zwischen sozialen Verbänden darstellt.

In der zweiten Ausgabe 01/2019 berichtet sie, wie regelmäßige Abstimmungen in Kinderkonferenzen und Kinderbefragungen dazu beitragen, den Kindern demokratische Werte zu vermitteln und danach zu leben. So z.B. im Kindergartenalltag bei der Entscheidung, welches Buch mittags gelesen wird. Dabei stimmen die Kinder *„einzeln und verdeckt ab, damit sie sich nicht von der Wahl der anderen beeinflussen lassen.“*

Die AWO KV Nürnberg erbringt soziale Dienstleistungen. Initiativen wie die Kooperation der Wohlfahrtsverbände und Formen der Mitbestimmung verstärken und erweitern den Public Value der AWO KV Nürnberg.

Ist Public Value bezahlbar?

Welchen Stellenwert die Thematik in der Bevölkerung einnimmt, wurde 2015 und 2019 mit dem „GemeinwohlAtlas Deutschland“ (Handelshochschule Leipzig, Universität St. Gallen) erhoben. Dort wird der gesellschaftliche Nutzen deutscher Unternehmen/Organisationen erhoben und transparent dargestellt. Dafür wurden bevölkerungsrepräsentativ bundesweit 8.000 bzw. 12.000 Personen befragt. Die Ergebnisse von 2019 [2] zeigen:

- 72 von 100 Befragten würden lieber in einer Organisation arbeiten, die das Gemeinwohl hochhält, auch wenn sie weniger verdienen würden.
- 91 von 100 Befragten sind tendenziell bereit, für gemeinwohlförderliche Produkte und Dienstleistungen mehr Geld zu bezahlen – 26 von 100 Befragten sogar mehr als 10 %.
- 82 von 100 Befragten waren der Meinung, dass privatwirtschaftliche Unternehmen eine hohe Verantwortung haben, zum Gemeinwohl beizutragen. Eine noch höhere Verantwortung, zum Gemeinwohl beizutragen, wurde der öffentlichen Verwaltung (98 %), gemeinnützigen Organisationen (96 %), der Politik (95 %) und auch jedem Einzelnen (95 %) zugeschrieben.

Fazit

Die Legitimation von Organisationszweck und Handeln erfolgt durch die Gesellschaft. Unternehmen/Organisationen schaffen Public Value aus ihrer Mission, aber auch aus ihrer Rolle heraus, indem sie zur Erfüllung menschlicher Grundbedürfnisse beitragen, insbesondere zu Sinngebung, Selbsterhalt, Orientierung, Entwicklung, positiven sozialen Beziehungen und Erfahrungen.

Darüber hinaus leisten Unternehmen/Organisationen strategische, personelle, materielle und finanzielle Beiträge zur Unterstützung gesellschaftlichen Zusammenlebens.

Die Verknüpfung von EFQM-Excellence und Public-Value-Ansatz kann der Organisationsentwicklung dienen, z.B. in Form von:

- Leitfragen (z.B.: Wie können wir den Kundennutzen mit dem Public Value verknüpfen?)
- Anwendung der Public Value Scorecard, die subjektive Einschätzungen zu den Auswirkungen von Aktivitäten, Initiativen, Produkten oder Dienstleistungen auf den Public Value einer Organisation erfasst (z.B.: Ist es profitabel und zugleich anständig?)
- Verknüpfung der Sichtweisen auf Unternehmen und dem daraus abgeleiteten Ausbalancieren der Erwartungen unterschiedlicher Interessengruppen

	Ausrichtung von Unternehmen auf:			
Beurteilungsraster	Customer Value	Shareholder Value	Stakeholder Value	Corporate Social Responsibility
Berechtigter Fokus	Ausrichtung auf Kundenzufriedenheit	Wertsteigerung für Eigner	Interessen der Anspruchsgruppen	Beachtung von Nebenwirkungen
Gefahr	Überhöhung der Kundenperspektive	Dominanz von Finanzgrößen	zu starke Integration heterogener Erwartungen	ohne Relevanz für das Kerngeschäft
Konsequenzen	Vernachlässigung gesellschaftlicher Wirkung	eindimensional quantitative Sicht	Unerfüllbarkeit der Erwartungen	Glaubwürdigkeitsverlust, Alibi
Primärer Bewertungsmaßstab	hedonistisch-ästhetisch	instrumental-sachlich	politisch-sozial	ethisch-moralisch

Abb. 1: *Vier Sichtweisen auf Unternehmen [3]*

Literatur und Quellen

[1] EFQM Excellence Modell/EFQM Model 2013. Brüssel: *EFQM Publications, 2012, S. 5*

[2] GemeinwohlAtlas Deutschland: *www.gemeinwohlatlas.de*

[3] Meynhardt, T.: *Public Value – Organisationen machen Gesellschaft. In: Organisations Entwicklung 4/13 (2013), S. 4–7*

[4] Papier, H.-J.; Meynhardt, T. (Hrsg.): *Freiheit und Gemeinwohl. 2. Auflage, Berlin: Tempus Corporate, 2018*

Umsetzung einer excellence-basierten Stressvermeidung

Work-related Stress (WRS) ist in allen Ländern der Europäischen Union verbreitet und führt dazu, dass die Produktivität in allen Arten von Unternehmen deutlich reduziert wird. Das EU-Projekt IMPRESS [1] konsolidiert Wissen, Fähigkeiten, Kompetenzen und Praktiken, die als Einzellösungen isoliert in ganz Europa entwickelt wurden, zu einem europaweiten Ansatz zur Lösung des WRS-Problems und ergänzt sie um organisatorisch-holistische Betrachtungen wie CAF und EFQM.

In diesem Beitrag erfahren Sie:

- wie Sie Ihre eigenen potenziellen Stressfaktoren bewerten können
- wie Sie potenzielle Stressfaktoren Ihrer Organisation identifizieren und bewerten können
- welche kostenlos abrufbaren Schulungen zum Stressmanagement angeboten werden
- wie Sie geeignete Interventionen zum Stressabbau und Ressourcenaufbau identifizieren und priorisieren können

C.-Andreas Dalluege, Rita Berger

Stress als Wirtschaftsfaktor

Stress ist in 80 % der europäischen Unternehmen ein Anliegen des Sicherheits- und Gesundheitsschutzes und einer der Hauptgründe für krankheitsbedingte Fehltage. Die jährlichen Folgekosten von Stress beliefen sich in Europa 2014 auf 617.000 Millionen Euro [2], die Kosten für

Fehlzeiten auf 272.000 Millionen Euro und die Produktivitätsverluste auf 242.000 Millionen Euro [3].

Für 2035 wird geschätzt, dass 52 % der Führungskräfte unter Stress leiden. Ein arbeitsbedingter Burn-out ist seit 2019 als Krankheitsbild anerkannt [4]. Europäische Umfrageergebnisse zeigen, dass „psychosoziale Risikofaktoren“ als stärkere Herausforderung als andere Risiken wahrgenommen werden [5]. Häufigste Ursachen sind Arbeitsplatzreorganisation, -unsicherheit, lange Arbeitszeiten, übermäßige Belastung und Mobbing. Dabei verfügt weniger als ein Drittel der europäischen Organisationen über Verfahren zur Bekämpfung von arbeitsbedingtem Stress.

Das Forschungsprojekt IMPRESS

Das Projekt IMPRESS wird von der EU über drei Jahre (November 2017 bis Oktober 2020) gefördert, um eine Reihe innovativer Bewertungsinstrumente, die Frühbelastungsindikatoren identifizieren und messen, sowie Coaching- und Trainingsmaterialien zu entwickeln, die eine schnelle Reaktion auf die identifizierten Stressfaktoren ermöglichen. Ein wichtiger Treiber ist das Interesse der Unternehmen, die Mitarbeitenden aktiv in den Diagnose- und Managementprozess einzubeziehen. Wenn diese Werkzeuge eingesetzt werden, können Stressursachen um 10 % minimiert werden. Die geschätzten Einsparungen für die europäische Wirtschaft im Jahr 2035 würden bei über 10 Milliarden Euro liegen.

Das Projektkonsortium

Um die gestellten Aufgaben erfüllen zu können, muss das Projekt einen passenden Partnermix aus Wissenschaft und Praxis, akademischem und Fachwissen sowie Beratern und Endanwendern abdecken. Die Konsortiumsleitung liegt beim Dachverband der Baskischen Elektronik- und Informationstechnologie-Industrien (GAIA, Bilbao), für die wissenschaftlichen Inhalte zeichnen die Universität Barcelona, die Ludwig-Maximilians-Universität (München) und die Technische Universität Riga verantwortlich. Praktische Erfahrungen im Bereich Beratung und Coaching kommen von BEFO (Biedriba Eurofortis. Latvia), IBK Management Solutions GmbH und ICC (International Industrial Consult – IIC GmbH), wobei IBK als Experte für das Thema Excellence fungiert und als Software-Haus die Assessment-Lösungen als neues Modul der GOA-WorkBench® implementiert [6]. Neben GAIA vertreten drei weitere Partner eine breite Gruppe von Endanwendern und tragen zur Validierung der Ergebnisse bei: das Versicherungsunternehmen Mutualia (Bilbao), die Riga East University Hospital und eine irische Handelskammer (WCC, Waterford Chamber of Commerce). Die University for Business and Technology (UTB, Pristina) ergänzt das Konsortium als assoziierter Partner aus dem Kosovo.

Potenzielle individuelle und organisatorische Stressfaktoren

Stressoren kann man auf allen Ebenen identifizieren – bei Mitarbeitern, Teams und der gesamten Organisation –, und somit auch deren negative Auswirkungen.

Ein wichtiger Grund für das Empfinden von „Stress" sind beispielsweise die sogenannten Rollenstressoren. Sie entstehen im Arbeitsalltag z.B. durch sich überlappende, unklare, sich widersprechende oder zu viele Aufgaben, die die Fähigkeiten, also Ressourcen, der Mitarbeitenden übersteigen. Rollenstressoren beinhalten zum einen zwischenmenschliches Stresspotenzial durch eine erschwerte Zusammenarbeit, zum anderen stellen organisatorische Unklarheiten etwa in den Arbeitsbeschreibungen Stresspotenzial dar.

Informations- und Kommunikationstechnologien dienen hierbei häufig als Treiber, die die Komplexität und Dynamik der Arbeit und damit Zeitdruck und das Unsicherheitspotenzial im Arbeitsprozess erhöhen [7]. Folgen davon manifestieren sich dann psychisch etwa als Angst, physisch z.B. durch schlechten Schlaf, Kopfschmerzen etc. [8]. Das Arbeitsklima leidet und die Leistung der Mitarbeiter bricht ein. Gesteckte Ziele werden nicht erreicht.

Mobbing am Arbeitsplatz ist ein weiterer Stressfaktor, der Arbeitszufriedenheit und Engagement reduziert, psychische und physische Gesundheitsprobleme bis zum Burn-out verursacht und die Kündigungsabsicht erhöht.

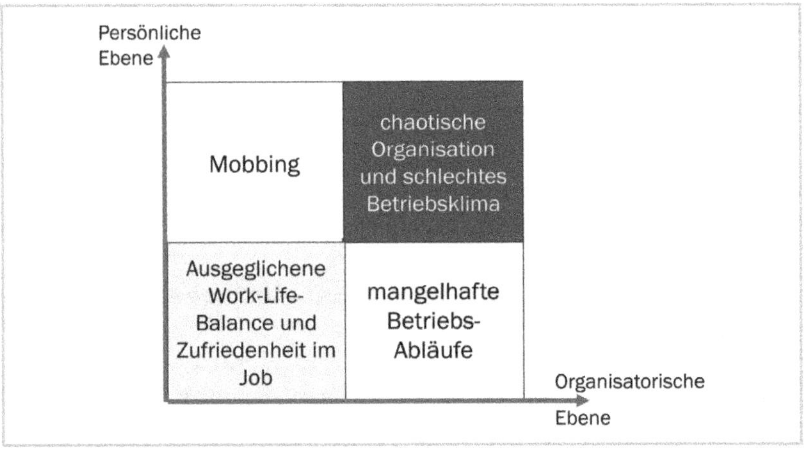

Abb. 1: *Potenzielle Stressebenen*

Um ein solches Szenario frühzeitig zu erkennen oder im besten Fall zu vermeiden, ist eine jährliche Diagnostik der organisatorischen, psychologischen und psychosozialen Prozesse, der Mitarbeiterpotenziale sowie der Auswirkungen und Ergebnisse notwendig.

Individuelle und organisatorische Ressourcen

Auf der Ressourcenseite lassen sich viele Aspekte anführen: Kenntnisaufbau, Analyse eigener Fähigkeiten und Schwachpunkte, positive Einstellung und Werte auf Mitarbeiterebene. Auf Teamebene und vonseiten der Führungskraft als einem wichtigen Schlüsselfaktor ist die soziale Unterstützung in allen Formen (Informationsunterstützung, emotionale Unterstützung und die rein soziale Unterstützung) zu nennen [9]. Wichtige Ressourcen auf organisatorischer Ebene sind eine Human-Ressource-Politik (etwa durch Training) und -Programme sowie eine klare organisatorische Gestaltung der Aufgaben- und Zuständigkeitsbereiche.

Selbstbewertung von potenziellen Stressfaktoren und Ressourcen

Die auf dem Business-Excellence-Ansatz basierende Bewertung liefert einen guten Indikator, um betriebliche Schwächen zu identifizieren, die sowohl einzelne Personen als auch die Organisationsstruktur als Ganzes belasten. Bei den Arbeitsprozessen können Techniken des Lean und Industrial Engineering helfen, ihre Effizienz zu bewerten, um einen reibungsloseren Arbeitsablauf zu schaffen. Veränderte Prozesse erfordern dann ein neues Kompetenzprofil. Stressbefragungen bewerten die Wahrnehmung verschiedener Stressoren (etwa Zeit- und Qualitätsdruck) und Bewältigungsmöglichkeiten auf individueller, Gruppen- und Organisationseben (etwa Bewältigungstraining). Das IMPRESS-Tool „Stress-Faktoren Assessment“ ist eine kostenlose Anwendung zur individuellen Stressfaktorenbewertung in den Sprachversionen Englisch, Deutsch, Lettisch und Spanisch. Die individuelle Stressfaktorenbewertung läuft auf Smartphones und auf PC-Browsern. Um die Benutzeranonymität zu gewährleisten, werden keine Sitzungsdaten gespeichert.

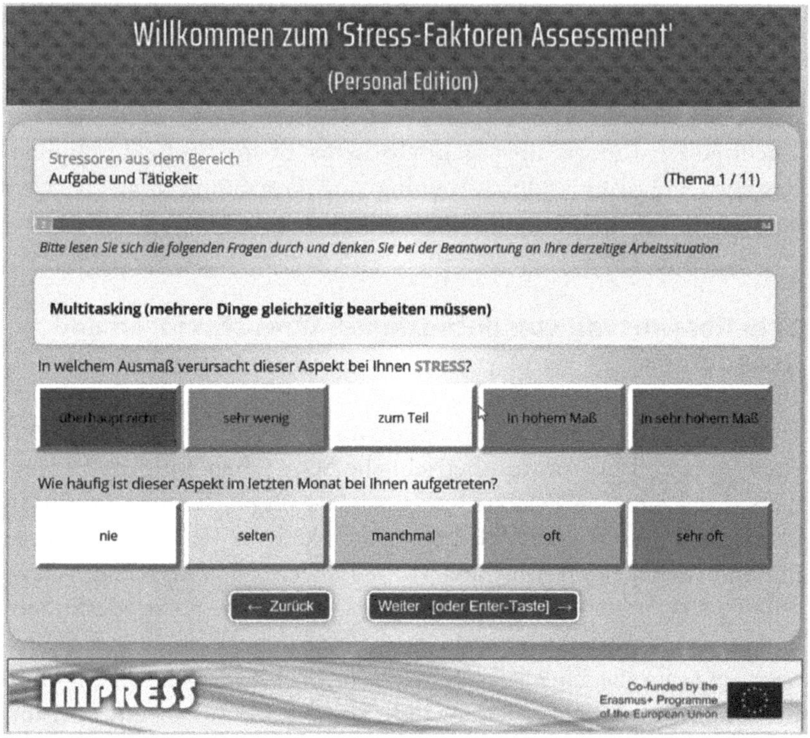

Abb. 2: *Assessment-Screens zur individuellen Erhebung der potenziellen Stressfaktoren*

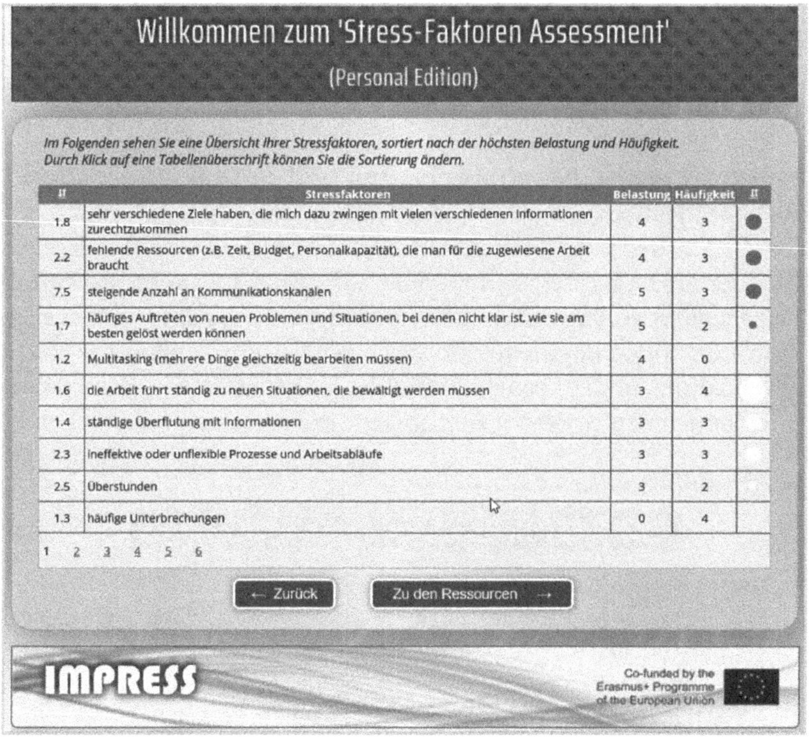

Abb. 3: *Auswertungs-Screens zum individuellen Assessment der Stressfaktoren*

Am Ende der Sitzung werden die Benutzer gefragt, ob eine völlig anonyme Zusammenfassung ihrer Ergebnisse in das IMPRESS-Repository aufgenommen werden darf, um eigenen Ergebnisse mit den bisher gesammelten zu vergleichen.

Die umfassendere Unternehmenslösung „Stress am Arbeitsplatz“ arbeitet mit einem detaillierteren Fragensatz und erlaubt eine feinere Analyse der einzelnen Stress- und Ressourcendimensionen.

Als Webanwendung der Organisation bereitgestellt, können eingeladene Mitarbeitende während eines definierten Zeitraums über den PC-

Internetbrowser ihre Assessments durchführen und ergänzen, während die projektführende Personalabteilung nur anonym aggregierte Daten erhält, ohne auf individuelle Personenergebnisse zugreifen zu können.

Integration von psychologischen und organisatorischen Assessments

Ziel des Projekts ist es, Lernmodule und Lernsoftware für das Stressmanagement zu entwickeln und zu verbreiten, die auf individueller, Team- und organisatorischer Ebene anwendbar sind und in der Hochschulbildung, in der Erwachsenenbildung und als Trainingsinstrument in Unternehmen eingesetzt werden können.

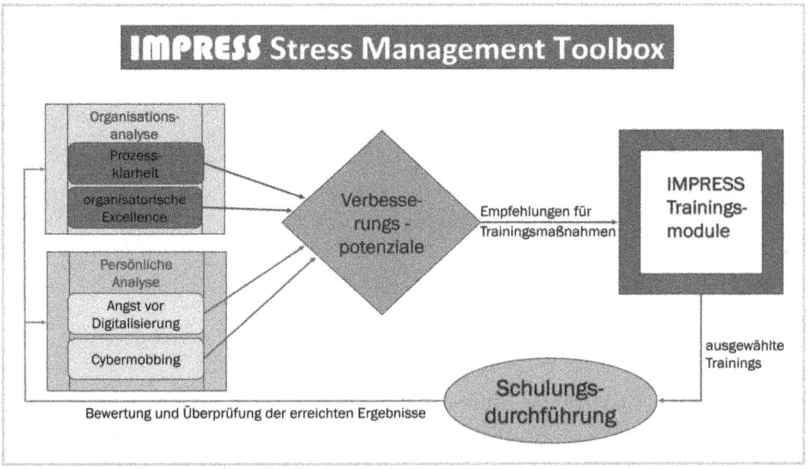

Abb 4: *IMPRESS Stress Management Toolbox*

Die aggregierten Ergebnisse aus der Unternehmenslösung „Stress am Arbeitsplatz" können wahlweise nach den elf Dimensionen des Tools oder den neun Kriterien des EFQM Excellence Modells sortiert ausgegeben werden. In diesem Fall können dann die Verbesserungsideen mit den

Verbesserungspotenzialen aus einem EFQM-Assessment zusammengeführt werden, um organisatorische und psychologische Verbesserungsmaßnahmen zu planen.

Interventionen

Das Projekt stellt excellencebasierte und psychosoziale Trainingspakete zur Verfügung. Die psychosozialen Trainings vermitteln multimedial in einem Basistraining allgemeine Kenntnisse zum Zusammenhang von Stressoren und deren Auswirkungen und über Ressourcen zur Stressreduzierung und deren Messung. Spezielle Trainingsmodule vermitteln Detailkenntnisse zu einzelnen Stressoren (z.B. Einstellungen und Verhalten, Kooperation und Rollen) sowie zu wirksamen Ressourcen (wie Führung und soziale Unterstützung). Sie bieten zusätzlich Anwendungsbeispiele und Tools und arbeiten mit Fallstudien und Interviews, um den Teilnehmern zusätzlich Stressmanagementfähigkeiten und Autonomie zu vermitteln. Das Training steht nach dem European Qualifications Framework (EQF) ebenso für Facharbeiter, Spezialisten und Manager in Unternehmen wie für Studenten und Doktoranden in der Hochschulausbildung zur Verfügung.

Nutzen für Anwender und Gesellschaft

Die Anwendung eines Stressmanagementsystems auf der Grundlage eines Excellence-Modells erweitert das Wissen von Organisationen zum Stressmanagement und die Auswahl von geeigneten Trainingsmaßnahmen zur Stressvermeidung und Organisationsentwicklung.

Die Stressanalyse lehnt sich eng an eine Selbstbewertung nach dem EFQM Excellence Modell an und ermöglicht es, Stressvermeidung mit Organisationsentwicklung zu verknüpfen und sowohl persönliche als auch organisatorische Verbesserungspotenziale anzusprechen.

Das IMPRESS-Stressmanagementpaket wird noch in 2019 durch die Mitglieder der Verbände und Kammern des IMPRESS-Konsortiums getestet werden und dann in 2020 in einem europaweiten Feldtest anderen Organisationen zur Validierung zur Verfügung gestellt werden.

Langfristig wird erwartet, dass ein erfolgreiches Stressmanagement die Anzahl der Krankheitstage, Arbeitsunfälle und Fluktuationen reduziert und Engagement, Arbeitszufriedenheit, Motivation und Innovation erhöht.

Schlussbemerkung

Das IMPRESS-Projekt wird erst rund ein Jahr nach Erscheinen dieses Buches abgeschlossen sein (Oktober 2020). Interessierte Organisationen können sich noch in den letzten neun Monaten als Teilnehmer für eine Pilotanwendung bewerben. Dabei erhalten die Anwender freien Zugriff auf die Module und werden von den Projektpartnern betreut. Im Gegenzug erlauben sie, die gesammelten Daten und Erkenntnisse für die Ergebnisberichte an die EU zu verwenden, und stehen in Einzelfällen mit ihren Daten für die Ausarbeitung einer Fallstudie bereit.

Einen Zugriff auf alle kostenfrei nutzbaren IMPRESS-Basismodule erhalten Sie unter: www.excellence-in-stress-management.eu/results

Literaturreferenzen

[1] ERASMUS+-Programm: *Improving management competences on Excellence based Stress avoidance and working towards Sustainable organisational development in Europe (Verbesserung von Managementkompetenzen zur Stressvermeidung und nachhaltigen Organisationsentwicklung in Europa auf Basis des Excellence-Modells). Projektreferenz: 588315-EPP-1-2017-ES-EPPKA2-KA*

[2] European Agency for Safety and Health at Work: *Calculating the cost of work-related Strafe and psychosocial risks. European Risk Observatory – Literature Review. Luxemburg: Publications Office of the European Union, 2014*

[3] *www.personal-wissen.de/5412/kostenfaktor-stress, Stand: 12.06.2019*

[4] *www.spiegel.de/gesundheit/diagnose/burn-out-durch-arbeitsbelastung-von-who-erstmals-als-syndrom-definiert-a-1269543.html, Stand: 27.05.2019*

[5] Europäische Agentur für Sicherheit und Gesundheitsschutz am Arbeitsplatz: *Management psychosozialer Risiken an Europäischen Arbeitsplätzen – Erkenntnisse der zweiten Europäischen Unternehmenserhebung über neue und aufkommende Risiken (ESENER-2). Europäische Beobachtungsstelle für Risiken – Zusammenfassung. Luxemburg: Publications Office of the European Union, 2018*

[6] Dalluege, C.-A.; Franz, H.-W.: *Excellence durch nachhaltige Unternehmensstrategien – EFQM im Mittelstand. Heidelberg, 2012, S. 203 ff.*

[7] Berger, R.; Romeo, M.; Gidion, G.; Poyato, L.: *Media use and technostress. Proceedings of the 10th International Technology, Education and Development Conference, 7th–9th March, Valencia, Spain, 2016, S. 390–400 (DOI: 10.21125/inted.2016.1092)*

[8] Glazer, S.; Beehr, T.A.: *Consistency of implications of three role stressors across four countries. In: Journal of Organizational Behavior 26(5), 2005, S. 467–487*

[9] Berger, R.; Katsanou, M.A.; Leiva, D.: *How do transformational leaders influence followers' wellbeing? The mediating role of team climate for learning and role ambiguity. Presentation at the 19th Congress of the European Association of Work and Organizational Psychology. Turin, 2019*

Verknüpfung mit anderen Managementansätzen

Soziale Marktwirtschaft: Wirtschaftsordnung für Spitzenleistungen im Wettbewerb

Die Soziale Marktwirtschaft Ludwig Erhards ist ein Erfolgsmodell: Sie hat maßgeblich zum Wiederaufbau Deutschlands nach dem Zweiten Weltkrieg – dem deutschen „Wirtschaftswunder" – beigetragen und dient auch heute noch als Maßstab für die deutsche Wirtschaftspolitik. Ziel und Richtung der Sozialen Marktwirtschaft hat Erhard klar benannt: „‚Wohlstand für alle' und ‚Wohlstand durch Wettbewerb' gehören untrennbar zusammen; das erste Postulat kennzeichnet das Ziel, das zweite den Weg, der zu diesem Ziel führt."

In diesem Beitrag erfahren Sie:

- welches Leitbild und welche Prinzipien der Sozialen Marktwirtschaft zugrunde liegen
- welche tragende Rolle Unternehmen im Wettbewerb und in der Gesellschaft spielen
- inwieweit das EFQM-Modell zur inneren Stärke von Unternehmen und damit zu deren Spitzenleistungen im Wettbewerb beiträgt

„Andererseits wissen wir inzwischen, dass es nichts Wohltätigeres gibt als eine freie Wirtschaft mit freien Unternehmern und dass diese freie Wirtschaft mehr als alle andere Formen des Wirtschaftens ein Maximum an Wohlfahrt, Versorgung und günstigen Lebensmöglichkeiten für alle Schichten des Volkes gewährleistet." [1]

Lars Vogel

Die Soziale Marktwirtschaft steht im Dienste der Verbraucher – dient also allen – und baut zur Deckung ihrer aller Bedürfnisse auf engagierte und verantwortungsbewusste Unternehmer. Dem zugrunde liegt das Prinzip von Freiheit und Verantwortung in Gesellschaft und Wirtschaft:

- Freiheit und Verantwortung im Gesellschaftlichen basiert laut Ludwig Erhard insbesondere auf der individuellen Freiheit und dem mündigen Bürger mit seinen *„echten menschlichen Tugenden: Verantwortungsfreudigkeit, Nächsten- und Menschenliebe, das Verlangen nach Bewährung, die Bereitschaft zur Selbstvorsorge"*. [2]
- Freiheit und Verantwortung im Ökonomischen ist vor allem Marktwirtschaft mit funktionierendem Wettbewerb. Wobei für Erhard galt: *„Marktwirtschaft als ökonomisches Prinzip bedeutet, dass sich jeder einzelne Mensch frei entfalten kann; dass er als Unternehmer nicht vom Staat behindert oder gegängelt wird, dass er in der unternehmerischen Sphäre keinem Befehl des Staates zu folgen hat und dass es allein seine Angelegenheit ist – sein Risiko, aber auch seine Chance ausmacht –, im Markte zu gewinnen, was seine Existenz gewährleistet. Auf der Seite des Verbrauchers bedeutet Freiheit, dass jeder Einzelne in freier Konsumwahl – und wieder: ohne dem Befehl und der Leitung einer Bürokratie unterworfen zu sein – sein Leben so gestalten kann, wie es seinem eigenen Willen und seinen Vorstellungen von Glück, Zufriedenheit und Würde entspricht."* [1]

Unternehmen im Wettbewerb – und ihre Rolle in der Gesellschaft

In der Sozialen Marktwirtschaft stehen private Unternehmen, zunehmend aber auch öffentliche Organisationen, im Wettbewerb. Unternehmerische Erfolge lassen sich an (nach)gefragten Produkten und Dienstleistungen sowie dementsprechenden Umsätzen, Marktanteilen oder Gewinnen ablesen.

Die gesellschaftliche Rolle der Unternehmen in der Marktwirtschaft ist die effiziente Bedürfnisbefriedigung im Wettstreit mit den Konkurrenten und vor den Augen der Verbraucher. Das ureigene Risiko von Unternehmen besteht darin, hierbei nicht zu bestehen – und somit für

Fehlentscheidungen oder Unterlassungen zu haften. Wettbewerb fungiert dadurch als Entmachtungsinstrument zugunsten des Verbrauchers.

Unternehmen wirken dem entgegen, indem sie sich durch neue Produkte und Dienstleistungen oder neuartige Verfahren von ihren Konkurrenten abzuheben versuchen – und so den technologischen und organisationalen Fortschritt vorantreiben. Dabei bewährt sich Wettbewerb als „Entdeckungsverfahren" (F. A. von Hayek): Erst durch das Zusammenspiel von unzähligen Anbietern und Nachfragern auf dem Markt werden Bedürfnisse aufgedeckt sowie neue Ideen getestet und gegebenenfalls auch wieder verworfen. Derart erlangte Vorteile lassen sich nicht lange allein verwerten: In einer offenen Marktwirtschaft breiten sie sich letztlich über alle Bevölkerungsteile aus und führen so auch zu sozialem Fortschritt.

Last but not least sorgt Wettbewerb für den effizienten Einsatz der verwendeten Produktionsfaktoren, von Arbeitskräften über Kapital bis hin zu Rohstoffen und Umweltressourcen – auch dies eine gesellschaftliche Aufgabe von wortwörtlich unschätzbarem Wert.

Weil Wettbewerb allen – und damit der Gesellschaft – dienen soll, muss so weit wie möglich verhindert werden, dass der Staat die Unternehmen an ihrer freien und verantwortungsvollen Betätigung behindert oder gar selbst als systematisch bevorteilter Unternehmer auftritt. Stattdessen hat der Staat in der Sozialen Marktwirtschaft die Aufgabe, durch Wettbewerbspolitik Unternehmen am Ausbruch aus dem Wettbewerb zu hindern. Monopolstellungen einzelner Unternehmen und Absprachen von Unternehmen in Kartellen sind Fremdkörper in der Marktwirtschaft und gehen zulasten der Verbraucher.

Unternehmerische Spitzenleistungen durch innere Stärke

„Jeder Unternehmer kann und darf das frei produzieren und frei verkaufen, was der Markt verlangt. Er ist darüber hinaus hinsichtlich der Betriebsgestaltung, der Rationalisierung und seiner Investitionsvorhaben frei, wie es dem Wesen einer Unternehmungswirtschaft im Leistungswettbewerb auf freien

Märkten entspricht.“ [2] Erhards Worte gemahnen an das Prinzip von Freiheit und Verantwortung, das nicht nur (nach außen) auf dem Markt, sondern auch nach innen bei der Ausgestaltung des Unternehmens zur Geltung kommen muss.

Spitzenleistungen im Wettbewerb basieren auf nachhaltigen und systematisch ganzheitlichen Anstrengungen des Unternehmers oder des Managements zur Unternehmensführung und -organisation – und gehen über kurzfristige Bemühungen zur Gewinn- oder Umsatzoptimierung hinaus. Nur so kommen die genannten menschlichen Tugenden, allen voran die Verantwortungsfreudigkeit, auch in Unternehmen zum Tragen. Und nur so wird verhindert, dass Intransparenz über Ziele, Strategien und Maßnahmen oder allzu schlichte Anreizmechanismen die Motivation der Mitarbeiter – von der obersten Führungs- bis zur untersten Gehaltsebene – erlöschen lassen.

Staatliche Wettbewerbspolitik hält Unternehmen im – gesellschaftlich fruchtbaren und ertragreichen – Wettbewerb und sorgt dafür, dass Freiheit und Verantwortung „auf dem Markt“ zur Geltung kommen. Unternehmensführung und -organisation in der Sozialen Marktwirtschaft sind ebenfalls der Freiheit und der Verantwortung des einzelnen Mitarbeiters, Kunden, Lieferanten oder anderweitig Beteiligten verpflichtet – und müssen einer dementsprechenden „Unternehmenspolitik“ folgen.

Genau hier setzt das EFQM-Modell an. Es gibt Unternehmenslenkern die Mittel an die Hand, die eigene Organisation ganzheitlich in den Blick zu nehmen, um darauf aufbauend die unternehmerischen Ziele, Strukturen und Prozesse auf nachhaltigen Erfolg hin weiterzuentwickeln. Unternehmer und Management kommen damit ihrer verantwortungs- und wertvollen gesellschaftlichen Aufgabe nach: umfassende Bedürfnisbefriedigung der Verbraucher durch effizienten und innovativen Mitteleinsatz. Mehr verlangt die Soziale Marktwirtschaft nicht von ihnen – weniger allerdings auch nicht.

Literatur

[1] ERHARD, L.: *Die Prinzipien der deutschen Wirtschaftspolitik – Auszüge aus einem Vortrag, gehalten am 31. Mai 1954 in Antwerpen. In: Orientierungen zur Wirtschafts- und Gesellschaftspolitik 104 (2/2005), S. 13–20*

[2] ERHARD, L.: *Wohlstand für Alle. 8. Auflage, Düsseldorf: Econ, 1964 (1. Auflage 1957), als PDF verfügbar unter: www.ludwig-erhard.de/wp-content/uploads/wohlstand_fuer_alle1.pdf*

Zusammenfassung

Die Soziale Marktwirtschaft Ludwig Erhards basiert auf dem Leitbild von Freiheit und Verantwortung in Gesellschaft und Wirtschaft. Unternehmen übernehmen in der Sozialen Marktwirtschaft eine tragende Rolle: Sie stellen sich mit attraktiven Angeboten für die Verbraucher dem Wettbewerb – und dienen so letztlich der ganzen Gesellschaft. Um im freien Wettbewerb mit Spitzenleistungen zu bestehen, benötigen Unternehmen neben gefragten Waren und Dienstleistungen innere Stärke und organisatorische Effizienz. Das EFQM Excellence Modell bietet die Mittel und Wege dazu.

Projekte und Programme – Vorgehen und Umsetzungsinstrumente in Zusammenhang mit dem EFQM Excellence Modell

Als Berater und Trainer beschäftige ich mich sowohl mit dem Thema Projektmanagement als auch mit dem Excellence-Modell der EFQM. Ich habe daher meine Tätigkeiten unter „Excellence für Organisationen und Projekte" zusammengefasst. Ich versuche immer, Synergien bei meinen Themen zu finden. In diesem Beitrag möchte ich die Bedeutung von Projekten/Programmen sowie Projekt- und Programmmanagement als Vorgehen zu den Kriterien des Modells und als Umsetzungsinstrument für Maßnahmen, die sich z.B. aus einem EFQM-Assessment ergeben, einmal näher betrachten.

In diesem Beitrag erfahren Sie:

- wie Sie Projekte und Projektmanagement in Zusammenhang mit dem Excellence-Ansatz nutzen können
- wann Projektmanagement ein im Sinne des EFQM Excellence Modells „exzellentes" Vorgehen ist
- wie Sie durch Programme und Programmmanagement einen zusätzlichen Nutzen erzielen

Heinz-Michael Dickmann

Projekte und Projektmanagement

Im Rahmen einer Excellence-Initiative werden immer wieder Vorhaben gestartet, die man als Projekte betrachten kann und auch als solche managen sollte. Zu den Vorgehensweisen für die im Modell genannten

Ansatzpunkten können auch Projekte und Projektmanagement gehören. Um die verschiedenen Projekte zu koordinieren und übergeordnet zu managen, können Programme und Programmmanagement helfen und einen zusätzlichen Nutzen bringen.

Definitionen

Ein Projekt ist (gemäß Definition des Project Management Institute – PMI®) *„ein zeitlich begrenztes Vorhaben mit dem Ziel […] ein einmaliges Ergebnis zu schaffen“* [1]. Klar abgegrenzt davon ist eine kontinuierliche Arbeit („operations“), bestehend aus sich wiederholenden Prozessen und Routinetätigkeiten. Das PMI® definiert Projektmanagement als das *„Anwenden von Wissen, Fähigkeiten, Werkzeugen und Methoden auf die Vorgänge des Projekts, damit dieses die Anforderungen erfüllt“* und seine Ziele erreicht [1]. Dazu gehört insbesondere, die für das spezifische Projekt im Sinne einer angemessenen Vorgehensweise relevanten Projektmanagementaufgaben und -aktivitäten zu identifizieren und anzuwenden. Dabei sollte beachtet werden, dass Methoden, die in dem einen Projekt zielführend und sinnvoll waren, in einem anderen Projekt oder auch nur in bestimmten Projektsituationen nicht optimal sind oder auch gar nicht passen [6].

Projekte und Projektmanagement als Vorgehen

Im Rahmen einer Excellence-Initiative oder eines Excellence-Programms startet eine Organisation immer wieder Vorhaben, auf die die oben genannte Projektdefinition zutrifft, z.B. Selbstbewertungsprojekte, Durchführung von Kunden- oder Mitarbeiterbefragungen, Umsetzung von Verbesserungsmaßnahmen.

Um diese effektiv und effizient durchzuführen, ist – wie bei anderen Projekten auch – ein angemessenes Projektmanagement hilfreich und wichtig. Das Modell beschreibt, was exzellente Organisationen tun. Bei einer Selbst- oder Fremdbewertung werden dann Vorgehen zu diesen Ansatzpunkten identifiziert und bewertet. Dazu können auch Projekte sowie Projektmanagement gehören. Für Organisationen, die einen großen Teil ihres Geschäfts in Form von Projekten abwickeln, haben Projektprozesse und Projektmanagement eine entscheidende Bedeutung. Es geht hier um ihr Kerngeschäft.

Projektmanagement aus Sicht von RADAR (EFQM Excellence Modell 2013 [2])

Projekte sind ein wichtiger und entscheidender Weg, um Wert und Nutzen in einer Organisation zu schaffen. Projektmanagement ist zwar nicht prinzipiell immer eine exzellente Vorgehensweise im Sinne des Modells, doch wenn man es richtig anwendet, dann sind die RADAR-Attribute schon weitgehend erfüllt. Eine Organisation, in der Projekte durchgeführt werden, definiert, wie das grundsätzlich gemacht werden soll. Sie kann einen Projektprozess und die Projektmanagementmethodik festlegen.

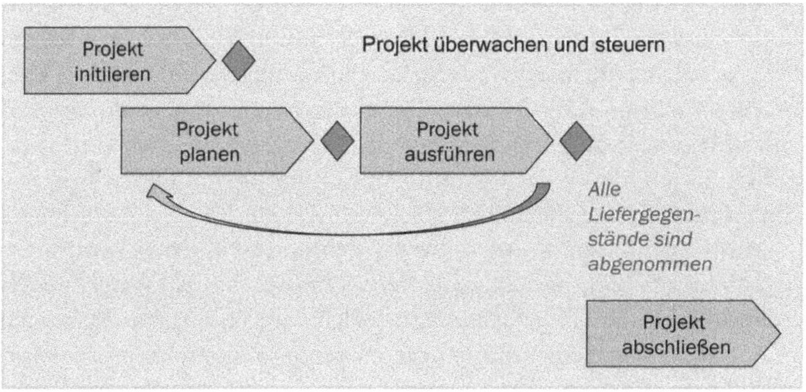

Abb. 1: *Projektprozess*

Grundlage können anerkannte Projektmanagementkonzepte und -methoden sein, z.B. „A Guide to the Project Management Body of Knowledge" [1]. Bei der Festlegung der organisationsspezifischen Vorgehensweise sollten die Spezifika und Anforderungen der eigenen Organisation sowie die eigenen Erfahrungen (z.B. aus vergangenen Projekten) berücksichtigt werden. Ein Projektmanagementbüro (Project Management Office – PMO) ist gemäß PMI® eine Organisationseinheit im Unternehmen, die sich um ein solches Thema kümmert. Natürlich kann auch z.B. eine Qualitätsmanagementabteilung diese Aufgabe übernehmen. Beim Start eines Projekts gehört es zum Projektmanagement, dass die Anforderungen und Bedürfnisse der Stakeholder des Projekts (Kunde, eigene Organisation) bezüglich des Vorgehens berücksichtigt werden. Beim PMI® ist das Management der Projekt-Stakeholder als eines der Projektmanagement-Wissensgebiete (Knowledge Areas) beschrieben [1].

Des Weiteren sollte das spezifische Vorgehen im Projekt auch angemessen hinsichtlich des Projekts und der Projektziele sein. Projektmanagement soll ja die Zielerreichung unterstützen und kein Selbstzweck sein. Für eine Organisation wird es nützlich sein, wenn das definierte Projektmanagement einerseits in allen relevanten Bereichen der Organisation bis zu einem gewissen Grad einheitlich angewandt wird, andererseits aber dem Projektmanager auch die nötigen Freiheiten lässt, die Vorgehensweise für sein Projekt oder an bestimmte Situationen in seinem Projekt flexibel anzupassen, wenn dies nötig und zielführend ist. Dies ist eine wichtige Aufgabe eines Projektmanagers. Ein effektives und effizientes Projektmanagement tut die richtigen Dinge und tut diese richtig. Es gilt hier, einen vernünftigen Kompromiss zu finden zwischen Einheitlichkeit und Flexibilität.

Auf Organisationsebene sollte das definierte Vorgehen kontinuierlich überprüft und gegebenenfalls verbessert werden, z.B. aufgrund der Erfahrungen in den Projekten. Auch dies kann im Verantwortungsbereich eines Projektmanagementbüros liegen. Ebenso sollte der Projektmanager im Rahmen seines Projektmanagements die einmal festgelegte spezifische Vorgehensweise überprüfen (z.B. Lessons Learned) und – wenn nötig und im Sinne der Zielerreichung sinnvoll – auch anpassen.

Programm-, Multiprojekt- und Projektportfoliomanagement

Der Projektmanager kümmert sich um sein Projekt und hat die Aufgabe, dafür zu sorgen, dass dieses die Projektziele erreicht. Projekte und andere Vorhaben laufen in einer Organisation aber oft parallel. Dann muss außerhalb der Projekte für eine gewisse Koordinierung oder Priorisierung gesorgt werden:

- Die verschiedenen Vorhaben brauchen dieselben Ressourcen.
- Aus zeitlichen oder finanziellen Gründen können nicht (mehr) alle Vorhaben durchgeführt werden.
- Aufgrund von Veränderungen im Umfeld ist ein laufendes Vorhaben nicht mehr sinnvoll.
- Zusätzliche Vorhaben sind notwendig.

Hier können Programm-, Multiprojekt- und Portfoliomanagement dafür sorgen, dass die Vorhaben systematisch und effektiv übergeordnet gemanagt werden, unter Berücksichtigung der Strategie der Organisation. Die Definition dieser Begriffe ist nicht so einheitlich wie beim Projektmanagement. Das PMI® spricht von einem Programm, wenn verschiedene Vorhaben koordiniert werden, um einen Nutzen zu erzielen, der nur durch das individuelle Management der Vorhaben allein nicht erreicht werden kann [3]. Wenn es bei den Vorhaben um das Erreichen strategischer Ziele geht, spricht das PMI® von Portfoliomanagement [4]. Multiprojektmanagement ist nach DIN 69909-1 [5] der *„organisatorische und prozessuale Rahmen für das Management mehrerer einzelner Projekte“*. Multiprojektmanagement kann in Form von Programmen oder Projektportfolios organisiert werden.

Gemeinsam ist allen Methoden aber der Zweck, nämlich das übergeordnete Management der verschiedenen Vorhaben. Projektmanagement verfolgt die Projektziele, Programm- und Portfoliomanagement kümmern sich um das Erreichen übergeordneter oder strategischer Ziele. Das kann bedeuten, dass bereits laufende Projekte abgebrochen, andere Projekte gestartet oder die Prioritäten der Projekte verändert werden.

Beispiel für die Anwendung von Projekt- und Programmmanagement

Hinweis: Es handelt sich hier um ein fiktives Beispiel, auch wenn es vielleicht Ähnlichkeiten zu Beispielen aus Ihrem Umfeld gibt.

Vorgehen

Ein Unternehmen hat eine Selbstbewertung durchgeführt. Dabei wurden neben einigen Stärken auch verschiedene Verbesserungspotenziale identifiziert. Auch wurden bisher keine systematischen Kundenbefragungen durchgeführt. Aus den Verbesserungspotenzialen wurden Maßnahmen abgeleitet und priorisiert. Das Unternehmen stellt fest, dass es sich nicht gleichzeitig um alle wichtigen Themen kümmern kann, und setzt daher ein Programm „Unser Weg zur Excellence“ auf, stellt ein Budget zur Verfügung (pro Geschäftsjahr ein neues Budget) und benennt einen Programmmanager sowie ein kleines Team, das sich um folgende Aufgaben kümmern soll:

- Priorisieren der anstehenden Themen (mit der Unternehmensleitung)
- Initiieren von (wenn sinnvoll agilen) Projekten zur Umsetzung der wichtigsten Maßnahmen (im Rahmen der Möglichkeiten: Budget, Ressourcenverfügbarkeit) – es kann sinnvoll sein, verschiedene Maßnahmen in einem gemeinsamen Projekt zu bündeln
- Initiieren eines Projekts zur Kundenbefragung
- Überwachung und Koordination der initiierten Projekte in Zusammenarbeit mit den Projektmanagern
- Lösung von Ressourcenkonflikten zwischen den Projekten
- Pflege der Liste der noch offenen Maßnahmen, gegebenenfalls Neupriorisierung mit den Führungskräften der Organisation
- Übernahme von weiteren Verbesserungsmaßnahmen (z.B. aus Audits oder aus der Kundenbefragung) in die Maßnahmenliste
- regelmäßige Überprüfung der laufenden Projekte in Bezug auf den Nutzen, gegebenenfalls Abbruch

- Initiieren der nächsten Verbesserungsprojekte, wenn es die Budget- und Ressourceneinschränkungen erlauben
- systematisches Lessons Learned

Abb. 2: *Programm „Unser Weg zur Excellence"*

Außerdem soll in zwei Jahren wieder eine Selbstbewertung durchgeführt werden. Auch dieses Projekt sowie auch die nächste turnusmäßig anstehende Mitarbeiterbefragung sollen innerhalb des Programms durchgeführt und koordiniert werden. Der Programmmanager tritt im Auftrag der Unternehmensleitung als Sponsor für die Projekte innerhalb des Programms auf. Er finanziert diese also aus dem Jahresbudget des Programms. Er benennt für jedes Projekt einen Projektmanager (wenn möglich und sinnvoll aus dem Kreis der Führungskräfte) und vereinbart mit diesem die konkreten Projektziele sowie den Zeit- und Budgetrahmen. Die Verantwortung der Führungskraft für ein Projekt demonstriert die Wichtigkeit des Vorhabens und das Commitment der Unternehmensleitung.

Kosten-Nutzen-Betrachtung dieser Vorgehensweise

Wenn alle Projekte ohne Programmmanagement umgesetzt würden, würde dies kostenmäßig nicht viel ändern. Die Koordination der verschiedenen Projekte müssten dann von den Führungskräften im Rahmen ihres Tagesgeschäfts übernommen werden, wodurch natürlich auch Kosten entstehen (auch wenn diese nicht unbedingt explizit erfasst würden).

Durch die systematische Koordinierung an einer Stelle entsteht aber ein zusätzlicher Nutzen. Das Programm ist die Stelle im Unternehmen, die die Übersicht hat über alle laufenden Projekte und die noch offenen Themen und Maßnahmen. Das Programm kann dafür sorgen, dass entstandenes Know-how in den folgenden Projekten genutzt wird. Das Programm sorgt dafür, dass immer die wichtigsten Themen bearbeitet werden.

Fazit

Projekte, Programme, Projekt- und Programmmanagement können einer Organisation helfen, sich zielorientiert und koordiniert weiterzuentwickeln, und sie auf dem Weg zur Excellence unterstützen.

Literaturverzeichnis

[1] PMI®: *A Guide to the Project Management Body of Knowledge – PMBOK® Guide. 6. Ausgabe, Project Management Institute, Inc., 2017*

[2] EFQM Excellence Modell/EFQM Model 2013. Brüssel: *EFQM Publications, 2012, S. 5*

[3] PMI®: *The Standard for Program Management. Project Management Institute, Inc., 2017*

[4] PMI®: *The Standard for Portfolio Management. Project Management Institute, Inc., 2013*

[5] DIN 69909-1:*2013-03 Multiprojektmanagement – Management von Projektportfolios, Programmen und Projekten – Teil 1: Grundlagen. Berlin: Beuth, 2013*

[6] Lehmann, Oliver F.: *Situational Project Management – The Dynamics of Success and Failure. Boca Raton: CRC Press, 2016*

Zusammenfassung

Projekte können ein Schwerpunkt des Geschäfts einer Organisation sein (Produktentwicklung, Kundenprojekte etc.). Daneben dienen Projekte oft als Umsetzungsinstrument bei notwendigen Veränderungen der Organisation. Ein Projektmanagement erhöht die Wahrscheinlichkeit, dass diese Projekte die gewünschten Ergebnisse bringen und ihre Ziele erreichen.

Der Projektmanager kümmert sich um sein Projekt und hat die Aufgabe, dafür zu sorgen, dass dieses die Projektziele erreicht. Projekte und andere Vorhaben laufen in einer Organisation aber oft parallel, nutzen dieselben Ressourcen oder haben andere Abhängigkeiten. Dann muss außerhalb der Projekte für eine gewisse Koordinierung oder auch Priorisierung gesorgt werden. Dies kann durch das Aufsetzen eines Programms und durch Programmmanagement erreicht werden.

Unternehmenskultur als entscheidender Wettbewerbsfaktor

Die Arbeitswelt verändert sich radikal und dynamisch und der Handlungsdruck für Unternehmen ist groß: rasante Lebenszyklen für Produkte und Dienstleistungen, sich wandelnde gesellschaftliche Rahmenbedingungen sowie Einstellungen und Erwartungen der Mitarbeitenden, Fachkräftemangel und Fluktuation – das alles eingebettet in eine digitale Transformation mit disruptiven Lösungen und Anwendungen.

In diesem Beitrag erfahren Sie:

- was sich hinter dem Begriff VUKA-Welt verbirgt
- welche Bedeutung eine Unternehmenskultur für den Fortbestand von Unternehmen hat
- warum Mitarbeiterorientierung eine immer wichtigere Kernkompetenz von Unternehmen wird
- welche Philosophie der Excellence-Orientierung von EFQM und der Great Place to Work®-Methodik zugrunde liegt
- wie eine Unternehmenskultur systematisch entwickelt werden kann

Andreas Schubert

Die meisten Menschen arbeiten heute in einer Umgebung, die schneller, vielfältiger und vernetzter ist als je zuvor. Die Arbeit wird komplexer und fordernder, bei gleichzeitig steigender Unsicherheit. Belastungen und Anforderungen, die in der Folge zu körperlichen und psychischen Problemen führen können, nehmen zu.

Über die VUKA-Welt (engl. VUCA) – volatil (Volatility), unsicher (Uncertainity), komplex (Complexity) und ambig (Ambiguity) –, in der immer weniger vorhersehbar ist und sich jederzeit alles ändern kann, wird viel geschrieben und diskutiert. Ursprünglich ist es ein militärischer

Begriff, der Konfliktsituationen beschreibt, die sich schnell ändern und denen mit einem festgelegten Plan nicht beizukommen ist.

Übersetzt auf die Wirtschaft: Um zu bestehen, braucht es eine Kultur, die einen kreativen Umgang mit neuen Ideen und unbekannten Situationen fördert und die Mitarbeitenden motiviert, eigenverantwortlich, flexibel, initiativ und antizipativ zu agieren.

Mitarbeiterorientierung als Kernkompetenz

„Wer aufhört, besser zu werden, hat aufgehört, gut zu sein": Dieser Grundsatz ist für Unternehmen heute aktueller denn je. Denn im stetigen Wettbewerb um Fachkräfte und neue Produkte und Dienstleistungen können nur die Unternehmen nachhaltig erfolgreich sein, die ihre Kultur kontinuierlich weiterentwickeln.

Aber dies lässt sich nur leisten, wenn es von innen heraus gemeinsam mit den Mitarbeitenden erfolgt. Mitarbeiterorientierung wird dadurch zur entscheidenden Kernkompetenz für Organisationen – und ein nachhaltiger Wettbewerbsvorteil. Denn nur wenn Mitarbeitende sich ernst genommen und wertgeschätzt fühlen, bringen sie sich ein und schöpfen ihre Potenziale voll aus. Und der beste Weg, neue Mitarbeitende zu finden, ist, zufriedene Mitarbeitende zu haben.

Die Initiative Ludwig-Erhard-Preis vergibt ihren Preis an Unternehmen und Organisationen, die den Excellence-Ansatz nach dem QM-Modell der European Foundation for Quality Management (EFQM) besonders erfolgreich umgesetzt haben. Auch aufgrund der veränderten Arbeitswelt wird ab dem 24.10.2019 ein Update des EFQM Excellence Modells veröffentlicht. Konsequenterweise werden Kultur und Mitarbeiterorientierung eine stärkere Gewichtung erhalten.

Unternehmerische Excellence nach EFQM und Great Place to Work®-Methodik

Schon heute kommt die Verbindung von Excellence und Great Place to Work® nicht von ungefähr. Allein sieben der 32 Teilkriterien des EFQM-Modells befassen sich unmittelbar mit mitarbeiterbezogenen Handlungsfeldern, die im Great Place to Work®-Ansatz abgebildet werden. In allen weiteren EFQM-Kriterien ist die Unternehmenskultur eine wichtige Säule des Erfolgs. Exzellente Organisationen wertschätzen ihre Mitarbeitenden, sie entwickeln ihre Fähigkeiten und fördern Fairness und Gleichberechtigung.

Über 3.000 Anwenderorganisationen in Deutschland nutzen den EFQM-Excellence-Ansatz zu einer systematischen Unternehmensentwicklung. Das Ziel: das Erreichen einer exzellenten Performance.

Ein Drittel der heute erfolgreichen Bewerber um den begehrten Preis nimmt auch an der weltweiten Befragung und dem Great Place to Work®-Wettbewerb teil. Ihre Zielstellung ist es, eine exzellente Unternehmenskultur als Teil der Unternehmensstrategie zu messen und zu entwickeln.

Philosophie der Excellence-Orientierung

Hervorzuheben ist, dass die von der EFQM und Great Place to Work® gemeinsam getragene Philosophie der Excellence-Orientierung diese beiden Ansätze wirksam verbindet. Great Place to Work® verfolgt in seiner Methode des systematischen Messens und Vergleichens mit exzellenten Unternehmen die Zielstellung, Unternehmen eine Ausrichtung und Orientierung zu geben: Welche Entwicklung kann stattfinden?

Hierbei gilt die Maxime, nicht ein abstraktes Ziel zu formulieren, sondern realistisch einzuschätzen, was erreicht werden kann und was schon erreicht ist. Great Place to Work® hat hierfür eine besondere Methodik entwickelt, die ein differenziertes Feedback ermöglicht. Dieses basiert auf über 60 Zielindikatoren in neun Handlungsfeldern, zusätzlich ermöglicht der Benchmarkvergleich mit anderen Unternehmen ihrer Branche und

Größenklasse wertvolle Impulse. Als valide Instrumente dienen eine Managementbefragung zu Maßnahmen und Instrumenten sowie eine Mitarbeiterbefragung zur Wirkung und zur daraus resultierenden Kultur.

Zu jedem der Kulturindikatoren und Handlungsbereiche erhalten Anwender eine Markteinordnung und die Abstände zur heute schon erreichten Excellence. Eine vertiefende Analyse zeigt das Ursache-Wirkungs-Gefüge auf: Welche Personalmaßnahmen greifen und führen in der Wirkung auf die Beschäftigten in diesem Sinne zu einer hohen Excellence-Wahrnehmung und Leistungsbereitschaft?

Durch Längsschnittanalysen können die Unternehmen aus anderen Unternehmen lernen, welche Entwicklungen realistisch erreichbar sind. Prognosen werden aus den Entwicklungserfahrungen abgeleitet. Best Practices zeigen darüber hinaus auf, mit welchen Instrumenten und Maßnahmen Vorreiterunternehmen eine Kultur der Excellence erreicht haben.

Systematik der Kulturentwicklung

Um eine systematische Kulturentwicklung zu leisten, bedarf es auch einer klaren Systematik in der Befragung und den abgeleiteten Folgeprozessen. Die anonyme und repräsentative Befragung unter Einbeziehung aller Beschäftigten ist hier die Methode der Wahl. Sie schafft Vertrauen in die Repräsentativität und Belastbarkeit der Ergebnisse.

Die Verwendung international validierter und benchmarkfähiger Instrumente – wie sie Great Place to Work® hierfür einsetzt – unterstützt darüber hinaus eine differenzierte Einordnung der Unternehmensergebnisse im relevanten Markt und zur erreichten Excellence.

Bei der Umsetzung dieser Ergebnisse haben sich verschiedene Prinzipien bewährt. Ein wichtiges Prinzip ist es, die abgeleiteten Folgeprozesse der Befragung mit der bereits existierenden Unternehmensstrategie zu verbinden und Themen zu verknüpfen.

Denn eine Entwicklung der Unternehmenskultur erfolgt nicht zum Selbstzweck, sondern zur Unterstützung der unternehmerischen Ziele.

Auch ist es empfohlen, mit allen Beschäftigten einen offenen Dialog zu eröffnen. Im Mittelpunkt steht die Frage, welche Kulturqualitäten konkret gebraucht werden, um die Strategien und Herausforderungen des Unternehmens erfolgreich umzusetzen und zu bewältigen.

Eine gute Mischung aus modernen und digitalen Instrumenten der Kommunikations- und Kollaborationsunterstützung in ausgewogener Anwendung mit Face-to-Face-Dialogformaten fördert die Transparenz. Eine hohe Einbindung aller Beschäftigten in der Umsetzungsgestaltung muss selbstverständlich sein. Spezifische Berichte für Abteilungen, die eine klare Einordnung in Sachen Excellence geben, sind für eine zielgerichtete Umsetzung ebenfalls zu empfehlen.

Anhand der etwa 10.000 Unternehmen, die weltweit in jedem Jahr das Great Place to Work®-Instrument nutzen, kann immer wieder aufgezeigt werden, dass eine systematische Excellence-Entwicklung auch hinsichtlich der Arbeitsplatzkultur möglich ist und wesentlich zum wirtschaftlichen Erfolg beiträgt.

Die ausgezeichneten Unternehmen zeigen nicht nur einen um 74 % geringeren Krankenstand, eine doppelt so hohe Mitarbeiterbindung und eine etwa dreifach höhere Bewerberzahl. Sie belegen im jährlichen Vergleich, dass sie auch signifikant innovativer, wachstumsstärker und ertragreicher sind, da sie Unternehmensstrategie und Kultur mit einer klaren Systematik verbinden.

Abb. 1: *Prämierungsveranstaltung „Deutschlands Beste Arbeitgeber 2018"; (Foto: Gero Breloer für Great Place to Work®)*

Von der Macht in Unternehmen im Kontext der Business Excellence

Macht bedeutet Einfluss nehmen und/oder entscheiden können – und das auch gegen den Widerstand des Gegenübers. Maximilian Carl Emil Weber definiert den Macht-Begriff als *„jede Chance, innerhalb einer sozialen Beziehung den eigenen Willen auch gegen Widerstand durchzusetzen, gleichviel, worauf diese Chance beruht“.* [1]

In diesem Beitrag erfahren Sie:

- wie der Machtbegriff definiert ist
- wie Machtverhältnisse in Unternehmen erkannt werden und womit sich die Mikropolitik beschäftigt
- welche Instrumente zur Ausübung von Macht existieren
- wie exzellente Unternehmen die richtigen Rahmenbedingungen schaffen
- welche Rahmenbedingungen exzellente Unternehmen schaffen sollten

Gabriele Gralla

Crozier und Friedberg untersuchten u.a. Machtbeziehungen innerhalb von Organisationen und stellten dazu fest: *„Gestützt auf die ‚natürlichen‘ Ungewissheiten der zu lösenden Probleme, stellt sich jede Struktur kollektiven Handelns als Machtsystem dar. Sie ist ein Machtphänomen, das als solches zugleich Auswirkung und Ausübung von Macht beinhaltet. Als menschliches Konstrukt ordnet, regularisiert, zähmt und schafft sie Macht, um den Menschen ihre Zusammenarbeit in kollektiven Vorhaben zu ermöglichen. Jede ernst zu nehmende Analyse kollektiven Handelns muss also Macht in das Zentrum ihrer Überlegungen stellen, denn kollektives Handeln ist im Grunde nichts anderes als tagtägliche Politik. Macht ist ihr Rohstoff.“* [2]

Macht ist also kein Zustand, sondern beschreibt eine auf durchaus unterschiedliche Interessenlagen beruhende Beziehungsform

- zwischen mindestens zwei Personen oder
- innerhalb von Personengruppen und selbstverständlich auch
- innerhalb von Organisationen (Abteilungen, Teams, Projektgruppen usw.).

Es handelt sich dabei um sogenannte Austauschbeziehungen (z.B. Geld gegen Arbeit/Leistung, Liebe gegen Gehorsam, Austausch von Handlungsmöglichkeiten), die zwar asymmetrisch, aber stets wechselseitig sind.

Blicken wir in die Unternehmen

Um zu erfahren, welche tatsächlichen Handlungsbedingungen und -restriktionen vorherrschen, sagen uns das Organigramm oder Prozessmanagement und die entsprechenden formalen Befugnisse eher weniger über die Einfluss-, Führungs- und Entscheidungsstrukturen.

Maßgeblich ist auch weniger, wer (formal) eine machtvolle Position oder Funktion innehat, sondern wie Macht realisiert wird – und das (und vor allem) jenseits der formalen Machtstrukturen. Erst die Beobachtung dieser informellen Machtverhältnisse gibt uns Auskunft über die tatsächliche Funktionsweise eines Unternehmens und/oder seiner Organisationseinheiten. Und das bezeichnen wir als Mikropolitik.

Oswald Neuberger beschreibt die Mikropolitik als *„das Arsenal jener alltäglichen ‚kleinen' (Mikro-)Techniken, mit denen Macht aufgebaut und eingesetzt wird, um den eigenen Handlungsspielraum zu erweitern und sich fremder Kontrolle zu entziehen"*. [3]

Und diese Definition beschreibt treffend den alltäglichen Interessenkonflikt in Unternehmen zwischen Zwang und Freiraum. Geht es doch letztendlich darum, dass alle Unternehmensakteure die vorgegebenen Prozesse, Verfahrensanweisungen, Regeln usw. einhalten (sollen/sollten/müssen), gleichzeitig jedoch das menschliche Bedürfnis nach Freiheit, Selbstentscheidung und Selbstverwirklichung strebt.

Machtinstrumente

Es ist ein erheblicher Unterschied, ob Freiräume innerhalb einer Organisation gewährt oder genommen werden. Dies umfasst auch diverse Möglichkeiten, z.B.:
- des Entscheidens
- des Nicht-Entscheidens
- des Ausführens
- des Nicht-Ausführens
- des Erlaubens
- des Nicht-Erlaubens
- …

Im organisationalen Kontext wird es besonders spannend, wenn diesen Möglichkeiten Regeldehnungen (z.B. Auslegungen) gegenüberstehen oder – nach Herrschermanier – für die einen die Regeln gelten und für andere eben nicht. Handlungsfelder zur Machtausübung in Unternehmen können sein:
1. Belohnung/Vorteile verschaffen: Erhöhung der Wahrscheinlichkeit eines erwünschten Verhaltens durch dessen Belohnung
2. Zwang/Druck/Bestrafung: Bestrafung unerwünschten Verhaltens soll die Wahrscheinlichkeit zur Ausübung des erwünschten Verhaltens steigern
3. persönliche Anziehungskraft/Attraktivität/Abneigung: persönliche Ausstrahlung löst z.B. Bewunderung oder Verachtung aus
4. Koalitionsbildung (für und gegen): Bildung von Zweckbündnissen (auch Allianzen) zur Vorteilssicherung
5. Legitimation: Übertragung von Rechten und Pflichten, Inthronisierungsverfahren
6. Wissen/Netzwerke: Einsatz von Erfahrungswissen, informellem Wissen, geheimem Wissen zur Vorteilssicherung
7. Einschalten höherer Autoritäten/Gremien/Gericht: Stärken des persönlichen Einflusses durch Dritte/mittels Dritter (z.B. übergeordnete Führungskraft oder Instanz)

8. rationales Argumentieren: Überzeugung durch methodisch-sachlichen Diskurs, Problemlösungskompetenz
9. Reputation/Expertenwissen: Titel, Veröffentlichungen, Expertisen, Verweise sollen das Infragestellen des Expertenstatus reduzieren und „anerkannte“ Akzeptanz voraussetzen

Die Kinderzimmer-Anekdote

Eine gute Freundin berichtete einmal: „Wenn es im Kinderzimmer still wird, dann fällt mir das immer zu spät auf. Dann ist es schon passiert. Ich finde meine Kinder mit Haarschnitten vor, die einen dringenden Besuch beim Friseur nach sich ziehen. Oder sie (die Kinder) sitzen still und heimlich unterm Esszimmertisch und die ehemalige Schokoladen-Weihnachtsmann-Garde besteht nur noch aus einem einsamen, schon teilentkleideten Schokoladen-Weihnachtsmann, dessen finale Vertilgung unmittelbar anstand.“ Eine kurze Situationsanalyse könnte hierzu feststellen:

***Tab. 1:** Machtverwirklichung*

Indikation	Methode/Technik	Ergebnis
Es wird still.	Die hörbare Kommunikation wurde eingestellt.	Voraussetzung für Optionen schaffen
Zu spät aufgefallen.	Das Heraustreten aus dem Aufmerksamkeitsradius war erfolgreich.	Option in Freiraum umgesetzt
Es ist passiert.	Das Bedürfnis konnte in die Tat umgesetzt werden.	Verwirklichung

Auch wenn diese kleine Anekdote und deren Analyse zum Schmunzeln und Scherzen einlädt, so wird der Mechanismus zur Schaffung und Nutzung von Machtspielräumen klar erkennbar.

„Denken ist Probe-Handeln" (Neuberger)

Wird Macht als „natürliche Konstante" menschlichen Handels und Strebens aufgefasst und dadurch „enttabuisiert", kann ein produktives Korrektiv im Unternehmen in der täglichen Balancearbeit zwischen Chaos und Perfektion entstehen.

Betrachten wir die „Ordnung" in Unternehmen etwas genauer unter dem Machtaspekt. Über diverse Möglichkeiten, im Unternehmen Organisationsstrukturen zu schaffen, wie beispielsweise Aufbauorganisation, Matrixorganisation, Prozess- und Projektmanagement, Verfahrensanweisungen, Regeln usw., wird der **Versuch** unternommen, Komplexität beherrschbar zu machen und einen erfolgreich funktionierenden Geschäftsbetrieb herzustellen.

Oswald Neuberger stellt dazu fest: *„Je mehr Ordnung in eine Wissensdomäne gebracht wird, desto größer wird der Bereich des Unerfassten."* Denn erst durch die Umsetzung einer vorgedachten Lösung wird deutlich, was noch nicht gut funktioniert. Dies setzt allerdings voraus, dass im Unternehmen eine hohe Reflexionsfähigkeit dahingehend besteht, Ordnungsstrebungen als „Versuch" zu akzeptieren und Macht eingesetzt wird, um die erforderliche Wandelbarkeit des Unternehmens zu gewährleisten – statt an Funktionen, Posten und Statussymbolen festzuhalten und auf die wirksame Entfaltung der Strukturierungsmaßnahme in einer fernen Zukunft zu warten. *„Damit man sich in Ordnungen nicht häuslich einrichtet, ist es wichtig, sie immer wieder zu re-chaotisieren. Denn wozu benötigt man Ordnungen? Um das Erkennen zu ermöglichen… und, um etwas selbst oder besser machen zu können, um es oder damit zu beherrschen."* [3]

Die Herausforderung für exzellente Unternehmen besteht u.a. darin, einen herrschaftsfreien Raum und die erforderlichen Fähigkeiten für Diskurs zu schaffen, um Teilhabe, Mitgestaltung und Verantwortungsübernahme der Akteure aktiv zu fördern und zügig in Handlung und Wirksamkeit zu münden. Mit dem Motto „Der Einsicht folgt die Tat" entstehen aus Erfahrungswissen Anstöße zur Verbesserung und die Lernschleife erhält zentrifugale Kraft.

Beispiele von Machtspielen auf politischer Ebene

Als ein deutscher Politiker den chinesischen Staatspräsidenten belehrte, China müsse die Menschenrechte beachten, lächelte Jiang Zemin. Dann sagte er, China sei ein Entwicklungsland. Die Chinesen lernten aber gern von anderen Völkern. Er bat seinen Gast zu erzählen, wie es die Deutschen mit den Menschenrechten hielten. Der Einfachheit halber solle er mit dem Jahr 1933 anfangen. [4]

Wilhelm Buschs Bildergeschichte vom „Heiligen Antonius von Padua" galt in Österreich als gotteslästerlich und fiel der Zensur zum Opfer. Da kamen im Jahre 1902 ein paar „listige" Abgeordnete auf die Idee, das gesamte Werk im Parlament zu verlesen, um den Vorwurf zu prüfen. Die Buchfassung konnte dann als „Nachdruck des Sitzungsprotokolls" erscheinen. [5]

Literatur

[1] Hanke, E., Weber, M. Kroll, T.: *Max Weber Studienausgabe, Band I/22,4. Wirtschaft und Gesellschaft. Herrschaft. Tübingen: Mohr Siebeck, 2009, 1. Auflage*

[2] Crozier, M.; Friedberg, E.: *Das Spiel als Instrument organisierten Handelns. In: dies., Macht und Organisation. Die Zwänge kollektiven Handelns. Königstein (Taunus): Athenäum-Verlag, 1979*

[3] Neuberger, O.: *Mikropolitik und Moral in Organisationen: Herausforderung der Ordnung. Stuttgart: utb GmbH, 2015, 2. Auflage*

[4] von Senger, H.: *Die Klaviatur der 36 Strategeme: In Gegensätzen denken lernen, München: Carl Hanser Verlag GmbH & Co. KG, 2013*

[5] Der Spiegel: *KULTURGESCHICHTE – Zauberlehrlings Nöte, Ausgabe Nr. 41 vom 11.10.1999, S. 327*

Mitarbeiterbefragungen als Impuls für einen nachhaltigen Change-Prozess

Rund 40 % der Unternehmen in Deutschland haben nach einer repräsentativen Befragung von Great Place to Work® in den letzten drei Jahren eine Mitarbeiterbefragung durchgeführt. Bain & Company, eine der großen internationalen Beratungsgesellschaften, belegt in einer großen Unternehmensbefragung, dass Mitarbeiterbefragungen aus Sicht der Unternehmen und Führungskräften zu den Top-Ten-Steuerungsinstrumenten gehören.

In diesem Beitrag erfahren Sie:

- welche Voraussetzungen ein strukturierter Change-Prozess besitzt
- warum die Kommunikation von Mitarbeiterbefragungen so wichtig ist
- wie ein Kulturverbesserungsprozess ins Leben gerufen werden kann
- wie Unternehmen von einer mitarbeiterorientierten Arbeitsplatzkultur profitieren können

KARSTEN SCHULTE-DEUSSEN

In Zeiten rarer Fachkräfte und des Kampfes um jedes Nachwuchstalent werden das Feedback der Mitarbeitenden und die strukturierte Umsetzung von Verbesserungen ein strategischer Auftrag. Eine anonyme, repräsentative und damit auch belastbare Mitarbeiterbefragung leistet substanzielle Einblicke, wie die Unternehmenskultur von Mitarbeitenden erlebt wird, und ist ein strategischer Impuls für tiefgreifende Change-Prozesse der Arbeitsplatzkultur.

Doch allein die Durchführung der Mitarbeiterumfrage führt Organisationen bekannterweise noch nicht zum Change. Vielmehr ist der Follow-up-Prozess ein elementarer Bestandteil eines Befragungsprojekts, um das Arbeitsklima und Mitarbeiterengagement nachhaltig zu verbessern.

Follow-up-Prozess: Worauf kommt es wirklich an?

Die von Great Place to Work® durchgeführte Repräsentativbefragung in deutschen Unternehmen zeigt, dass die Herausforderungen gerade hier liegen: 63 % der Befragten, deren Arbeitgeber eine Befragung durchgeführt hat, waren der Meinung, dass die Ergebnisse der Befragung gut kommuniziert wurden. Hier ist noch Luft nach oben. Nur ein Drittel (33 %) der befragten Mitarbeitenden aus Unternehmen in Deutschland, in denen eine Befragung durchgeführt wurde, war der Auffassung, dass passende Maßnahmen zur Weiterentwicklung der Kultur und zur Organisationsentwicklung umgesetzt wurde.

Wie nutzt man also die Impulse aus einer Mitarbeiterbefragung für umfassende Veränderungen? Eine Studie mit Unternehmen, die mit der Great Place to Work®-Mitarbeiterbefragung besonders starke Verbesserungen erzielt haben, zeigt, dass die folgenden Faktoren wichtig sind:

Beim Topmanagement fängt der Change-Prozess an!

Bei der Betrachtung der Resultate können Bereiche identifiziert werden, bei denen eine besondere Dringlichkeit an Veränderungen herrscht. Dabei ist es zunächst wichtig, dass das Topmanagement diese Dringlichkeit ebenso empfindet, Veränderung wirklich will und eine Vorbildfunktion einnimmt. Gemeinsam mit einem Team aus weiteren Führungskräften bzw. wichtigen Multiplikatoren im Unternehmen ist es das Ziel, anhand der Befragungsergebnisse eine Strategie zu entwickeln und eine Vision festzulegen, die es zu erreichen gilt. Als besonders hilfreich hat sich in diesem Kontext die Entwicklung, Vermittlung und Implementierung von Unternehmenswerten erwiesen. Ein gut vermitteltes Wertemodell gibt dem Veränderungsprozess eine Richtung und zeigt, welche Kultur angestrebt wird.

Im Rahmen dessen sollte immer beachtet werden, dass den Managern bzw. anderen Change-Agents alle nötigen Ressourcen zur Verfügung gestellt werden müssen. Ein klarer Prozess, wie mit den Ergebnissen der Befragung gearbeitet wird, sowie gegebenenfalls Schulungen und Coachings sind von grundlegender Bedeutung, denn nur eine überzeugte und sichere Führungskraft steht hinter den Veränderungen und kann diese im weiteren Verlauf auch vermitteln.

Nur wer kommuniziert, kommt zum Ziel

Kommen wir zum wichtigsten Schritt des Follow-up-Prozesses: Kommunikation. Denn was bringen die prägnantesten Befragungsergebnisse, besten Strategien und die ambitioniertesten Führungskräfte, wenn niemand etwas davon erfährt? Mit einer Mitarbeiterbefragung entsteht außerdem eine Erwartungshaltung in der Belegschaft, die Ergebnisse auch zu kommunizieren. Man sollte also keine Angst davor haben, die sprichwörtliche „Büchse der Pandora“ auch zu öffnen.

Eine breit gefächerte Kommunikationskanalwahl ist ebenso ausschlaggebend dafür, dass man tatsächlich alle Mitarbeitenden erreicht. Doch nicht nur der Kanal an sich ist wichtig; auch wie und durch wen die Informationen vermittelt werden, kann einen erheblichen Einfluss auf die Wahrnehmung der Mitarbeitenden haben.

Mitarbeitende zu Change-Agents der Kulturentwicklung machen

Kulturveränderungen gelingen wahrscheinlich nicht, wenn diese allein von Führungskräften gewissermaßen im „stillen Kämmerlein“ erdacht und dann implementiert werden. Vielmehr sind Kulturveränderungen eine gemeinsame Anstrengung von Führung und Mitarbeitenden. Für eine erfolgreiche Umsetzung der Veränderungen kommt es somit im weiteren Verlauf darauf an, die Mitarbeitenden aktiv bei der Gestaltung von Maßnahmen einzubinden. Auch in diesem Punkt bestehen durch eine Mitarbeiterbefragung Erwartungen: Hat der Follow-up-Prozess erst begonnen, ist es von hoher Wichtigkeit, dass dieser auch durchgeführt und umgesetzt wird.

Einsteigen in einen kontinuierlichen Kulturverbesserungsprozess

Kulturveränderungen sind kein Sprintprojekt, sondern brauchen Zeit. Dabei ist es durchaus in Ordnung, zunächst auf Maßnahmen zu setzen, mit denen Quick Wins erzielt werden können. Genauso wichtig: Wurden Change-Prozesse und Change-Strategien erfolgreich umgesetzt, feiern Sie es! Damit wird den Mitarbeitenden aufgezeigt, was in einer Gemeinschaft alles vollbracht werden kann, und man bleibt im Unternehmen im Dialog über die eigene Kultur Eine regelmäßige und gezielte Evaluation und Weiterentwicklung von Maßnahmen ist ein weiterer Baustein. Eine regelmäßige Erfolgskontrolle sollte über weitere Mitarbeiterbefragungen vorgenommen werden.

Abb. 1: *So gelingt die Weiterentwicklung einer Unternehmenskultur*

Nutzen einer mitarbeiterorientierten Arbeitsplatzkultur

Durch einen wirksamen Folgeprozess, an dem die Mitarbeitenden partizipieren können, werden das Wohlbefinden und das Wertschätzungsgefühl gesteigert. Das Gefühl, dass man „gemeinsam an einem Strang zieht“, stellt sich ein, was außerdem die Zusammenarbeit innerhalb der Teams, zwischen den Mitarbeitenden und auch zwischen den Hierarchieebenen verbessert. Entsprechende Verbesserungen schlagen sich auch in personal- bzw. betriebswirtschaftlichen Kennziffern wie Krankenstand, Fluktuation oder Innovationsfähigkeit nieder.

Dies stellen wir unter anderem bei Mehrfachteilnehmern an unseren „Beste Arbeitgeber“-Wettbewerben fest, die durch kontinuierliche Arbeit an ihrer Unternehmenskultur stetig hohe Zustimmungsquoten in der Mitarbeiterbefragung erzielen. Ein besonderes Engagement, das besonders zu würdigen ist: 17 Organisationen hatten dieses Jahr die Ehre, einen Trust Champions Award entgegenzunehmen. Voraussetzung dafür ist eine erfolgreiche Teilnahme am Wettbewerb „Deutschlands Beste Arbeitgeber“ in mindestens fünf aufeinanderfolgenden Jahren.

Viele Unternehmen gehen damit als positives Beispiel voran, indem sie Befragungen in einen wirksamen Organisations- und Kulturentwicklungsprozess einbinden, um echtes Change-Management bewirken zu können. Durch das Zusammenspiel zwischen allen Beteiligten und einer gut durchdachten und strukturierten Strategie können die erfassten Informationen genutzt werden, um das Unternehmen zum Erfolg zu führen. Am Ende, so zeigen es viele Studien, zahlt sich dies auch nach betriebswirtschaftlichen Kriterien aus bzw. ist aus unserer Sicht Voraussetzung für den langfristigen Erfolg von Unternehmen in Zeiten, in denen nichts beständiger ist als der Wandel.

Die „Wissensbilanz – Made in Germany" als praxisnahes Qualitäts-, Innovations- und Managementinstrument für KMU

Die „Wissensbilanz – Made in Germany" kann den Weg hin zur Excellence in Organisationen unterstützen, da sie sowohl die Anforderungen des EFQM-Organisationsmodells und viele in ihm enthaltenen Kriterien erfassen kann als auch eine praxisnahe, dem ILEP-Assessment vergleichbare Bewertungslogik bietet. Dieser Artikel befasst sich mit den diesbezüglichen Chancen für KMU.

Die „Wissensbilanz – Made in Germany":

- ist ganzheitlich aufgebaut und deckt die wesentlichen Faktoren von KMU mit wenig Aufwand ab
- enthält eine der RADAR-Logik vergleichbare Grundstruktur (kausales Denkmodell, Statusbewertung, PDCA-Zyklus und die Ursache-Folge-Wirkungskette)
- benennt sowohl die Anforderungen der Excellence (das „Was") und spezifiziert über Verbesserungsmaßnahmen qualitativ und quantitativ auch das „Wie"

DETLEF KAHRS, UWE EHRHORN

Wissensbilanz – Made in Germany

Die „Wissensbilanz – Made in Germany" ist ein teamgestütztes Selbstbewertungsinstrument bzw. eine Potenzialanalyse zur gezielten Darstellung und Entwicklung des intellektuellen Kapitals einer Organisation und kann ähnlich dem PDCA-Zyklus nach Deming eingesetzt werden. Die

Wissensbilanz erfasst, bewertet, gewichtet und indiziert die immateriellen Vermögenswerte eines Unternehmens, weist deren Verbesserungspotenziale in strukturierter und priorisierter Form aus, plant Verbesserungsmaßnahmen und überprüft deren Umsetzungserfolg über Indikatoren und jährliche „Updates“. Sie ermittelt zusätzlich die Wirkungszusammenhänge zwischen den organisationalen Zielen, den Geschäftsprozessen, dem intellektuellen Kapital und dem Geschäftserfolg einer Organisation.

Ob die Anforderungen der durch die Entscheiderebene vorgegebenen Vision und deren Strategien in den Geschäftsprozessen und auch den verschiedenen Kapitalartfaktoren durch die Umsetzung von Verbesserungsmaßnahmen erreicht wurden, kann sowohl über Indikatoren mit klarem Interpretationsrahmen als auch über eine in der Regel jährliche Neubewertung aller Einflussfaktoren eines Wissensbilanzsystems gemessen werden.

Der große Vorteil einer Wissensbilanz liegt damit auch in ihrer hohen Ergebnisorientierung, die gleichzeitig eine Einbeziehung der Mitarbeiter aller Funktionsbereiche und Hierarchiestufen in die Leistungsfähigkeit des Unternehmens liefern kann (so geschehen im Vermessungsbüro Ehrhorn). So kann gleichzeitig die Motivation der Mitarbeiter verbessert werden.

Dieses Vorgehen ist in seiner Struktur prinzipiell vergleichbar mit den 32 Teilkriterien des EFQM-Kriterienmodells inklusive seiner Befähiger-, Ergebnis- und Teilkriterien. Allerdings sind im EFQM-Modell alle Kriterien fest vorgegeben, in der Wissensbilanz können die Einflussfaktoren je nach der Zielsetzung des Unternehmens angepasst werden.

Um die Anwendung der Wissensbilanz zu vereinfachen, wird mit Unterstützung des Bundesministeriums für Wirtschaft und Technologie die Microsoft-Windows-basierte Softwareanwendung „Wissensbilanz-Toolbox“ für die Nutzung in KMU kostenlos angeboten. [1]

Die Methodik der Wissensbilanz

Methodisch besteht eine Wissensbilanz aus einer strukturierten Selbstbewertung einer Organisation bzw. eines Unternehmens, die mit einer ganzheitlichen Wirkungsanalyse verknüpft wird. Sie führt über eine daraus generierte Potenzialanalyse zu den wesentlichen Erfolgstreibern der Zukunft. Eine anschließende Fremdbewertung bzw. Zertifizierung (wie z.B. die der Assessor/-innen der ILEP) kann aufgrund der großen methodischen Nähe problemlos erfolgen.

Der große Vorteil einer Wissensbilanz liegt in ihrer hohen Ergebnisorientierung, die gleichzeitig eine hohe Einbeziehung der Mitarbeiter aller Funktionsbereiche und Hierarchiestufen in die Leistungsfähigkeit des Unternehmens liefern kann.

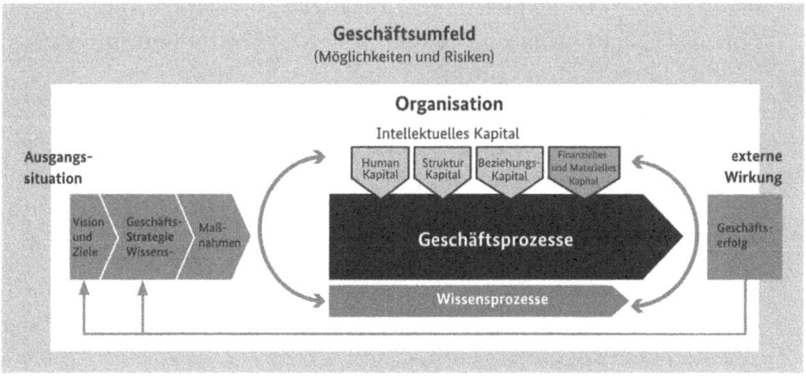

Abb. 1: Grundstruktur und Kontext des Wissensbilanzsystems [2]

Kapitalarten eines Unternehmens

Innerhalb der Wissensbilanz wird von einem/einer für die Wissensbilanz ausgebildeten Moderator/-in [3] eine umsetzungsorientierte Fragestruktur angewandt, die die Organisation zu den wesentlichen Geschäftsprozessen, zu ihren sicherzustellenden geschäftlichen Erfolgsfaktoren sowie zu ihrem intellektuellen Kapital befragt. Die Selbstbewertung des intellektuellen Kapitals durch Mitarbeiter erfolgt in drei Bestimmungskategorien, die Human-, Struktur- und Beziehungskapital genannt werden. Die neun EFQM-Kriterien können in den drei Kapitalarten der Wissensbilanz klar kategorisiert werden:

- **Humankapital:** Das Humankapital umfasst Faktoren, die durch die Mitarbeiter (EFQM: Mitarbeiter und Mitarbeiterinnen) in die Organisation eingebracht werden, wie z.B. Fachkompetenz, soziale Kompetenz, Mitarbeitermotivation (EFQM: Mitarbeiterzufriedenheit, mitarbeiterbezogene Ergebnisse), Führungskompetenz (EFQM: Führung, Mitarbeiterorientierung).
- **Strukturkapital:** Hierunter fallen alle Strukturen, die den Mitarbeitern die Geschäftstätigkeit ermöglichen (EFQM: Prozesse, Abläufe und Strukturen), wie z.B. Kooperation und Wissenstransfer, Führungsinstrumente, IT/Digitalisierung und explizites Wissen, Produktinnovation und Qualitätsmanagement, Prozess- und Verfahrensinnovation, Unternehmenskultur (EFQM: Politik und Strategie).
- **Beziehungskapital:** Das Beziehungskapital ist der Oberbegriff für alle Beziehungen zu organisationsexternen Gruppen und Personen, wie z.B. Kundenbeziehungen (EFQM: Kunden und potenzielle Kunden, kundenbezogene Ergebnisse), Lieferantenbeziehungen (EFQM: Ressourcen, Partnerschaften), Beziehungen zur Öffentlichkeit, Beziehungen zu Kapitalgebern, Investoren und Eignern, Beziehungen zu Kooperationspartnern (EFQM: gesellschaftliche Verantwortung/gesellschaftsbezogene Ergebnisse).

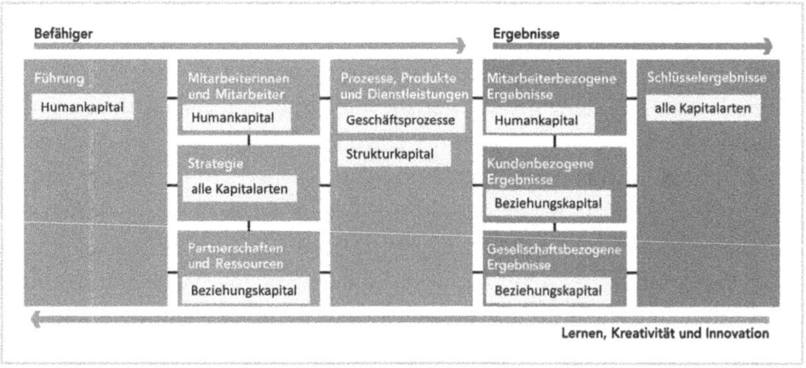

Abb. 2: *Gemeinsamkeiten EFQM Excellence Modell 2013 und Wissensbilanzsystem [4] (mit eigenen Ergänzungen/D. Kahrs, U. Ehrhorn)*

Diese drei Kapitalarten nehmen im Geschäftsalltag Einfluss auf die in der Wissensbilanz erfassten Geschäftsprozesse (EFQM: Produkte und Dienstleistungen, auch: Schlüsselergebnisse) und bestimmen deren Qualität und Erfolg.

Interne und externe Zielgruppen einer Wissensbilanz [5]

Wissensbilanzen können als internes Steuerungsinstrument und/oder zur externen Kommunikation eingesetzt werden: Als internes Steuerungsinstrument ermöglicht die Wissensbilanz eine umfassende und ganzheitliche Unternehmensanalyse und dient durch die intensive Auseinandersetzung mit den Mitarbeitern, der Unternehmensstruktur und externen Beziehungen als strategisches Frühwarnsystem.

Fazit

Aufgrund immer schnellerer Entwicklungen ist es für alle KMU und Organisationen wichtig, sich ganzheitlich mit einer Vielzahl von Veränderungen auseinanderzusetzen. Dazu benötigen sie praxisorientierte Tools und Methoden. Die „Wissensbilanz – Made in Germany“ ist ein effizientes Instrument zur gezielten Darstellung und Entwicklung des intellektuellen Kapitals einer Organisation vergleichbar einem jährlichen PDCA-Zyklus nach Deming und dem EFQM-Modell: Sie erfasst, bewertet, gewichtet und indiziert die Prozesse und immateriellen Vermögenswerte eines Unternehmens, weist deren Verbesserungspotenziale in strukturierter und priorisierter Form aus, plant gezielte Verbesserungsmaßnahmen im Sinne der EFQM-Befähigerkriterien und überprüft deren Umsetzungserfolg über Indikatoren und jährliche „Updates“ im Sinne der EFQM-Ergebnis-/Teilkriterien.

Literatur und Quellen

[1] *Bezug/kostenloser Download: https://bvwb.de/die-wissensbilanz-toolbox*

[2] Bundesministerium für Wirtschaft und Technologie (Hrsg.): *Wissensbilanz – Made in Germany – Leitfaden 2.0 zur Erstellung einer Wissensbilanz, S. 10, kostenloser Download: www.bmwi.de/Redaktion/DE/Downloads/W/wissensmanagement-fw2013-teil3.pdf?__blob=publicationFile&v=1*

[3] Fraunhofer IPK, Berlin: *weitere Informationen: www.academy.fraunhofer.de/de/weiterbildung/technologie-innovation/wissensbilanz.html*

[4] *www.efqm.de/kriterienmodell.html*

[5] Bundesverband Wissensbilanzierung, *https://bvwb.de*

Zusammenfassung

Die „Wissensbilanz – Made in Germany“ kann KMU den Weg hin zur Excellence erleichtern, wenn sie mit dem EFQM-Modell verbunden wird. Sie kann durch ihre starke Praxisorientierung die klassischen finanzspezifischen Geschäftsberichte um bisher vernachlässigte weiche Faktoren ergänzen, um so mit vergleichsweise wenig Aufwand eine umfassendere, zukunftsorientierte Ansicht und Bewertung des Unternehmens zu ermöglichen.

Service-Leitbild als Auftakt zur Fünf-Sterne-Kultur

Im Zeitalter, in dem zu jeder Zeit Sterne-Bewertungen auf Google oder kununu abgeben werden können und Unternehmen immer transparenter werden, ist exzellenter Service nach innen und nach außen bedeutsamer denn je. Service-Excellence löst einen kontinuierlichen Verbesserungsprozess aus, ermöglicht nachhaltiges Wachstum und schafft Freiräume für Unternehmer. Ein Service-Excellence-Leitbild schafft einen entscheidenden ersten Schritt.

In diesem Beitrag erfahren Sie:

- was Service-Excellence genau ist
- wie CEN/TS 16880 das Unternehmenswachstum ermöglicht
- wie ein Service-Leitbild Orientierung und Handlungsspielraum zum Loslassen ermöglicht
- wie sich Kundenbegeisterung durch einen kontinuierlichen Verbesserungsprozess erreichen lässt
- wie Sie die Organisation als Ganzes einbinden, um Service-Excellence zu erreichen

ULRIKE DOLLE

Wo stehen Unternehmer?

Unternehmer haben häufig eine klare Vorstellung, welche Wirkung ihr Unternehmen am Markt erzeugen sollte. Sie handeln mit dem Anspruch, immer das Beste für die Kunden zu geben. Deshalb sind sie erfolgreich und stetig gewachsen. Wachstum birgt die Herausforderung, diesen Anspruch zu skalieren. Ihnen begegnet allerdings mangelndes Bewusstsein für Kundenbegeisterung, fehlende proaktive Ansprache und Handeln bei der Kundenkommunikation, mangelnde Absprachen zwischen den Funktionen und ineffiziente Selbstorganisation. Sie fühlen sich permanent verantwortlich, selbst dafür zu sorgen, dass der Kunde einen Fünf-Sterne-Service erlebt.

Was ist das Ziel?

Früher oder später kommen sie an den Punkt, an dem sie sich mehr und mehr aus dem operativen Tagesgeschäft zurückziehen, ihre eigene Führungsarbeit reduzieren, um das eigene Unternehmen „von der Tribüne aus“ zu beobachten. Dabei sollten alle Aspekte der Kundenbegeisterung mit dem Engagement weitergelebt werden, als wenn es vom Unternehmer persönlich käme.

Dabei sind Führungskräfte gefragt, einen kontinuierlichen Verbesserungsprozess anzustoßen und sicherzustellen, dass Informationen und Absprachen über alle Schnittstellen hinweg weitergegeben und dokumentiert werden. Service-Excellence unterstützt dabei, dieses Ziel zu erreichen.

Service-Excellence als Lösung

„Service Excellence ist die Managementstrategie, durch die Führungskräfte und Mitarbeitende einer Organisation kontinuierlich danach streben, den Kunden jederzeit und an jedem Kontaktpunkt so zu begeistern, dass er wiederkauft und die Organisation in seinem gesamten sozialen Umfeld aktiv und aus freien Stücken weiterempfiehlt.“ [1]

Dieser europäische Service-Excellence-Standard CEN/TS 16880 unterstützt dabei durch neun Elemente, den Weg in diese Richtung erfolgreich zu gestalten. Dazu gehören herausragende Kundenerlebnisse, eine Service-Excellence-Vision, -Mission, -Strategie, die Führung und Selbstverpflichtung des Managements, das Engagement der Mitarbeitenden, eine **Service-Excellence-Kultur,** das Verstehen von Kundenbedürfnissen, -erwartungen und -wünschen, das Dienstleistungsinnovationsmanagement, das Leiten und Lenken der kundenerlebnisbezogenen Prozesse und der Organisationsstruktur sowie das Überwachen und Steuern der Service-Excellence-bezogenen Tätigkeiten und Ergebnisse. [2]

Als sinnvollen Start in die Veränderung empfiehlt sich die Entwicklung eines Service-Leitbilds zur Gestaltung einer nachhaltigen Service-Excellence-Kultur. Dieses gemeinsam mit einem Team entwickelte Service-Leitbild gibt Orientierung, ermöglicht Handlungsspielraum und etabliert ein gemeinsames Verständnis vom Umgang im eigenen Unternehmen und mit den Kunden. Es beschreibt die Wirkrichtung und den Handlungskorridor, in dem sich die Mitarbeitenden bewegen können, um Kundenbegeisterung zu bewirken, gemeinsam zu lernen und Neues zu schaffen. Das Service-Leitbild richtet Führungskräfte und Mitarbeitende in ihrem Denken und Handeln aus und gibt trotzdem Spielraum für individuelle Reaktionen, für flexiblen und individuellen Service.

Zu diesen Fragestellungen können Service-Leitbilder Orientierung geben:

- Wer sind wir?
- Wie wollen wir miteinander intern im Unternehmen und extern mit unseren Kunden umgehen?
- Welche Service-Wirkung wollen wir intern und extern erzeugen?
- Wie lernen wir mit- und voneinander?

Ein stimmiges Service-Leitbild entwickeln

Um ein stimmiges Service-Leitbild zu formulieren und es erfolgreich zum Leben zu erwecken, werden alle Mitarbeitenden eines Unternehmens einbezogen. Die Beteiligung führt zum *„Mein-Baby-Effekt“* [3] und erzeugt die erforderliche Verbindlichkeit, sich um die Entwicklung, Umsetzung und Pflege des Service-Leitbilds zu kümmern. Dazu bedarf es einer gewissenhaften Vorbereitung. Folgende Fragestellungen sind dabei relevant:

- Wurden bereits ein Leitbild oder Werte formuliert, die als Grundlage benutzt werden können?
- Wie viele Mitarbeitende beschäftigt das Unternehmen?
- Werden alle Mitarbeitenden an der Entwicklung des Service-Leitbilds beteiligt?
- Welche Kundenvertreter werden eingeladen, um mitzugestalten?
- Wie kommunizieren wir das Service-Leitbild an alle Mitarbeitenden?
- Welches teambildende Rahmenprogramm ist sinnvoll?
- Wie halten wir das Leitbild präsent?

Beispiel: In vier Schritten zum Service-Leitbild

Schritt 1: Mitarbeiterbefragung

Über eine Befragung haben die Mitarbeitenden ihre wichtigsten Werte im Umgang mit den Kunden aus den Bereichen Vielfalt, Bedeutung, Beitragleisten, Sicherheit/Komfort, Zugehörigkeit/Verbundenheit und Wachstum [4] ausgewählt. Das Ergebnis wurde als Basis für einen Leitbild-Workshop genutzt.

Schritt 2: Thesenentwicklung

Auf Basis des Umfrageergebnisses wurden die Aussagen in einem Workshop konkretisiert, verdichtet und gemeinsame Service-Leitbild-Thesen formuliert. Die Teilnehmenden an dem Workshop sind crossfunktional und aus allen Hierarchiestufen zusammengesetzt. In der Diskussion wurden die unterschiedlichen Sichtweisen transparent und zu einem gemeinsamen Konsens geführt. Hier ist der Weg das Ziel. Das Ergebnis waren sieben gemeinsame Thesen, die als Arbeitsvorbereitung dienten.

Schritt 3: World-Café

Die sieben Thesen dienten als Grundlage zur Diskussion für alle Mitarbeitenden im Unternehmen. In einem gemeinsamen World-Café, einem Format der Großgruppenmoderation mit allen Mitarbeitenden, wurde jeder Leitsatz unter die Lupe genommen, intensiv diskutiert und kommentiert. Kommentare, Anmerkungen und Verbesserungen wurden final in das Service-Leitbild integriert.

Schritt 4: Vorstellung des Service-Leitbilds

Das Service-Leitbild wurde im Unternehmen offiziell vorgestellt. Anwendungsszenarien aus dem Tagesgeschäft wurden in Workshops vorgestellt und geübt. Nachfolgende Servicetrainings wurden auf Basis des Service-Leitbilds konzipiert und durchgeführt.

Unser Service-Leitbild

1. Kundenbegeisterung steht bei uns an erster Stelle.
2. Wir sind erst zufrieden, wenn unser Kunde begeistert ist.
3. Unsere Schlüssel zum Erfolg sind Beständigkeit und Innovation.
4. Einfühlungsvermögen und Respekt sind die Grundlage der persönlichen Bindung zu unseren Kunden.
5. Mit hoher Aufmerksamkeit und dank unserer Expertise erkennen wir die Bedürfnisse unserer Kunden.
6. Effizienz zeichnet uns aus und ermöglicht unseren Kunden effizientes Arbeiten.
7. Gründlichkeit und Zuverlässigkeit sind in unserer Zusammenarbeit mit unseren Kunden elementar.

Abb. 1: *Beispiel für ein Service-Leitbild*

Worauf sollten Sie achten?

Die Entwicklung eines Service-Leitbilds bringt ein Team in die Diskussion zu den Leitsätzen. Je mehr Mitarbeitende aus unterschiedlichen Hierarchien und Funktionen an der Entwicklung beteiligt sind, desto höher ist die Akzeptanz des Leitbilds bei ihnen. Die Ausrichtung aller Mitarbeitenden ist ein langfristiges Projekt, das sich durch einen kontinuierlichen Verbesserungsprozess erreichen lässt. Dabei ist das Ermöglichen des Handelns im Sinne der neuen Vision und der Ziele genauso wichtig wie kurzfristige Erfolge zu planen, gezielt herbeizuführen und zu feiern. Ein Service-Leitbild, das als abstraktes Gebilde in der Schublade liegt, bleibt ein Lippenbekenntnis.

Führungskräfte müssen das Service-Leitbild ganz selbstverständlich zu ihrem Führungs- und Reflexionswerkzeug machen: in Kundengesprächen, im Umgang mit den Kollegen und Kolleginnen, in Meetings, in Feedbackgesprächen, bei Bewerbungen, in Retrospektiven. Überall da, wo das eigene Denken und Tun Auswirkungen hat oder haben wird, sind die Service-Leitsätze anwendbar.

Hier ist es noch wichtig anzumerken, dass es nicht nur um den Inhalt des Service-Leitbildes selbst geht, sondern immer um die Gespräche und Diskussionen, die in der Beschäftigung damit entstehen. Jedes Unternehmen, jede Organisation findet ihren eigenen, für sich passenden Wortlaut, der sich nach Monaten oder Jahren ändern darf. Natürlich nach gemeinschaftlicher Absprache.

Welche Effekte stellen sich ein?

Im Unternehmen wird ein neues Bewusstsein für den Beitrag eines jeden Einzelnen für exzellente Serviceleistung geschaffen. Kundenerlebnisse werden anhand der Leitsätze reflektiert, Erkenntnisse treiben den kontinuierlichen Verbesserungsprozess nachhaltig voran. Führungskräfte haben eine klare Orientierung und nutzen diese. Meetings finden regelmäßiger statt, eine Feedbackkultur stellt sich ein.

Unternehmer oder Inhaber können sich entspannter aus dem operativen Tagesgeschäft zurückziehen und gezielt die am Unternehmen arbeiten, während sich dieses ganz selbstverständlich auf dem Weg zu begeisternden fünf Sternen befindet.

Fazit

Eine Service-Excellence-Leitbild unterstützt Unternehmen dabei, eine ganzheitliche Service-Excellence-Kultur als Grundhaltung aller Beteiligten zu implementieren. Es gibt dabei die Richtung vor. Dabei braucht es Konsequenz in der Umsetzung und Anwendung. Dann hat es die Chance, dem Unternehmen den Geist von exzellentem Service einzuhauchen und seine Kunden dauerhaft zu begeistern.

Literatur und Quellen

[1] Fachgruppe Service Excellence BDVT: *Definition von Service Excellence, 2017*

[2] ONR CEN/TS 16880. *Service Excellence – Schaffung von herausragenden Customer Experiences durch Service Excellence, Ausgabedatum: 2015-07-01*

[3] Der „My-Baby-Effekt", *www.channelpartner.de/a/der-kunde-als-mitgestalter,2599375,3,* 24.01.2013 (*abgerufen am* 10.06.2019)

[4] Robbins, T.: *The 6 Human Needs – Why We Do What We Do. Robbins Research International, ,2013*

Das EFQM-Modell um Aspekte der Resilienz ergänzen – das EFQMplusR-Modell

Die Anforderungen sich immer schneller wandelnder Märkte erfordern von Unternehmen immer schnellere Reaktionen und organisatorische Anpassungen. Dies bedeutet auch, dass in den Unternehmen ein hohes Maß an selbst gesteuertem Handeln, kommunikativen Kompetenzen und Fähigkeiten zur Selbstorganisation vorhanden sein muss. Daraus entsteht ein immer höher werdender Bedarf an Resilienz von Organisationen und den darin tätigen Menschen.

In diesem Beitrag erfahren Sie:

- warum personale und organisationale Resilienz an Bedeutung gewinnen
- wie das EFQM-Modell um den Aspekt Resilienz ergänzt werden kann
- wie sich Unternehmen der Thematik nähern können

Ralf Neuhaus

Die Anforderungen sich immer schneller wandelnder Märkte erfordern von Unternehmen ein gutes Frühwarnsystem, um entsprechende technologische, organisatorische, rechtliche, mitarbeiter- und kundenbezogene Veränderungen erkennen, bewerten und adaptieren zu können. Dies bedeutet auch, dass in den Unternehmen ein hohes Maß an Wandlungsfähigkeit vorhanden sein muss, d.h. sowohl auf organisatorischer als auch auf personenbezogener Ebene. Hier setzte das vom Bundesministerium für Bildung und Forschung (BMBF) geförderte Projekt „Stärke – starke Beschäftigte und starke Betriebe durch Resilienz“ – an. Ziel des dreijährigen Kooperationsprojekts war es, ein Gesamtkonzept der individuellen und organisationalen Resilienz mit vier Pilotunternehmen zu entwickeln und dieses in den Unternehmen zu erproben. Das Projekt verband dabei arbeitswissenschaftliche, betriebswirtschaftliche und psychologische Ansätze. Analyse- und Ordnungsbasis war das Modell der EFQM.

Weitere Informationen zum Projekt „Stärke“ und zum Thema Resilienz sowie Zusatzmaterialien sind auf der Projektwebsite unter www.staerkeprojekt.de erhältlich.

Resilienz – was ist das?

Die Fähigkeit, widerstandsfähig gegenüber äußeren Belastungen und Krisensituationen zu sein und sie ohne anhaltende Beeinträchtigung durchzustehen, wird in der Psychologie als „Resilienz“ bezeichnet. Aus den USA kommen seit Längerem bereits Ansätze, den Resilienzbegriff nicht nur auf Individuen anzuwenden, sondern auch auf Teams, Organisationen und ganze Unternehmen. Ein System ist resilient, wenn es seine Funktionen angesichts äußeren oder inneren Wandels aufrechterhält oder wenn es Krisen meistert und sogar gestärkt daraus hervorgeht, so Allenby und Fink [1].

Das EFQMplusR-Modell – Resilienz und EFQM-Modell verknüpfen

Ziel des Forschungsprojekts war es, ein praxistaugliches Instrument zu entwickeln, mit dem Unternehmen ihre Anpassungsfähigkeit an die aktuellen sowie künftigen wirtschaftlichen und gesellschaftlichen Rahmenbedingungen selbstständig analysieren und geeignete Entwicklungsmaßnahmen ableiten und durchführen können.

Das EFQM-Modell bildet den Rahmen und eine Anleitung für Unternehmen, eigene Stärken und Verbesserungspotenziale zu erkennen. Das Modell beweist hierbei eine große Offenheit für ganz verschiedene Ziele und Aktivitäten von Unternehmen, da es zum einen eine Grundstruktur für eine grundlegende Organisationsanalyse bietet und es zum anderen die Identifikation und Priorisierung von dringenden Handlungsfeldern möglich macht.

Es hat sich im Forschungsprojekt gezeigt, dass das EFQM-Modell durch eine entsprechende Ergänzung, d.h. zum EFQMplusR-Modell, auch für eine Selbstbewertung von Resilienzaspekten geeignet ist. Die Offenheit und Flexibilität des Modells bietet Unternehmen auf diese Weise eine ganzheitliche Einschätzung in Bezug auf die individuelle Resilienz ihrer Beschäftigten und eine Selbstbewertung der organisationalen Resilienz – auch um auf einer organisationalen und individuellen Ebene Resilienz zu fördern und die Anpassungsfähigkeit an die aktuellen und zukünftigen wirtschaftlichen Zustände selbstständig zu gewährleisten.

EFQMplusR – Selbstbewertung und Identifikation von Handlungsbedarfen

Grundsätzlich ist es von Vorteil, wenn sich Unternehmen ihrer Potenziale im Hinblick auf die verschiedenen Handlungsfelder des EFQM-Modells bewusst sind und erkennen, welche Rolle diese für die Stärkung der organisationalen und individuellen Resilienz spielen können. Auf dieser Basis können Entwicklungsbedarfe in der Organisation identifiziert werden.

Der im Projekt entwickelte Fragenkatalog zur Selbstbewertung unterstützt Organisationen bei der Analyse des Status quo in allen Handlungsfeldern. Zudem bietet der Fragenkatalog eine Struktur zur Erfassung und Darstellung der Stärken und Schwächen der Organisation. Führungskräfte können auf diese Weise z.B. über ihren Führungsstil, mit ihrer Steuerung und durch ihre Analysen entscheidend zur individuellen und organisationalen Resilienz beitragen. Die Organisation nutzt ihre Strategie, um durch den Aufbau von individueller und organisationaler Resilienz die Beschäftigten und die Organisation zu stärken. Das Stärken der individuellen Resilienz der Menschen verschafft ihnen die Kompetenz, Belastungen zu meistern, ohne dabei Schaden zu nehmen.

Da eine Organisation von „starken" Beschäftigten profitiert, sind diese Aspekte für die Personalpolitik im Unternehmen relevant. Die Organisation zeigt gegenüber den Partnerorganisationen und Lieferanten, dass der Aufbau von individueller und organisationaler Resilienz auch ihnen zugutekommt. Eine resiliente Organisation hat eine transparente Ablauforganisation mit Prozesslandkarte und einer Beschreibung aller Abläufe. Mit den zu erreichenden Resilienzzielen setzen Organisationen auch auf langfristige, nachhaltige Ergebnisse für das Unternehmen, die sowohl mit den Bedürfnissen und Erwartungen ihrer Kunden als auch mit der gewählten Strategie in Einklang stehen.

Inwieweit die Resilienz der Beschäftigten, ihre Arbeitszufriedenheit, ihr Ideenreichtum und ihre Produktivität erfasst werden, kann in der Art und Häufigkeit von Mitarbeiterbefragungen, über einen Betriebsklimaindex und über die Art und Häufigkeit der Führungskräftefeedbacks ermittelt werden. Auch die qualitative Auswertung von Kommunikationsinstrumenten der Geschäftsführung und des Personalbereichs für die resilienzfördernden Aktivitäten und die Kommunikation von resilienzfördernden Aktivitäten im Internet oder auf Veranstaltungen wie Recruiting-Events können solche Ergebnisse erfassen.

Das EFQMplusR-Modell zur systematischen Erfassung von Resilienzaspekten nutzen

Nachfolgend wird das Vorgehen zur Anwendung des EFQMplusR-Modells erläutert:

- **1. Schritt: Ermittlung der Resilienz im Unternehmen**
  Die im Projekt erarbeite Selbstbewertungsmethodik „Analyse – wie widerstandsfähig ist Ihr Unternehmen?" gibt konkrete Hilfestellungen, wie der Status quo der individuellen und organisationalen Resilienz im Unternehmen erfasst werden kann.
- **2. Schritt: Entwicklungspotenziale in den Handlungsfeldern identifizieren und priorisieren**
  Durch die Selbstbewertung erkannte Potenziale werden in ein Am-

pelsystem überführt, das der leichteren Darstellung von Stärken und Potenzialen dient. Alle Ergebnisse, denen z.B. eine hohe Bedeutung zukommt und in denen der Status quo als positiv nachgewiesen wird, erhalten die grüne Ampel. Rote Felder signalisieren dringenden Handlungsbedarf, während gelbe Bereiche eher mittelfristig bearbeitet werden sollten.

Tab. 1: *Beispielfragen zum Befähiger-Kriterium „Führung" [2]*

Fragen	**Mögliche Nachweise und Kennziffern**	**Antwort**	**Bedeutung von 1 bis 10***
1. Wer sind Ihre Führungskräfte und welche Rolle spielen sie bei der Entwicklung von Vision, Mission und Werten für die Organisation?	Organigramm, Listen ... Arbeitsgruppe Leitbildentwicklung, Führungskreis zu Unternehmenswerten, Entwicklung von Führungsleitsätzen, Vorbildwirkung, vertrauensvoller Führungsstil, Vorbildcharakter der Führungskraft für Beschäftigte, Aufbau einer Unternehmenskultur, unterschriebenes und veröffentlichtes Leitbild ...		

Fragen	Mögliche Nachweise und Kennziffern	Antwort	Bedeutung von 1 bis 10*
2. Mit welchen Instrumenten, methodischen Verfahren und Kennziffern steuern und unterstützen die Führungskräfte den kontinuierlichen Verbesserungs- und Veränderungsprozess im Unternehmen?	Mitarbeitergespräche, Prozesslandkarte, Analyse des Ideenmanagements (Anzahl eingereichter Ideen pro Abteilung, Anzahl umgesetzter Ideen), fördernder Führungsstil, Analyse der „Störungen", Umgang mit Störungen, Umgang mit Fehlern ...		
3. Wie unterstützt der Führungsstil der Führungskräfte Ihres Unternehmens Innovation, Flexibilität und Nachhaltigkeit?	Motivation der Beschäftigten zur Beteiligung am Ideenmanagement; Gestaltungsfreiräume für Beschäftigte; Förderung des Mitdenkens und Verantwortungsbewusstseins, Probleme zu erkennen, zu benennen und zu lösen (nicht verleugnen); Ermunterung zur Entwicklung von unternehmensförderlichen Projekten ...		
* Bedeutung von 1 bis 10 (1 = ganz geringe Bedeutung, 10 = höchste Bedeutung)			

- **3. Schritt: Durchführung einer oder mehrerer Maßnahmen in dem Handlungsfeld/den Handlungsfeldern mit Entwicklungsbedarf**
  Die mittels RADAR-Logik entwickelten und abgeleiteten Maßnah-

men zur Förderung der individuellen und organisationalen Resilienz werden umgesetzt.

- **4. Schritt: Messung der Zielerreichung einzelner Maßnahmen durch erneute Analyse und ggf. Festlegung weiterer Maßnahmen zur Stärkung der Resilienz**

Fazit

Resilienz im betrieblichen Alltag ist wichtig, um schnell und angepasst auf neue Situationen zu reagieren. Dabei müssen alle Personen in einer Organisation an der Umsetzung und Durchführung der Resilienz im Unternehmen beteiligt sein und sich vollständig damit auseinandersetzen. Es ist vor allem wichtig, die Stärken und Schwächen zu kennen und diese kontinuierlich zu verbessern, um Potenziale zu nutzen und die Strategie des Unternehmens weiterhin zu verfolgen. Das EFQM-Modell, erweitert zum EFQMplusR-Modell, kann hierbei den notwendigen Orientierungs- und Gestaltungsrahmen bieten.

Literatur

[1[Allenby, B.; Fink, J.: *Toward Inherently Secure and Resilient Societies. In: Science 12 (309), 2005, S. 1034–1036*

[2] Institut für angewandte Arbeitswissenschaft, Institut für Arbeitswissenschaft, Institut der deutschen Wirtschaft, Hochschule Fresenius Düsseldorf (Hrsg.): *Resilienzkompass zur Stärkung der individuellen und organisationalen Resilienz im Unternehmen, 2018; https://www.iwkoeln.de/fileadmin/user_upload/Studien/Gutachten/PDF/2018/Gutachten_Resilienzkompass.pdf*

Betriebliches Gesundheitsmanagement: Mitarbeitergesundheit als strategischer Erfolgsfaktor

Sie kennen Ihr Unternehmen. Sie kennen Ihre Prozesse. Sie kennen Ihre Mitarbeiter und Führungskräfte – denn die Mitarbeiter sind Ihr Erfolgskapital. Gesunde, motivierte und leistungsfähige Mitarbeiter sind Ihr Kapital! Aber wie können Sie als Unternehmen dafür sorgen, dass die betrieblichen Rahmenbedingungen geeignet sind, die Gesundheit der Mitarbeiter zu erhalten und sogar zu fördern? Wie sehen die Zusammenhänge zwischen Unternehmensprozessen und Mitarbeitergesundheit aus? Wie können Sie strategisch vorgehen, um gesunde Mitarbeiter als einen der Erfolgsfaktoren für Ihr Unternehmen zu stärken?

In diesem Beitrag erfahren Sie:

- wie betriebliches Gesundheitsmanagement als ganzheitliches Tool sinnstiftend und wertschöpfend sein kann
- wie Gesundheit durch die Anpassung von Prozessen gefördert und unterstützt werden kann
- wie Sie Mitarbeitergesundheit als strategischen Erfolgsfaktor nutzen können

TANJA ROTHKEGEL

Gesundheitskosten sind ein wesentlicher Bestandteil der Arbeitskosten. Die Bundesanstalt für Arbeitsschutz und Arbeitsmedizin (BAuA) schätzt seit 1994 die volkswirtschaftlichen Produktionsausfälle durch Arbeitsunfähigkeit. Mit einer durchschnittlichen Arbeitsunfähigkeit von 16,7 Tagen je Arbeitnehmer ergaben sich im Jahr 2017 insgesamt

668,6 Millionen Arbeitsunfähigkeitstage. Ausgehend von diesem Arbeitsunfähigkeitsvolumen schätzt die BAuA die volkswirtschaftlichen Produktionsausfälle auf insgesamt 76 Milliarden Euro bzw. den Ausfall an Bruttowertschöpfung auf 136 Milliarden Euro. [1]

Hierbei stieg in den letzten Jahren gerade der Anteil an psychischen Erkrankungen massiv an. Psychische Erkrankungen lagen im Jahr 2018 mit einem Anteil von rund 15,2 Prozent hinsichtlich ihrer Bedeutung für den Krankenstand an dritter Stelle. [2]

Grund genug, dass sich die Unternehmen Gedanken machen müssen, wie die Gesundheit der Mitarbeiter erhalten bzw. gefördert werden kann. Und genau hier liegt allzu oft die Krux: Wird von betrieblichem Gesundheitsmanagement gesprochen, fallen Begriffe wie Rückenkurse und Yoga, Stressmanagementseminare oder kostenfreies Obst für die Mitarbeiter.

In vielen Unternehmen besteht das Gesundheitsmanagement aus einem mehr oder weniger aufeinander abgestimmten Blumenstrauß von gesundheitsfördernden Maßnahmen. Ein strategischer Ansatz, um Mitarbeitergesundheit als Erfolgsfaktor nachhaltig zu nutzen, fehlt. Damit ein betriebliches Gesundheitsmanagement nachhaltige Effekte erzeugt, ist jedoch mehr nötig, als Mitarbeitern einen Obstkorb, Yoga- oder Rückenkurse und Stressmanagementseminare anzubieten. Es ist auch weit mehr erforderlich, als die gesetzlichen Vorgaben im Rahmen der Arbeitssicherheit mit Bravour zu erfüllen.

Zur besseren Nachvollziehbarkeit lohnt ein Blick auf die Abgrenzung zwischen Arbeitsschutz (dessen Ziel die Arbeitssicherheit ist), betrieblicher Gesundheitsförderung und betrieblichem Gesundheitsmanagement, wie sie die DIN SPEC 91020 vornimmt:

- **Arbeitsschutz** kann definiert werden als die *„Abwehr von Unfallgefahren und arbeitsbedingten Gesundheitsgefahren zum Schutz vor arbeitsbedingten Verletzungen (Arbeitsunfällen) und arbeitsbedingten Erkrankungen (Berufskrankheiten und andere arbeitsbedingte Erkrankungen) sowie zugleich eine solche menschengerechte Gestaltung und ständige Verbesserung der Arbeit, dass diese insgesamt den körperlichen und geistigen Leistungsvor-*

aussetzungen des Organisationsmitgliedes entspricht und auf Bewahrung von Leben und Gesundheit in Verbindung mit der Berufsarbeit abzielt".

- **Betriebliche Gesundheitsförderung (BGF)** umfasst alle Maßnahmen des Betriebs unter Beteiligung der Organisationsmitglieder zur Stärkung ihrer Gesundheitskompetenzen sowie Maßnahmen zur Gestaltung gesundheitsförderlicher Bedingungen (Verhalten und Verhältnisse), zur Verbesserung von Gesundheit und Wohlbefinden im Betrieb sowie zum Erhalt der Beschäftigungsfähigkeit.
- **Betriebliches Gesundheitsmanagement (BGM)** beinhaltet die systematische sowie nachhaltige Schaffung und Gestaltung von gesundheitsförderlichen Strukturen und Prozessen einschließlich der Befähigung der Organisationsmitglieder zu einem eigenverantwortlichen, gesundheitsbewussten Verhalten. [3]

Hierbei lässt sich bereits eine Unterscheidung in Managementebene (Ausrichtung) und operative Ebene (Umsetzung) vornehmen:

- Die **Ausrichtung des BGM erfolgt auf der Managementebene,** die Mitarbeitergesundheit als strategischen Faktor in das Leitbild, in die Kultur sowie in die Strukturen und Prozesse der Organisation integriert. Gesundheit wird zur Managementaufgabe mit dem Ziel, durch eine bewusste Steuerung der betrieblichen Prozesse arbeitsplatzbedingten Krankheiten vorzubeugen, Gesundheitspotenziale zu stärken, Gesundheit zu erhalten und zu fördern sowie das Wohlbefinden am Arbeitsplatz zu verbessern.
- Die **Umsetzung erfolgt auf der operativen Ebene** und umfasst die Bereiche Gesundheitsförderung und Arbeitsschutz, wobei im Arbeitsschutz die wesentlichen Elemente des Arbeitsschutzgesetzes (ArbSchG) und des Arbeitssicherheitsgesetzes (ASiG) zusammengefasst sind. Diese Ebene beinhaltet die Umsetzungsstrategien und Konzepte zum Erhalt und zur Verbesserung der Mitarbeitergesundheit.

Es gibt grundsätzliche Fragestellungen, die sich das Managementteam, bestehend aus Geschäftsleitung, Führungskräften und gegebenenfalls dem Betriebsrat, stellen muss, um Gesundheitsmanagement als moderne Unternehmensstrategie nutzen zu können:

1. Wie lautet die Vision zur Mitarbeitergesundheit? Haben Sie einen Zustand definiert, den Ihr Unternehmen hinsichtlich der Mitarbeitergesundheit in den nächsten Jahren erreichen will?
2. Wie lautet die Mission zur Mitarbeitergesundheit? Haben Sie definiert, wofür Ihr Unternehmen steht und wie Sie von Ihren Mitarbeitern wahrgenommen werden wollen?
3. Welche strategischen Ziele verfolgen Sie, um die Vision und Mission im Hinblick auf ein gesundheitsorientiertes Unternehmen umzusetzen?
4. Wie stellen Sie sicher, dass die gesundheitsorientierte Vision und Mission und die strategischen Ziele den Führungskräften und Mitarbeitern bekannt sind und verstanden werden und diese entsprechend ihren Beitrag dazu leisten?
5. Wie stellen Sie fest, welchen Einfluss Ihre Unternehmensprozesse auf die Gesundheit der Mitarbeiter haben, und wie werden diese Prozesse sinnstiftend aufeinander abgestimmt?
6. Welche Kennzahlen nutzen Sie, um den Erfolg des Vorgehens sowie die Zielerreichung und Umsetzung der Strategie messbar zu machen?

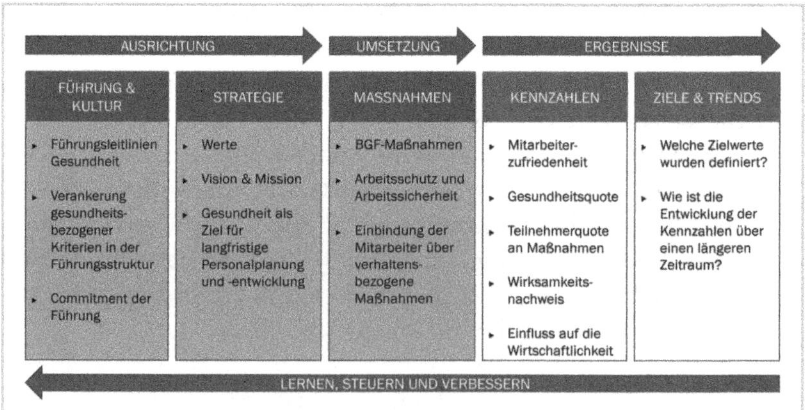

Abb. 1: *Strategische Darstellung BGM*

Doch wie lassen sich bereits existierende einzelne Maßnahmen konsolidieren und in ein ganzheitliches BGM integrieren, um so die Gesundheit der Mitarbeiter nachhaltig zu erhalten und zu fördern?

Von Einzelmaßnahmen und Projekten zu einem ganzheitlichen BGM

Eine nachvollziehbare Vorgehensweise zur Konsolidierung bestehender BGM-Maßnahmen zu einem ganzheitlichen Gesundheitsmanagement wird hier am Beispiel eines Unternehmens dargestellt, das in einem Callcenter deutschlandweite Notrufe entgegennimmt und entsprechende Rettungsmaßnahmen zum Erhalt von Leben einleitet.

Um ein breites Angebot von bereits bestehenden mitarbeiterorientierten Maßnahmen zu konsolidieren und zu optimieren, erfolgte im ersten Schritt die Erfassung des Status quo mit der Fragestellung, welche bereits existierenden Maßnahmen und Instrumente vorhanden sind.

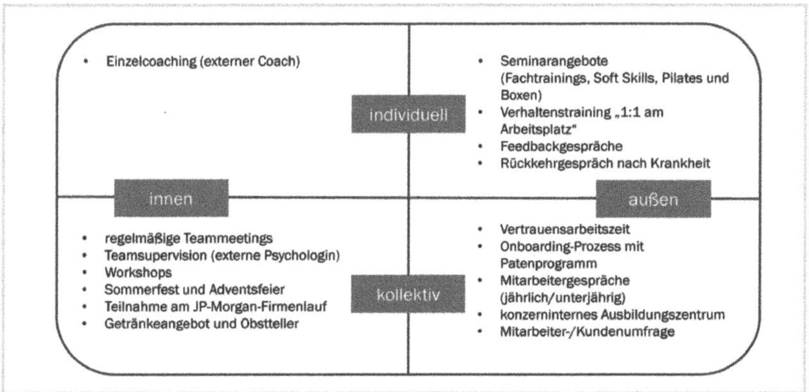

Abb. 2: *Status quo vorhandener Maßnahmen*

In der oben abgebildeten Darstellung der vorhandenen Maßnahmen erfolgte eine Zuordnung nach dem integralen AQAL-Modell, bei dem die Vorgehensweisen in individuelle und systemische Bereiche nach innen oder außen gerichtet unterteilt wurden.

Wir stellten fest, dass die Fürsorgepflicht des Arbeitgebers bereits in einem weit über dem Durchschnitt liegenden Maß ernst genommen und Mitarbeiter bei den täglichen Herausforderungen unterstützt wurden.

Bei näherer Betrachtung wurde allerdings auch klar, dass für die meisten Maßnahmen bislang keine eindeutigen und messbaren Ziele definiert waren. Dementsprechend wurden die Fragen gestellt:

1. Welche Zielsetzungen sind für die jeweilige Maßnahme definiert?
2. Welche Kennzahlen werden zur Erfolgsmessung herangezogen?

Im nächsten Schritt wurden die Stakeholder für das BGM benannt, um sicherzustellen, dass alle Interessengruppen im weiteren Vorgehen berücksichtigt werden. Um zielgerichtete Lösungen zu ermöglichen, wurden anschließend die Problemstellungen und spezifischen Herausforderungen betrachtet:

Betrachtung der Probleme

- „Fließbandarbeit" (viele Testanrufe, Fehlbedienungen), täglich bis zu 300 Telefonate pro Mitarbeiter
- Mitarbeiter verändern sich im Lauf der Zeit unter dem Belastungsdruck (Abhängigkeit berufliche Belastung/Privatleben, individuelle Resilienzfähigkeit)
- Phänomen, dass die Mitarbeiter im Lauf der Zeit an Gewicht zunehmen
- private Schicksale der Mitarbeiter, private Sorgen
- geringe Wertschätzung der eigenen Arbeit
- Alternative für nicht mehr belastbare Mitarbeiter schaffen/Aufgabenfelder anders strukturieren

Abb. 3: *Betrachtung der Probleme*

Wie viel Wissen in Bezug auf Gesundheit ist notwendig, um Prozesse gesundheitsfördernd zu gestalten?

Aufgrund der gesetzlichen Vorgaben werden in Deutschland die meisten Arbeitsplätze und -prozesse im Rahmen von Arbeitsschutz und Arbeitssicherheit bereits mit Bravour optimiert, zumindest hinsichtlich der körperlichen Unversehrtheit der Beschäftigten. Doch wie steht es um die psychische Gesundheit? Welchen Einfluss haben Prozesse auf das mentale Wohlbefinden und die mentale Gesundheit der Mitarbeiter?

Einige der oben genannten Aussagen zu den grundsätzlichen Problemen machten in diesem Callcenter deutlich, dass ein genauerer Blick auf die Kernprozesse geworfen werden musste. Wenn Probleme („Phänomene") bei allen Mitarbeitern oder aber auch gehäuft auftreten, sind strukturelle Themen naheliegend.

Der wichtigste Kernprozess in diesem Callcenter war also das Beantworten von Notrufen, bei denen es oftmals um Leben und Tod der Anrufer ging. Viele der eingehenden Gespräche waren jedoch auch Anrufe, die lediglich dazu dienten, private Notrufsysteme auf ihre Funktion zu überprüfen. Im Vorfeld wussten die Mitarbeiter jedoch nicht, um welche Art Gespräch es sich handeln würde. Hinzu kam, dass das Callcenter in feste Rahmenbedingungen und Strukturen der deutschlandweiten Rettungsdienste eingebunden war und bei wirklichen Notfällen, in denen die Feuerwehr oder Rettungssanitäter zum Einsatz geschickt wurden, in der Regel kein Feedback an die Callcenter-Mitarbeiter erfolgte bzw. erfolgen konnte. Das heißt, echte Erfolgsmomente waren rar.

Da zu bestimmten Stoßzeiten ein vermehrtes Aufkommen gerade an Testanrufen zu verzeichnen war, wurde die Schichtplanung dementsprechend angepasst. Dies führte dazu, dass bei einer notwendigen Besetzung 24/7 ein Schichtplan mit über zehn Schichten gewachsen war.

In Gesprächen mit den Mitarbeitern und der Betrachtung der Arbeit vor Ort wurden folgende Feststellungen gemacht:

- Die Mitarbeiter haben eine außergewöhnlich hohe mentale Belastung sowie daraus resultierend eine hohe körperliche Anspannung. Sie leben in der Ungewissheit, ob beim nächsten Gespräch ihr Einsatz über Leben und Tod entscheidet – ohne zu wissen, ob ihr Tun Leben rettet.

- Diese hohe Stressbelastung führt dazu, dass das Level des Stresshormons Cortisol stark ansteigt und über lange Zeit hoch bleibt. Als gesundheitliches Hintergrundwissen sei hier ergänzt, dass Cortisol die Fettverbrennung sowie die Produktion von Serotonin, der körpereigenen Glücksdroge, hemmt. Um den Cortisolspiegel zu senken, ist eine ausreichende Regenerationsphase notwendig. Diese Regenerationsphasen sind jedoch durch den Schichtplan kaum möglich.
- Die 24/7-Verfügbarkeit lässt kaum eine ausgewogene Work-Life-Balance zu.
- Weiterhin fehlt bei den meisten Mitarbeitern die Wertschätzung der eigenen Arbeit, da sie der Meinung sind, es sei „ja nur ein Callcenter-Job".

Ideengenerierung: Lernen, Kreativität und Innovation

In einem ersten Maßnahmenworkshop wurden nun auf Basis dieser Erkenntnisse neue Ideen entwickelt, die zielgerichtete Lösungen liefern können.

Strukturelle Ansätze

1. **Auslagerung der Testanrufe**
   a. Schaffung eines separaten Backoffice, welches die komplette Betreuung der Testanrufe übernimmt, inkl. Programmierung und Überprüfung
   b. Wöchentlich rotierender Einsatz der Mitarbeiter aus Notrufteam im Backoffice als eine Art Jobrotation „light"
   c. Sicherstellung der „Zwangsregeneration" mit dem Effekt, dass die Produktion von Stresshormonen verringert wird und das generelle Stresslevel sinkt

   d. Ermöglichung der Backoffice-Schicht im Homeoffice, um so eine bessere Vereinbarkeit von Beruf und Privatleben zu gewährleisten
2. **Einsatzplanung**
   a. Vereinfachung des gewachsenen Schichtplans durch Auslagerung der Testanrufe
   b. Untersützung einer besseren Vereinbarkeit mit dem sozialen Umfeld
   c. Sicherstellung von mindestens zwei freien Tage am Stück zur ausreichenden Regeneration

Networking

1. **Best Practice Sharing**
   a. Austausch mit anderen Organisationen mit ähnlichen Anforderungen an die Mitarbeiter nutzen, um neue Ideen und Ansätze zu entwickeln
   b. Fokus hierbei explizit auf Unternehmen außerhalb der eigenen Organisation lenken, um eingefahrene Denk- und Handlungsstrukturen zu verlassen
   c. Innovationszirkel im Bereich BGM (z.B. Xing) prüfen

Sonstige Ideen

1. **Wertschätzung der eigenen Arbeit erhöhen**
   a. Durchführung von Workshops zur Visualisierung/Mehrwert und Wichtigkeit der eigenen Leistungen
   b. Erarbeitung gemeinsamer Leitlinien

2. **„Kopf frei bekommen“**
   a. Einfordern regelmäßiger Pausen (z.B. 15/120), in denen der Arbeitsplatz verlassen wird

   b. Erlaubnis von Bürohunden, um die positiven Effekte auf Stressreduktion und Burnout—Prävention zu nutzen und einen Mehrwert für die Mitarbeiter zu bieten
   c. Nutzung der umliegenden Wiesengrundstücke als Mini-Tiergnadenhof

3. **Mentale Unterstützung**
   a. Externe telefonische Seelsorge für Notrufmitarbeiter
   b. Prüfung der Angebote des pme-Familienservice
      I. Betreuungslösungen für Kinder und pflegebedürftige Angehörige
      II. Krisenberatung
      III. Gesundheitsprävention

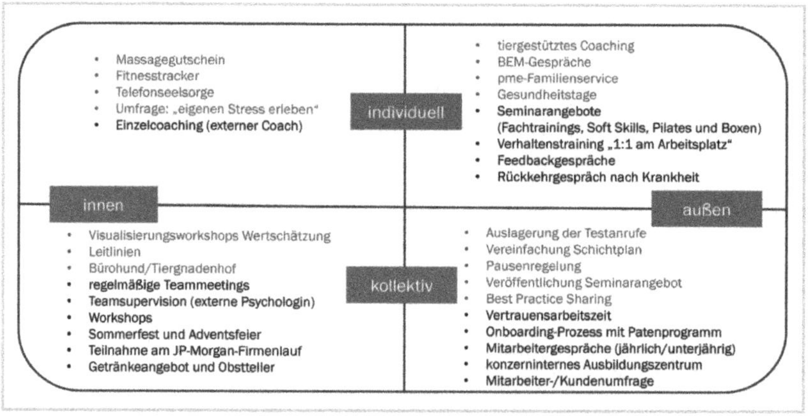

Abb. 4: *Ergänzung vorhandener Maßnahmen durch Ideen*

Einige der Ideen klingen aufwendig, andere erscheinen abenteuerlich. Alle Ideen bieten jedoch zusätzliches Potenzial zur Förderung der psychischen Gesundheit der Mitarbeiter.

Welche Zielsetzungen ein Unternehmen mit Blick auf gesunde Mitarbeiter hat, wie viel Kreativität erlaubt ist und welche Ideen letztendlich im Unternehmen umgesetzt werden, welche kulturellen Rahmenbedingungen vorhanden sind oder geschaffen werden, welches Commitment der Führungskräfte und inwiefern eine Einbindung der Mitarbeiter vorhanden ist, bestimmt den nachhaltigen Erfolg eines BGM.

Ein Global Player, der sich seit vielen Jahren schon bewusst mit Business Excellence beschäftigt und danach agiert, hat die Unternehmensvision hinsichtlich gesunder Mitarbeiter in die Personalstrategie integriert und für sich wie folgt benannt:

„Ein Teil unserer Personalstrategie ist es, die Menschen, die in unserer Organisation arbeiten, gesund zu verrenten.“ Über die Zeit der Beschäftigung hinaus liegt somit der Fokus auf einer langfristig ausgelegten Gesundheitsstrategie mit nachhaltigem und spürbarem Erfolg.

Literatur

[1] Bundesanstalt für Arbeitsschutz und Arbeitsmedizin (BAuA): *Volkwirtschaftliche Kosten durch Arbeitsunfähigkeit 2017. Stand: Januar 2019; www.baua.de/DE/Themen/Arbeitswelt-und-Arbeitsschutz-im-Wandel/Arbeitsweltberichterstattung/Kosten-der-AU/pdf/Kosten-2017.pdf?__blob=publicationFile&v=4*

[2] DAK-Gesundheitsreport 2019. *Stand: April 2019; www.dak.de/dak/download/dak-gesundheitsreport-2019-sucht-pdf-2073718.pdf*

[3] DIN SPEC 91020:2012-07 *Betriebliches Gesundheitsmanagement. Berlin: Beuth, 2012*

Zusammenfassung

Um als Arbeitgeber die Gesundheit der Mitarbeiter aktiv zu fördern und zu unterstützen, braucht es mehr als die Einhaltung der gesetzlichen Vorgaben im Bereich Arbeitsschutz und Arbeitssicherheit. Ebenso ist mehr nötig als vereinzelte, nicht aufeinander abgestimmte Maßnahmen zur Verhaltens- oder Verhältnisprävention. Es sind Strukturen und Arbeitsbedingungen erforderlich, die physische und psychische Gesundheit ermöglichen: angefangen beim Commitment der Führungskräfte und den Zielsetzungen im BGM über strategische Vorgehensweisen zur Förderung der Mitarbeitergesundheit bis hin zu einem Umfeld, das von Vertrauen, Wertschätzung, Einbindung und Selbstverantwortlichkeit der Mitarbeiter geprägt ist. Zudem setzt es Unternehmensprozesse voraus, die Gesundheit überhaupt ermöglichen und ihr nicht diametral entgegenstehen. Zu guter Letzt bedarf es einer kontinuierlichen Nachverfolgung und Wirksamkeitsprüfung, ob die implementierten Vorgehensweisen geeignet sind, die gesetzten Ziele hinsichtlich der Gesundheit der Mitarbeiter zu erreichen, oder ob das Vorgehen gegebenenfalls angepasst werden muss. Nur bei einer solchen ganzheitlichen Betrachtung kann Mitarbeitergesundheit als wirklicher Erfolgsfaktor für das Unternehmen genutzt werden.

Unternehmerische Verantwortung

Der Anspruch an exzellente Organisationen muss vor dem Hintergrund der planetaren Grenzen neu gedacht werden. Die Quelle dazu liegt in der unternehmerischen Verantwortung und insbesondere in der Auseinandersetzung mit den inneren Sichtweisen der handelnden Personen.

In diesem Beitrag erfahren Sie:

- wie sich die gegenwärtigen globalen Krisen auf die Bedeutung der Nachhaltigkeit für Unternehmen und deren Bewertung im Rahmen des Excellence-Modells auswirken
- wie integrale Sichtweisen zur Entwicklung einer Organisation genutzt werden können
- welche Konsequenzen eine integrale Sicht für die fundamentalen Konzepte des EFQM-Modells haben kann
- welche fundamentalen Konzepte das Modell transformieren können

Detlev Bohle, Oliver Dersch und Richard Schieferdecker

Auf der einen Seite erleben wir einen grundlegenden globalen Wandel, den man kaum besser beschreiben kann, als Claus Otto Scharmer und Katrin Käufer das im Klappentext ihres Buches „Von der Zukunft her führen – Theorie U in der Praxis – Von der Egosystem- zur Ökosystem-Wirtschaft“ [1] auf den Punkt gebracht haben:

„Finanzkrise, Klimakatastrophe, Flüchtlingsströme, Fundamentalismus – wir leben in einem Zeitalter zerstörerischen Wandels. Die alten Denkweisen des maximalen Konsums und von Einzelinteressen getriebene Entscheidungsprozesse stoßen an ihre Grenzen. Der Zustand organisierter Verantwortungslosigkeit produziert Ergebnisse, die niemand wirklich wollen kann.“

Auf der anderen Seite entsteht ein neues Verständnis von Organisation: Ausgehend von den frühen Arbeiten von Clare Graves zur Ebenentheorie der Persönlichkeitsentwicklung [2] über Don Becks und Chris Cowans Spiral Dynamics [3], Ken Wilbers Verständnis der integralen Theorie [4] bis zu Frederic Lalouxs Teal Organization [5] oder dezentralen Formen der Organisation wie Soziokratie [6], Holokratie [7], kollegial geführten Unternehmen [8] oder dem BetaCodex [9].

Wie gehen eigentlich in der Wirtschaft etablierte Management-Frameworks, wie in unserem Fall das Excellence-Modell der EFQM, damit um? Immerhin hat es den Anspruch, dass das eigene Unternehmen exzellent wird, wenn man sich daran orientiert.

Das Excellence-Modell der EFQM definiert exzellente Organisationen auf dem Titelblatt der Modellbroschüre 2013 folgendermaßen:

„Exzellente Organisationen erzielen dauerhaft herausragende Leistungen, welche die Erwartungen aller ihrer Interessengruppen erfüllen oder übertreffen.“

Ist das eine Definition, die vor dem Hintergrund der neuen Entwicklungen noch greift? Stellt diese Definition – verbunden mit den weiteren Ausführungen im Excellence-Modell – sicher, dass die Organisationen ihre Möglichkeiten wirklich ausschöpfen können?

Was ist eigentlich das Problem und warum existiert es?

Wie ist es zu den oben genannten Krisen gekommen?

Folgt man der Argumentation von Kate Raworth in ihrem Buch „Die Donut-Ökonomie“ [10], sind die heute nicht mehr zeitgemäßen ökonomischen Grundannahmen für die Probleme verantwortlich. Und diese bilden die Grundlage für die etablierten Management-Frameworks und damit das Handeln vieler vor allem großer Unternehmen. Mit dem Modell der Donut-Ökonomie schlägt sie eine faszinierende Alternative für neue ökonomische Grundannahmen vor. Danach sind wir hier, in Deutschland, im Übrigen ein Entwicklungsland [11].

Nach Ken Wilbers Verständnis sind *„die Hauptprobleme [Gaias (der Erde)] nicht Industrialisierung, Ozonabbau, Überbevölkerung oder Ressourcenabbau. Gaias Hauptproblem ist das mangelnde gegenseitige Verständnis und die gegenseitige Vereinbarung […] wie mit diesen Problemen umzugehen ist“* (eigene Übersetzung nach Esbjörn-Hargens/Zimmermann [12].

Der israelische Historiker Yuval Noah Harari [13] glaubt nicht mehr daran, dass die Politik auf der Ebene der Nationalstaaten sowie staatenübergreifend in dieser Beziehung handlungsfähig ist. Er baut eher auf die Verantwortung und den Gestaltungswillen der Unternehmen, so sie denn die Chancen in echtem nachhaltigen Handeln erkennen.

Aber sind die Unternehmen denn nicht auch schon heute nachhaltig orientiert?

Sicher, es gibt Corporate Social Responsibility (CSR) [14]. Soziale und ökologische Verantwortung beschränkt sich aber in vielen Fällen darauf, dass aus den Erträgen des unternehmerischen Handelns soziale oder ökologische Projekte gefördert werden. Recht oft finden sich auch noch Recyclingaktivitäten im Unternehmen bzw. in der Zulieferkette. Eher selten ist ein Teil der Leistung und noch seltener sind alle Leistungen des Unternehmens nachhaltig. Und in den seltensten Fällen sind die Unternehmen in Bezug auf unternehmerische Nachhaltigkeit im Stadium des zweckorientierten Ökosystems [15], bei dem der positive soziale Wandel und positive Auswirkungen auf die Umwelt im Vordergrund stehen.

Wie wird der Ansatz der Nachhaltigkeit im Excellence-Modell der EFQM berücksichtigt? Das Modell ist stark in der Leistungsorientierung verhaftet, durch den Fokus auf alle Interessengruppen einer Organisation in Ansätzen auch in der gemeinschaftsorientierten Denkweise, soweit die Strategie dies fördert.

Ja, das Excellence-Modell fordert in seinen Grundkonzepten unter anderem, die Zukunft nachhaltig zu gestalten. Und auf der Ergebnisseite im Kriterienmodell geht es darum, dass exzellente Organisationen mit ihren Ergebnissen die Bedürfnisse und Erwartungen der Gesellschaft erfüllen oder übertreffen.

Das Grundkonzept „Die Zukunft nachhaltig gestalten“ fordert, dass *„exzellente Organisationen […] einen positiven Einfluss auf ihr Umfeld aus[üben]“* und neben ihrer Leistungssteigerung *„gleichzeitig die ökonomischen, ökologischen und sozialen Bedingungen der Gesellschaftsgruppen [verbessern], mit denen sie in Kontakt stehen“* [16].

Aber stehen in einer globalen Ökonomie nicht die meisten Unternehmen mit allen Interessengruppen in Kontakt? Weltweit? Und ist es angemessen, dass auf der Ergebnisseite des Excellence-Modells die gesellschaftsbezogenen Ergebnisse als eines von vier Kriterien maximal 100 von 500 möglichen Punkten auf der Excellence-Skala ausmachen? Ein Unternehmen könnte also auf der Ergebnisseite hervorragende Punktezahlen erreichen (400 von 500 möglichen), ohne im Bereich der gesellschaftsbezogenen Ergebnisse irgendetwas zu tun. Müssten nicht vielmehr die gesellschaftsbezogenen Ergebnisse die Ergebnisse insgesamt nach oben begrenzen? Wenn also ein Unternehmen bei den gesellschaftsbezogenen Ergebnissen 10 von 100 möglichen Punkten erreicht, dann können auf der Ergebnisseite maximal 50 von 500 möglichen Punkten zu Buche stehen – unabhängig von der Anzahl der Punkte in den anderen drei Ergebniskriterien (kundenbezogene Ergebnisse, mitarbeiterbezogene Ergebnisse und Schlüsselergebnisse).

Wo liegt denn die Ursache dafür, dass sich so wenige – auch nach dem Excellence-Modell sehr gute – Unternehmen richtig mit unternehmerischer Nachhaltigkeit beschäftigen?

Ein Lösungsansatz

„Sie sehen das falsch!“

Im Gleichnis „Die blinden Männer und der Elefant“ [17] versuchen mehrere Blinde einen Elefanten zu untersuchen. Dabei sieht jeder nur einen Teil und jede individuelle Erfahrung führt zu völlig anderen Schlussfolgerungen darüber, was der Einzelne für einen Elefanten hält.

Das Gleichnis soll zeigen, wie unterschiedlich die Wahrnehmung der Realität abhängig von der jeweiligen individuellen Perspektive ist.

Der umfassende Bezugsrahmen

Unternehmerisches Handeln ist eine komplexe Herausforderung, die ebenfalls unter ganz unterschiedlichen Perspektiven betrachtet werden kann und sollte. Ein Modell, das alle Betrachtungsweisen strukturiert, ist der AQAL-Bezugsrahmen [18] aus der integralen Theorie [19] des weiter oben schon angesprochenen Ken Wilber, der aus mehreren Elementen besteht.

Die relevanten Perspektiven

Das erste AQAL-Grundelement unterscheidet im Kern zwei Dimensionen:
1. die Innen- und die Außensicht
2. die individuelle und die kollektive Ebene

Damit lassen sich vier Quadranten und damit vier Sichtweisen bzw. Perspektiven bilden:
- **ICH** (subjektiv): Der erste Quadrant oben links (innerlich, individuell) steht für das Individuum und seine Intention, also die innere Sichtweise des Individuums.
- **ES** (objektiv): Der obere rechte Quadrant (äußerlich, individuell) steht für die beobachtbare Entität bzw. das Verhaltensmäßige des einzelnen Objekts, also das, was von außen sichtbar ist.
- **WIR** (intersubjektiv): Der Quadrant unten links (innerlich, kollektiv) beschreibt das Innere der Gruppe, des Kollektivs, das Kulturelle.
- **SIE** (interobjektiv): Der rechte untere Quadrant (äußerlich, kollektiv) beschreibt die Außensicht auf das Kollektiv, das soziale System.

Daraus lassen sich drei Domänen der Realität ableiten: Die beiden rechten (äußerlichen) Quadranten betrachten die Objektivität, der obere linke (innerlich, individuell) die Subjektivität und der untere linke (innerlich, kollektiv) die Intersubjektivität.

Nach der integralen Theorie kann keine der oben genannten Domänen bzw. Perspektiven durch die Brille der anderen verstanden werden. Bei komplexen Themen – wie z.B. dem unternehmerischen Handeln – ist eine einseitige bzw. reduzierte Sichtweise somit keine geeignete Herangehensweise.

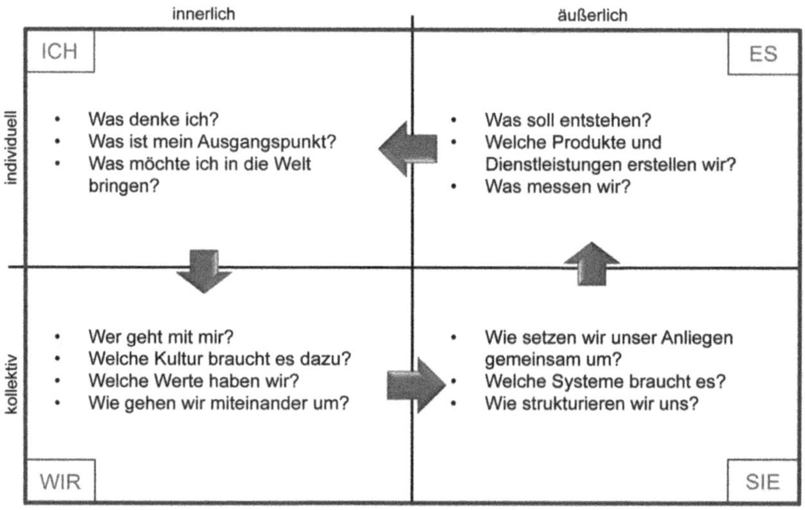

Abb. 1: *Die vier Quadranten und ihr Blick auf ein Unternehmen*

Die ausschließliche Arbeit mit den rechten (objektiven) Quadranten war über die letzten vier Jahrhunderte insbesondere in der westlichen Welt extrem erfolgreich. Insbesondere war dies der obere Quadrant der Wissenschaft, des Beobachtbaren. Hier ist Wunderbares entstanden, aber der Erfolg hat die Innensicht fast vollständig verdrängt.

Der integrale Ansatz erscheint in der ersten Auseinandersetzung kompliziert. Er ist aber ungemein praktisch, denn er zeigt: Wenn man eine oder mehrere Perspektiven auslässt, gehen ganz grundsätzliche Aspekte des integralen Ganzen verloren und wir beeinträchtigen unsere Fähigkeit, eine Situation oder Problemstellung zu verstehen oder anzugehen.

Das Excellence-Modell der EFQM betrachtet nur einen Teil, nämlich die rechten (objektiven) und, im Sinne von Kultur zur Unterstützung der Strategie, auch noch den unteren linken (intersubjektiven bzw. kulturellen) Quadranten.

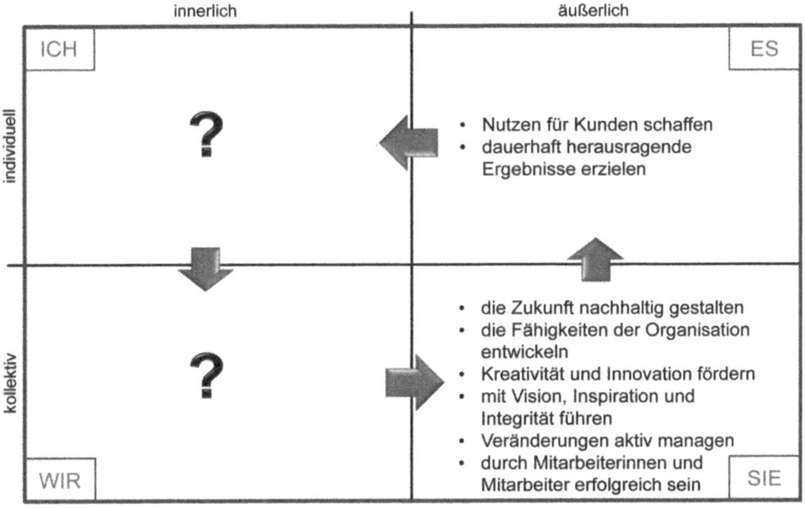

Abb. 2: *Die vier Quadranten und ihr Blick auf das EFQM-Modell für Business Excellence*

Machen wir nicht einen Fehler, wenn wir die Innensicht (die linken Quadranten) und insbesondere den oberen linken Quadranten ignorieren? Die Sicht der modernen westlichen Welt ist üblicherweise auf die systemische Außensicht beschränkt, die Strukturen der inneren Quadranten bleiben außen vor. Peter Drucker hat das passend formuliert mit den Worten *„Kultur isst Strategie zum Frühstück“* [20].

In der Theorie U macht Otto Scharmer dies deutlich, indem er den „blind spot of leadership“ [21] zum Ausgangspunkt seiner Betrachtung macht. Führung wird hier als Fähigkeit gesehen, den inneren Ort, von dem aus ein System agiert, auf eine höhere Stufe zu heben. Die Kapazität für Veränderung, die in uns steckt, kommt aus dem Inneren.

Drei neue Grundkonzepte

Die oben beschriebenen Aspekte sind in Ihrer Bedeutung im Organisationskontext vielleicht neu und der Umgang damit ungewohnt. Angelehnt an das EFQM-Modell erweitern wir inhaltlich die dort beschriebenen Grundkonzepte um drei weitere. Hierdurch wird die Basis für die unternehmerische Verantwortung und damit der Anspruch an herausragende Organisationen gemäß den Entwicklungen unserer Zeit neu definiert – insbesondere für ein Handeln innerhalb der planetaren Grenzen.

Grundkonzept „dem Leben zuhören“

Das erste neue Grundkonzept „dem Leben zuhören“ adressiert den oberen linken Quadranten des AQAL-Modells (innerlich/individuell) in der Sicht von außen nach innen.

Herausragende Organisationen sind sich ihrer Intention und ihrer Bestimmung bewusst. Sie sind Teil eines Ökosystems und tragen zu seiner Transformation bei, indem sie sich der Welt bewusst sind, die wir alle erschaffen und erhalten.

1. Herausragende Organisationen sind getrieben von der Intention der massiven Veränderung unserer Zeit in Bezug auf ökologische, soziale und spirituell-kulturelle Zukunftsfähigkeit.
2. Herausragende Organisationen sind exzellent darin, ihren Interessengruppen, der Umwelt und der Intention zuzuhören.

3. Herausragende Organisationen verpflichten sich, Lösungen aus der bestmöglichen Zukunft heraus zu entwickeln, nicht aus der Vergangenheit.
4. Herausragende Organisationen haben eine Bilanz, die die Menschen, die Ökologie und das Bewusstsein (bzw. den Sinn) betrachtet.

Grundkonzept „Raum geben für die Seele der Organisation“

Das Grundkonzept „Raum geben für die Seele der Organisation“ betrachtet den oberen linken Quadranten in seiner Sicht von innen nach außen. Die Organisation hat ein Selbst und die Führung ist sich dessen bewusst und beeinflusst es.

Herausragende Organisationen sind sich dessen bewusst, wer sie sind und wohin sie gehen. Sie kümmern sich mit Nachdruck um sich selbst als Organisation wie um die Menschen in der Organisation, einschließlich persönlicher und kollektiver Entwicklungspfade.

1. Die Hüter der Intention einer herausragenden Organisation kennen sich selbst. Sie entwickeln eine Praxis der Achtsamkeit und ermutigen die anderen Menschen in der Organisation, das ebenfalls zu tun.
2. Die Hüter der Intention ermöglichen ihre eigene Entwicklung und die Entwicklung der anderen in der Organisation. Sie unterstützen das kollektive Erwachen, Wachsen und Sichtbarwerden dieser Entwicklung.
3. Die Hüter der Intention beschützen und bewahren die Energie und Dynamik der Organisation und begründen das in Fürsorge für das Ganze.
4. Herausragende Organisationen sind sensibel in der Verwendung ihrer Sprache, mit der sie die evolutionäre Intention und die Mission der Organisation zum Ausdruck bringen.

Grundkonzept „Kultur der Freude und des Wohlergehens"

Das Grundkonzept „Kultur der Freude und des Wohlergehens" betrachtet den unteren linken Quadranten (innerlich/kollektiv).

Herausragende Organisationen entwickeln eine Kultur, die auf Offenheit, Wahrheit, Vertrauen und Transparenz basiert und die Organisation als lebendigen Organismus wahrnimmt. Der Anspruch ist Freude und Wohlergehen bei allen Menschen, insbesondere im Einflussbereich der Organisation.

1. Herausragende Organisationen achten auf das Wohl aller, während sie ihre Intention verfolgen und weiterentwickeln, einschließlich der Partner, der Kunden und der Umwelt
2. Herausragende Organisationen stellen in ihrem Einflussbereich sicher, dass bei der Gestaltung des Wohlergehens auch Finanzen und Kapital berücksichtigt werden.
3. Herausragende Organisationen befinden sich auf einer kontinuierlichen Lernreise, bei der Anerkennung, Fürsorge und die Lebensbedürfnisse der Menschen in der Organisation mit der Weiterentwicklung der Intention in Einklang gebracht werden.
4. Herausragende Organisationen haben ganzheitliche Praktiken. Sie berücksichtigen den ganzen Menschen mit allen Ebenen der Persönlichkeitsentwicklung in der Organisation.
5. In herausragenden Organisationen ist Selbstorganisation ein wesentliches Mittel, um kontinuierlich die Gesamtheit aus Intention, Kultur, System sowie Produkten und Dienstleistungen zu entwickeln.

Fazit

In einer zeitgemäßen Sicht auf Excellence sollten wir die Sichten auf die Strukturen der inneren Quadranten nicht länger ignorieren. Insbesondere der obere linke Quadrant ist die Quelle der unternehmerischen Verantwortung. Und die Auseinandersetzung damit lohnt!

Ein Excellence-Modell, das eine Wirkung für die Zukunft der Menschheit und das Wohlergehen unseres Planeten haben soll, sollte durch die gesellschaftsbezogenen Ergebnisse nach oben begrenzt werden. Solange das EFQM-Modell darauf verzichtet, können sich die Anwender immer noch vermeintlich in Richtung Excellence entwickeln, obwohl sie weiterhin die planetaren Grenzen missachten.

Literatur und Quellen

[1] Scharmer, C.O.; Käufer, K.: *Von der Zukunft her führen – Theorie U in der Praxis – Von der Egosystem- zur Ökosystem-Wirtschaft. Heidelberg: Carl Auer, 2017*

[2] *https://de.wikipedia.org/wiki/Clare_W._Graves*

[3] *https://de.wikipedia.org/wiki/Spiral_Dynamics*

[4] *https://de.wikipedia.org/wiki/Integrale_Theorie*

[5] Laloux, F.: *Reinventing Organizations – Ein Leitfaden zur Gestaltung sinnstiftender Formen der Zusammenarbeit. München: Vahlen, 2015*

[6] *https://de.wikipedia.org/wiki/Soziokratie*

[7] *https://de.wikipedia.org/wiki/Holokratie*

[8] Oestereich, B.; Schröder, C.: *Das kollegial geführte Unternehmen – Ideen und Praktiken für die agile Organisation von morgen. München: Vahlen, 2017*

[9] Hermann, S.; Pflaeging, N.: *OpenSpace Beta. A handbook for organizational transformation in just 90 days. Wiesbaden: BetaCodex Publishing, 2018*

[10] Raworth, K.: *Die Donut-Ökonomie – Endlich ein Wirtschaftsmodell, das den Planeten nicht zerstört. München: Hanser, 2018*

[11] *www.kateraworth.com/2018/12/01/doing-the-doughnut-at-the-g20*

[12] Esbjörn-Hargens, S.; Zimmerman, M.E.: *An Overview of Integral Ecology – A Comprehensive Approach to Today's Complex Planetary Issues. Integral Institute, Resource Paper No. 2, März 2009, S. 1–14 (http://rucore.org.za/wp-content/uploads/2011/11/Integral-Ecology.pdf)*

[13] Harari, Y.N.: *21 Lektionen für das 21. Jahrhundert. München: C.H. Beck, 2019*

[14] *https://de.wikipedia.org/wiki/Corporate_Social_Responsibility*

[15] Scharmer, C.O.: *Embrace the Journey: The 5 Stages of Corporate Sustainability, 04.09.2018 (https://medium.com/presencing-institute-blog/embrace-the-journey-the-5-stages-of-corporate-sustainability-f5140b15b5e6)*

[16] EFQM Excellence Modell/EFQM Model 2013. *Brüssel: EFQM Publications, 2012, S. 5*

[17] *https://de.wikipedia.org/wiki/Die_blinden_Männer_und_der_Elefant*

[18] *https://en.wikipedia.org/wiki/Integral_theory_(Ken_Wilber)#All_Quadrants_All_Levels*

[19] Esbjörn-Hargens, S.: *Eine Übersicht integraler Theorie – Ein allumfassendes Bezugssystem für das 21. Jahrhundert, 2016 (https://integraleuropeanconference.com/wp-content/uploads/2016/12/Integrale_Theorie_-_S._Esbjoern-Hargens.pdf)*

[20] Cave, A.: *Culture Eats Strategy For Breakfast. So What's For Lunch?, 09.11.2017 (www.forbes.com/sites/andrewcave/2017/11/09/culture-eats-strategy-for-breakfast-so-whats-for-lunch)*

[21] Scharmer, C.O.: *The Blind Spot of Leadership. Presencing as a Social Technology of Freedom, April 2003 (www.ottoscharmer.com/sites/default/files/2003_TheBlindSpot.pdf)*

Zukunftsorientiertes Ideenmanagement einfach machen

Das EFQM-Modell wird in der Zukunft weiterhin eine zentrale Rolle in Unternehmen spielen, die ihre Selbsterneuerung aus eigener Kraft stärker nutzen wollen. Das Ideenmanagement ist ein zentrales Instrument, um die Ideen der Mitarbeitenden für Verbesserungen in die Wirkung zu bringen. Dieser Artikel gibt dazu einen kurzen Überblick.

In diesem Beitrag erfahren Sie:

- wie produzierende und Dienstleistungsunternehmen sowie öffentliche Verwaltungen mit einer kontinuierlichen Verbesserung ihres Ideenmanagements ihre Effizienz steigern und eine Unternehmens- und Führungskultur fördern können, die offen für neue Ideen ist und diese ernsthaft nutzt
- wie das EFQM-Modell diesen Optimierungs- und Lernprozess unterstützt

Roland Rausch

Der Erfolg eines Unternehmens wird maßgeblich dadurch bestimmt, wie gut es ihm gelingt, Ideen der Mitarbeitenden in die Nutzung zu bringen und dadurch eine attraktive Unternehmenskultur für Zukunftsmacher zu schaffen. Dieses weiter zu verbessern bedeutet, die eigene Wettbewerbsfähigkeit auszubauen.

Was ist Ideenmanagement?

In Deutschland, einem Land der begrenzten natürlichen Rohstoffverfügbarkeit, ist die Ressource der Mitarbeiterideen wesentlicher Bestandteil der Wertschöpfung.

Seit Jahrzehnten existiert in Deutschland eine Besonderheit: ein **verlässlicher Umgang mit Mitarbeiterideen,** der **vertraglich** zwischen Arbeitgeber- und Arbeitnehmerseite **vereinbart** ist. Mitarbeiterideen werden in einem darin beschriebenen Verfahren gesichert erfasst und verarbeitet. Das gesamte Vorgehen ist transparent und nachvollziehbar für alle Beteiligten, von den Mitarbeitenden bis hin zum Topmanagement. **Wir nennen es das Management von Ideen oder eben Ideenmanagement.**

Wie funktioniert Ideenmanagement in der Praxis?

Viele Unternehmen, die sich über Mitarbeiterideen aus eigener Kraft heraus verbessern wollen, nutzen Ideenmanagement als **integriertes Managementprogramm.** Es ist auf die Unternehmensstrategie ausgerichtet und fragt danach, welche Ideen benötigt werden, um die strategische und operative Effizienz- und Entwicklungslücke zu schließen (GAP-Analyse).

In Abhängigkeit von der **Unternehmens- und Führungskultur** werden **Kreativitätsprozesse** methodisch durchgeführt und unterstützt. Mitarbeitende wenden ihr Wissen wertstiftend an, benötigte Ideen entstehen. Das gemeinsame Finden von Lösungen fördert den Zusammenhalt der Mitarbeitenden als Gruppe, die an einem Strang zieht.

Nun werden die Ideen über verschiedene Prozesse und Entscheidungswege wie in einem Produktions- und Veredelungsverfahren verarbeitet. Die dazu erforderliche Führungs- und Expertenorganisation leistet wertvolle Arbeit bei der Beurteilung, Bewertung und Umsetzung der Ideen, sodass **Nutzen für das Unternehmen und die Kunden** realisiert wird.

Die Art und Weise, wie die begleitende **Kommunikation und Wertschätzung** der Ideengeber gelebt wird, entscheidet darüber, wie unternehmerisch offen und dynamisch eine Unternehmenskultur ist.

Ideenmanagement wirkt dabei als **Management-, Führungs- und Veränderungsinstrument,** denn jede umgesetzte Idee bedeutet eine gelebte Veränderung im Kleinen wie im Großen.

Alle diejenigen, die eine **strategische Unternehmenstransformation** durchlaufen, finden im Ideenmanagement ein wunderbares Werkzeug, um **Vorstandsinitiativen über Mitarbeiterbeteiligung gezielt operationalisieren** zu können.

Wo wirkt Ideenmanagement?

Aus fachlicher Sicht wirkt Ideenmanagement wie ein **Multifunktionswerkzeug,** das in der gesamten Organisation eine Querschnittsfunktion einnimmt, und zwar immer dann, wenn Mitarbeiterideen für Verbesserungen oder auch Innovationen gefragt sind. Liegt der Schwerpunkt auf Innovationen, so sprechen wir auch vom betrieblichen Innovationsmanagement.

Es wirkt zuerst in der **innerbetrieblichen Wertschöpfungskette** sowohl bei den Primärprozessen z.B. von der Produktion und Dienstleistung bis zum Vertrieb, als auch in allen unterstützenden Prozessen wie der Instandhaltung, Administration, dem Marketing oder Personalwesen. Ideenmanagement ist in einzelnen Unternehmen entlang der **gesamten Wertschöpfungskette** geöffnet, sodass Lieferanten, Kunden, Partner Ideen zur Verbesserung teilen können.

Weil sich Ideenmanagement an alle Mitarbeitenden richtet, vernetzt es Menschen innerhalb der Aufbauorganisation und entlang der Ablauforganisation. Es wirkt **integrierend,** weil es die verschiedensten Fachbereiche miteinander vernetzt, als Ideen- und Community-Netzwerk.

Ideenmanagement ist People Business und fördert über die Generierung und den Austausch von Ideen ein Lernen in der gesamten Organisation. Es leistet einen Beitrag zu einer **lernenden Organisation.**

Zukunftsfähigkeit und Excellence im Ideenmanagement steigern

Ein **Unternehmen** verstehen wir als **ein komplexes, dynamisches System,** das aus Menschen, Prozessen, Maschinen, Algorithmen, Gebäuden und vielem mehr bestehen kann und sich permanent ändert.

Ein wesentlicher Faktor für Erfolg oder Misserfolg eines Unternehmens ist die Frage, wie gut es gelingt, Mitarbeitende zu mobilisieren, sich mit Ideen zu beteiligen und das Mitarbeiterwissen wertstiftend zu nutzen.

In kleineren Unternehmen mag die Antwort einfach ausfallen. Im Mittelstand oder in internationalen Konzernen fällt sie komplexer aus, weil unterschiedlichste Faktoren beachtet werden müssen. Wird Ideenmanagement standortübergreifend, national oder international betrieben, so kommen oft weitere Faktoren hinzu, wie geografische Distanz oder kulturelle Unterschiede.

Für eine **Steigerung der Excellence** ist es **im Ideenmanagement** hilfreich, wenn man das Unternehmensprogramm über ein professionelles Vorgehen kontinuierlich hinterfragt, anpasst und sich so immer weiter verbessert.

EFQM-Modell als Mittel der Wahl

Gehe an den Ort des Geschehens und erlebe die **gelebte Realität.** Mit dem EFQM-Modell ist ein solches Vorgehen gegeben.

Es unterstützt Unternehmen dabei aus einer neutralen Perspektive zu verstehen, wo man heute tatsächlich steht, und aufzuzeigen, welche Potenziale in der nahen Zukunft realistisch erschlossen werden können.

Aus der neutralen Perspektive heraus entsteht ein Informationspaket, das als Entscheidungsgrundlage herangezogen werden kann.

Das Besondere am Vorgehen in einem EFQM-Assessment ist das Arbeiten im Team mit allen Beteiligten. Dies hat zur Folge, dass während des EFQM-Assessments ein **Team-Lernprozess** stattfindet. Ein EFQM-Assessment kann so als zielgerichtete **Personalentwicklungsmaßnahme** verstanden werden, mit dem „Nebeneffekt“, dass über **kontinuierliche Verbesserungen die Wettbewerbsfähigkeit des Unternehmens steigt.**

Zusammenfassung

Ideenmanagement unterstützt den Kernprozess der Selbsterneuerung von Unternehmen aus eigener Kraft, indem eine ideenoffene Führungs- und Unternehmenskultur gefördert wird und die Ideen der Mitarbeitenden für Verbesserungen verarbeitet werden.

Ideenmanagement ist heute ein integriertes Managementprogramm, das über EFQM-Modell zielgerichtet optimiert werden kann.

EFQM und Beziehungs-management

Für mich als Beraterin und Coach war die Erkenntnis, dass das Anwenden des EFQM-Modells Wechselwirkungen erzeugt und Verknüpfungen vorgenommen werden, letztlich alle Kriterien miteinander in Beziehung stehen, genau das, was auf mich einen Sog ausgeübt hat und mich zu der Entscheidung gebracht hat, Organisationen dabei zu begleiten, das EFQM-Modell erfolgreich in ihren Organisationen umzusetzen. Sowohl die „soften" Faktoren, unter anderem zu finden in den Themenbereichen Führung, Mitarbeiter, Einbeziehung von Mitarbeitern in Veränderungsprozesse/ Innovationen als auch die „harten" Faktoren mit der Frage nach Strategien, Performance, Abläufen, Indikatoren und Ergebnissen stellen für mich eine Balance dar. Das Verständnis über die Erwartungen der Interessengruppen, das „In-Beziehung-Sein" mit diesen – das gesamte Modell baut auf der Grundlage von Beziehungen und deren Verständnis auf.

In diesem Beitrag erfahren Sie:

- dass das Gefühl immer stärker ist als der Verstand
- wie Sie softe und harte Faktoren im EFQM-Modell erkennen und miteinander verknüpfen
- wie wichtig ein neues Bewusstsein von Beziehungen in Unternehmen ist
- welche Rollendynamiken auftreten können
- dass Beziehungen entscheiden und dass Klarheit in der Kommunikation die Voraussetzung für die Umsetzung des EFQM-Modells ist
- anhand eines konkreten Beispiels aus der Unternehmensnachfolge, wie die Beziehungsarbeit aussehen kann

Wiebke Anton

Was hat das EFQM-Modell mit Beziehungen zu tun?

Aus meiner Erfahrung mit der Anwendung und Umsetzung des EFQM-Modells, gerade in Familienunternehmen, ist es die Kardinalsherausforderung für die Organisationen, sich der „weichen" Faktoren und deren Wirkung bewusst zu sein.

Stehen die Mitarbeiter und die Führungskräfte nicht in einer guten und stimmigen Beziehung zueinander, auf allen Ebenen und ebenenübergreifend, wird die Umsetzung der „harten" Faktoren eher gar nicht erst gelingen. Denn das Gefühl ist immer stärker als der Verstand: Das Gefühl entscheidet.

Deshalb sind sichere, stabile Beziehungen untereinander aus meiner Sicht Voraussetzung für den Erfolg einer Organisation.

Eine weitere Herausforderung stellt sich für Organisationen, wenn sie familiengeführt werden: die Rollendynamik. Familienmitglieder, die zusammenarbeiten, bedienen verschiedene Rollen. Einige Rollen sind die des Unternehmers/der Unternehmerin, der Führungskraft, des Mitarbeiters/der Mitarbeiterin mit den entsprechenden Funktionen. Innerhalb dieser Welt nebst entsprechender Rolle wird die Sprache des Unternehmens gesprochen.

Auch innerhalb der jeweiligen Funktion gibt es eine Welt/eine Sprache: Ergo: Es treffen bereits in der Unternehmerwelt verschiedene Sprachen aufeinander.

Eine andere Welt ist die der Familie: Hier gibt es die Rollen der Mutter/des Vaters, der Tochter/des Sohnes, der Großeltern, der Tanten, der Geschwister etc. – weitere Sprachen, die innerhalb der Familienwelt aufeinandertreffen.

Ich gehe hier so dezidiert auf die Rollen ein, um ein Verständnis der Komplexität zu erzeugen: Denn woher wissen wir, wer gerade welche Sprache aus welcher Welt spricht? Die verschiedenen Sprachen prallen im Alltag aufeinander und wir wundern uns häufig, dass es Konflikte gibt. Das ist nur zu verständlich, denn es herrscht oft keine Einigung darüber, in welcher Sprache gerade gesprochen wird. Die Fremdsprachen kollidieren! Ein Chaos ist vorprogrammiert, wenn nicht gut und strukturiert miteinander gesprochen wird – eben als Voraussetzung für notwendige Klarheit.

An einem Beispiel lässt sich dies am besten erläutern.

So gelingt Familiennachfolge im Unternehmen optimal

Bernhard, der Geschäftsführer eines mittelständischen Unternehmens aus der Pfalz, rief mich eines Tages an. Sein Anliegen war folgendes: Sein Sohn Oliver würde bald ins Unternehmen eintreten, um sukzessive die Nachfolge des Vaters anzutreten. Bernhard selbst war in dieses Unternehmen – das der Familie seiner Frau gehörte – eher hineingeschlittert. Wenn das Unternehmen nicht gewesen wäre, hätte er für sich einen ganz anderen Berufsweg eingeschlagen.

Bernhard wollte auf keinen Fall, dass sein Sohn die gleichen Erfahrungen machen sollte, sondern dass er frei entscheiden konnte, ob er die Nachfolge überhaupt antreten will oder nicht. Oliver konnte sich jedoch sehr gut vorstellen, ins Unternehmen einzutreten. Da der Vater aber für das Thema Nicht-frei-entscheiden-Können sensibilisiert war, hat er die Nachfolge professionell von mir begleiten lassen – was ein sehr guter und kluger Schritt war, wie man im gemeinsamen Verlauf sehen konnte. Gerade in Familienunternehmen lassen sich die Themen und Rollen, die uns auch privat miteinander verbinden, nicht immer sauber trennen. Das führt zu Konflikten.

Im ersten Coaching-Gespräch ließ ich die beiden zunächst ihre Wertschätzung füreinander ausdrücken und auch, welche Gefühle und Sorgen sie miteinander teilen. Und im Unternehmenskontext wollte ich wissen, welche Erwartungen, Wünsche und Ängste es in Bezug auf die Nachfolge gab.

Hier kam bereits die große Sorge von Oliver zum Vorschein, dass er die Erwartungen seines Vaters nicht würde erfüllen können und dass er möglicherweise die Kompetenz des Vaters nie würde erreichen können. Das war Bernhard vorher nicht klar gewesen.

Wir klärten ihre Rollenverteilung, also die Rollen „Sohn – Mitarbeiter“ und „Vater – Chef“. Schnell wurde klar, welche Unterschiede bzw. Zusammenhänge es dabei gibt. Das war bereits ein entscheidender Schritt für die beiden. Zudem war es eine Herausforderung für Bernhard, dem Sohn wirklich Verantwortung zu übertragen und ihn in wichtige Aufgaben einzubinden – was aber nur an seiner eigenen Geschichte und seinen eigenen Erfahrungen lag, die er immer wieder auf den Sohn projizierte.

Bei Oliver kam dadurch aber natürlich immer wieder an: „Er traut mir gar nicht zu, dass ich das schaffe“ und „Ich bekomme ja gar keine richtige Verantwortung übertragen“ und „Möchte mein Vater überhaupt, dass ich die Nachfolge antrete?“. Über die Dialoge, die wir daraufhin führten, konnten wir all diese Wahrnehmungen und Interpretationen voneinander lösen und eine neue Klarheit erzeugen.

Auch auf der Sachebene erarbeiteten wir die nächsten Schritte: Wie konnte die konkrete Einarbeitung von Oliver im Unternehmen ablaufen? Welche Aufgaben hatte der Vater alle inne – und welche davon konnte Oliver Schritt für Schritt übernehmen? Wie konnte ein möglicher Zeitplan aussehen? Bernhard, Oliver und ich trafen uns in regelmäßigen Abständen und schauten uns an: Wie liefen die ersten Schritte? Was lernten beide daraus? Was war noch anzupassen? Und auch: Was machte Oliver Spaß? Wie hat er sich in den verschiedenen Aufgaben gesehen? Was konnte er sich sonst noch vorstellen?

Kick-off-Workshop mit Selbsteinschätzung anhand des EFQM-Modells

Wir definierten gemeinsam eine Einarbeitungszeit, in der Oliver über mehrere Monate hinweg durch das gesamte Unternehmen lief, um sich ein eigenes Bild zu machen und das Unternehmen umfassend zu begreifen. Parallel dazu schlug ich vor, einen Kick-off-Workshop mit einer Selbsteinschätzung anhand des EFQM-Modells durchzuführen, um miteinander festzustellen, wie sich der Iststand des Unternehmens aus der Sicht von Bernhard und Oliver darstellt. Eine Synergie, um sowohl noch den Blick von außen durch Oliver zu bekommen als auch ein gemeinsames Verständnis für das Unternehmen zu erzeugen und sich konkret zu erarbeiten, welche Potenziale und Projekte warten könnten. Der Beginn, um eine neue Struktur aufzubauen.

Es gab zwischendurch auch Konflikte: Oliver machte Dinge anders als sein Vater – und umgekehrt. Doch wir hatten feste Besprechungstermine in einem sehr engen zeitlichen Rahmen, sodass wir diese Dinge immer sofort besprechen und klären konnten. Die immer wieder aufkommenden Rollendynamiken (Vater – Sohn – Chef – Mitarbeiter) konnten wir dadurch sofort wieder auflösen, bevor sie weitere Kreise zogen.

Eine Dynamik z.B., die sehr eindrücklich war, war die Wahrnehmung von Oliver, dass er gar nicht gesehen wird und gar nicht wertgeschätzt wird für das, was er tut. In den Dialogen, die ich in dem Fall mit ihm allein führte – er hat dem Vater später davon erzählt –, stellte sich heraus, dass er sich dies gar nicht in der Rolle des Mitarbeiters von seinem Chef (Bernhard) wünscht – sondern als Sohn vom Vater! Er wünschte sich, als Sohn gesehen zu werden und auch einmal gelobt zu werden für das, was er leistet. Es war für ihn von enormer Wichtigkeit, den Vater zu spüren, auch einmal von ihm in den Arm genommen und getröstet bzw. gestärkt zu werden!

Bernhard konnte daraufhin deutlich zum Ausdruck bringen: „Oliver, du bist genau so gut, wie du bist“, „Ich sehe deine Anstrengung“ und „Auch wenn du es nicht schaffen würdest, du bist immer mein Sohn, egal was passiert“. In der Rolle „Chef – Mitarbeiter“ wäre dies so nie passiert. Und oft passiert es auch in der Rolle „Vater – Sohn“ in Familien nicht.

Es war für beide immer wieder von großer Wichtigkeit, zu erkennen: In welcher Rolle bin ich gerade (Vater/Sohn oder Chef/Mitarbeiter)? Und in welcher Sprache wird hier im Moment gesprochen? Die Gespräche waren für beide immer wieder sehr erleichternd, entspannend und auch berührend, sodass die schon lange bestehende Anspannung jetzt weichen konnte.

Wenn Unternehmensnachfolge auf diese Weise betrachtet und begleitet durchgeführt wird, dann kann sie richtig gut gelingen. Bernhard hatte sehr gut daran getan, aus seinem Gefühl heraus professionelle Begleitung anzufordern.

Oliver hat innerhalb von zwei Jahren einen Großteil des operativen Geschäfts übernommen. Und auch als noch ein weiteres Geschwister in das Unternehmen eintrat, begleitete ich den Prozess erneut. Denn hier tauchten Geschwisterdynamiken auf in den Rollen „Bruder – Schwester" und „Kollege – Kollegin" bzw. „Vorgesetzter – Mitarbeiterin".

Inzwischen können die beiden Geschwister in ihren Kompetenzbereichen sehr gut arbeiten und fühlen sich beide wohl. Dies ist sehr selten bei Nachfolgethemen in Familien und ein großes Geschenk. Das Unternehmen hat sich in dieser Zeit zu einer Drei-Sterne-Organisation entwickelt. Oliver und sein Führungsteam arbeiten weiter konstant mit viel Freude am und im Unternehmen.

Fazit

Wenn Sie schnell gehen wollen, dann gehen Sie allein, wenn Sie weit gehen wollen, dann gehen Sie miteinander!

Beziehungsarbeit in der Organisation ist zwar nicht die Gelinggarantie, jedoch die Voraussetzung für das gute und erfolgreiche Umsetzen des EFQM-Modells.

Anwendung des EFQM Excellence Modells in der Praxis – Erfahrungsberichte

Dauerhafte Umsetzung des EFQM Excellence Modells – Meike Wilmowicz im Gespräch mit Klaus Kobjoll

Meike Wilmowicz: Vor über zwei Jahrzehnten hat der Schindlerhof angefangen, mit dem EFQM-Modell zu arbeiten – der Schindlerhof ist Anwender der ersten Stunde. Warum haben Sie damals angefangen, sich in Sachen EFQM-Modell zu engagieren?

Klaus Kobjoll: Zunächst, um uns im Wettbewerb durch Service-Qualität zu differenzieren. Wenn jemand z.B. als Fabrikant alles erreicht hat, fehlt ihm offensichtlich noch der wichtigste Edelstein in seiner Krone: ein eigenes Hotel! Diese Mitbewerber, aber auch Hotelkonzerne, setzen vor allem auf h a r t e Service-Faktoren wie Gebäude, Ausstattung, Luxuseinrichtungen wie begehbare Kleiderschränke, Wellness-Center und Marmorhallen. Unsere Chance als Gründungsunternehmen und Einzelkämpfer mit zu Anfang dünner Eigenkapitaldecke waren hingegen w e i c h e Service-Faktoren wie Aussehen, Ausstrahlung, leuchtende Augen, Herzlichkeit und Einfühlungsvermögen unserer Teammitglieder. Auch andere KMU in vielen Branchen haben ähnliche Voraussetzungen und können sich durch hohe Service-Qualität unvergleichbar machen.

Service-Qualität setzt jedoch begeisterte Mitarbeiterinnen und Mitarbeiter voraus. Und schon kommen wir über die Kundenzufriedenheit hinaus – zu den Kriterien Führung, Unternehmenspolitik/-strategie, Prozesse, Mitarbeiterorientierung und Zufriedenheit, also alles weitere Bestandteile des Excellence-Modells der EFQM.

Wenn a l l e an einem Unternehmen beteiligten Gruppen, also Kunden, Lieferanten, Mitarbeiterinnen und Mitarbeiter, Natur/Umwelt und Nachbarn/Umfeld, profitieren, dann sind hervorragende Geschäftsergebnisse nur noch eine automatische Folge dieser umfassenden Qualitätsbemühungen.

... und damit bringen Sie die Excellence-Definition der EFQM auf den Punkt: Exzellente Organisationen erzielen dauerhaft herausragende Leistungen, die die Erwartungen aller ihrer Interessengruppen erfüllen oder übertreffen.

In jedem Unternehmen wird dies erreicht durch:
- Vertrauen gebende Führungskräfte
- eine klar definierte, langfristige Strategie
- robuste interne Prozesse
- die richtigen Partner und Lieferanten

Was wir heute als exzellent empfinden, kann morgen schon langweiliger Durchschnitt sein. Wie schaffen wir es also, eine Aufwärtsspirale für ständige Verbesserungen aufzubauen? Dafür liefert uns das EFQM-Excellence-Modell einen konstruktiven Ansatz. Es ist
- ein Mittel zur konsequenten Ausrichtung darauf, was jeder im Unternehmen tun muss, wobei sich alle auf das gleiche Konzept stützen,
- eine Methode, die sich auf allen Unternehmensebenen – von einzelnen Einheiten bis hin zum Gesamtunternehmen – anwenden lässt, und
- ein Mittel, um die Motivation der Mitarbeiterinnen und Mitarbeiter zu stärken und sie aktiv in den Verbesserungsprozess einzubinden.

Der Schindlerhof wurde 1995 als erstes Hotel Deutschlands ISO-zertifiziert.

Mit der ISO allein hätten wir keine echte Weiterentwicklung des Unternehmens erreicht. Der Reifegrad des Unternehmens würde in Wellenbewegungen eher im unteren Bereich stagnieren. Das EFQM-Modell aber bietet eine Möglichkeit, die Schere zu öffnen.

Im Gegensatz zu QM-Normen geht es bei der Anwendung des EFQM-Modells eben nicht um die Einhaltung von Vorschriften oder die Erfüllung von Mindestanforderungen, sondern es handelt sich um einen Denkansatz, der Raum für freie Gestaltung lässt.

Unseren Ansatz zum Thema Total Quality Management haben wir bei Schopenhauer entlehnt. Nicht etwa, weil das erloschene Urheberrecht Kostenfreiheit garantierte, sondern weil wir gewohnt sind, von den Besten zu lernen. „Hindernisse zu überwinden, ist der Vollgenuss des Daseins" – diese Erkenntnis Schopenhauers ist seither von vielen Denkern übernommen und weiterentwickelt worden.

Menschen, die von sich vorbehaltlos sagen können: „Ich bin glücklich" – und das sind ja nur etwa 15 % – beziehen ihr Glücksgefühl nicht aus materiellem Reichtum, sondern aus den großen Zielen, denen sie sich verschrieben haben. Je größer diese Ziele sind, desto besser läuft die körpereigene Rauschgiftproduktion (Glückshormone, Endorphine), die beim Menschen zu einem Flow-Zustand führt, wie Professor Csikszentmihályi schon vor Jahren aufgezeigt hat.

So viele Unternehmen kommen heute deshalb kaum vom Fleck, weil sie sich nicht mehr trauen, ihre Leute offen mit hochgesteckten Zielen zu konfrontieren und dadurch auch zu fordern. Ich nehme Privatisierungen als Beispiel. Oft werden dort den Mitarbeiterinnen und Mitarbeitern die wirklichen Herausforderungen portionsweise vermittelt und die Beruhigungspille wird gleich mit verabreicht: Da merkt die Mitarbeiterin oder der Mitarbeiter doch gleich, dass man ihr bzw. ihm die wirkliche Herausforderung nicht zutraut und verweigert; die Erkenntnis Schopenhauers wird missachtet.

Und dann wundern sich Manager noch darüber, dass ihnen dies von den Mitarbeiterinnen und Mitarbeitern nicht einmal gedankt wird und sich ihre Anspruchshaltung noch verstärkt. Management- und Führungsaufgabe Nummer eins ist es, den Mitarbeiterinnen und Mitarbeitern diese Kicks, diese Challenges immer wieder vor die Nase zu setzen.

Heute sind jene Unternehmen privilegiert, die noch neue Herausforderungen kreieren dürfen; die meisten sind nur noch mit Erkennen und Benennen beschäftigt. Nach den umfassenden Veränderungen des wirtschaftlichen Umfelds in den letzten Jahren sind Challenges keine Mangelware mehr. Sie können fast schon von der Stange bezogen werden, vieles ist vorgegeben. Umso weniger ist die Zurückhaltung der

Manager nachvollziehbar, wenn es darum geht, den Mitarbeiterinnen und Mitarbeitern reinen Wein einzuschenken.

Es gibt viele gute Gründe, Mitarbeiterinnen und Mitarbeiter mit Herausforderungen zu konfrontieren und damit zu fordern; hier Zurückhaltung zu üben, ist weder vornehm noch edel, sondern oft Zeichen von Schwäche und ein erwiesener Bärendienst an den Mitarbeiterinnen und Mitarbeitern.

Doch das Abenteuer beginnt – Druck als Mittel gegen „Klebstoff" … Aller Einfachheit zum Trotz: Wenn Sie Ihre Mitarbeiterinnen und Mitarbeiter mit einer grundlegenden Veränderung wie dem Total Quality Management (TQM) konfrontieren, dann setzen Sie diese Veränderung nur selten ohne Probleme durch. Meines Wissens war es Nietzsche, der einmal auf das Gewohnheitstier Mensch mit den Worten hingewiesen hat: „Selbst der Klügste hält seine Gewohnheiten immer noch für wichtiger als seine Vorzüge." Der härteste Klebstoff auf dieser Welt heißt: Gewohnheit.

Wir leben bei uns im Schindlerhof ein Soft Management. Trotzdem haben wir es nicht immer geschafft, auf direktem Weg von A nach B zu kommen. Auch wir mussten immer wieder den Umweg nehmen, der da heißt: Druck und Konsequenz.

You've got to be hard to be soft. Doch sanfte Werte werden nur dann als sanft erkannt und empfunden, wenn Sie auch hart sein können.

Wie schafft man es über 20 Jahre lang, das EFQM-Modell als Grundstruktur der Organisation aktiv am Leben zu halten?

Die Reise zur Business Excellence ist eine „never ending road". Im Gegensatz zu Konzernen, die sich ganze Stabsabteilungen für ein Qualitätsmanagement bzw. ein EFQM-Modell leisten können, benötigen wir als mittelständisches Unternehmen eher einen pragmatischen Ansatz. Neben Verbesserungen auf Prozessebene (QM-System) haben wir eine ritualisierte Systematik entwickelt, um auf übergeordneter Ebene eine Bewertung und Überprüfung durchzuführen.

Neben einer externen Anerkennung betrachten wir den LEP-Wettbewerb als umfassende Möglichkeit, unsere Organisation bzw. unser Prozesshaus zu bewerten. Die wesentliche Anregung ist dabei, unsere limitierten Ressourcen bestmöglich zu nutzen. Die Bewerbung um den Preis an sich stellt für uns einen systematischen Bestandteil der Unternehmensentwicklung dar. So nutzen wir möglichst jede Situation, um trotz der geringen Ressourcen eine ständige Verbesserung möglich zu machen.

Selbstbewertungen und externe Assessments werden im Wechsel durchgeführt und dienen als Quelle für einen reichhaltigen Fundus an Verbesserungspotenzialen. Die Vorbereitung auf die Teilnahme am Ludwig-Erhard-Preis bedingt eine systematische Auseinandersetzung mit dem eigenen Prozesshaus. Es ist wie ein Innehalten – eine Atempause – ein Perspektivwechsel: das Unternehmen aus der Vogelperspektive betrachten, bewerten und Verbesserungen ableiten. Und dann: umsetzen. Das ist wie Fliegen – mit zwei unbedingten Regeln:

1. Trust your instruments!
2. Don't do anything drastic!

Mit dem ruhigen Gewissen, dass die nächste Reflexion turnusmäßig kommen wird.

Aus eigener Erfahrung als ehemalige Mitarbeiterin kann ich bestätigen, wie motivierend Transparenz, Einbeziehung und freie Entscheidungsmöglichkeiten sind.

Ich habe nicht die Illusion, dass eine Person, wie kompetent sie oder er auch sein mag, alle diese Informationen in einem komplexen System bewältigen kann. Um dann noch die heroische Haltung zu haben, von oben die richtigen Vorgaben zu formulieren. Stattdessen vertrauen wir der kollektiven Intelligenz der gesamten Organisation.

Wem das zu risikoreich erscheint, der sollte Folgendes bedenken: Die Idee, dass die Wirtschaft eines Landes am besten durch die ordnende Hand eines zentralen Planungskomitees geführt werden sollte, ist gescheitert. Ja, manchmal werden natürlich auch Fehler gemacht. Aber die heißen wir willkommen, denn wir im Schindlerhof küren sogar den Fehler des Monats.

Um die Aufwärtsspirale anzustoßen, ist es also notwendig, eine glasklare Strategie zu verfolgen. So können die richtigen Vorgehensweisen für die Umsetzung erarbeitet und als Folge herausragende Ergebnisse erzielt werden. Denn die Ergebnisse bieten eine Grundlage für das Lernen und Verbesserungen. Der Blick über den Tellerrand des eigenen Unternehmens hinaus ist aber gleichsam wichtig.

Wo immer möglich, führen wir Vergleiche mit „best in class" durch und suchen Benchmark-Möglichkeiten. Das findet in der Regel jedoch nicht in der klassischen Art und Weise statt, sondern ganz pragmatisch: In erster Linie nutzen wir Quellen aus unserem eigenen Netzwerk. Die Umsetzung der RADAR-Logik lässt sich trainieren wie ein Muskel. Bei unserem sehr kleinen Team von Glow & Tingle haben wir den Ansatz verfolgt, Praktikanten gezielt daraufhin auszuwählen, von ihren Institutionen und Professoren Lernmöglichkeiten zu erhalten. Praktikanten wurden von uns zu A&R (Assessment & Review) Scouts ausgebildet, und so sind wir über die konventionelle Art und Weise des Benchmarks hinausgegangen.

Wir spielen nicht in der Regionalliga, sondern in der Champions League. Das bedeutet natürlich für uns ein spannendes Potenzial, um von anderen zu lernen. So hat sich unser Schindlerhof im Lauf der Zeit zum „Meeting Point for Business Excellence" entwickelt.

Was bringen uns die Auszeichnungen „European Excellence Award" und „Ludwig-Erhard-Preis"? Was bedeutet es für unsere Kunden?

V o r Erreichen unserer Ziele bekamen wir ein hoch motiviertes Team beschert. Wir standen zwei Jahre lang „unter Strom", konnten körpereigenes Rauschgift, Glückshormone, Endorphine produzieren, weil wir vor sehr großen Herausforderungen standen.

D a n a c h hat erhielten wir ein riesiges Presseecho. Und das hält unverändert an. Wir planen im Schindlerhof schon seit jeher unsere gesamte externe Kommunikation über Pressearbeit und nicht über klassische, bezahlte Werbung. Dadurch sparen wir leicht ein Prozent Umsatz im Kommunikationsmix ein. Unser relevanter Markt ist jetzt erheblich größer geworden; wir sind gerüstet und attraktiv für Europa. Den aus den Auszeichnungen resultierenden „Rückenwind" spüren wir deutlich bei Umsatz und Gewinn.

Wir bieten aber auch unseren Gästen mehr denn je einen Qualitätsstandard, auf den sie sich hundertprozentig verlassen können. Der Schindlerhof hat durch diese Auszeichnungen enorm an Ruhm gewonnen, da unsere Kunden – durchgängig Geschäftsleute – genau wissen, was diese Auszeichnungen bedeuten.

Kostet Qualität mehr, als sie bringt, oder „leistet" Qualität mehr, als sie kostet?

Zuerst kostet es Geld. Punktuell externe Berater, Seminare, interne Schulungen und Assessments sowie externe Bewertungen, um nur einiges zu nennen. Nach spätestens zwei Jahren ernten wir dann die ersten Früchte: höhere Weiterempfehlungsrate, Steigerung der Gästefrequenz, Durchsetzung von Preiserhöhungen und – auch in schwierigen Zeiten – deutlich gestiegene Gewinne. Und das ganz ohne Veränderung der Kalkulation!

Als Viersternehotel mit nur 90 Zimmern und mittlerem Preisgefüge setzen wir im laufenden Jahr 6 Millionen Euro netto um und hatten in den vergangenen Jahren jeweils einen GOP von mindestens 30 % in unserer Betriebs-GmbH. 1,2 Millionen Euro „Mieten und Pachten" gehen jährlich an unsere eigene Besitz-KG. Wir tilgen 500.000 Euro p.a. aus versteuertem Einkommen und können trotzdem noch jedes Jahr größere Investitionen aus dem Cashflow bezahlen. Daran hat TQM einen erheblichen Anteil! Deshalb haben wir auch große Freude daran, in unseren Seminaren andere Mittelständler an unseren Erfahrungen und Erfolgen teilhaben zu lassen.

Klaus Kobjoll …

… begeistert, weil er tut, was er sagt. Er hat sich mit 22 Jahren selbstständig gemacht, zwischenzeitlich zehn Firmengründungen gemeistert – als der Begriff „Start-up" noch nicht gebräuchlich war – und weiß, wovon er spricht. Sein unternehmerischer Erfolg ist unter anderem verwurzelt in seiner methodischen Fähigkeit, Begeisterung zu vermitteln und zu übertragen, sowie ständigem und systematischem Überdenken, Querdenken und Erneuern.

Erfolg folgt, wenn man sich selbst folgt. Zahlreiche Auszeichnungen bestätigen, was mit präziser Planung, einer klaren Vision und im Team machbar ist:

- neunmal bestes Tagungs- bzw. Seminarhotel Deutschlands
- zweimal großer Deutscher Marketingpreis (HSMA)
- dreimal höchste deutsche Qualitätsauszeichnung: Ludwig-Erhard-Preis
- einmal European Excellence Award der European Foundation for Quality Management (EFQM)
- 2003: EFQM Special Prize Customer Focus (EFQM)
- 2004: Special Prize People Development (EFQM)
- 2009: Aufnahme in die German Speakers Hall of Fame
- 2011: Deutschlands kundenorientiertester Dienstleister
- 2013: Platz 1 Hospitality Award – Platz 1 Great Place to Work – HR Award der Deutschen Hotelakademie – Leader of the Year Award der österreichischen Fachzeitschrift Rolling Pin
- 2015: Bestes Tagungshotel in Deutschland aller Zeiten (nach dem Gewinn von drei mal drei Jahren hintereinander)
- 2018: Great Place to Work: Rang 1 im Wettbewerb „Beste Arbeitgeber Deutschlands"

www.schindlerhof.de
www.kobjoll.de

Meike Wilmowicz …

… begeistert mit Business ohne Brimborium – Excellence mit Struktur und Herz. Als Partnerin der Initiative Ludwig-Erhard-Preis unterstützt sie

Unternehmen dabei, die Basis für weiteres Wachstum zu schaffen – mit klaren Prozessen und Werkzeugen für die Umsetzung von gemeinsamen Zielen.

Aus der Praxis – für die Praxis: Der Grundstein für ihre Business-Excellence-Erfahrung ist die nun seit über 20 Jahren enge und erfolgreiche Zusammenarbeit mit Klaus Kobjoll. Unter ihrer Leitung gewann das Unternehmen Glow & Tingle den Ludwig-Erhard-Preis.

Motivation durch einen neu gewonnenen Überblick und schnelle, messbare Erfolge – zum Wohle aller am Unternehmen Beteiligten. Ihr Ziel von erfolgreicher Arbeit beinhaltet nicht nur akademische Kenntnis, sondern vielmehr, zu verstehen. Vor allem aber: anwenden – ergebnisorientiert und nachhaltig!

www.wert-arbeit.com

Literatur

[1] Kobjoll, Klaus: *Wa(h)re Herzlichkeit – Kobjoll begeistert, weil er tut, was er sagt. Eigenverlag, ISBN: 978-3-000-50415-0*

Weltweite praktische Anwendungen des EFQM-Modells

CHRISTIAN FORSTNER

Das EFQM-Modell bietet neben Assessments bis heute keine handwerklich wertvollen Ansätze, um Organisationen zu helfen, besser oder exzellent zu werden, obwohl es immer wieder Versuche gab (wie z.B. das Excellence One Toolbook for Self-Assessments), diese Situation zu ändern.

Üblicherweise wird das EFQM-Modell als ein Konzept mit drei ineinandergreifenden Komponenten beschrieben: die Grundkonzepte der Excellence, das Kriterienmodell und die RADAR-Logik.

Erst wenn man sich viele Jahre sehr intensiv mit dem EFQM-Modell beschäftigt, erkennt man fünf herausragende **Excellence-Prinzipien,** die das Modell weltweit einmalig machen:

1. die kompromisslose Orientierung an den Erwartungen der Interessengruppen
2. die Definition der Strategie als hochwertige Antwort auf diese Erwartungen
3. die Prozesse als die Umsetzung dieser Strategie
4. die Forderung, nicht nur die Prozessleistung, sondern zusätzlich die Wirkung zu messen
5. die Definition von Excellence als das Erfüllen oder Übertreffen der Erwartungen der Interessengruppen

Diese Prinzipien habe ich über die letzten Jahre in den Vordergrund meiner Beratungstätigkeit gestellt und in sehr verschiedenen Situationen immer wieder erfolgreich angewendet. Die folgenden acht Beispiele verdeutlichen, wie vielfältig die Umsetzung sein kann. Sämtliche Organisationen wollen namentlich nicht genannt werden, deshalb werden jeweils nur die Branche und die Region angegeben.

Automobilwerke (China)

In dieser Organisation führt das Topmanagement etwa 20.000 meist chinesische Mitarbeiter. Nachdem das gesamte Topmanagement im EFQM-Modell geschult war, wurde die Notwendigkeit diskutiert, allen Mitarbeitern eine Grundschulung anzubieten, um den Excellence-Gedanken zu verstehen und umsetzen zu können. In enger Zusammenarbeit mit chinesischen Mitarbeitern entwickelte ich eine „Cartoon-Story", die alle oben genannten fünf **Excellence-Prinzipien** einbindet und erklärt. Der Protagonist ist ein chinesischer Straßenverkäufer. Aufgrund von Absatzproblemen befragt er seine Interessengruppen nach dem Grund. Auf dieser Basis entwickelt er eine neue Strategie, die alle wesentlichen Erwartungen gleichzeitig erfüllt, bevor er sie praktisch umsetzt. Dieses 30-minütige Training wurde zwischenzeitlich allen Mitarbeitern vermittelt. Konsistentes Feedback bestätigt, dass damit das Excellence-Mindset der gesamten Organisation erheblich verbessert wurde.

Kernphysikalische Forschungseinrichtung im Bau (Nordeuropa)

Diese Einrichtung soll ab 2023 als eine der bedeutendsten Forschungseinrichtungen von Physikern aus aller Welt für Experimente genutzt werden. Die Mehrzahl der Führungskräfte hat eine naturwissenschaftliche Ausbildung. Ich erhielt von der Geschäftsführung den expliziten Auftrag, in der Gesamtorganisation EFQM-Excellence einzuführen, ohne die „üblichen EFQM-Vorgehensweisen" zu verwenden. Zunächst musste der vorhandene Basis-Reifegrad ermittelt werden. Die Lösung war eine einfache, moderierte Selbstbewertung auf Basis der oben genannten fünf **Excellence-Prinzipien,** in vier halbtägigen Workshops. Die Erkenntnisse waren für die Teilnehmer verblüffend: Wesentliche Erwartungen von Interessengruppen waren nicht bekannt, die vorhandene Strategie in keiner Weise ausgewogen und nicht mit den Erwartungen verknüpft. Entscheidende Prozesse waren nicht definiert und nicht dokumentiert;

stattdessen gab es eine Vielzahl von Arbeitsanweisungen und Vorschriften. Prozesskennzahlen fehlten und Wahrnehmungen wurden nie gemessen. Seitdem wird der Reifegrad der Organisation systematisch verbessert, um „Excellence in Science" und „Business Excellence" gleichzeitig zu erreichen.

Große Stahlfirma (Mittlerer Osten)

Diese große Organisation hat bereits viele Jahre Erfahrung mit EFQM-Assessments, aber keinen strukturierten Ansatz zum Managen von Prozessen. Ich wurde beauftragt, ein Führungskräftetraining zu entwickeln und durchzuführen, um die Grundkenntnisse zum Prozessmanagement anschaulich zu vermitteln. Ausdrücklich wurden „Good Practice"-Beispiele dazu gefordert. Die Entwicklung des fünftägigen interaktiven Prozessmanagementtrainings mit Workshops erfolgte auf Basis der oben genannten fünf **Excellence-Prinzipien** mit folgenden Schwerpunkten: Definition der Schlüsselprozesse auf Basis der Strategie, Messung der Prozessleistung mit aussagekräftigen Kennzahlen, Messung der Wirkung auf die unterschiedlichen Interessengruppen sowie Anwendung von Prozessverbesserungsmethoden auf Basis der Messungen im Vergleich zu Zielen und Benchmarks. Interaktive Workshops stellten sicher, dass die Erkenntnisse praktisch umgesetzt werden können.

Mittelständischer Handwerksbetrieb (Bayern)

Der Auftrag der beiden Geschäftsführer lautete, Profitabilität und Wettbewerbsvorteile zu verbessern. Zusätzlich sollten das Marketingkonzept, der Webauftritt sowie die legale GmbH-Struktur optimiert werden; diese waren über die Jahre gewachsen, aber nie systematisch überprüft worden. Die vier eintägigen Workshops mit der Geschäftsführung (verteilt auf drei Monate) folgten den fünf **Excellence-Prinzipien.** Zunächst wurden vorhandene Erwartungen wesentlicher Interessengruppen gesichtet und bewertet; die unmittelbare Erkenntnis, dass viele Erwartungen nicht bekannt sind, führte zu einer Diskussion, wie der Dialog mit Interessengruppen strukturiert verbessert werden kann. Aus den Erwartungen wurden strategische Festlegungen abgeleitet und es wurde erkannt, dass diese mit vorhandenen Strategien nicht zusammenpassen. Nach der Konsolidierung und Einigung auf neue strategische Ziele wurden die Schlüsselprozesse zusammen mit Kennzahlen festgelegt und rollenbasiert übersichtlich auf jeweils einem Blatt dokumentiert. Damit war die Basis für ein Prozessmanagement gegeben. Zusätzlich wurden Firmenstruktur und Marketing an die Kundenbedürfnisse angepasst. Die positive Wirkung ist bereits messbar.

Kleines Start-up-Unternehmen (China)

Weil in China derzeit das unternehmerische Handeln von angestellten Mitarbeitern gefördert wird, unterstützte ich ein kleines Mitarbeiterteam eines großen chinesischen Unternehmens bei den ersten Schritten, eine Start-up-Beratung zu gründen. Als erstes Beratungsprodukt sollte ein „Reifegrad-Assessmentmodell für Management" erarbeitet werden. Die beiden Dimensionen eines Reifegradassessments sind immer relevante Reifegradaspekte sowie einige Reifegradstufen. Die **Excellence-Prinzipien** bieten dazu hervorragendes Basiswissen: Die Reifegradaspekte für „Management" wurden nach Interessengruppen sortiert und anschließend detailliert. Drei Reifegradstufen (Basic, Advanced, Excellent) wurden entsprechend (R)ADAR nach Vorgehen, Umsetzung und Messung/Verbesserung festgelegt. In einem dreitägigen moderierten Workshop leitete ich die jungen Berater an, alle Knoten dieser Matrix zu definieren. Nach verschiedenen Konsistenzprüfungen war das Reifgradmodell fertig zur Umsetzung. Das Vorgehen wurde professionell vermarktet und ist zwischenzeitlich erfolgreich im Markt umgesetzt, und das junge Beraterteam stolz auf die Erfolge.

Großer Ölkonzern (Mittlerer Osten)

Der Auftrag der obersten Leitung lautete: Entwicklung einer nachhaltigen Langfriststrategie, die insbesondere bei politischen oder wirtschaftlichen Störungen schnell flexibel angepasst werden kann. Dazu wurde – den **Excellence-Prinzipien** entsprechend – zunächst die vorhandene Strategie in mehreren Workshops mit den Erwartungen der wesentlichen Interessengruppen abgeglichen. Es ergaben sich wichtige strategische Korrekturen sowie für die Leitung unerwartete Einsichten, weil wichtige Erwartungen nicht bekannt waren. Besonders wertvoll war die Diskussion der Erwartungen von Schlüssellieferanten (z.B. der Reedereien von Öltankschiffen), weil dazu erst das Mindset erzeugt werden musste, dass beide Interessengruppen im Sinne eines Win-win-Verhältnisses aufeinander angewiesen sind. Zur Sicherstellung der Agilität der neu formulierten Strategie wurde ein umfassendes Risikomanagementvorgehen mit eingebauter künstlicher Intelligenz auf der strategischen Ebene installiert, um zukünftige Veränderungen sehr schnell und bereits proaktiv erfassen zu können. Die aktuelle politische Weltsituation mit ihren schnellen, unerwarteten Veränderungen war die erste praktische Bewährungsprobe für die neue Strategie, die sich bereits hervorragend bewährt hat.

Start-up als Teil eines internationalen Großkonzerns

Die Vorgabe der Konzernleitung für das Start-up-Unternehmen war, innerhalb von drei Jahren profitabel zu werden. Ich wurde etwa ein Jahr nach Gründung beauftragt, vorhandene Managementprinzipien kritisch zu hinterfragen und ein praktisches Managementsystem einzuführen, weil entsprechende Steuerungsmechanismen des Mutter-Großkonzerns auf das Start-up nicht anwendbar waren. Zur Steuerung der Entwicklung hatte die Start-up-Leitung Kennzahlen in einem Board zusammengetragen, das „Balance ScoreCard“ genannt wurde. Die **Excellence-Prinzipien** und insbesondere RADAR lehren uns, dass jedes Kennzahlenboard in zwei Dimensionen ausgewogen sein sollte: erstens in Bezug auf die

Interessengruppen und zweitens in Bezug auf Leistung und Wirkung. Durch die Anwendung dieser einfachen Regel entstand innerhalb eines zweitägigen Workshops mit einem gemischten Team aus Leitung und Mitarbeitern ein neues, komplett ausgewogenes Kennzahlenboard. Fehlende Messungen auf der Leistungs- und Wirkungsseite wurden ergänzt. Die Organisation ist bereits profitabel.

Security-Organisation (Asien)

Diese Organisation hat nicht nur Einfluss auf die tägliche Sicherheit von mehreren Millionen Bürgern; die wahrgenommene Sicherheit ist auch die Voraussetzung für den wirtschaftlichen Erfolg und die politische Bedeutung des Landes. Die Organisation operiert in einem sehr volatilen Umfeld, in dem Verletzungen international anerkannter ethischer und moralischer Regeln an der Tagesordnung sein können. Der Auftrag lautete, die vorhandene Security-Strategie um ethisch-moralische Dimensionen mit dem Ziel zu erweitern, die Situation im Land systematisch zu verbessern und das Ansehen der Security-Organisation zu erhöhen. Zum Einsatz kam ein Assessmentmodell für Nachhaltigkeit, das in Anlehnung an die **Excellence-Prinzipien** wissenschaftlich entwickelt wurde. In der Dimension „Reifegradaspekte“ geht dieses Vorgehen weit über klassische CSR-Prinzipien hinaus und umfasst die Aspekte der Sozial- und Arbeitsstandards sowie der wichtigsten Risiko- und Governance-Standards. Die strukturierte Definition der Reifegradstufen ist an die PDCA-/RADAR-Systematik angelehnt. Sobald die Organisation die vom Reifegradmodell geforderten Nachweise erbracht hat, soll der Reifegrad von unabhängigen Assessoren bestätigt werden. Mit dem Modell „SuMa“ (Sustainable Maturity) wird nun ein Training für Assessoren sowie die Anwendung für weitere Branchen aufgesetzt.

Das EFQM-Modell im Kontext der Digitalisierung – Industrie 4.0

JENS HARDE

Arconic Fastening Systems in Hildesheim produziert Verbindungselemente aus Titan und Spezialstählen für die internationale Luft- und Raumfahrtindustrie. Mit ca. 250 Mitarbeitern werden jährlich bis zu 70 Millionen Verbindungselemente produziert bzw. geliefert. Hierbei bedient sich das Werk modernster Fertigungsmethoden und setzt zunehmend auf die Digitalisierung in allen Unternehmensbereichen. Besonders ist das interne Trainingsprogramm zu nennen, mit dem der Standort seine Mitarbeiter im Wandelprozess mitnehmen will.

Abb. 1: *Blick auf die Fertigung von Arconic Fastening System*

Die Digitalisierung aller Prozesse in der Industrie und im Dienstleistungsbereich ist unausweichlich. Das EFQM-Modell kann hier die Klammer sein, die es Organisationen ermöglicht, die richtigen Schritte zu machen und die richtigen Entscheidungen zu treffen. Es dient dazu, der Organisation den richtigen Fokus auf die Bedürfnisse aller Partner zu geben, sie zu analysieren und diese mittels der RADAR-Systematik nachhaltig und zeitgerecht zu hinterfragen und zu gestalten.

Veränderungsprozesse im Zeichen des digitalen Wandels

Die deutsche Industrie ist seit jeher von Veränderungen geprägt, darauf basiert unter anderem die wirtschaftliche Stärke Deutschlands. Waren in der Vergangenheit unterschiedliche Geschwindigkeiten des Veränderungs- und Wandelprozesses „normal" und ermöglichten es somit Unternehmern, je nach ihrem Markt- und Wettbewerbsumfeld die Veränderungen zu steuern, so bringt die Digitalisierung hier das Markt- und Wettbewerbsumfeld deutlich dichter und vor allem schneller zusammen.

Die Digitalisierung führt aber nicht nur zur Beschleunigung der Veränderungen in Prozessen und bei der Produktentwicklung, die Grundvoraussetzungen werden völlig neu gesetzt! Industrien, die vor Kurzem noch auf langjährig gewonnene Erfahrungen aus Prozessen und der Produktentwicklung sowie der Evolution von Produkten aufbauten, werden ihren vermeintlichen Vorsprung durch die „neuen" technologischen Voraussetzungen verlieren und auf völlig neue Herausforderungen und Wettbewerber treffen. Beispiele hierfür gibt es aus der Vergangenheit zur Genüge, sei es Nokia oder andere, kleinere Unternehmen, die den technischen Fortschritt, die Veränderungen im Markt nicht erkannten oder unterschätzten und somit den nötigen Wandelprozess zu spät einleiteten und die damit nötigen Anpassungen versäumen. Das ist aber nur eine Seite der aktuellen Situation.

Überdies muss der Wandel, der durch die Digitalisierung generiert wird, von den Arbeitskräften bewältigt werden, die im System vorhanden sind.

Laut Statistischem Bundesamt betrug das durchschnittliche Lebensalter der Erwerbstätigen in Deutschland im Jahr 2017 44 Jahre. Unter Betrachtung der üblichen Verrentung der Arbeitnehmer mit 67 Jahren bedeutet dies, dass der durchschnittliche deutsche Arbeitnehmer noch 23 Jahre in der digitalisierten Arbeitswelt arbeiten wird. Hierdurch werden die Arbeitssysteme vor eine weitere Herausforderung gestellt, die von den Unternehmen und den Organisationen bewältigt werden muss. Der Bedarf und der Umfang der Aus- und Weiterbildung müssen ermittelt werden. Und dass, ohne genau zu wissen, in welche Richtung es geht. Die Unternehmen „segeln auf Sicht", die Organisation entwickelt sich in einem unbekannten Umfeld, dessen Lage und Ausrichtung man sich immer wieder bewusst machen muss. Zusätzlich sind Konzepte zur Mitarbeiterbindung und -gewinnung zu entwickeln, die die Zukunft sichern können.

Je nach Unternehmensgröße und Bekanntheitsgrad werden Unternehmen hier unterschiedlich erfolgreich sein. Hinzu kommt die Lage. Ob ländlicher Raum oder attraktive Großstadt, der Erfolg wird unter anderem davon abhängen, wie ein Unternehmen sich, seine Produkte, seine Technologie und die Entwicklungsmöglichkeiten für die Mitarbeiter präsentiert. Darüber hinaus werden Faktoren wie Schulen, Ausbildungsmöglichkeiten und Hochschulen eine Rolle spielen, und wahrscheinlich noch bedeutungsvoller wird sein, welche Netzanbindung im Unternehmensumfeld und im privaten Bereich verfügbar sein wird.

Die Unternehmen, die Organisationen müssen die richtigen Fragen und die Antworten darauf generieren. Der Veränderungsprozess muss mit angemessener Geschwindigkeit angegangen und gestaltet werden. Bei der Gestaltung dieses Veränderungsprozesses könnte das EFQM-Modell helfen, diese und weitere Fragen zu beantworten.

Mit Strategie dem Veränderungsprozess zu begegnen

Der Wandel durch die „neuen" Möglichkeiten, die die Digitalisierung für Herstell- und Geschäftsprozesse bietet, wie der Einsatz von kollaborierenden Robotern in der Fertigung oder Dienstleistung, die Verwendung von RFID-Technik in der Logistik und Produktionssteuerung oder z.B.

das Nutzen von Algorithmen zur Analyse von Fehlern und Maschinenausfällen im Fertigungsprozess, liegt auf der Hand.

Auch in den administrativen Prozessen, den Verwaltungen von Unternehmen, wird die Digitalisierung massiv Einzug halten und zu tiefgreifenden Veränderungen führen. Die Betrachtung der notwendigen Veränderungen darf durch die Unternehmen nicht limitiert werden. Logistische Prozesse wie die Material- oder Bedarfsplanung werden künftig genauso von Algorithmen beherrscht wie Buchhaltungs- und Finanzprozesse. All das ermöglicht völlig neue Dimensionen der Prozess- und Organisationsoptimierung. Dem gegenüber steht der wirtschaftlich sinnvolle Nutzen. Die Konsequenzen für die Unternehmen – angefangen bei der Befähigung der Organisation, der Aus- und Weiterbildung der Mitarbeiter, dem Wettbewerb um die besten Arbeitskräfte, der Entwicklung völlig neuer Produkte und Dienstleistungen und der dazu benötigten Prozesse sowie der Schaffung der nötigen technischen Infrastruktur (wie IT-Netzwerke) – müssen sich rechnen lassen.

Unternehmen/Organisationen müssen abwägen, ob und was zur Vision, dem Blick nach vorn, passt, und müssen eine Strategie für die Umsetzung entwickeln. Und dabei doch bereit sein, „auf Sicht zu segeln" – wie kann das gehen?

Das EFQM-Modell kann hier helfen (siehe nachfolgende Abb. 2 des EFQM-Modells 2013). Das EFQM-Modell bietet quasi einen 360-Grad-Blick auf die Fragestellung, wie das Unternehmen/die Organisation durch die Digitalisierung erfasst wird und welche Elemente im Veränderungsprozess berücksichtigt werden müssen. In seinen Grundzügen basiert das EFQM-Modell auf folgenden drei Faktoren:

- Menschen
- Prozesse
- Ergebnisse

Nicht das Produkt des Unternehmens wird ins Zentrum der Fragestellung gerückt, sondern aus dem Blickwinkel der Strategie werden alle Prozessbeteiligten, das Umfeld des Unternehmens/der Organisation betrachtet.

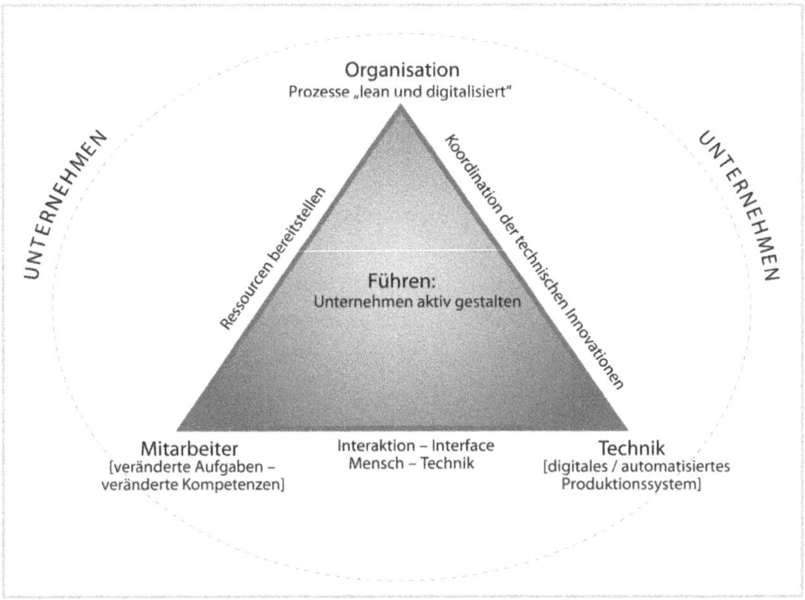

Abb. 2: *Beziehungsdreieck im „digitalen" Veränderungsprozess – Technik geht einfach*

Ist die Vision die Digitalisierung des Unternehmens/der Organisation, so ergeben sich in der Folge daraus abgeleitete Strategien, die sich auf alle Felder des Unternehmens beziehen können:

- Wie muss sich die Führung in Bezug auf die Veränderung entwickeln?
- Was wird mit den Mitarbeitern passieren, wie soll der Veränderungsprozess, das Mitnehmen gestaltet werden (darauf wird später nochmal eingegangen)?
- Welche Ressourcen werden benötigt und mit welchen Partnerschaften kann der Prozess bewältigt, gestaltet, beschleunigt und unterstützt werden?

Hinzu kommen weitere Fragestellungen für die Führung.

Natürlich kommt den aktuellen Produkten, Prozessen und Dienstleistungen ein besonderer Stellenwert im Transformationsprozess zu. Denn auch hier steht wieder die Entwicklung der Organisation im Vordergrund. Es werden die richtigen Ressourcen und Mitarbeiter benötigt, um den Prozess zu gestalten, und hier müssen ebenfalls wieder durch die Führung Antworten gefunden werden.

Die Führung (je nach Organisationsform) muss Fragen stellen wie z.B.:

- Was soll durch die Digitalisierung erreicht werden: Kostenreduzierung, Effizienzsteigerung, Produktqualitätsverbesserung, Servicegraderhöhung, höhere Flexibilität etc.? (Wobei hier nicht nur ein Ziel definiert werden kann.)
- Welche Erwartungen werden an die künftige Führung gestellt? Verändern sich Arbeitsabläufe, verändert sich Kommunikation, verändert sich die Organisation hin zu mehr Home-Office, werden Arbeitsinhalte automatisiert, werden mehr Experten im Team sein etc.?
- Welche Dienstleistungen sollen/wollen wir künftig für unsere Kunden entwickeln, was braucht der Markt?

Dies sind nur einige Beispiele.

Für jeden dieser Fragepunkte gibt das EFQM-Modell wieder die Möglichkeit, auf die Auswirkungen zu schauen und die nötigen Fragen zu formulieren, zu ermitteln, welche Ressourcen nötig sind und wie der Erfolg gemessen und bewertet werden soll.

Hier zwingt das EFQM-Modell die Organisation zu Antworten und fragt nach den Ergebnissen und Kenngrößen, um den Erfolg der Maßnahmen zu validieren und geeignet gegenzusteuern, wenn erforderlich. Mittels der RADAR-Logik (Results – Approaches – Deploy – Assess – Refine) können die Prozesse und Ergebnisse bewertet werden und Gegenmaßnahmen definiert und eingeleitet werden.

Wie schon dargestellt bezieht sich die Digitalisierung nicht nur auf ein Produkt oder eine Technologie, sie wirkt umfassender und auf allen Feldern des Unternehmens. Und somit muss die Reaktion auch entsprechend gestaltet sein. Das Unternehmen/die Organisation muss sich mit allen Themen auseinandersetzen und erforderliche Maßnahmen – angefangen vom Mitarbeiter über den Kunden bis hin zu Beteiligten, wie z.B. Berufsgenossenschaft, Betriebsrat oder andere Parteien – in logischer Weise einleiten.

Wenn die Vision des Unternehmens der Einsatz der Digitalisierung im Fertigungsprozess sein soll, dann ist die Frage zu stellen, welchen Einfluss und welche Auswirkungen dies auf die Mitarbeiter hat. Welche Ressourcen und Partner werden benötigt und was ist das Ergebnis für das Unternehmen/die Organisation? Welche Erwartungen kommen vom Markt, werden Produkte oder Dienstleistungen sich verändern?

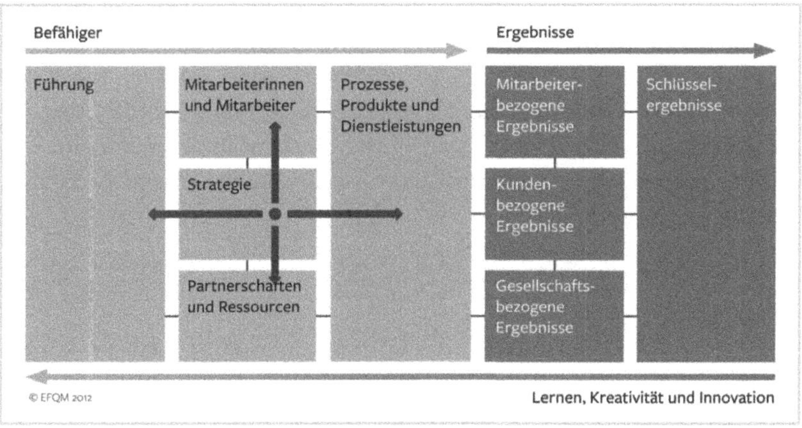

Abb. 3: *EFQM-Modell als Leitplanke im disruptiven Veränderungsprozess der Digitalisierung (Quelle des Modells: www.efqm.de/kriterienmodell.html)*

Abbildung 3 verdeutlicht den Zusammenhang. Die Führung im Mittelpunkt muss aktiv am Gestaltungsprozess mitwirken. Inzwischen bin ich zu der Überzeugung gekommen, dass im Veränderungsprozess der Produktherstellung in einem Unternehmen nicht die Frage nach der künftigen Technologie, mit der gefertigt werden soll, entscheidend ist, sondern vielmehr die Frage, wie die Organisation entwickelt werden muss und welche Mitarbeiter benötigt werden und mit welcher Grundqualifikation diese ausgestattet sein müssen.

Die Organisation und insbesondere die Mitarbeiter müssen verstehen, dass Lernen in Zukunft anders sein wird und darüber hinaus nicht mehr nur auf die Schul- und Ausbildungszeit beschränkt sein wird. Ein permanentes Lernen und neue Methoden werden entwickelt, angefangen beim E-Learning für Mitarbeiter an den Maschinen bis hin zur Selbstorganisation der Weiterbildung durch die Mitarbeiter. Zeit, Ort und Umfang sind selbstbestimmt ... und wie geht die Führungskraft damit um?

Das EFQM-Modell hilft der Organisation, die Antworten zu liefern und vorab die richtigen Fragen zu stellen. Es hilft dabei, alle Aspekte, die auf die Organisation wirken, zu berücksichtigen, und gibt mittels der RADAR-Methode Feedback zum Status und trägt gerade damit wesentlich dazu bei, dass ein „Segeln auf Sicht" nicht an den Klippen der Digitalisierung endet. Das EFQM-Modell ist die Klammer im Veränderungsprozess, insbesondere dann, wenn es schnell und nachhaltig vorangehen muss.

Literatur

EFQM Excellence Modell/EFQM Model 2013. *Brüssel: EFQM Publications, 2012*

Das Ziel lautet „Qualität“

Wilfried Peters

Committed to Idea Management Excellence – warum eigentlich?

Eine neutrale Zertifizierung von internen Prozessen wird in der Zukunft an Bedeutung gewinnen. Dieser Erfahrungsbericht zeigt die Schritte einer solchen Zertifizierung im Ideenmanagement.

Das Verfahren ermöglicht es sowohl Neueinsteigern als auch reifen Ideenmanagementsystemen, die effektivsten Maßnahmen zu identifizieren, die das Ideenmanagement voranbringen. „Low hanging fruits“ stehen damit nicht mehr an erster Stelle der Handlungsoptionen. Die Auswahl der einzelnen Maßnahmen wird dabei der Beliebigkeit entzogen und liegt nicht im Ermessen Einzelner. Die externe Zertifizierung kann den internen Stellenwert des Ideenmanagements verbessern helfen.

Denn Qualität ist kein Zufall – eine systematische und kontinuierliche Weiterentwicklung ist dabei von großer Bedeutung. Dafür eignet sich das neue Verfahren des Committed to Idea Management Excellence hervorragend. Es wird genutzt, um Verbesserungsprojekte strukturiert umzusetzen und nachweisliche Verbesserungen zu erzielen, womit eine organisationsübergreifende Leistungssteigerung erreicht werden soll. Das Verfahren ist in Anlehnung an das Committed to Excellence (C2E), der international anerkannten Auszeichnung der European Fundation for Quality Management (EFQM), und das dynamische Bewertungssystem und leistungsfähige Managementwerkzeug RADAR-Logik gestaltet.

Das Ideenmanagement von Diebold Nixdorf wurde ab 2011 einer kompletten Überarbeitung unterzogen. Dazu gehörte neben einer neuen Betriebsvereinbarung, die wesentlich der Entbürokratisierung des Prozesses diente, auch die Umstellung auf eine nutzerorientierte Software. Insgesamt wurde damit das Erscheinungsbild des Ideenmanagements runderneuert. Die Früchte dieser Arbeit werden heute geerntet.

Aber: „Das Gute ist der Feind des Besseren.“ Und auch das Ideenmanagement muss sich kontinuierlich verbessern. Nun ergab sich die Möglichkeit, das Verfahren des Ideenmanagements durch eine externe Instanz beurteilen zu lassen. Intern war darüber hinaus noch die für Zertifizierungen zuständige Abteilung involviert. So hatten wir die Möglichkeit, relevante Stakeholder systematisch einbinden zu können. Das sollte Interessenkonflikte bei der Bewertung der Maßnahmen vermeiden helfen.

Indem wir in unserer Organisation die gegenwärtige Leistungsfähigkeit analysierten und uns Prioritäten für Verbesserungen in unserem beteiligungsorientierten Ideenmanagement setzten, ermöglichte uns das Verfahren einen praxisbezogenen Einstieg in die systematische Arbeit am Prozess und damit an der Excellence-Präsenz. Diese Vorgehensweise bietet gleichzeitig eine Handlungsorientierung für nachhaltig wirkungsvolle kontinuierliche Verbesserungsprozesse im und mit dem Ideenmanagementprozess. Das Schöne dabei ist, dass sich das Verfahren für Unternehmen jeder Größe eignet.

In einem vorbereitenden und moderierten Workshop wurden mögliche Handlungsfelder identifiziert und strukturiert beschrieben. Dabei wurde noch nicht auf Umsetzbarkeit oder Ähnliches geschaut. Anschließend wurden dann die Themen bewertet und gewichtet. Die Gewichtung erfolgte nach der Umsetzungswahrscheinlichkeit und dem zu erwarteten Ertrag jeder Maßnahme. Die systemische systematische Bewertung der Maßnahmen ersetzte dabei das Bauchgefühl der Beteiligten. Die sich dabei in den Fokus drängenden drei Topthemen wurden ausgewählt und die Umsetzung terminiert.

Nun hieß es „machen“. Im Lauf des Jahres 2018 wurden diese Maßnahmen nun in parallel laufenden Aktionen umgesetzt. Diese Umsetzung und die daraus folgenden Reaktionen wurden ausführlich dokumentiert. Diese Dokumentation diente anschließend als Grundlage für die Prüfung durch die externe Auditierung. Eine Begleitung durch eine beratende Instanz kann den Erfolg des ganzen Prozesses sichern. In unserem Fall haben wir die Umsetzung aber allein gestemmt.

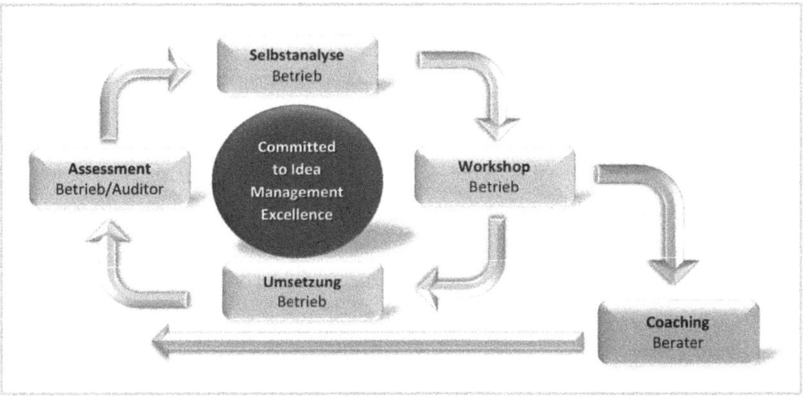

Abb. 1: *Schematische Darstellung des Analyse- und Bewertungszyklus*

Die Umsetzung der Maßnahmen ist keine zusätzliche Aufgabe, die zu dem normalen Alltagsgeschäft hinzukommt. Vielmehr sind das Aufgaben, die so oder so umzusetzen wären. Nur eben ohne die notwendige Verbindlichkeit und Erfolgskontrolle. Einzig die Dokumentation ist hier als zusätzliches Arbeitspaket zu nennen.

Die Abfolge von Selbstanalyse – Bewertung – Umsetzung – Prüfung stellt einen in sich geschlossenen Zyklus dar. Daraus ergibt sich, dass nach der Zertifizierung vor der Zertifizierung ist. Das wiederkehrende Durchlaufen des Prozesses macht erst den ganzen Charme des Verfahrens aus. Regelmäßiges Hinterfragen der eigenen Abläufe und Wirkungsweisen im Ideenmanagement helfen, aus eingefahrenen und überkommenden Strukturen auszubrechen. Und so kann man das Ideenmanagement fit und agil halten und ist darauf vorbereitet, sich an neue Gegebenheiten anzupassen. Denn tun wir das nicht, sterben wir aus wie alle Dinosaurier.

Was wir durch das Verfahren erhalten, ist Sicherheit. Sicherheit, dass die Entwicklung des Ideenmanagements auf dem richtigen Weg ist. Sicherheit, dass die umgesetzten Entwicklungsschritte die effektivsten sind. Sicherheit für das Ideenmanagement, nicht alles falsch aufzusetzen. Sicherheit, dass das Ideenmanagement nicht verstaubt, sondern sich immer wieder erneuert. Sicherheit für das Unternehmen, dass das Ideenmanagement auch in Zukunft seinen Beitrag zum Unternehmenserfolg leisten kann.

Nach der Umsetzung und Dokumentation der drei Maßnahmen wurden in einer Präsentation vor den Prozessbeteiligten und dem Auditor die Ergebnisse des Verfahrens und die Erfahrungen aus der Umsetzung vorgestellt. Sich ergebende Fragestellungen konnten anschließend in einer offenen Diskussion besprochen werden

Am 18. Dezember 2018 wurde Diebold Nixdorf die Auszeichnung „Committed to Idea Management Excellence“ durch Roland Rausch, Geschäftsführer des Zentrums Ideenmanagement, auch im Namen der Initiative Ludwig-Erhard-Preis und der EFQM, überreicht. Die Auszeichnung findet vom Bundesministerium für Wirtschaft und Energie sowie europaweite Anerkennung.

Das Ideenmanagement von Diebold Nixdorf freut sich über die neue Auszeichnung und möchte weiterhin Qualitätsverbesserungen auf den Weg bringen – denn Qualität ist kein Zufall.

Das EFQM-Modell als System zur ganzheitlichen Ausrichtung der Führungskräfte in Verbesserungsprozessen

THOMAS FINKEWIRTH

Das Unternehmen

Die Becker Plastics GmbH ist ein international tätiger Entwickler und Hersteller von Rohren und Rohrsystemen aus Kunststoff- und Verbundwerkstoffen für die Gebäudetechnik. Das Unternehmen mit Sitz in Datteln gehört der Roth Industries GmbH & Co. an, einer mittelständischen Unternehmensgruppe aus dem hessischen Dautphetal. Mit 80 Mitarbeitern auf zehn Maschinen produziert Becker Plastics jährlich 35 Mio. Meter Rohre und beliefert Kunden in Europa und Amerika. Hauptanwendungsgebiete der Rohre sind Fußbodenheizung, Heizkörperanbindung sowie Trinkwasser- und Gasinstallation in der Gebäudetechnik.

Ausgangssituation

Historisch bedingt stammt ein Großteil der Belegschaft von Becker Plastics aus der Bergbauzulieferindustrie. Zudem ist das Unternehmen durch eine lange Betriebszugehörigkeit der Mitarbeiter geprägt. Die Besetzung von Führungspositionen durch externe, neue Mitarbeiter ist in der Vergangenheit häufig fehlgeschlagen. Daraus resultiert, dass sich die komplette Führungsstruktur aus langjährigen Becker-Plastics-Mitarbeitern zusammensetzt. Mit den Führungskräften startete das Unternehmen 2005 seinen kontinuierlichen Verbesserungs- und Modernisierungsprozess. Dabei wurden damit begonnen, mithilfe von Policy Deployment (Hoshin Kanri) einen strukturierten und nachhaltigen Informationsbeschaffungsprozess und Politikentwicklungs- und -festlegungsprozess zu etablieren, der im Rahmen des kontinuierlichen Verbesserungsprozesses eine klare Richtung (Hoshin) und einen Umsetzungsplan (Kanri) vorgibt.

Der erste Einstieg in den Modernisierungsprozess erfolgte durch Workshops mit Schichtführern und Abteilungsleitern mit dem Ziel, die Mitarbeiter einzubeziehen und Veränderungsängsten entgegenzuwirken. Über die Jahre führte das Unternehmen kontinuierlich Workshops und Maßnahmen zu den Grundlagen des Lean Managements (5A/5S, sieben Arten der Verschwendung, Rüstworkshops etc.) durch. Nachdem die ersten Grundlagen zu den Themen Standardisierung, Disziplin, Verbesserungskultur und Rolle der Führung geschaffen waren, folgte die Erkenntnis, dass weitere Handlungsfelder und Verbesserungsprojekte zielorientiert abzuleiten und zu verfolgen sind.

Das Unternehmen musste in diesem achtjährigen Prozess feststellen, dass zur Priorisierung und Stabilisierung der Umsetzung der Maßnahmen ein ganzheitlicher Blick fehlte, der dem Unternehmen die benötigte Struktur und Ausrichtung verlieh. Nicht ausreichend durchdachte Aktionen und die fehlende Nachhaltigkeit sind neben dem fehlenden Einfordern von Standards die häufigsten Gründe, die zum Nichtgelingen eines erfolgreich funktionierenden ganzheitlichen Produktions- bzw. Unternehmenssystems führen.

Einführung des EFQM-Modells zur einheitlichen Ausrichtung

Daraufhin entschied sich die Geschäftsführung für die Arbeit mit dem EFQM Excellence Modell, das mit seiner ganzheitlichen Ausrichtung und der Berücksichtigung aller Interessengruppen dem Unternehmen die erforderliche systemische Unterstützung bietet. Das Unternehmen begann mit der Erarbeitung einer Vision im Führungskräfteteam. Diese Vision wird alle drei Jahre auf den Prüfstand gestellt.

Im nächsten Schritt nutzte das Unternehmen die Grundkonzepte des EFQM-Modells zur Selbstbewertung durch die eigenen Führungskräfte.

Dabei sollten die Führungskräfte das eigene Unternehmen entlang der verschiedenen Grundkonzepte bezüglich des Reifengrads einschätzen („Beginner", „Unterwegs", „Reif"). Das Ergebnis zeigte, dass die Einschätzungen bei einzelnen Grundkonzepten von „Beginner" bis „Reif" reichten. Daraus resultierte die Erkenntnis, dass nicht alle Führungskräfte das annähernd selbe Verständnis vom Unternehmen Becker Plastics haben.

Um ein gemeinsames und einheitliches Unternehmensverständnis zu gestalten, entwickelten die Führungskräfte gemeinsam ein Modell zum „Kontext der Organisation". Mithilfe dieses Modells wurden die Interessengruppen identifiziert, anschließend priorisiert und den zuständigen Führungskräften zugeteilt. Darauf aufbauend nahmen sowohl die Standortleitung als auch die Führungskräfte an regelmäßig stattfindenden Arbeitskreisen teil. In diesen Arbeitskreisen wurden gemeinsam mit weiteren teilnehmenden Firmen Themen zur Umsetzung des EFQM-Modells behandelt.

Zwei Jahre nach der ersten Selbstbewertung wurde erneut eine Bewertung durch die Führungskräfte durchgeführt. Dabei war eine deutlich einheitlichere Sicht zu erkennen und im Vergleich zur vorherigen Bewertung wurde das Unternehmen öfter im Reifegrad „Beginner" eingeschätzt.

Ab 2016 wurden die Führungskräfte durch Journey-to-Excellence-Workshops im EFQM Excellence Modell weitergebildet. Dabei bestanden die Workshops zur Weiterbildung bewusst zur einen Hälfte aus Studenten und zur anderen Hälfte aus Führungskräften von Becker Plastics. Durch den unvoreingenommenen Blick der Studenten erhielt das Unternehmen eine zusätzliche Einschätzung von unternehmensfremden Workshop-Teilnehmern. Je Workshop wurde von den Teilnehmern ein Projekt initiiert, das anhand der RADAR-Logik aufgebaut war. Dabei orientierten sich die Projekte an den Grundkonzepten „Mit Vision, Inspiration und Integrität führen", „Nutzen für Kunden schaffen" und „Veränderungen aktiv managen" („Wie verändern wir bei Becker Plastics?"). In der nächsten Zeit wurden neben den Führungskräften auch Nachwuchskräfte in Workshops weitergebildet und die Geschäftsführung sowie die Standortleitung bildeten sich zu EFQM-Assessoren aus.

Um alle Beschäftigten der verschiedenen Abteilungen in die entwickelte Unternehmensvision zu integrieren, erarbeiteten die Führungskräfte gemeinsam mit ihren Mitarbeitern die jeweilige Abteilungsmission, die beschreibt, wie und was die Abteilung zur Erreichung der Unternehmensvision beitragen kann. Die entwickelten Abteilungsmissionen wurden mit den anderen Abteilungen im Hinblick auf deren Erwartungen an die vorstellende Abteilung abgestimmt, mit dem Ziel, gemeinsame Abteilungsziele und Schnittstellen aufzudecken.

Im Zusammenhang mit den Abteilungsmissionen wurden in jeder einzelnen Abteilung die Kernprozesse definiert. Anschließend wurden die Stabilisatoren und Destabilisatoren, die diese Kernprozesse beeinflussen, identifiziert.

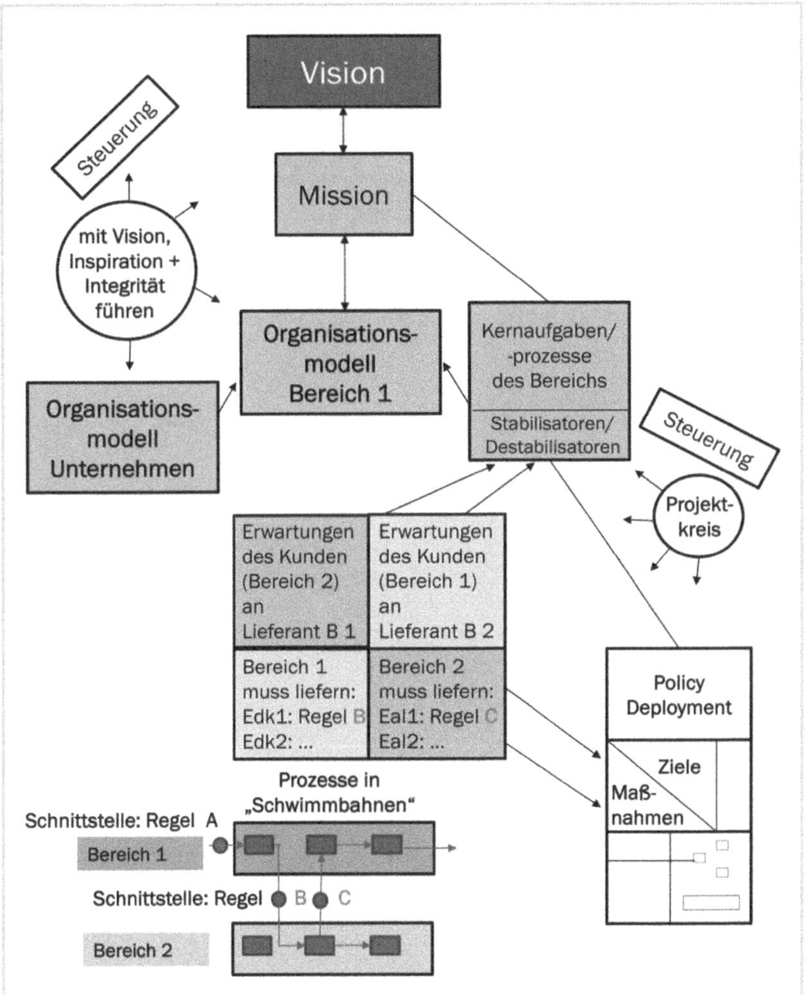

Abb. 1: Ableitung und Steuerung von Maßnahmen im Unternehmenskontext

Mit den gewonnenen Erkenntnissen wird nun jedes Verbesserungsprojekt sowohl auf den ganzheitliche Ansatz hin geprüft als auch daraufhin, inwieweit es mit der Unternehmensvision im Zusammenhang steht. Dafür wird das Projekt mit dem Policy Deployment abgeglichen und es wird sichergestellt, dass die Projekte an den Kernprozessen ansetzen, sodass entweder Stabilisatoren verbessert oder Destabilisatoren verringert werden. Aktuell arbeitet Becker Plastics an der systematischen Umsetzung der Verbesserungsprojekte durch die RADAR-Logik. Dadurch sollen Ziele, Vorgehensalternativen und Erfolge für alle Beteiligten sichtbarer werden. Darüber hinaus soll durch diese Vorgehensweise für nachfolgende Projekte gelernt werden, um somit das Bewusstsein zu schärfen, dass sich Becker Plastics im Sinne des „Refinement“ stetig weiterentwickeln muss.

Ein Kleinunternehmen (im Handwerk) auf dem Weg zur exzellenten Organisation

Carina Schneppenheim

Vor rund 50 Jahren, im Jahre 1970, wurde die Kunststoffverarbeitung Schneppenheim GmbH (im Folgenden KV Schneppenheim genannt) gegründet. Seitdem befindet sich das Unternehmen im Besitz der Familie Schneppenheim, heute in zweiter Generation geführt von Carl-Heinz Schneppenheim. Der Unternehmenssitz befindet sich im Industriegebiet von Pulheim bei Köln. Die KV Schneppenheim ist Zulieferer im Gießereimodellbau für den Automobil- und Maschinenbausektor sowie den Designbereich. Das Portfolio des Kleinunternehmens umfasst unter anderem die technische Beratung bei Projekten, Konstruktion, Design, Digitalisierung und Umwandlung von vektorbasierten Dateien, Form- und Sonderzuschnitte, Fräsarbeiten für diverse Materialien sowie den Handel mit Guss. Zu den schwerpunktmäßig verarbeiteten Materialien des Unternehmens zählen diverse weiche und harte Schaum- sowie Kunststoffe. Darüber hinaus verfügt die KV Schneppenheim seit 2014 über die unternehmenseigene Marke CAMICAMA®. Diese fertigt 3D-Objekte wie beispielweise Buchstaben und Logos, Schaufensterdekorationen, Ladenbauelemente und Messeobjekte.

Es wurde deutlich, dass für den nachhaltigen Erfolg der Organisation der Einsatz eines geeigneten Managementsystems unerlässlich ist, um einerseits die Qualität der Produkte zu gewährleisten und andererseits die sich stetig wandelnden Marktbedingungen bewältigen zu können. In Zusammenarbeit mit der Hochschule Fresenius Düsseldorf erwies sich das EFQM Excellence Modell als geeignetes Managementsystem für das Familienunternehmen Schneppenheim. In diesem Bewusstsein hat sich das Handwerksunternehmen im Jahr 2014 erfolgreich dem Excellence-Modell der EFQM verpflichtet. Das EFQM Excellence Modell ist ein *„Management-Modell, welches Organisationen durch eine strukturierte Reflexion der eigenen Leistungsfähigkeit im Kontext des Umfeldes und der* *eigenen Strategie dazu befähigen soll Spitzenleistungen im Wettbewerb zu erreichen*" (Moll/Kohler [2014], S. 218).

Im Folgenden soll die strategische Ausrichtung eines Kleinunternehmens unter Zuhilfenahme von kennzahlenbasierten Managementsystemen am Praxisbeispiel der KV Schneppenheim beschrieben werden. Dabei soll Bezug auf das EFQM Excellence Modell sowie die Herausforderungen im Umsetzungsprozess genommen werden.

Der Bedarf nach einer strategischen Ausrichtung im Handwerk

Mit der Gründung der KV Schneppenheim im Jahr 1970 entstand ein klassisches Handwerksunternehmen. So fertigten zur damaligen Zeit rund 50 qualifizierte Facharbeiter die Produkte des Kleinunternehmens. Mit Themen wie Strategie, Kennzahlen oder Managementsystemen wurde sich kaum bis gar nicht auseinandergesetzt. Heute bilden neben den rund 20 Mitarbeitern sieben CNC-gesteuerte Fräsmaschinen mit maximalen Verfahrbereichen von 5.000 mm × 2.700 mm × 1.200 mm das Herzstück des Leistungserstellungsprozesses. An dieser Stelle werden die Auswirkungen und Herausforderungen der Technologisierung und Automatisierung in Verbindung mit einem kennzahlenbasierten Management erkennbar, die in den vergangenen Jahren zunehmend Einzug gehalten und Bedeutung in der KV Schneppenheim gewonnen haben.

Die nachhaltige Anwendung des EFQM Excellence Modells bei der KV Schneppenheim ermöglicht zum einen die Identifikation und Analyse der eigenen Stärken und Potenziale in Bezug auf die Unternehmensvision und -mission. Zum anderen bietet das Excellence-Modell einen Benchmark mit anderen Organisationen sowie die Überprüfung des eigenen Reifegrads mit dem Ziel, die Ergebnisse der Organisation kontinuierlich zu verbessern (vgl. European Foundation for Quality Management [2012]).

Die mit dem EFQM Excellence Modell verzeichneten Erfolge bei der KV Schneppenheim lassen sich zuletzt in der erfolgreichen Bewerbung um die Anerkennungsstufe Committed to Excellence 1 Stern im Rahmen des europäischen Anerkennungsprogramms der EFQM (Levels of Excellence) Ende des Jahres 2016 erkennen.

Zur Stärkung der unternehmenseigenen Resilienz war die KV Schneppenheim zudem in der Zeit vom 01.01.2016 bis 30.04.2019 eines von vier Pilotunternehmen im Projekt STÄRKE, welches durch das Bundesministerium für Bildung und Forschung (BMBF) gefördert wurde. STÄRKE steht für „Starke Beschäftigte und starke Betriebe durch Stärkung der Änderungsfähigkeit mit Resilienz-Konzepten" (https://staerke-projekt.de/de/staerke). Das Ziel des Projekts bestand darin, einen Ansatz zu entwickeln, der zur Einschätzung und Entwicklung individueller sowie organisationaler Resilienz in Unternehmen beitragen. Treibende Kraft dafür sind die immer komplexer werdenden Anforderungen des Marktes, die ein hohes Maß an Änderungsfähigkeit und Änderungsbereitschaft sowohl seitens der Unternehmen als auch ihrer Beschäftigten erfordern. Zu den Instrumenten zählt unter anderem auch das EFQM Excellence Modell, welches als Basis für die Entwicklung eines „EFQMplusR-Konzepts" (EFQM plus Resilienz) dient (vgl. Technische Universität Darmstadt [o.J.]).

Die Ausrichtung nach dem EFQM Excellence Modell im Handwerk

Auf dem Weg zur nachhaltigen Umsetzung des Excellence-Ansatzes bestand der erste Schritt für die KV Schneppenheim im Jahr 2014 darin, die Mitarbeiter des Unternehmens für das EFQM Excellence Modell zu sensibilisieren. In diesem Zusammenhang fanden in Kooperation mit der imaq und der Hochschule Fresenius Düsseldorf sogenannte EFQM-Lizenztrainings statt. So unter anderem auch Journey-to-Excellence-Trainings, bei denen den Teilnehmern die Grundlagen des Excellence-Ansatzes vermittelt werden und sie zudem die Durchführung einer EFQM-Selbstbewertung erlernen. In diesem Zuge werden darüber hinaus Führungskräfte befähigt, EFQM-Umsetzungsprojekte in der Organisation zu leiten (vgl. Initiative Ludwig-Erhard-Preis e.V. [o.J.], o.S.).

Im Rahmen von Praxisprojekten in Zusammenarbeit mit der Hochschule Fresenius Düsseldorf sowie der studentischen Unternehmensberatung D.E.M.I.N.G. e.V. wurden parallel zu den EFQM-Trainings simulierte Fremdbewertungen durch die teilnehmenden Studierenden initiiert. Die erste Aufgabe im Rahmen der Modellanwendung bestand für die KV Schneppenheim darin, sich intensiv mit dem eigenen Organisationsmodell (vgl. Abb. 1) zu beschäftigen. Diese Betrachtung diente dazu, dass alle relevanten internen Prozesse, das Wettbewerbsumfeld sowie die Interessengruppen des Unternehmens und die wesentlichen Inputs bzw. Outputs in der Anwendung des EFQM Excellence Modells Berücksichtigung finden sollten.

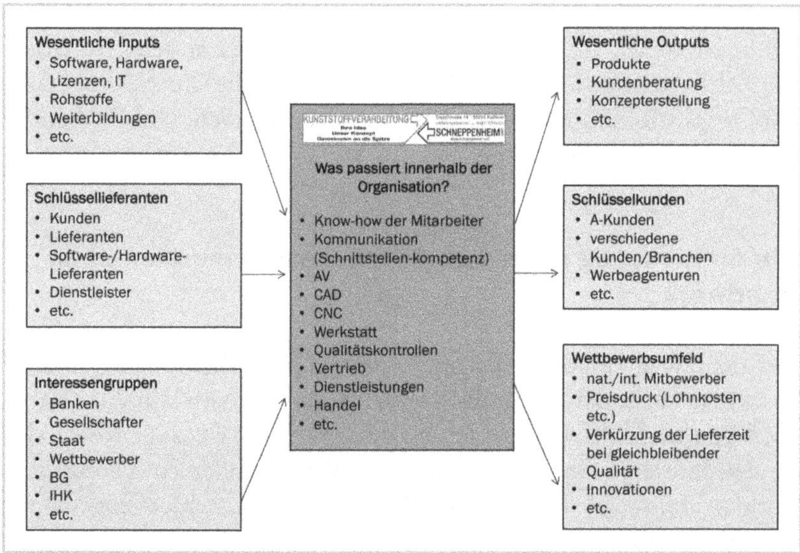

Abb. 1: *Das Organisationsmodell der KV Schneppenheim*

Parallel schuf das entwickelte Schneppenheim-Strategie-Konzept (kurz: SSK) die Grundvoraussetzung für den Aufbau eines Managementsystems sowie darüber hinaus für die Implementierung und nachhaltige Umsetzung einer Strategie. Das SSK beinhaltet die Unternehmensvision „Wir sind ein nachweislich exzellentes Unternehmen und die Nummer eins in der Wahrnehmung unserer Kunden in Deutschland" und die Mission „Ihre Idee. Unser Konzept. Gemeinsam an die Spitze" der KV Schneppenheim. In diesem Zusammenhang sind auch die strategischen Ziele über die nächsten fünf Jahre anhand definierter Meilensteine festgelegt. Mit dem sogenannten Wertekreis werden zudem die Werte der KV Schneppenheim (Flexibilität, Qualität, Innovation und Pünktlichkeit sowie Ehrlichkeit) sowohl nach innen als auch nach außen kommuniziert.

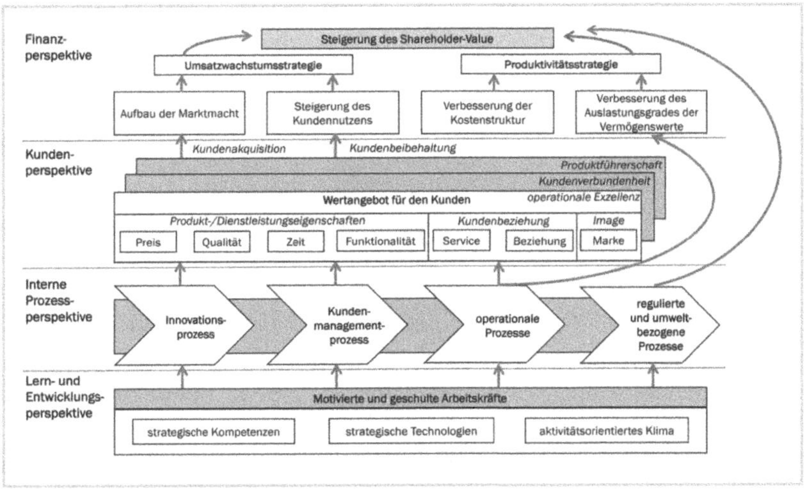

Abb. 2: *Die Grundstruktur einer Strategy Map (in Anlehnung an Kaplan/ Norton [2001], S. 88)*

Um einerseits der Unternehmensstrategie und andererseits den Forderungen des EFQM Excellence Modells bzw. den damit verbundenen Assessments nachzukommen, bedarf es eines Kennzahlenmanagements im Unternehmen. Dies soll die Verknüpfung zwischen Kennzahlen und den unternehmensinternen Prozessen gewährleisten (vgl. Langenberg [2013], S. 147 f.). In Anlehnung an diese Forderungen entwickelte die KV Schneppenheim eine unternehmenseigene Balanced Scorecard (BSC). Die BSC stellt ein kennzahlenbasiertes Managementsystem dar (vgl. Behrens-Otto [2013], S. 193), welches die Unternehmensstrategie in operative Zielvorgaben überführt (vgl. Walter [2001], S. 46 f.). Dabei werden die Unternehmensleistungen aus vier strategisch relevanten Perspektiven, der Finanzperspektive, der internen Prozessperspektive, der Kundenperspektive sowie der Lern- und Entwicklungsperspektive, betrachtet (vgl. Kaplan/Norton [1997], S. 2; Bernhard [2001], S. 23; Bernhard/Hoffschröer [2001], S. 13). Für jede der vier genannten Perspektiven werden in Form einer Top-down-Logik, die sich von den finanziellen und kundenbezogenen Ergebnissen über die internen Geschäftsprozesse bis zur Lern- und Entwicklungsperspektive erstreckt – ausgehend von der Unternehmensvision – strategische Ziele, Kennzahlen sowie operative Zielwerte und Maßnahmen abgeleitet (vgl. Bernhard [2001], S. 25 ff.; Kaplan/Norton [2001], S. 69 ff.). Das daraus resultierende hierarchische Beziehungsgeflecht zwischen den einzelnen Perspektiven stellt die Konsistenz und Durchgängigkeit innerhalb der BSC sicher (vgl. Bernhard [2001], S. 208). Zur Überprüfung, ob die Kennzahlen der jeweiligen BSC- Perspektiven schließlich zu den definierten strategischen Zielen führen, werden sogenannte Strategy Maps (vgl. Abb. 2) in den Aufbau einer BSC integriert (vgl. Kaufmann [2009], S. 33). Strategy Maps, auch als strategische Landkarten bezeichnet, stellen in Form von grafischen Ursache-Wirkungs-Ketten die Zusammenhänge zwischen den angestrebten Ergebnissen einer Strategie und ihren Ursachen her. Darüber hinaus unterstützen Strategy Maps die Kommunikation der Strategie sowie der damit beabsichtigten Ergebnisse, indem sie den Mitarbeitern einer Organisation grafisch anhand von Ursache-Wirkungs-Ketten aufzeigen, welchen Beitrag sie bei der Strategieumsetzung leisten können (vgl. Kaplan/Norton [2001], S. 95).

Die erfolgreichen Praxisbeispiele im Rahmen des Ludwig-Erhard-Preis-Verfahrens zeigen, *„dass eine Verknüpfung von Excellence-Ansatz und*

Balanced Scorecard ein Erfolgstreiber für Unternehmen ist" (Moll [2014], S. 142). Die Verknüpfung beider Ansätze ermöglichte es Unternehmen, Effizienzgewinne oder nachweisbare Leistungssteigerungen zu verzeichnen (vgl. Moll [2014], S. 142). Parallel haben Organisationen im digitalen Zeitalter die Chance, ihre Leistungen sowie ihren Reifegrad auf Basis eines digitalen Kennzahlenmanagements im internationalen Kontext mit anderen Unternehmen zu vergleichen. Dennoch zeigen sich im Rahmen von EFQM-Assessments wiederkehrend Potenziale im Bereich des Kennzahlenmanagements (vgl. Langenberg [2013], S. 149 ff.).

Nach Ansicht der KV Schneppenheim ist es für Unternehmen in Zeiten der Industrie 4.0 eine unabdingbare Aufgabe, die erforderlichen Voraussetzungen für ein (digitales) Kennzahlenmanagement zu schaffen sowie diese nachhaltig umzusetzen. So bedarf es nach Auffassung des Kleinunternehmens einerseits eines geeigneten Softwaresystems zur Erhebung der erforderlichen Kennzahlen. Andererseits gilt es im Anschluss an die Kennzahlenerhebung eine gezielte Kennzahlenverwertung in Verbindung mit geeigneten Maßnahmen anzuschließen. Bei dem Familienunternehmen KV Schneppenheim ist das Kennzahlenmanagement durch einen transparenten und strukturierten Prozess zur Erhebung, Analyse und Verwertung der Kennzahlen hinterlegt. Mit der nachhaltigen Umsetzung eines synergetischen Kennzahlensystems verfolgt das Kleinunternehmen im Handwerk konsequent den nächsten Schritt bei der Umsetzung des EFQM-Excellence-Ansatzes. Im Juli 2019 hat sich das Unternehmen erfolgreich um die Anerkennung Recognised for Excellence (R4E) beworben und diese mit über 400 Punkten erhalten..

Literatur und Quellen

Behrens-Otto, B. [2013]
EFQM und BSC im Vergleich, in Moll, A./Kohler, G. (Hrsg.): *Excellence-Handbuch – Grundlagen und Anwendung des EFQM Excellence Modells, Düsseldorf 2013, S. 193–198*

BERNHARD, M.G. [2001]
Grundprinzipien der Balanced Scorecard, in: BERNHARD, M.G./HOFFSCHRÖER, S. (HRSG.): *Report Balanced Scorecard. Strategien umsetzen, Prozesse steuern, Kennzahlensysteme entwickeln, Düsseldorf 2001, S. 21–44*

BERNHARD, M.G. [2001]
Strategieumsetzung durch Balanced Scorecard: Kennzahlensysteme entwickeln und Managementprozesse steuern, in: BERNHARD, M.G./HOFFSCHRÖER, S. (HRSG.): *Report Balanced Scorecard. Strategien umsetzen, Prozesse steuern, Kennzahlensysteme entwickeln, Düsseldorf 2001, S. 207–267*

BERNHARD, M.G./HOFFSCHRÖER, S. [2001]
Eine Strategie umsetzen, aber wie?, in: BERNHARD, M.G./HOFFSCHRÖER, S. (HRSG.): *Report Balanced Scorecard. Strategien umsetzen, Prozesse steuern, Kennzahlensysteme entwickeln, Düsseldorf 2001, S. 13–18*

EUROPEAN FOUNDATION FOR QUALITY MANAGEMENT [2012]
EFQM Excellence Modell. Exzellente Organisationen erzielen dauerhaft herausragende Leistungen, welche die Erwartungen aller ihrer Interessengruppen erfüllen oder übertreffen, Brüssel 2012

INITIATIVE LUDWIG-ERHARD-PREIS E.V. [O.J.]
Leitfaden für Bewerber. EFQM Verpflichtung zu Excellence (C2E) 2 Stern, verfügbar unter: https://ilep.de/cmx/download.php?file=../f/cmx_4d739b25a5ac5/cmx_4bbc760d7b047/cmx54c114ffd1dc8/FS54c1151fdb00d.pdf&filename=Bewerberleitfaden%20C2E%202%20Stars (30.10.2017)

INITIATIVE LUDWIG-ERHARD-PREIS E.V. [O.J.]
TRAININGS, *verfügbar unter: https://ilep.de/Programmbereich/p-cmx53f3236b60998/mp-Trainings/rp-cmx53f3236b60998/cmx53f3236b60998.html (31.10.2017)*

INITIATIVE LUDWIG-ERHARD-PREIS E.V. [O.J.]
EFQM-Modell und Excellence-Ansatz, verfügbar unter: https://ilep.de/Artikel/cmx4ed2d2c849aa1.html (29.10.2017)

KAPLAN, R.S./NORTON, D.P. [1997]
Balanced Scorecard – Strategien erfolgreich umsetzen, Stuttgart 1997

KAPLAN, R.S./NORTON, D.P. [2001]
Die strategiefokussierte Organisation – Führen mit der Balanced Scorecard, Stuttgart 2001

KAUFMANN, L. [2009]
Der Feinschliff für die Strategie, in: Harvard Business Manager, Nr. 1 (2009), S. 30–36

LANGENBERG, R. [2013]
Kennzahlen – Erfahrungsbericht eines EFQM-Assessors, in: MOLL, A./KOHLER, G. (HRSG.): *Excellence-Handbuch – Grundlagen und Anwendung des EFQM Excellence Modells, Düsseldorf 2013, S. 147–153*

MOLL, A. [2014]
Exkurs: Die BSC im Kontext der Umsetzung des Excellence-Ansatzes, in: FRIEDAG, H.R./SCHMIDT, W. (HRSG.)*: Balanced Scorecard – einfach konsequent. Erfolgreiche Umsetzung im Unternehmen, Freiburg 2014, S. 135–142*

MOLL, A./KOHLER, G. [2014]
Glossar, in: MOLL, A./KOHLER, G. (HRSG.): *Excellence-Leitfaden – Praktische Umsetzung des EFQM Excellence Modells, Düsseldorf 2014, S. 217–223*

TECHNISCHE UNIVERSITÄT DARMSTADT [O.J.]
Projekt Stärke. Flyer, verfügbar unter: www.staerke-projekt.de/sites/staerke-projekt.de/files/page/Stärke_Flyer1.pdf (30.10.2017)

WALTER, A. [2001]
Balanced Scorecard – die logische Konsequenz von strategischen Managementphilosophien, in: BERNHARD, M.G./HOFFSCHRÖER, S. (HRSG.): *Report Balanced Scorecard – Strategien umsetzen, Prozesse steuern, Kennzahlensysteme entwickeln, Düsseldorf 2001, S. 45–54*

Lock Antriebstechnik – Anwenderbericht EFQM-Modell

Frank Lock, Carsten Wiesner

Ausgangssituation

Ein Blick auf 175 Jahre Firmengeschichte

Lock wurde 1844 von Raphael Lock in Ertingen als Schlosserei gegründet. Von Anfang an war das Positionieren über Zahnstangengetriebe Kernkompetenz – ab 1912 dann als Meisterbetrieb. Immer wurden eigene Produkte entwickelt und hergestellt, nämlich Zahnstangenwinden – bei den ersten zwei Generationen als Holz-Stockwinden, in der dritten Generation ab 1923 in einer neu erbauten Werkstatt als Universal-Stahlwinden.

Ab den 1930er-Jahren wurde die „Lock Rekord"-Baureihe für Anwendungen in Forst- und Landwirtschaft sowie für Hebeanwendungen modular produziert – wohl weniger aus dem Lean-Gedanken heraus, sondern aufgrund der eingeschränkten Fertigungsmöglichkeiten.

Freimut Lock übernahm 1956 in vierter Generation Lock mit fünf Mitarbeitern. Unter seiner Leitung wurde die Spezialisierung massiv vorangetrieben, ab 1959 dann per Elektroantrieb. Lock wurde zum Pionier bei der Automatisierung im Gewächshaus. 1965 brachte der Vertriebsstart in den Niederlanden erstmals starkes Wachstum, 1971 zog die Firma an den jetzigen Standort um. 1994 erfolgten die Umfirmierung in „Lock Antriebstechnik" und der Bezug des neuen Verwaltungsgebäudes sowie 2011 die Erweiterung um eine Produktionshalle.

Als Antriebshersteller agiert Lock in Nischenmärkten mit speziellen Anforderungen an Positioniervorgänge. Dies erfordert höchste Flexibilität in Prozessen und Variabilität im Produktportfolio, um die unterschiedlichen Kundenbedürfnisse mit einem attraktiven Preis-Leistungs-Verhältnis zu befriedigen. Auf der anderen Seite gilt es, die Wettbewerbsfähigkeit des Unternehmens durch stetige Produkt- und Prozessinnovationen zu sichern.

Demgegenüber steht die Herausforderung, dem zunehmenden Fachkräftemangel entgegenzuwirken. Speziell im oberschwäbischen Raum zeigt sich dieser sehr ausgeprägt. In Ertingen 60 km südlich von Ulm befindet sich der Sitz des Unternehmens mit rund 115 Mitarbeitern. Für unser Unternehmen bedeutet dies, die Arbeitgeberattraktivität stetig zu verbessern und nach außen sichtbar zu machen, um die für den zukünftigen Erfolg des Unternehmens entsprechenden personellen Ressourcen zu gewinnen.

„Wir unterstützen unsere Kunden dabei, überall auf der Welt eine Umgebung zu schaffen, in der sich Menschen, Tiere und Pflanzen sicher und wohl fühlen.“ Das ist die Vision von Lock. Bereits seit 175 Jahren widmet sich das Unternehmen dieser Vision, indem es Antriebstechnik für die natürliche Lüftung und Schattierung entwickelt und produziert.

Denn Luft und Licht sind wesentliche Parameter, um den Wohlfühlfaktor in Arbeitsräumen und -plätzen, professionellen Gewächshäusern, Gartencentern und Viehställen für Menschen, Pflanzen und Tiere positiv zu beeinflussen. Im Bereich Hebetechnik werden Lock-Antriebe für Hebe- und Arbeitsbühnen, höhenverstellbare Wartungsplattformen oder Verstelleinrichtungen von Förderbändern eingesetzt.

Wieso und wann ist Lock intensiv in die Verbesserung eingestiegen?

Erstmals kam Lock 1993 mit der schlanken Produktion in Berührung. Im Rahmen der Produktionserweiterung wurde in Zusammenarbeit mit dem Fraunhofer IPA ein Projekt zur Montageplanung aufgesetzt: Materialflüsse wurden analysiert, erste Logistikprozesse aufgesetzt und das Montagelayout geplant.

Im Vorgriff auf den Generationswechsel 2002 startete Frank Lock 1999 das Projekt „Lock 2000+“ und erarbeitete im Strategieteam erstmals

Strategie und Leitbild. Auszug: *„Arbeite an Dir. Als Familienunternehmen mit einem Stamm von motivierten Mitarbeitenden leben wir eine team- und prozessorientierte Organisation mit dezentraler Verantwortung."*

2004 beschäftigte sich Lock erstmals mit Prozessen – alle ERP-relevanten Prozesse wurden modelliert. Diese Prozesse dienten der ERP-Auswahl 2004 und der Infor COM-Einführung 2005. Mit Einführung des PPS-Systems „3Liter-PPS" wurde die Basis für die Umsetzung des Konzepts „LOLA PIT – Produzieren im Takt" gelegt.

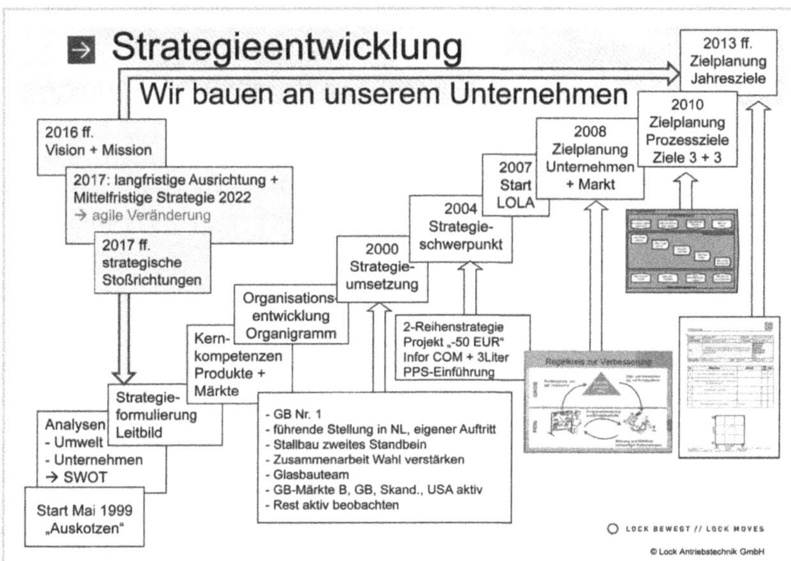

***Abb. 1:** Strategieentwicklung – wir bauen an unserem Unternehmen*

Unser Weg zur Exzellenz

Von LOLA über FührungsEnergie und ISO 9001 zum EFQM-Modell

Die kontinuierliche Verbesserung ist neben Mitarbeiter- und Kundenorientierung im Selbstverständnis von Lock als Familienunternehmen verankert. Die Reise zur Excellence trat Lock mit dem Strategieentwicklungsprozesses 1999 und dem Generationenwechsel 2002 an. Im Rahmen der Strategieentwicklung und der jährlichen Zielplanung wurden Programme und Projekte zur kontinuierlichen Weiterentwicklung der Organisation definiert und umgesetzt. Darauf folgte der Start des übergeordneten strategischen Programms LOLA (Lean Organization Lock Antriebstechnik) mit dem vorrangigen Ziel, Prozesse kundenorientierter und effizienter zu gestalten.

Cay von Fournier mit seiner „UnternehmerEnergie" war 2012 ein wesentlicher Impulsgeber. Bei der Reflexion der eigenen Persönlichkeit und der Erarbeitung der persönlichen Vision und Werte entstand bei Frank Lock der Gedanke, als „Lebenswerk" einen Exzellenz-Preis für Lock zu erringen. Es wurde ihm klar, dass es ohne ganzheitliche Sicht nicht gelingen kann, langfristig erfolgreich zu werden. Es braucht Lebensbalance genauso wie Ausgewogenheit zwischen Management und Führung, es braucht nicht nur Prozesse, sondern auch und vor allem Mitarbeiterorientierung. Durch das Modell „FührungsEnergie" des SchmidtColleg erklärte sich, warum vieles in der Umsetzung stecken blieb: Leitbild ohne Werte und Führungsgrundsätze – Finanzsystem ohne operative Steuerung – Strategie ohne konkrete Jahreszielplanung …

Der Aufbau des Lock-Produktionssystems LOLA PIT sowie der Aufbau eines QM-Systems nach DIN EN ISO 9001:2008 waren die ersten Programme, die den Weg zur Excellence ebneten, und stellen heute Bausteine des Lock-Unternehmensmodells dar. In den Folgejahren wurden weitere Projekte wie z.B. 2013 das betriebliche Gesundheitsmanagement LOLA FIT und ab 2014 das Wertemodell mit seinen Führungsgrundsätzen gestartet.

Eine Liefertreue von 99 % und eine Kundenzufriedenheit von 96,5 % waren 2014 erste messbare Erfolge. Doch nicht nur Kennzahlen, sondern auch eine regelmäßige objektive Beurteilung des Managementsystems auf Basis von vorgegebenen Normen und Modellen lassen das Unternehmen Schwachstellen konsequent aufdecken und liefern neue Impulse für Verbesserungen. Zu Beginn galt die Bewertung nach DIN EN ISO 9001:2008 (2015) als Maßstab. Doch mit dem Erreichen der Zertifizierungsreife stellten sich Geschäftsführer und Managementteam die Frage: Wie können neue Impulse entstehen, um die Organisation weiter auf dem Weg zur Excellence voranzutreiben? Die Lösung wurde mit dem EFQM-Modell gefunden.

Für Lock war das Ansporn, weiter nach Schwachstellen und neuen Impulsen für Verbesserungen zu suchen. So orientiert sich Lock seit Anfang 2017 am Excellence-Modell und entschloss sich, das von der EFQM angebotene Bewertungsverfahren zu durchlaufen. Lock erreichte im Herbst 2017 auf Anhieb 400 Punkte und damit die Auszeichnung „Recognised for Excellence 4 Star". Das Ergebnis zeigte aber auch Entwicklungspotenziale auf, die hoch motiviert angegangen wurden.

2017 verabschiedete Lock Vision, Mission und mittelfristige Strategie und brachte die „prozessuale Organisation" auf den Weg. Der Lock-Markenkern wurde 2019 erarbeitet und mit Great Place to Work® wurde eine Mitarbeiterbefragung durchgeführt. Im zweiten EFQM-Anlauf 2019 konnte sich Lock dadurch wesentlich verbessern und erreichte „Recognised for Excellence 4 Star" (452 Punkte) sowie den Ludwig-Erhard-Preis in Bronze.

Unternehmensmodell – Exzellenzmodell – Prozessmodell

Im Rahmen des Strategieentwicklungsprozesses und abgeleitet aus dem Modell „FührungsEnergie" des SchmidtColleg wurde eine „in Balance befindliche" Struktur des Unternehmens abgeleitet und daraus ein Unternehmensmodell entwickelt. Dieses Modell zeigt die vier Quadranten

Strategie – Führung – Management – Steuerung ganzheitlich und füllt sie mit über die zeitlichen Horizonte abgestimmten Inhalten.

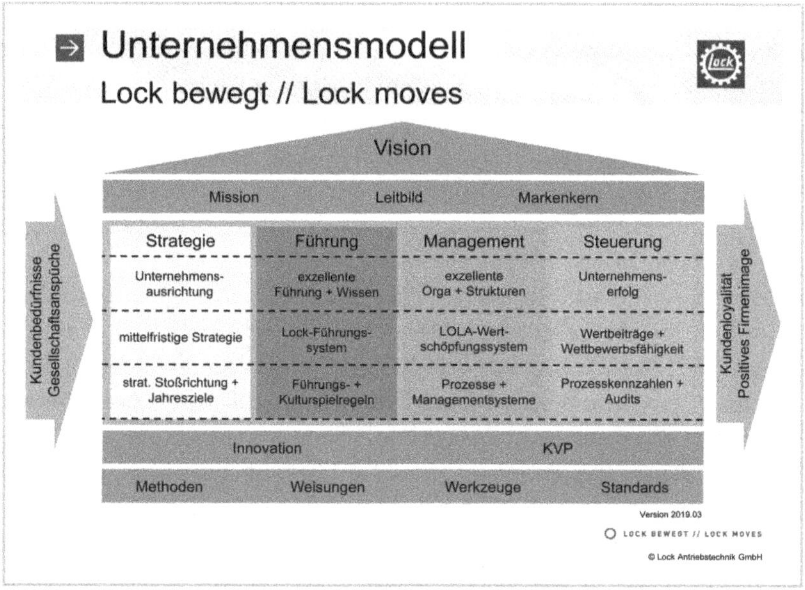

Abb. 2: Unternehmensmodell – Lock bewegt // Lock moves

Auf das Unternehmensmodell aufbauend und unter Berücksichtigung des EFQM-Modells entwickelte Lock 2018 das Exzellenzmodell e³. In neun Kacheln, den sogenannten Exzellenzbausteinen, verankert Lock die Strategieumsetzung anhand von Topinitiativen, die dann in Jahreszielen und Projekten münden.

Unter einem exzellenten Unternehmen versteht Lock eine Organisation, die stets effektiv und effizient ausgerichtet ist und sich konsequent weiterentwickelt.

Die Formel lautet: Entwicklung × Effektivität × Effizienz = e^3

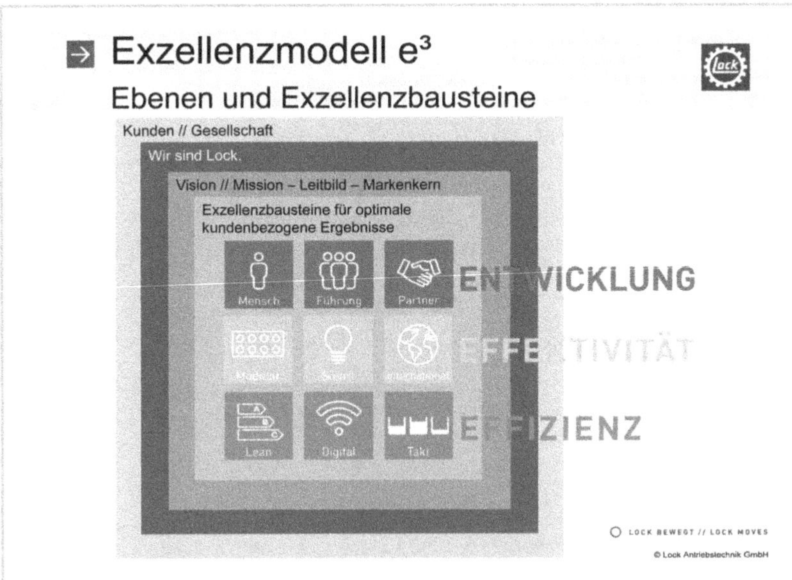

Abb. 3: *Exzellenzmodell e³ – Ebenen und Exzellenzbausteine*

Lock arbeitet nach einem mit der DIN EN ISO 9001:2015 konformen Prozessmodell, das neben den geforderten Prozessen alle für Lock relevanten Tätigkeiten sowie die Prozesse der Tochterfirmen abbildet. Das Prozessmodell stellt einen einheitlichen, zielgerichteten und transparenten Ablauf bei Lock insgesamt sicher.

Zur weiteren Verschlankung und um eine klare Verantwortlichkeit herzustellen, wurden Organigramm und Prozessmodell „verschmolzen“. So sind die Bereichsleiter gleichzeitig Prozesskettenеigner der Managementprozesse. Beispielsweise ist der Bereichsleiter Technik für den Bereich „Technik“ verantwortlich und gleichzeitig für die Prozesskette „Von der Idee zum wettbewerbsstarken Produktportfolio“. Um diese eindeutige Zuordnung zu schärfen, wurden etliche Organisationseinheiten anderen Bereichen zugeordnet und die Sitzordnung in den Büros wurde prozessual angeordnet.

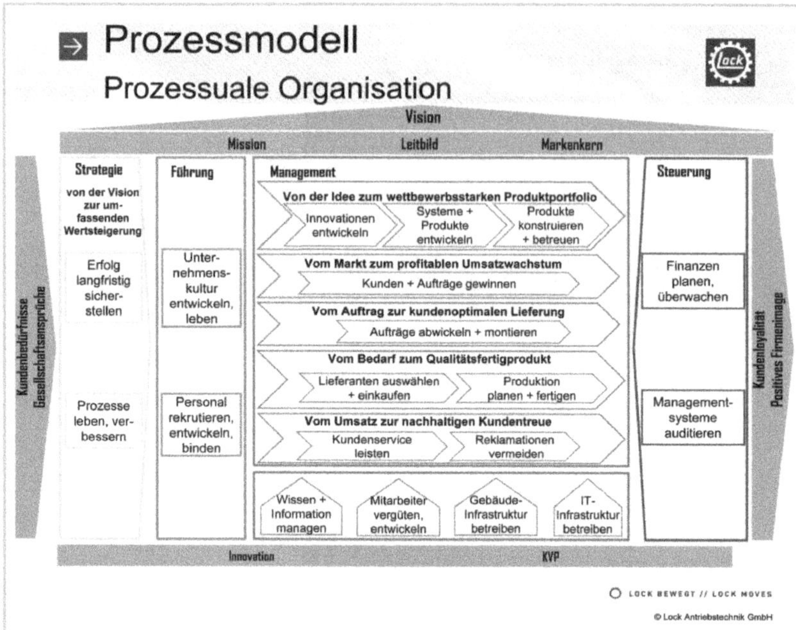

Abb. 4: *Prozessmodell – prozessuale Organisation*

Werte und Unternehmensgrundsätze

Im Wertemodell und Unternehmensleitbild ist unser Selbstverständnis vorgegeben. Die Werte und Grundsätze der Zusammenarbeit dienen dabei als Gegengewicht – sprich Korrektiv – zu den Zielen. Das Wertemodell wurde ebenfalls an das Lock-Unternehmensmodell angedockt. Nicht nur das Unternehmensmodell wurde „in Balance" gebracht – ebenso die Werte wurden den vier Quadranten Strategie – Führung – Management – Steuerung zugewiesen.

Der Gedanke dabei: Teamgeist und Wertschätzung allein reichen nicht aus, um Erfolg zu haben – wir sind ein Wirtschaftsunternehmen. Aber nur Leistung ohne Vertrauen und Wertschätzung wird nicht zum Erfolg führen. Wir brauchen ein ganzheitliches und ausgewogenes Wertesystem. Ziele sollen erreicht werden, aber eben immer unter Einhaltung der Werte und Grundsätze der Zusammenarbeit – Zielerreichung also nicht um jeden Preis.

Auf den vier Wertequadranten und insgesamt vier mal vier Werten basieren dann unsere Unternehmensgrundsätze: vier mal zwei Führungsgrundsätze sowie vier mal zwei Grundsätze der Zusammenarbeit wurden von den Bereichsleitern und Teamleitern in moderierten Workshops erarbeitet und beschlossen. Sowohl in der Regelkommunikation wie auch im strukturierten Mitarbeitergespräch sind diese Unternehmensgrundsätze eingewoben, sie werden dort diskutiert und bewertet.

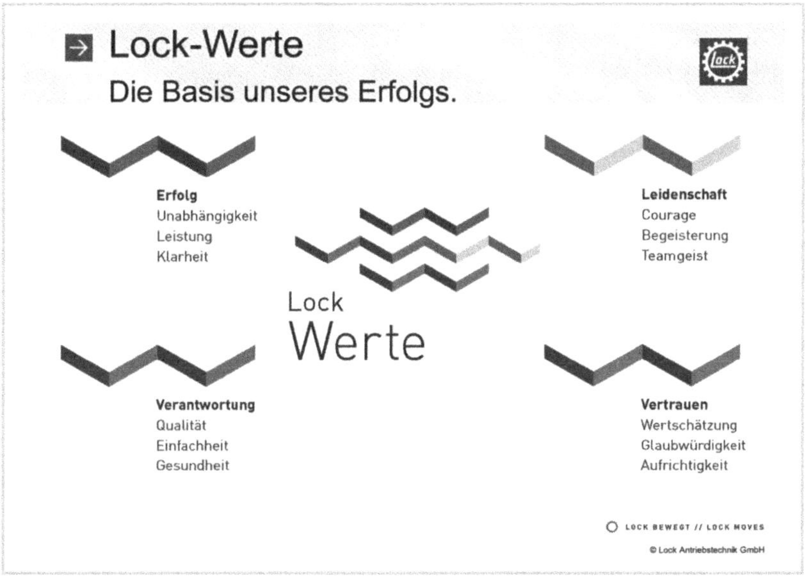

Abb. 5: *Die Lock-Werte*

Das Lock-Produktionssystem LOLA PIT

Das Lock-Produktionssystem LOLA PIT ist ein Baustein des LOLA-Wertschöpfungssystems, das ein Element der Managementsäule des Unternehmensmodells abbildet. LOLA PIT hatte zum Ziel, die Produktionsprozesse durch die konsequente Umsetzung der Lean-Prinzipien effizienter auszugestalten.

Das erste Projekt startete 2006 mit der Optimierung der Abläufe der Produktionsplanung und -steuerung. Dies gelang uns mit der Einführung eines integrierten PPS-Systems. Der Grundstein wurde mit der Einführung eines neuen ERP-Systems im Jahr 2005 mit dem Ergebnis einer hohen Datenqualität gelegt. Die Datenqualität war ein wesentlicher Erfolgsfaktor für das Projekt. Das Ergebnis war eine Verbesserung der Liefertermintreue von 63 % auf 88 %, eine Verbesserung der Lieferfähigkeit von 66 % auf 88 % sowie eine Bestandreduzierung des WIP um 50 %. Durch die kontinuierliche Weiterentwicklung liegen Liefertreue und Lieferfähigkeit heute bei 99 %.

Wesentliche Merkmale des PPS-Systems sind:

- kapazitätsgeprüfte Einplanung von Kunden- und Fertigungsaufträgen
- zentrale Grobplanung durch die Arbeitsvorbereitung
- dezentrale, eigenverantwortliche Feinplanung durch die Fertigungsteams
- taktorientierte Rückwärtsterminierung mit klaren Planungsfenstern in Wochen- und Tagesrastern
- zweistufige Planung (kundenanonyme Fertigung in wirtschaftlichen Losgrößen // kundenauftragsorientierte Montage – Lackieren – Versand)
- kein Fertigwarenlager

In einem zweiten Projekt im Jahr 2010 wurde im Rahmen der Erweiterung der Produktionshalle ein materialflussorientiertes Layout realisiert, das auf Basis einer Materialflussanalyse konzipiert wurde. Dadurch konnten unter anderem die Laufwege deutlich reduziert werden.

Im Jahr 2013 folgte die Umsetzung des Projekts „schlanke EWA-Montage“ mit dem Ziel, die Produktivität zu steigern. Alle Montagelinien wurden konsequent nach den Lean-Prinzipien, wie kurze Laufwege, One Piece Flow anstatt Batch-Bearbeitung und Trennung wertschöpfender Tätigkeit von Logistiktätigkeit, neu aufgebaut. Dadurch konnte die Produktivität der Montagelinien um bis zu 27 % gesteigert werden.

Zusammenfassung

Botschaft

Der Lock-Markenkern: Wir sind die Kompetenzplattform für wegweisende Positionierlösungen. Uns liegt das Wohl von Menschen, Tieren und Pflanzen am Herzen. Als exzellente Organisation erfüllen wir so unsere Mission und schreiten in Richtung unserer Vision voran.

Topbenchmarks/Erfolgsfaktoren

Das Lock-Produktionssystem LOLA PIT setzt die Prinzipien der schlanken Produktion taktorientiert um und gewährleistet konstant eine Liefertreue von nahezu 100 % bei niedrigen Beständen und ohne Fertigwarenlager.

Lock Antriebstechnik erreichte im Herbst 2017 auf Anhieb 400 Punkte und damit die Auszeichnung „Recognised for Excellence 4 Star".

Im zweiten EFQM-Anlauf 2019 konnte sich Lock wesentlich verbessern und erreichte „Recognised for Excellence 4 Star" (452 Punkte) sowie den Ludwig-Erhard-Preis in Bronze.

Ausblick

Die Reise zur Exzellenz geht weiter: Im nächsten Schritt soll eine ressourcenorientierte Projektplanung und -steuerung zu mehr Agilität in der Projektumsetzung führen. Ein ganzheitliches Datenmodell wird aufgesetzt und dient als Basis, um Ursache-Wirkungs-Zusammenhänge klar darzustellen und das bestehende Kennzahlensystem ganzheitlich auszurichten.

EFQM-Ansatz bei der thyssenkrupp Electrical Steel GmbH

Jens Overrath

Die thyssenkrupp Electrical Steel GmbH ist ein global agierender Hersteller für kornorientiertes (KO) Elektroband mit ca. 1.700 Beschäftigten. Mit den Werken Gelsenkirchen in Deutschland, Isbergues in Frankreich und Nashik in Indien ist das Unternehmen international aufgestellt und beliefert seine Kunden mit höchst anspruchsvollem kornorientierten Elektroband, dem Basiswerkstoff für die Energiewende.

„Der Strom kommt aus der Steckdose" – dieser Satz ist sicherlich vielen von uns schon einmal begegnet. Um den Strom jedoch in Ihre Steckdose zu transportieren und die elektrische Spannung zu regulieren, wird KO-Elektroband benötigt. Vornehmlich wird dieser Spezialstahl daher für den Bau von Transformatoren verwendet. thyssenkrupp Electrical Steel ist europäischer Marktführer im Bereich Elektrobandstahl.

Um die Energiewende aktiv mitzugestalten, wird mit Hochdruck an technologischer Weiterentwicklung und Stabilisierung des Produktionsablaufs gearbeitet. Immer effizientere Transformatoren erfordern ein effizienteres KO-Elektroband mit deutlich geringeren magnetischen Verlustwerten. Aber auch die Entwicklung hin zu immer geräuschärmeren Transformatoren in urbaner Lage ist ein Treiber, kontinuierlich bessere Produkte herzustellen und termingerecht zu liefern. Diesen Aufgaben muss sich das Unternehmen täglich stellen und sieht die Erfüllung der Kundenwünsche als oberste Prämisse für das tägliche Handeln. Die europäischen Stahlhersteller stehen aufgrund weltweiter Überkapazitäten und vergleichsweise hohen Lohn- und Energiekosten einem herausfordernden Wettbewerb gegenüber. Um sich in diesem Wettbewerb zu positionieren, reichen Kostensenkungsprogramme allein nicht aus. Daher ist im März 2019 ein EFQM-Assessment durchgeführt worden, um entsprechende Stärken und Potenziale zu identifizieren. In den letzten Jahren sind im Rahmen des Qualitäts- und Portfolioprojekts „TOP 70 LS" erhebliche Investitionen in die Infrastruktur und die Fähigkeiten der Produktionsanlagen getätigt worden. Wie jedoch auch im EFQM-Ergebnisbericht zu erkennen war, reichen Investitionen in Anlagen allein nicht aus, um sich als gesamte Organisation spürbar zu verbessern. Denn auch die Strategie, die Führungsleistung, die Kultur des Unternehmens und Partnerschaften sind für den Erfolg eines Unternehmens von elementarer Bedeutung.

Neben den Investitionen in die Produktion und Infrastruktur ist deshalb ein Veränderungsprozess (Change Process) in der gesamten Organisation und der Geschäftsprozesse im Unternehmen unabdingbar gewesen. Gestartet wurde dieser Veränderungs- und Transformationsprozess im Jahr 2017 mit einer Mitarbeiterbefragung (ORCA = Organizational Capability Assessment). Dabei haben die Mitarbeiter anhand von neun Themenfeldern (u.a. Innovation und Lernfähigkeit, Führung, Kultur) die Fähigkeiten der Organisation bewertet. Aus dieser Mitarbeiterbefragung wurden Handlungsfelder für den Veränderungsprozess bei thyssenkrupp Electrical Steel abgeleitet, an denen konzentriert gearbeitet wurde.

Abb. 1: *Change Journey der thyssenkrupp Electrical Steel GmbH*

Durchgeführte Maßnahmen

Die Einführung eines für alle drei Werke einheitlichen Produktionskennzahlensystems (OEE) und eines monatlichen Reportings der Hauptaggregate war ein erster Schritt. Zur Gewährleistung der Sichtbarkeit dieser Kennzahlen für die Mitarbeiter wurde ein strukturiertes Berichtswesen vom „Hüttenflur" bis zur Geschäftsleitung etabliert. Ein wesentlicher Baustein hierzu war die Implementierung von Shopfloormanagement (SFM), also Führen am Ort der Wertschöpfung nach SNQAK-Logik (SNQAK = Sicherheit, Nachhaltigkeit, Qualität, Ablieferung, Kosten). In allen drei Werken findet diese Regelkommunikation über die wichtigsten KPIs in den Bereichen Sicherheit, Nachhaltigkeit, Qualität, Ablieferung und Kosten täglich in einer Kaskade von drei Hierarchieebenen statt. Es werden in Zusammenarbeit mit den Mitarbeitern Probleme und Hemmnisse analysiert sowie Maßnahmen zur Verbesserung der Produktions- und Geschäftsprozesse definiert. Durch zeitnahes Bestimmen von Verantwortlichkeiten und Zielterminen wird zudem eine andere Transparenz in der Bearbeitung von Problemlösungen geschaffen. Zusätzlich wurde für die Steuerung des gesamten Unternehmens, eine vierte Hierarchieebene eingerichtet, in dem die hauptverantwortlichen Bereichsleiter der Geschäftsführung monatlich über die Entwicklung der wichtigsten KPIs berichten.

***Abb. 2:** SFM Board im Bereich Verpackung*

Um die Prozesse weiterführend mitarbeiterorientiert aufzustellen, wurden ergänzende Methoden des Produktionssystems implementiert und etabliert. Über alle drei Standorte verteilt wurden insgesamt 27 KVP-Teams (KVP = kontinuierlicher Verbesserungsprozess) in Produktion und Administration ins Leben gerufen. In den Teamsitzungen diskutieren die Mitarbeiter monatlich – moderiert – über Verbesserungspotenziale an ihren Arbeitsplätzen und ermöglichen somit aktiv eine kontinuierliche Kommunikation und Verbesserung der Produktions- und Geschäftsabläufe.

Des Weiteren wurden in allen Werken mehrere 6S-Projekte gestartet, um die Arbeitssicherheit und Arbeitsabläufe in den jeweiligen Bereichen zu verbessern. Das 6S-Projekt steht in diesem Zusammenhang für ein begrenztes Projekt bezüglich folgender Vorgehensweise: Separieren, Sortieren, Säubern, Standards setzen, Selbstdisziplin einfordern und Sicherheit leben. Besonders zu erwähnen ist hier sicherlich der Einsatz, den neben den Mitarbeitern in der Produktion auch die Auszubildenden zeigen. Um das Mindset bereits frühzeitig nachhaltig zu entwickeln, führt jedes dritte Ausbildungsjahr ein 6S-Projekt eigenständig durch.

Abb. 3: *Lager mechanische Ausbildung vor Durchführung eines 6S-Projekts*

Abb. 4: *Lager mechanische Ausbildung nach Durchführung eines 6S-Projekts*

Außerdem wurden in mehreren Workshops die bestehenden Führungsleitlinien weiterentwickelt und in Form eines Kalenders visualisiert, um sie jedem Mitarbeiter und jeder Führungskraft täglich neu vor Augen zu führen. Um nun ein aktives Leben dieser Leitlinien nachhaltig zu gewährleisten, werden derzeit Konzepte entwickelt.

Abb. 5: *Cover des Führungsleitlinienkalenders 2019 von thyssenkrupp Electrical Steel*

Weitere Maßnahmen zur Organisationsentwicklung:
- Einrichten von mehreren Infopoints
- Implementierung einer Projektmanagementsoftware
- Stärkung des Best-Practice-Austauschs zwischen den Werken
- Implementierung eines internen Forschungs- und Entwicklungstages
- Einführung eines internen Newsletters
- Erstellung von thyssenkrupp-Electrical-Steel-internen Jahreskalendern mit den Führungsleitlinien

- Implementierung eines Tools zur übergreifenden Prozessvisualisierung
- regelmäßiger Business Lunch zum Austausch zwischen den Mitarbeitern und der Geschäftsführung
- Durchführen eines Mitarbeiterfestes
- und viele weitere Maßnahmen, die zur gesamtheitlichen Verbesserung hinsichtlich Kommunikation, Zusammenarbeit und Führung des Unternehmens beitragen sollen

Nachdem der Erfolg des gestarteten Veränderungsprozesses durch eine erneute ORCA-Umfrage 2018 mit deutlich verbessertem Ergebnis messbar wurde, hat sich das Unternehmen bewusst für das EFQM-Modell als eine weiterführende Methode zur Steigerung der Operational Excellence entschieden.

Der Excellence-Weg – ein Abenteuer mit Plan

In diesem Beitrag erfahren Sie:

- wie Sie das Excellence-Modell der EFQM als Leitfaden und Impulsgeber für Ihre Organisationsentwicklung nutzen können
- welche konkreten Schritte auf diesem Weg sinnvoll sind
- was die wichtigen Erfolgsfaktoren auf Ihrer Entwicklungsreise sind

Jürgen Freisl

Wettbewerbsfähigkeit und Nutzen für die Interessengruppen

Eine kontinuierliche und ganzheitliche Organisationsentwicklung ist die Basis für eine erfolgreiche Positionierung am Markt und die Schaffung einer nachhaltigen Wettbewerbsfähigkeit. In unserer heutigen Zeit mit ständig zunehmender Komplexität und Dynamik besteht branchenübergreifend für viele Organisationen die Herausforderung, den Nutzen für alle relevanten Interessengruppen zu erhalten und zu steigern. Hier stoßen einzelne Aktivitäten und partielle Ansätze wie Lean Management, Kaizen oder Controlling an Grenzen und es bedarf eines ganzheitlichen und nachhaltigen Ansatzes für die gezielte Gestaltung einer erfolgreichen Organisationsentwicklung.

Der Excellence-Ansatz bietet einen Orientierungsrahmen, der als Grundlage für den Entwicklungsprozess der Organisation dienen kann. Weil das Excellence-Modell der EFQM keine Lösungen vorgibt, sondern reflexive Impulse bietet, dient die Anwendung als Anregung zum unternehmerischen Denken und lädt zur Gestaltung der Organisationsentwicklung als einen Weg der Excellence ein.

„Unser Weg der Excellence" – Organisationsentwicklung bei Herth+Buss mit dem Excellence-Modell der EFQM

Die Herth+Buss Fahrzeugteile GmbH & Co. KG ist ein Unternehmen des Produktionsverbindungshandels im freien Kfz-Aftermarket, das bereits in der dritten Generation inhabergeführt wird. Mit über 300 Mitarbeitern im Stammhaus in Heusenstamm und Auslandsniederlassungen und Vertriebsgesellschaften in europäischen Ländern und in Afrika werden unter der Marke Herth+Buss zwei Sortimente im Business-to-Business-(B2B-)Geschäft vertrieben: Elparts ist ein Spezialteileprogramm mit den Schwerpunkten Installation, Werkzeuge, Beleuchtung, Elektrik und Jakoparts ein Verschleißteileprogramm für alle asiatischen Fahrzeuge.

Bereits vor 25 Jahren hat Herth+Buss den Weg der Excellence begonnen und führt diesen bis heute als kontinuierliche Entwicklungsreise fort. Beispielhafte Meilensteine dafür sind: 1994 Zertifizierungsprojekt nach DIN EN ISO 9002, 1999 Wechsel zum ERP-System SAP R3 auf Basis zertifizierter Prozesse, 2002 Zertifizierung nach DIN EN ISO 9001, VDA 6.2 und dem Gesetz zur Kontrolle und Transparenz im Unternehmensbereich (KontraG) mit wichtigen Erweiterungen hinsichtlich Strategie und Risikomanagement. Im Jahr 2000 wurde erstmals Verlust geschrieben, nachdem der Euro gegenüber dem Yen extrem abgestürzt war. Die umgesetzten Maßnahmen halfen, die Situation zu meistern. Schon Ende der 1990er-Jahre hatte Herth+Buss die Vision, für die Organisationsentwicklung das Excellence-Modell der EFQM zu nutzen und sich beim Ludwig-Erhard-Preis zu bewerben, was bereits dreimal zu beachtlichem Erfolg geführt hat.

Das Prinzip der kontinuierlichen Verbesserung – eine geplante Excellence-Reise

Der Anspruch an eine **ganzheitliche und nachhaltige Organisationsentwicklung** ist für das fast 100 Jahre bestehende Unternehmen Herth+Buss eine selbstverständliche Grundhaltung und in der DNS der

Organisation verankert. Die wesentliche **Werte** „familiäre Kultur", „Kundenfokus" und „Innovation und kontinuierliche Verbesserung" verhalfen und verhelfen zu einem ständigen Wachstum und einer erfolgreichen Positionierung im Markt, verbunden mit dem Anspruch der „Excellence".

Als gemeinsame Philosophie und als praktisches **Führungswerkzeug** nutzt Herth+Buss seit fast 20 Jahren das Excellence-Modell der EFQM zur Unterstützung der kontinuierlichen Verbesserung.

In einem jährlichen mit der **Strategie** verbundenen Prozess werden über eine **Selbstbewertung** Stärken und Entwicklungsfelder identifiziert und daraus gezielte **Verbesserungsmaßnahmen** abgeleitet, umgesetzt, überprüft und angepasst.

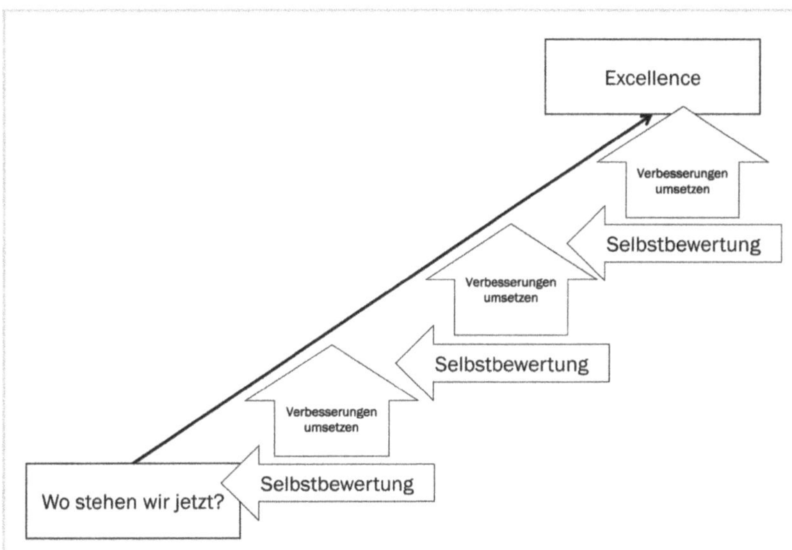

Abb. 1: *Reise zur Excellence*

Neben diesem „strategischen" **Verbesserungszyklus** sind im operativen Geschäft viele weitere **„KVP-Motoren"** (KVP: kontinuierlicher Verbesserungsprozess) installiert, die ein System mit kontinuierlicher

Verbesserung schaffen. Basis hierfür ist der bekannte Deming-Kreis (Plan – Do – Check – Act), auf dessen Grundlage auch die RADAR-Logik (RADAR: (Results – Approaches – Deploy – Assess – Refine) des Excellence-Modells aufbaut.

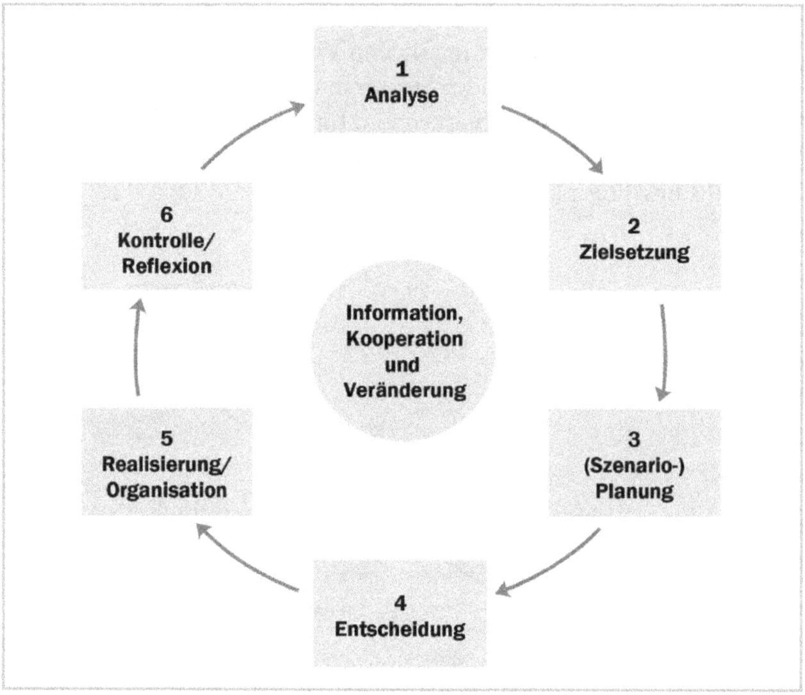

Abb. 2: *Das Prinzip des Verbesserungskreislaufs*

Beispiele für KVP-Motoren sind Projekte, Prozesse und Qualitätszirkel (QZ) oder Qualitätsverbesserungsteams (QVT), die alle nach dem Prinzip des Verbesserungskreislaufs umgesetzt werden.

Um für die Organisationsentwicklung und die kontinuierliche Verbesserung sowohl ein Bewusstsein als auch eine systematische Gestaltung zu schaffen, hat Herth+Buss ein **übergeordnetes strategisches Programm**

„Herth+Buss for Excellence" etabliert, in dem alle Aktivitäten und Projekte unter dem Slogan „agil, smart, fokussiert" gemanagt werden und das Excellence-Modell als Leitfaden und Impulsgeber dient.

Excellence einführen und umsetzen – praktische Schritte auf dem Weg

Die Bedeutung der Kultur

Für Herth+Buss war immer schon klar, dass Excellence kein Ziel, sondern ein Weg ist und dass dieser Weg von Menschen für Menschen gestaltet wird. Dazu bedarf es einer gemeinsamen Philosophie, einer gemeinsamen Kultur, eines gemeinsam getragenen Selbstanspruchs und Selbstverständnisses.

Als Grundlage hierfür hat Herth+Buss zusammen mit allen Führungskräften und Mitarbeitern ein eigenes **Leitbild** mit **Vision, Mission, Werten** und **Führungsleitsätzen** entwickelt, das als **„roter Faden"** dient und die bestehende Familienkultur „Wir" beschreibt. Das Feedback der Mitarbeiter von Herth+Buss bestätigt in den **Mitarbeiterbefragungen** die Bedeutung dieses Faktors: „familiäres Betriebsklima", „guter Arbeitgeber", „Wertschätzung."

Abb. 3: *Die Kultur als Basis – „Der rote Faden"*

Die Schaffung eines ganzheitlichen Führungs- und Managementsystems

Eine besondere Rolle für die Umsetzung des „roten Fadens" nimmt als „Vorbild/Vorleber" die **Führung** ein. Die Führungskräfte sind als Assessoren qualifiziert, werden kontinuierlich entwickelt und nutzen einen strukturierten **Führungsprozess** mit ihren Teams und Mitarbeitern.

Sie verwenden in ihren Bereichen ebenfalls ganzheitliche **Selbstbewertungen** und wirken im jährlichen **Strategieprozess** mit, der wichtige Ziele definiert und aktualisiert. Als Methode nutzt Herth+Buss das BSC-System (BSC: Balanced Score Card) als Bindeglied zwischen der Strategie und den operativen Aktivitäten.

Kern der Umsetzung der Strategie und zur Steuerung des Unternehmens ist ein sich selbst revitalisierendes **Managementsystem,** in welchem Aktivitäten über Prozesse und Projekte gestaltet und mit einem ganzheitlichen **Kenngrößensystem** monatlich gemonitort und verbessert werden. Dieses Kenngrößensystem ist nach dem sogenannten „Tannenbaumprinzip" aufgebaut. An der Spitze des Baums stehen Vision, Mission und Werte. Von diesem Ausgangspunkt bestehen klare Zusammenhänge zu den Elementen: strategische Ziele, Top-BSC des gesamten Unternehmens, Bereichs-BSC, Q-Ziele (Qualitätsziele) bis hin zu den Prozessen und zu den einzelnen Mitarbeitern.

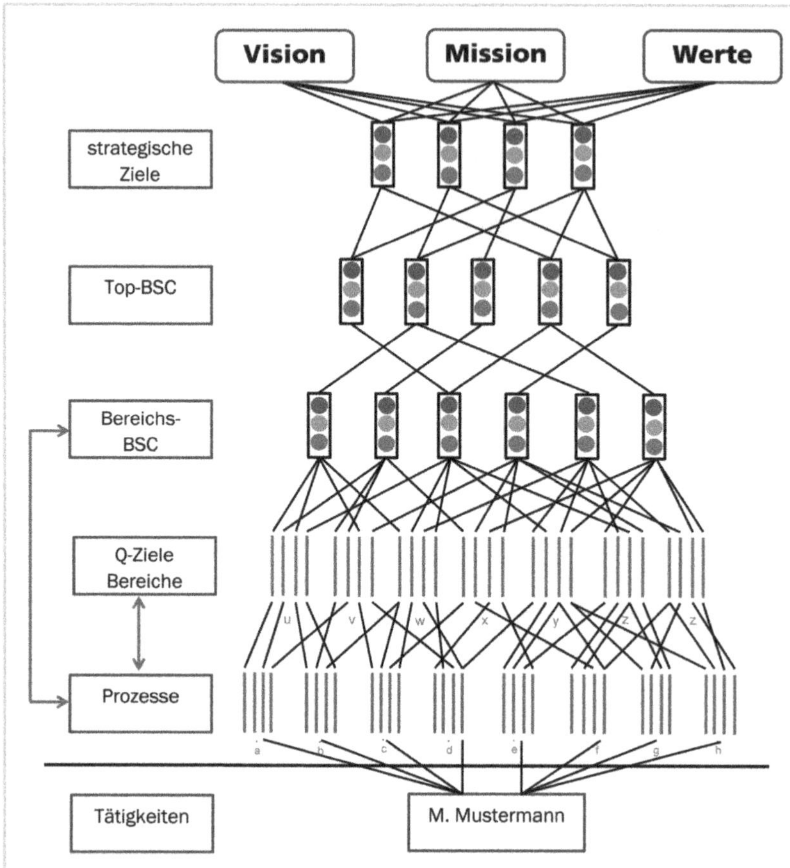

Abb. 4: *Der „Tannenbaum" – Zusammenhänge und Wechselwirkungen im Führungs- und Managementsystem*

Der Kundenfokus als Kernwert

Eine Organisation existiert in erster Linie für die Menschen und erzeugt für den **Markt** und die **Kunden** einen Wert in Form von **Produkten und Dienstleistungen.** Die Kunden von Herth+Buss möchten passende Teile, Qualität, schnelle Lieferung und ganzheitlichen Service.

Herth+Buss hat sich darauf ausgerichtet, eine Grundlage für den Erfolg der Kunden zu sein. Um das **Wertversprechen** „Passt immer" zu erfüllen und die Kunden zu begeistern, hat Herth+Buss ein **Geschäftsmodell** mit individueller **Positionierung** und speziellen **Kernkompetenzen** (inklusive **Alleinstellungsmerkmalen**) geschaffen, das „smart services" und „extra services" bietet, z.B. Werkstattaußendienst oder digitale Katalogmedien. Und mit **innovativen Produkten** wird die Wettbewerbsfähigkeit kontinuierlich erhöht.

Ein treffendes Zitat eines Kunden über Herth+Buss aus der **Kundenbefragung** bestätigt: „Kompetenz, Zuverlässigkeit, Qualität".

Excellence ist eine Lernreise mit Herausforderungen und Chancen

Der Weg der Excellence ist eine kontinuierliche Reise – wie bei jeder Reise basiert diese auf einem Plan, doch in der Realität geht der Plan manchmal nicht auf und es kommt zu unerwarteten Situationen oder Einflüssen. Sei es von außen – in unserer aktuellen Welt mit steigender Dynamik und Komplexität und sich verändernden Märkten und Kundenerwartungen – oder von innen – Veränderungsprojekte werden zu langsam umgesetzt, Prozesse laufen nicht effizient und die Mitarbeitererwartungen der Generationen Y und Z sind ganz anders.

In diesem Rahmen wird der „Weg der Excellence" ganzheitlich und nachhaltig vom Excellence-Modell als Orientierungsrahmen und Impulsgeber unterstützt und parallel ist dies gleichzeitig eine **iterative** Lernreise entsprechend dem PDCA- oder RADAR-Zyklus mit Wagnissen, Experimenten und „Fehlern".

Eine typische Erfahrung von Herth+Buss ist, dass man mit der Optimierung der bestehenden Strukturen und Prozesse kontinuierliche Verbesserungen erzielen kann, doch nur bis zu einem gewissen Grad. Es werden natürliche Grenzen erreicht, und daher gilt es, einen nächsten Schritt zu gehen und die Dinge anders – **agiler** und **smarter** – zu gestalten. Beispiele hierfür sind das Managen der Prozesse, in denen nicht mehr so sehr detaillierte Regelungen zählen, sondern bereichsübergreifende Qualitätsverbesserungsteams. Oder die einfache und teamorientierte Umsetzung von Verbesserungsprojekten mit Unterstützung digitaler Methoden.

Eine andere wichtige Erkenntnis ist, dass erkannte Verbesserungspotenziale nicht alle auf einmal und sofort angegangen werden können, sondern **inkrementell** Schritt für Schritt und **fokussiert** auf die wesentlichen Treiber und Hebel.

Aus den Erfahrungen der Organisationsentwicklung mit dem Excellence-Modell der EFQM hat Herth+Buss für die Gestaltung des Prozesses „Herth+Buss for Excellence“ die wesentlichen Elemente als Richtschnur und Slogan definiert: „agil, smart, fokussiert“.

Fazit: Die Top Ten der wesentlichen Erfolgsfaktoren

Mit über 20 Jahren Erfahrung auf dem Weg der Excellence kristallisieren sich für Herth+Buss wichtige und unterstützende Faktoren für eine erfolgreiche Gestaltung ihrer Entwicklungsreise heraus.

Diese können als Impulse und Anregungen für jede Organisation dienen, die sich ebenfalls auf den Excellence-Weg begibt oder sich auf diesem befindet und bewusst ein „Abenteuer mit Plan“ eingeht:

- eine klare und geteilte Vision mit konkreten Zielen schaffen
- immer den Kunden im Fokus haben
- das Excellence-Modell als Leitfaden und Impulsgeber nutzen
- den „Weg der Excellence“ als kontinuierliches, übergeordnetes Programm gestalten

- alle Führungskräfte und Mitarbeiter in einer „Kultur der Excellence“ qualifizieren und beteiligen
- aus der „Hubschrauberperspektive“ (Gesamtsystem, Zusammenhänge, Wechselwirkungen) agieren
- auf wesentliche Treiber und Hebel fokussieren
- inkrementell Schritt für Schritt vorgehen
- smarte, einfache und wirkungsvolle Ansätze und Maßnahmen finden
- agil sein und ein ständig Lernender bleiben – iteratives Vorgehen mit „Innovation und ständiger Verbesserung“

Auf dem Weg in den „blauen Ozean“ (Blue Ocean vs. Red Ocean)

Matthias Krieger

Wir bewegten uns ursprünglich als klassisches Bauunternehmen in einem „roten Ozean“, d.h. einem Umfeld mit scharfem, preisgetriebenem Wettbewerb insbesondere bei öffentlichen Ausschreibungen. Bereits vor über zehn Jahren haben wir uns daher entschlossen, den Markt des Geschosswohnungsbaus als Bauträger im gehobenen Segment zu bedienen. Wir haben damit unsere Wertschöpfungskette verbreitert und eigenen Gestaltungsspielraum gewonnen (Kundenbegeisterung, EKS, Fokussierung auf bestimmte Regionen und Zielgruppen). Es geht um das Schaffen eines echten Kundennutzens, von Alleinstellungsmerkmalen und der klaren Positionierung im Markt.

Nur durch eine Fokussierung auf einen speziellen Markt konnten wir unsere (ambitionierten) Ziele in der Vergangenheit erreichen. Die klare strategische Ausrichtung hilft uns allen, unsere Vision nicht aus den Augen zu verlieren. Wir fokussieren uns ganz klar auf unsere Schlüsselziele, binden all unsere Mitunternehmer ein und arbeiten hart, aber mit Freude für das Erreichen. Das macht Krieger + Schramm so besonders – ich bin stolz auf mein Team und freue mich auf die Zukunft.

In einem Markt kurzfristig erfolgreich zu sein, ist relativ einfach. Die Herausforderung besteht in der nachhaltigen Etablierung. Dafür ist die Maximierung des Kundennutzens entscheidend. Wird dieser herausgearbeitet und erfolgreich umgesetzt, ist das nur die „halbe Miete“. Wir haben die Erfahrung gemacht, dass die Kommunikation des Nutzens ebenso eine Herausforderung darstellt. Wie und wann erreiche ich den Kunden am besten, was ist ihm wirklich wichtig – diese und viele weitere Fragen stellen wir unseren Kunden und auch Nichtkunden, um herauszufinden, wie sie „ticken“, und uns besser auf sie einzustellen. Es ist extrem wichtig, auf seine Kunden zu hören und diese Impulse aufzunehmen und umzusetzen.

Ziele als Wegweiser

Nur wer sein Ziel kennt, wird auch den Weg dorthin finden. Schon Konfuzius sagte: *„Wer das Ziel kennt, kann entscheiden; wer entscheidet, findet Ruhe; wer Ruhe findet, ist sicher; wer sicher ist, kann überlegen; wer überlegt, kann verbessern."*

Um erfolgreich zu sein, muss man seine Ziele kennen! Denn nicht der Weg ist das Ziel, sondern das Ziel der Wegweiser. Seine Ziele genau zu definieren und zu fokussieren ist ein großer Schritt auf dem Weg, sie auch zu erreichen, und die Voraussetzung dafür, sie zu überdenken und zu verbessern. Der Wunsch nach Erfolg ist kein klares Ziel.

Was für Menschen gilt, gilt auch für Unternehmen. Sie müssen sich klare Visionen, Ziele setzen. Der Weg zu diesen Zielen muss mit Meilensteinen und Plänen hinterlegt sein. Durch eine konsequente Zielorientierung wissen alle Mitarbeiter, wohin der Weg führen soll. Das gemeinsame Verständnis hilft in der Zusammenarbeit, alle ziehen an einem Strang.

In der Praxis hat sich bei Krieger + Schramm die 7-3-1 Zielorientierung bewährt. Das heißt: Ausgehend von der Vision werden langfristige Siebenjahresziele und dazugehörige Drei- und Einjahresziele definiert, entwickelt und in einem Siebenjahreszielbild zusammengefasst. In einem jährlichen Strategie-Workshop überprüfen wir den aktuellen Stand der strategischen Ausrichtung, erstellen Interessensgruppen- und SWOT-Analysen, um Signale aus allen Richtungen einzubinden und zu prüfen, ob die gesetzten Ziele noch die richtigen sind, ob sie angepasst werden müssen oder eine höhere Priorität benötigen.

Insgesamt haben wir vier Schlüsselziele (in den Bereichen Kunde, Team, Qualität, Finanzen) identifiziert. Diese sind mit zwölf Siebenjahreszielen hinterlegt und werden strategisch verfolgt, mit entsprechenden Verantwortlichkeiten und einem entsprechenden Plan inklusive Dreijahreszielen und Jahreszielen. Die Konkretisierung der Maßnahmen für die Jahresziele erfolgt in der Jahresmaßnahmenplanung am Anfang des Jahres. Alle Mitarbeiter sind eingeladen, an zwei Tagen die Maßnahmen für die einzelnen Jahresziele gemeinsam zu entwickeln, aufzustellen und zu verabschieden. Wir erreichen dadurch eine hohe Identifikation der

Mitarbeiter mit den Zielen und dasselbe Verständnis der verschiedenen Maßnahmen. Jeder Mitarbeiter übernimmt Verantwortung für mindestens eine Maßnahme – diese wird in der Regel zu seinem persönlichen Jahresziel. In Summe führen dann die vielen kleinen „Bausteine" zum Gesamtziel.

Insgesamt ist die Zielorientierung bei Krieger + Schramm sehr ausgeprägt. Durch meine Vergangenheit als Leistungssportler wurde die Zielsystematik umfangreich etabliert, das Verständnis bei den Mitarbeitern geweckt.

KVP und lebenslanges Lernen

Eine offene Kultur für Veränderungen, eine vertrauensvolle Fehlerkultur und die Möglichkeit für alle, sich einzubringen, das zeichnet ein erfolgreiches Unternehmen aus. Ideen zu generieren und die Netzwerkintelligenz zu nutzen, ist die Basis für Wachstum und das Abheben vom Markt.

Dabei kommt es zum einen auf das Organisationslernen an, zum anderen aber auch auf die Weiterentwicklung und die Ideengenerierung des einzelnen Mitarbeiters. Mangelnde Kreativität kann ein Grund für Ideenlosigkeit sein, aber auch sogenannte Killerphrasen, mit denen Chefs neue Ideen gerne „niederknüppeln". Eine Hemmnis für Ideen und Innovationen sind eingefahrene Strukturen oder auch fortschrittsängstliche Kollegen, die eine angesprochene Idee nicht mittragen wollen. Deshalb ist es wichtig, eine offene Kultur zu etablieren. Ideen und auch Fehler sollten honoriert werden, etwa durch die Kopplung an ein soziales Projekt. Krieger + Schramm hat z.B. das Projekt „Helping Hands" ins Leben gerufen. Wir unterstützen ein Waisenhaus in Kenia mit je 50 Euro pro eingereichter Idee – und werden bald ein neues Schlaf- und Schulgebäude errichten können. Wir möchten so die Mitarbeiter motivieren, Ideen und Verbesserungsvorschläge einzureichen, aber auch Fehler zu kommunizieren, um daraus zu lernen sowie Verbesserungen zu generieren.

Dabei verlassen wir uns nicht auf die Ideen und Impulse aus den eigenen Reihen, sondern versuchen, wo es sinnvoll ist, auch externe

Impulse zu generieren. Sei es durch punktuelle Vorträge, Weiterbildungen und Seminare. Oder aber durch langfristige Begleitungen durch Coaches, Experten und Trainer. Auch strategische Kooperationen fördern die Ideengenerierung und die stetige Weiterentwicklung.

Aus Mitarbeitern Mitunternehmer machen

Mitarbeiter sind die Basis für den Unternehmenserfolg – wer sich an den Kundenbedürfnissen orientieren möchte, darf die Bedürfnisse der eigenen Mitarbeiter nicht vernachlässigen. Die Mitarbeiter sind der Schlüssel an der Nahtstelle zu unseren Kunden. Und nur qualifizierte, engagierte, aber auch zufriedene Mitarbeiter können die Kundenbedürfnisse erfüllen.

Wir sind auf dem Weg zu einer Mitunternehmerkultur – eine Kultur mit gemeinsamen Werten und einer Beteiligung aller am Unternehmenserfolg. Ein Wir-Gefühl ist essenziell für das Erreichen der gesetzten Ziele. Wer gemeinsam auf eine Vision hinarbeitet, kann Ungeahntes erreichen.

Kundenorientierung: Kundennutzen maximieren + sichtbar machen

Exzellente Leistungen sind für mich die Voraussetzung, dass ein Unternehmen nachhaltig wachsen kann. Dieser Weg ist in jedem Fall kein leichter. Als Sportler habe ich gelernt, dass man immer dann, wenn man eine neue Technik lernt, zunächst einen Schritt zurückgeht, um dann zwei Schritte nach vorn zu gehen. Das ist bei Unternehmen genauso. Das heißt, es wird erst einmal schlechter, um dann wieder besser zu werden – und zwar besser als zuvor. Deshalb ist es in komplexen Prozessen immer wichtig, dass auch kleine Erfolgserlebnisse zelebriert werden. So haben wir es beispielsweise auch bei der Einführung unseres QM-Systems bzw. des EFQM-Modells gemacht. Und Konsequenz zahlt sich aus: Die Erfolge, die wir dank des EFQM-Modells verbuchen konnten, wurden nun mit dem Ludwig-Erhard-Preis honoriert.

Fünf Jahre auf dem Weg zur Excellence

Martin Kugelmann, Elmar Zeller

Wenn ein Business Management System konsequent an den echten Herausforderungen ausgerichtet wird, damit die Agilität und die Lebensfähigkeit des Unternehmens sichergestellt sind, wenn finanzielle Geschäftsergebnisse nachhaltig erreicht werden und wenn Werte für Kunden und Mitarbeiter geschaffen werden, dann ist dies ein Weg zur Exzellenz. Ein junges Elektronikunternehmen – gegründet im Jahr 2014 – hat verstanden, dass eine Zertifizierung allein keine Exzellenz entstehen lässt, und entschied sich für ein agiles Business Management System.

Mit der Gründung der Spherea GmbH im Jahr 2014 entschied sich die Geschäftsführung mit Unterstützung der TQU International GmbH, etwas Außergewöhnliches, etwas Exzellentes innerhalb von fünf Jahren zu schaffen. Hierzu sollten eigene Prozesse und Systeme definiert werden, die den Anforderungen der Kunden aus der Luftfahrt entsprechen und Mehrwert für die Kunden sowie Wachstum generieren. Parallel mussten übernommene Kundenprojekte mit den Mitarbeitern weiterbearbeitet werden und Lieferungen an die Kunden wie versprochen erfolgen.

Durch den sicherheitskritischen Bereich war eine kurzfristige Zertifizierung des neuen Unternehmens nach ISO 9001 eine in den Kundenverträgen fixierte Forderung; in einem zweiten Schritt wurde die Zertifizierung nach EN 9100 angestrebt. Zusätzlich verlangten die militärischen Kunden die Erfüllung verschiedener AQAP-Standards.

Die Spherea entwickelt, produziert und wartet Test-, Simulations- und Unterstützungssysteme für kritische elektronische Systeme. Märkte sind die zivile Luftfahrt, das Militär, Weltraumanwendungen, Sicherheitskräfte sowie die Bahnindustrie.

Kein Managementsystem von der Stange

In begrenzter Zeit musste also ein Business Management System aufgebaut und in sechs Monaten eine Zertifizierung nach ISO 9001 erreicht werden. Schnell wurde erkannt, dass eine Verwendung von vorhandenen Systemen oder die Kopie aus Lehrbüchern nichts Neues entstehen lässt. Das Management des jungen Unternehmens entschied sich, die Gunst der Stunde zu nutzen und gemeinsam mit einem kleinen Kernteam und der TQU International GmbH ein neues, innovatives und agiles Geschäftssystem zu gestalten und aufzubauen. Entstehen sollte ein mittelgroßes Unternehmen, das sich auf das Kerngeschäft ausrichtet und die erforderliche Agilität mitbringt. Gleichzeitig musste sichergestellt werden, dass die neue Firma überlebt und die Leistungsträger (Projektleiter und Entwickler) weiterhin ihren Job machen können.

Letztlich war das klare Ziel, keinen der übernommenen Kunden zu verlieren. Das Unternehmen hat es geschafft, für Kunden in einem sicherheitskritischen Umfeld Produkte zu liefern, neue Märkte und Kunden zu gewinnen, die Mitarbeiterzahl zu verdreifachen und den Wert des Unternehmens um ein Vielfaches zu steigern.

Die Entwicklung dieses agilen Managementsystems vollzog sich über die letzten fünf Jahre. Die geeigneten Methoden wurden von der Führung und den Mitarbeitern gemeinsam ausgewählt und konsequent umgesetzt. Zu den erfolgreichsten Methoden und Vorgehensweisen gehören:

- **Business Management System (BMS):** das einzige System für die Führung des Unternehmens. Es besteht aus dem (Prozess-)System selbst, dem notwendigen Management für die Führung und aus dem Businessumfeld, in dem das Unternehmen aktiv ist.
- **Spherea-DNA:** bündelt alle für das Unternehmen wichtigen Werte und Prinzipien, gibt Orientierung und schafft Verständnis.
- **Ziel- und Ergebnisorientierung:** sichert die richtigen Prioritäten und Beteiligungen für das Unternehmen, für die Projekte, für die Prozesse und für die Mitarbeiter.

- **Leadership Model:** fördert und optimiert mit einer flachen Führungsstruktur die Zusammenarbeit der agierenden Menschen auf allen Ebenen.
- **Layered Process Audit (LPA):** aktiviert, überprüft und verbessert alle Prozesse im Team.
- **S.P.A.R.C.:** eine agile und dynamische Online-Plattform des BMS.
- **Customer Management:** ist viel mehr als eine standardisierte Kundenumfrage, sondern eine frühzeitige Ausrichtung, um enthusiastische Kunden zu haben.
- **Mitarbeiter:** werden stark eingebunden und das Employeer-Branding ist ein weiteres Muss, um erfolgreich zu sein.

Alle diese Methoden wurden anhand des EFQM-Modells geprüft, ausgerichtet und stetig verbessert. Mit dem EFQM-Modell konnte das Unternehmen auf ein hohes und nachhaltiges Niveau gebracht werden.

Ein Business Management System soll es richten

Das Unternehmen hat sich nach der Gründung nur sechs Monate Zeit gegeben, gemeinsam mit den Mitarbeitern ein Geschäftssystem zu entwickeln – parallel zum Aufbau des neuen Unternehmens.

Das Business Management System (BMS) wurde konsequent auf die Firmenziele und damit auch auf die Ergebnisse des Unternehmens ausgerichtet. Die dafür notwendige Prozesslandschaft sollte sich an dem tatsächlichen Geschäft orientieren und nicht aus einem Lehrbuch kopiert werden.

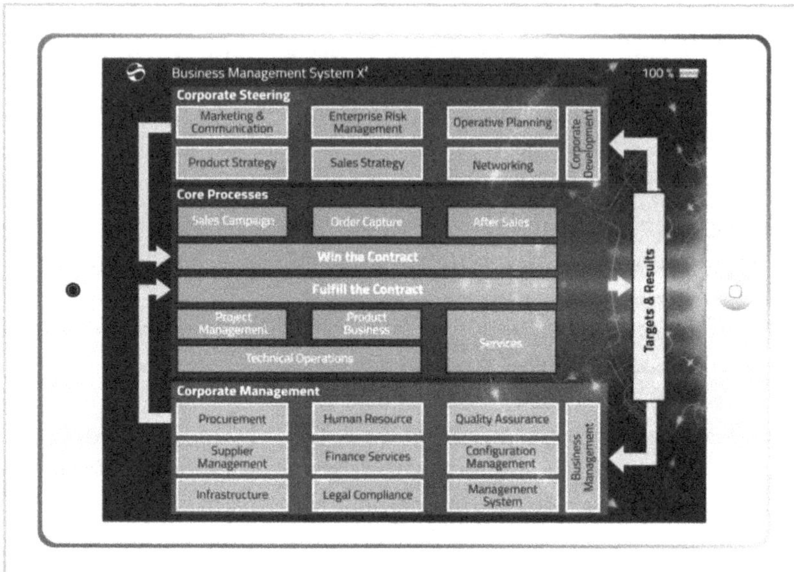

Abb. 1: *Die Prozesslandschaft der Spherea GmbH wurde von den Mitarbeitern und dem Management neu entwickelt*

In einem 24-Stunden-Workshop wurde 2014 gemeinsam mit dem Managementteam die erste Version der Prozesslandschaft erarbeitet und für jeden Prozess ein Prozesseigner definiert. Dazu kam ein Steckbrief mit den wichtigsten Zielen und Inhalten des jeweiligen Prozesses. Bis heute haben sich BMS und Prozesslandschaft jährlich weiterentwickelt.

Ein BMS-Manual besteht neben einem allgemeinen Teil zum Verständnis und zur Orientierung aus der Summe aller Steckbriefe. Die Steckbriefe bieten einen Rahmen für die Umsetzung und Verbesserung der Prozesse. Für die tägliche Arbeit in den Kernprozessen werden unter anderem die Vorgehensweisen und Regeln der beiden internationalen Standards PMBOK (Project Management Institute, Inc.) und INCOSE (The International Council on Systems Engineering) verbindlich umgesetzt. Somit sind in diesen Prozessen keine weiteren Beschreibungen notwendig. In diesen Kernprozessen und in allen weiteren Prozessen wird die Methode Layered Process Audit (LPA) für die Gestaltung, Umsetzung und Verbesserung der Prozesse genutzt. Die Struktur des BMS findet sich mit dessen Prozessen an allen Stellen im Unternehmen wieder, von den Zielvereinbarungen bis zur Serverstruktur. In der Anfangszeit wurde in monatlichen Reviews die Eignung des Systems und der Prozesse überprüft und es wurden entsprechende Verbesserungen eingeleitet. In der Zwischenzeit ist das gesamte Review-System des Unternehmens Teil des BMS. Ein Zertifikat nach ISO 9001:2008 wurde Ende 2014 problemlos ausgestellt. Und auch die Zertifizierung nach ISO 9001:2015 wurde ohne Vorbereitung oder Anpassung, ohne Abweichungen und mit Hinweis auf besondere Stärken erreicht. Letztlich wurde 2018 das System nach EN 9100:2018 zertifiziert – das erste Mal, dass dies ein Unternehmen mit LPA statt klassischen, internen Audits erreichte. Ein weiteres Assessment wurde nach ISO/TS 22163 durchgeführt und beweist die Eignung des BMS für weiterführende Anforderungen aus dem neuen Markt der Bahnindustrie.

Ohne Ziel- und Ergebnisorientierung läuft nichts

Ein fester Bestandteil der DNA in diesem Unternehmen ist die konsequente Ausrichtung und Bewertung aller Aktivitäten auf Unternehmensziele und -ergebnisse hin. Zu einem gewissen Teil werden diese von der Spherea-Gruppe in Frankreich vorgegeben.

Das Kernstück der Ziel- und Ergebnisorientierung der deutschen Spherea GmbH ist ein zweitägiger Workshop mit allen Mitarbeitern, der im Januar eines jeden Jahres stattfindet (Abb. 2). Die ganze Wertschöpfungskette ist involviert, der Blick geht vom Markt und von den Kunden über die Produkte und Entwicklungen zu den konkreten Zielen und Ergebnissen. Dort werden in einer Rückschau die unterschiedlichen Zielerreichungen und andere Leistungen gemeinsam bewertet und die Ziele für das Unternehmen, die Prozesse und die persönlichen Ziele entwickelt und abgeleitet.

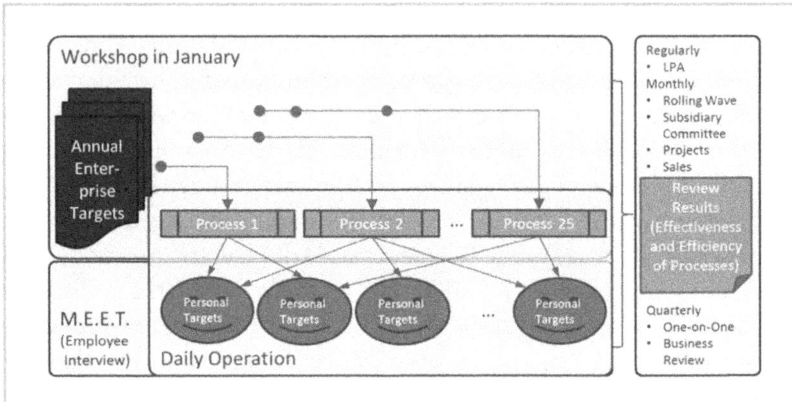

Abb. 2: *Ein jährlicher Workshop sichert das gemeinsame Verständnis der Unternehmensziele*

In einem weiteren Schritt werden die notwendigen Veränderungen im Workshop erarbeitet und geeignete Maßnahmen definiert. Mit der Online-Plattform S.P.A.R.C. wird dann im Verlauf des weiteren Jahres die Umsetzung der Maßnahmen unterstützt und überwacht. Unmittelbar nach dem Workshop starten die sogenannten M.E.E.T.s, in denen mit jedem Mitarbeiter auf Basis der Unternehmens- und Prozessziele persönliche Ziele für das laufende Jahr erarbeitet werden (Abb. 3).

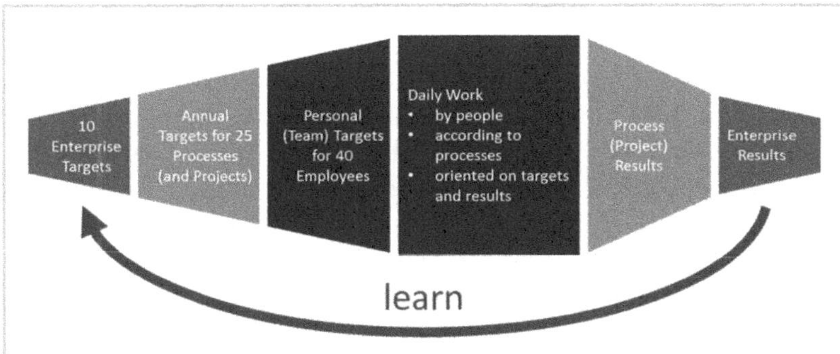

Abb. 3: *Persönliche Ziele für das laufende Jahr werden unmittelbar nach dem jährlichen Workshop erarbeitet*

Ein Leadership Model regelt Verantwortlichkeiten

Aufgabe war es, mit einer flachen Führungsstruktur die Ausrichtung und Zusammenarbeit der agierenden Menschen auf und über alle Ebenen zu fördern und zu optimieren.

Im Sinne des BMS war es deshalb wichtig, die Prozesseigner in eine aktive Gestaltungs- und Führungsverantwortung zu bringen. Die Vernetzung dieses Businessteams mit den jeweiligen Referenzpunkten im Markt zu Kunden, Partnern und in die Gesellschaft sorgt dafür, dass man am Puls der Zeit ist sowie Herausforderungen von außen und innen erkennt und aktiv angeht. Die LPA-Methode unterstützt diese Führungsaufgabe weiterhin mit einer Bewertungslogik und der Regel, Dinge sofort zu tun oder diese machbar zu machen. Es hilft, Prozesse zum Laufen zu bringen und notwendige Verbesserungen zu erkennen.

Ein quartalsmäßiges One-on-One-Gespräch über Zielerreichung und Verbesserungen in Prozessen und Projekten findet zwischen jedem Prozesseigner und dem Führungsteam statt. Ziele werden jedes Quartal bewertet und neu justiert. Das zeigt, ob man sich auf dem richtigen Weg befindet und Fortschritte gemacht werden.

Layered Process Audit (LPA) stellt Prozesssicherheit her

Als Spherea nach sechs Monaten auf eigenen Füßen stand (also alle Prozesse aufgebaut und Fähigkeiten intern bzw. extern gesichert waren), sollte die Wirksamkeit der Prozesse über Audits nachgewiesen werden. Hierzu wurde die LPA-Methode eingeführt.

Diese ist eine relative junge Auditmethode, bei der die direkten Vorgesetzten in häufiger Frequenz die Umsetzung der wichtigsten Vorgaben in den Prozessen überprüfen. Dafür ist es entscheidend, diese Vorgaben festzulegen. Deshalb wurde LPA als Methode konsequent eingesetzt und hat geholfen, die Wirksamkeit des neuen Systems zu belegen und die Prozessergebnisse zu verbessern.

Im Team der vom jeweiligen Prozess betroffenen Mitarbeiter wird gemeinsam festgelegt, welche Tätigkeiten im Prozess wie umzusetzen sind. Diese Fragen werden an einem LPA-Board gesammelt. Wöchentlich treffen sich die Teams für fünf bis zehn Minuten an dem Board und überprüfen sechs bis acht zufällig gezogene Fragen auf Umsetzung und Wirksamkeit in den Prozessen. Bei Abweichungen im Prozessergebnis werden notwendige Verbesserungsmaßnahmen als LPA-Fragen neu aufgenommen und im LPA auf Umsetzung überprüft. Alle Unternehmensprozesse werden inzwischen mit LPA in wöchentlicher oder monatlicher Frequenz im Team ausgerichtet, auditiert und konsequent verbessert. Dadurch konnte auf weitere interne Audits verzichtet werden.

S.P.A.R.C – eine Online-Plattform zündet die nächste Stufe

2014 wurde zum Start des BMS die Einführung einer Online-Plattform diskutiert. Die richtige Entscheidung damals war, zunächst ein stabiles, „manuelles" Managementsystem zu entwickeln und die Prozesse umzusetzen.

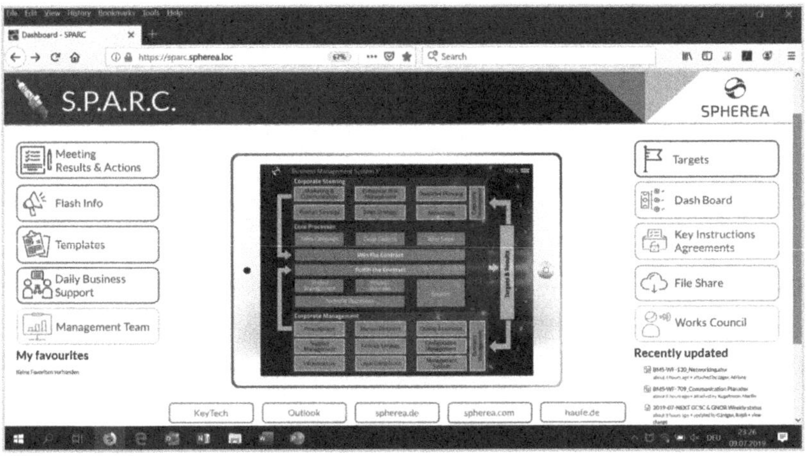

***Abb. 4:** Online-Plattform stellt sicher, dass die Prozesse gelebt werden*

Die Online-Plattform wurde dann innerhalb von vier Monaten Anfang 2017 eingeführt. Der Name S.P.A.R.C. steht für „Zündfunke". Das System hat nochmals nachhaltig die Agilität und Leistungsfähigkeit des BMS verändert und verbessert. Basierend auf Confluence und Jira wurde ein intranetähnlicher Auftritt implementiert, der unter anderem folgende Highlights bietet:

- Die Prozesse sind der zentrale Startpunkt. Über einen Klick ist man bei der Prozessbeschreibung und über einen zweiten Klick im Arbeitsbereich. Dieser stellt zur Verfügung, was zum Arbeiten gebraucht wird, und stellt eine direkte Verbindung zwischen der Prozessbeschreibung und der täglichen Arbeit her.
- Verbesserungsvorschläge können von allen Mitarbeitern eingebracht und vom Prozesseigner bearbeitet werden. Sollte der Prozess angepasst werden müssen, erfolgt dies durch den Prozesseigner direkt im Intranet und wird von einem definierten Process Reviewer geprüft und freigegeben. Kontinuierliche Verbesserung ist kein Schlagwort mehr, sondern in S.P.A.R.C. implementiert.

- Besprechungsprotokolle sowie abgeleitete Aktionen werden den Prozessen zugeordnet und für jeden Mitarbeiter einsehbar. Über ein persönliches Action Board kann jeder Mitarbeiter sehen, wo seine Unterstützung bis wann gebraucht wird.
- Unternehmensziele, deren Stand sowie die Monatsergebnisse sind für jeden Mitarbeiter jederzeit einsehbar, Prozessziele sind zugeordnet. Das Ergebnis der One-on-One-Gespräche wird hinterlegt. Somit wird transparent, wie der Stand in allen Teilbereichen ist.
- Besonderer Wert wurde auf zwei Kernprozesse gelegt: Gelebt über eine Project Work Bench wird die Projektarbeit unterstützt, die nach PMBOK gestaltet wird. Die komplexen Vertriebsaktivitäten werden über den Sales Desktop in S.P.A.R.C. gesteuert. Ein Management-Blog informiert alle Mitarbeiter über aktuelle Themen in der Firma.

Nur enthusiastische Kunden bringen das Unternehmen weiter

Warum benötigt ein Unternehmen enthusiastische Kunden?

- Diese werden die Produkte und Projektergebnisse akzeptieren und schließlich auch bezahlen.
- Bei einer Entwicklung neuer Produkte mit dem Kunden ist es immer wieder wichtig, gemeinsam Lösungen zu finden.
- Ein enthusiastischer Kunde wird das Unternehmen weiterempfehlen und …
- … selbst weitere Aufträge erteilen.
- Letztlich helfen enthusiastische Kunden, das Unternehmen stets herauszufordern und damit weiterzuentwickeln.

Begeisterte Kunden ...		Spherea möchte Feedback erhalten nach:														
		Plan	Ereignis												Chance	Ergebnis
		Gespräch	Selbstbewertung													
			Sales Campaign/Order Capture				Project Management/ Product Business				Services			After Sales		
... machen für uns:	... sehen uns so:	One-on-One	Request for Quotation/ Information	Offer	Customer Decision	Purchase Order	Kick-off	Review	Validation/Acceptance	Delivery	Training	On-Site	Off-Site	After Sales Conversation	Feed-back Card	EVM
Sie akzeptieren und bezahlen unsere Lieferungen innerhalb des vereinbarten Zeitrahmens.	1. Spherea hat die Lösung und/oder die Kompetenz, welche der Kunde benötigt.	•	•			•	•		•						Jede Kombination ist möglich.	
	2. Spherea liefert Technologie auf dem Stand der Technik.	•	•	•	•	•			•							
Sie finden gemeinsam mit uns Lösungen während der Konzepterstellung, Reviews oder Problembearbeitung.	3. Spherea versteht die Anforderungen und Fragen des Kunden.	•	•	•		•	•	•	•		•					
	4. Spherea bietet Mehrwert durch die angebotene Lösung für das Kundenproblem.	•	•	•	•	•		•	•	•	•			•		
Sie beauftragen weiterhin uns.	5. Spherea bietet ein vernünftiges Preis-Leistungs-Verhältnis.	•			•				•					•		
	6. Spherea handelt flexibel, transparent, proaktiv und fair.	•	•	•	•	•	•	•	•	•		•	•			
Sie fordern und fördern unsere Weiterentwicklung.	7. Spherea liefert, was zugesagt wurde (scope).	•					•		•	•	•	•	•			•
	8. Spherea liefert innerhalb des vereinbarten Zeitrahmens.	•	•	•		•	•	•	•	•		•	•			•
Sie empfehlen uns innerhalb des Markts weiter.	9. Spherea lernt und findet Lösungen außerhalb des Standards.	•		•	•			•								
	10. Spherea wird noch in 5 Jahren ein Partner sein.	•	•			•				•	•	•	•	•		

Zusammenhang zwischen Feedback und Kundenaussagen

Abb. 5: *Enthusiastische Kunden helfen der Firma, haben eine klare Meinung zu ihr und ihre Rückmeldungen können regelmäßig genutzt werden*

Basierend auf dieser Sichtweise wurde definiert, was der „Wunschkunde" über das Unternehmen denken sollte und was dies für die verschiedensten Phasen in der Kundenbeziehung von den Vertriebstätigkeiten über die Projektumsetzung bis zum Service bedeutet. Darauf richten die Mitarbeiter ihr Handeln aus und prüfen nach jeder Phase, ob der Kunde das denkt, was sich das Unternehmen wünscht. Daraus kann man lernen und sich stetig verbessern. Der gesamte Prozess ist an einer zentralen Stelle im Unternehmen visualisiert. Über Kunden-One-on-One wird abgeglichen, ob sich die Einschätzung der Mitarbeiter mit der Rückmeldung wichtiger Kundenvertreter deckt.

In Zeiten des Arbeitskräftemangels müssen Mitarbeiter gebunden und die Potenziale genutzt werden

Die starke Einbindung der Mitarbeiter wurde bereits an mehreren Stellen beschrieben. Woher wissen die Führungskräfte aber, ob die Mitarbeiter sich an das Unternehmen gebunden fühlen und sich optimal entwickeln können?

Ein wesentliches Element ist das Gesprächsformat M.E.E.T. Neben den klassischen Elementen der Rückmeldung zur erbrachten Leistung, der Vereinbarung der Ziele sowie der Weiterbildungsbedarfe wurden in das moderne, dialogorientierte Format auch die Zusammenarbeit mit dem Vorgesetzten, die persönliche und berufliche Entwicklung sowie das Arbeitsumfeld eingebaut.

Die jährliche Mitarbeiterumfrage ist hilfreich, um ein Stimmungsbild aufzunehmen, aber nicht ausreichend, um ganzjährig die Mitarbeiterbindung zu prüfen und nach Bedarf gegenzusteuern. Daher wurde die Idee des Customer Management aufgegriffen. Diesmal richten sich nicht die Mitarbeiter an den idealen, enthusiastischen Kunden aus, sondern die Führungskräfte an dem motivierten Mitarbeiter. Einmal im Monat prüfen die Führungskräfte das „Stimmungsbild" gegenüber der Wunschsituation und steuern nach Bedarf gegen.

All dies wird gemeinsam mit dem Betriebsrat stetig weiterentwickelt. Hierfür wurde gemeinsam das Projekt „Quo Vadis 2.0“ entwickelt – „Wohin gehst Du?“.

Ergebnisse sind keine Zufall – das Motto zur Excellence

Nach all den Anstrengungen zur Verbesserung des Managementsystems muss man sich fragen: Ist nun ein exzellentes Unternehmen entstanden? Befähigen die Strategie, die Führung, die Mitarbeiter, die Ressourcen (Partner und Lieferanten) und letztlich die Prozesse das Unternehmen nachhaltig, ordentliche Ergebnisse zu liefern – Ergebnisse in Bezug auf Mitarbeiter, Kunden, Umwelt und letztlich die finanziellen Zahlen, die Gesellschafter und Unternehmensführung erwarten?

Das EFQM-Modell behandelt genau diese Fragen. Daher wurde beschlossen, das Unternehmen nach diesem Modell zu untersuchen und damit Verbesserungspotenziale zu erkennen und auszuschöpfen. Nach einer Selbstbewertung entschloss sich das Unternehmen, sich für den deutschen Excellence-Preis bei der Initiative Ludwig-Erhard-Preis zu bewerben. Aus Sicht der Spherea und der TQU International GmbH sind dieses Modell und der damit verbundene Preis eine sehr umfassende und anspruchsvolle Herausforderung – vielleicht der herausforderndste Wettbewerb für Unternehmen und Organisationen überhaupt.

Nachdem drei Assessorenteams eine Woche lang das Unternehmen besucht und unzählige Gespräche geführt hatten, lernte das Unternehmen viel von den Rückmeldungen und durfte sich gleichzeitig über den Excellence-Preis in Bronze freuen – einmalig für eine Organisation in Deutschland nach nur vier Jahren. Der Preisverleihung in Berlin, zu der viele Mitarbeiter mitgereist sind, war eine Anerkennung der geleisteten Arbeit, eine Motivation und die Verpflichtung, den Weg der Excellence weiterzugehen.

Abb. 6: *Das Team freute sich sehr über die Verleihung des deutschen Excellence-Preises in Bronze 2018*

Derzeit nutzt das Unternehmen eine Weiterentwicklung von LPA, um die Excellence im Unternehmen hochzuhalten und weiterzuentwickeln. Basierend auf den Erfahrungen der ersten Bewerbung wird ein neues Dashboard mit Cockpits für die verschiedenen Bereiche definiert, um die verschiedensten Ergebnisse und Kennzahlen im Unternehmen noch besser darzustellen und eskalierbar nach oben zu konsolidieren.

Um Excellence in Deutschland zu fördern, trat das Unternehmen der Initiative Ludwig-Erhard-Preis bei und wird nach fünf Jahren entscheiden, ob die Initiative gebeten wird, ein weiteres Assessment durchzuführen, um den Stand der Excellence zu erkennen, weitere Potenziale zu finden und vielleicht erneut in Berlin mit vielen anderen tollen Unternehmen zu feiern.

2014 bot sich die einmalige Chance, etwas Neues zu gestalten. Mit überzeugten Führungskräften, mit einem hervorragenden Team, mit dem richtigen Partner und einem klaren Plan wurde diese Chance genutzt.

Heute gestalten die Mitarbeiter die Prozesse selbst. Diese sind stets auf Ziele ausgerichtet. Mittels LPA wird die Wirksamkeit der Prozesse kontinuierlich überprüft. Mitarbeiter werden konsequent befähigt, die Verantwortung für ihre Prozesse zu tragen. Und mit der Online-Plattform S.P.A.R.C. (und einer Reihe analoger Werkzeuge) kann das Unternehmen seine eigene DNA leben.

Fünf Jahre auf dem Weg zur Excellence, und die Firma schreitet weiter voran.

Literatur

[1] Zeller, Elmar: *Layered Process Audit (LPA) – Prozesse konsequent führen – aus Erfahrung lernen – Ergebnisse verbessern. 2., überarbeitete Auflage, München: Hanser, 2018*

Polizeipräsidium Ulm – der Weg zur Excellence

Reinhold Hepp

Garant für die Sicherheit in der Region

Das Polizeipräsidium Ulm (PP Ulm) mit seinen rund 1.730 Beschäftigten ist seit Umsetzung der Polizeistrukturreform in Baden-Württemberg im Jahr 2014 für die öffentliche Sicherheit und Ordnung im Stadtkreis Ulm und in den Landkreisen Biberach, Göppingen, Heidenheim sowie im Alb-Donau-Kreis zuständig. Auf einer Fläche von 4.150 Quadratkilometern – im Osten angrenzend an Bayern – werden nahezu 900.000 Einwohner betreut. Diese wirtschaftsstarke Region verlangt zur Gewährleistung kurzer Interventionszeiten eine sowohl zentral als auch dezentral gut aufgestellte, professionelle und schnell agierende Polizei.

Neben der Kriminalitäts- und Verkehrsunfallbekämpfung, der Bewältigung von größeren Schadensereignissen und Sondereinsatzlagen gehören eine Vielzahl präventiver Leistungen und eine lageorientierte moderne Öffentlichkeitsarbeit zum Aufgabenportfolio.

Implementierung eines systematischen QM-Systems

Das PP Ulm beschäftigte sich bereits mit Start der Projektphase der Polizeistrukturreform im Jahr 2012 mit der Bewältigung der heutigen und künftigen Aufgaben, Fragen der Effektivität und der Effizienz sowie des strategischen und operativen Managements. Strategische und operative Maßnahmen der Gefahrenabwehr sowie der Strafverfolgung beruhen auf gesetzlichen Grundlagen. Sie umfassen gleichwohl moderne Managementmethoden wie eine intensive Kundenorientierung und Zusammenarbeit mit Sicherheitspartnern, Prozessorientierung und -steuerung sowie Ergebnismessung. Sie sind Ausgangspunkt für den kontinuierlichen Entwicklungsprozess der Führungskräfte und Beschäftigten des PP Ulm.

Bei Einrichtung des PP Ulm im Kontext der Polizeistrukturreform in Baden-Württemberg war es daher eine grundlegende und richtungsweisende Entscheidung, sich dem Themenfeld Qualitätsmanagement für die polizeiliche Aufgabenbewältigung mit aller Konsequenz und Nachhaltigkeit von Anfang an zu widmen. Es war die tiefe Überzeugung der obersten Leitung, dass der Reformprozess und das Zusammenwachsen der bisherigen vier Polizeidirektionen Biberach, Göppingen, Heidenheim und Ulm zu einem zentralen Sicherheitsdienstleister nur auf dieser Basis gut gelingen kann.

In den ehemaligen Polizeidirektionen wurde dem Themenfeld Qualitätsmanagement eine sehr unterschiedliche Bedeutung beigemessen. Es war also eine prägende und richtungsweisende Grundsatzentscheidung, die in der neu geschaffenen Behörde – dem PP Ulm – je nach Grad der früheren Befassung auf unterschiedliches Verständnis, Erfahrungs- und Hintergrundwissen gestoßen ist.

Äußerst hilfreich war, dass bereits bei der Einführung auf die umfangreichen Erfahrungen mit dem Excellence-Modell der EFQM und der Best Practice der damaligen Polizeidirektion Biberach zurückgegriffen und von diesen in allen Bereichen profitiert werden konnte. Dieser war es unter anderem bereits gelungen, im Jahr 2011 eine Auszeichnung mit Recognised for Excellence 5 Stars zu erhalten und einen zweiten Platz beim Ludwig-Erhard-Preis zu belegen.

Bereits für die Einführungsphase beim PP Ulm wurde als „Roadmap“ eine Einführungsplanung „Strategische Führung und Qualitätsmanagement“ entwickelt, umgesetzt und ständig weiterentwickelt.

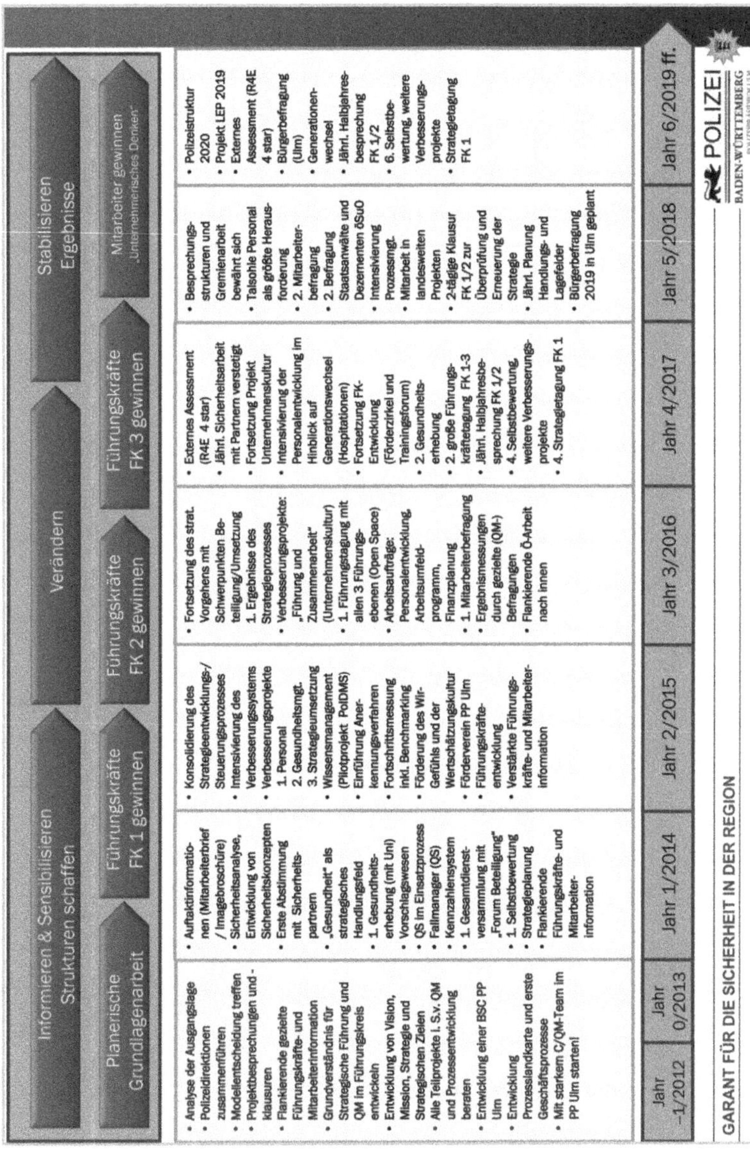

Abb. 1: *Einführungsplanung Strategische Führung/QMS beim Polizeipräsidium Ulm („Roadmap")*

Mit Start des PP Ulm wurde darüber hinaus die Stabsstellen Strategisches Controlling und Qualitätsmanagement mit zwei hauptamtlichen Mitarbeitern und direkter Angliederung beim Polizeipräsidenten eingerichtet. Die Mitarbeiter haben die Ausbildung zum Qualitätsbeauftragten bei der DGQ absolviert und teils langjährige Erfahrung in der Anwendung des EFQM-Modells.

Für die Ermöglichung eines ganzheitlichen Blicks auf die Organisation und das Erkennen von Gesamtzusammenhängen wurde vom PP Ulm ein eigenes Organisationsmodell entwickelt.

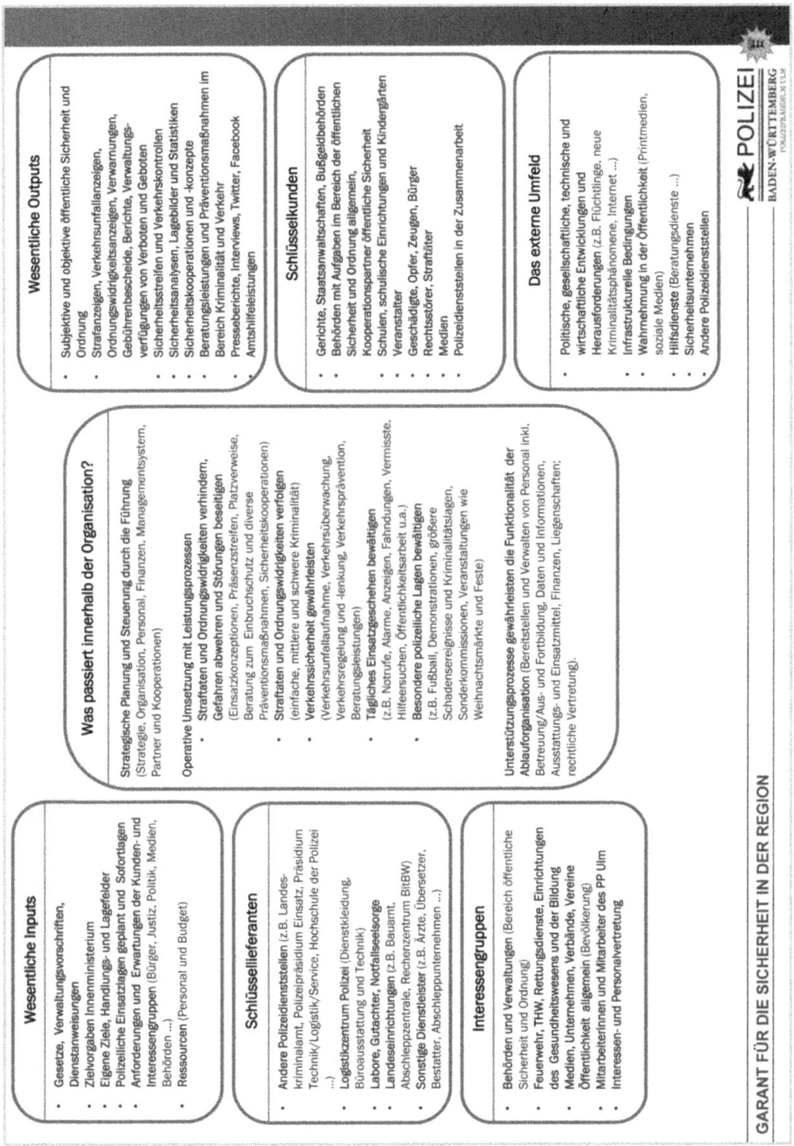

Abb. 2: *Organisationsmodell Polizeipräsidium Ulm*

Mit der Einführung des QM-Systems erfolgte bereits eine strategische Ausrichtung des PP Ulm. Neben den strategischen Zielen werden bei ganz- und halbjährlich stattfindenden Strategietagungen strategische Handlungsfelder und spezielle Lagefelder für den operativen Bereich festgelegt.

Changemanagement – die Mitarbeiterinnen und Mitarbeiter einbinden!

Die Einbindung der Mitarbeiterinnen und Mitarbeiter stellt beim PP Ulm eines der sensibelsten und erfolgskritischen Themen dar und bedeutet bei der vorhandenen Organisationsgröße einen langen und beständigen Weg. Um Excellence nach dem EFQM-Modell erfolgreich umzusetzen, muss die Führung ohne Wenn und Aber dahinterstehen und dies auch immer wieder deutlich machen.

Zuerst mussten die Ebenen der Führungskräfte gewonnen werden. Dies auch mit dem Ziel, der durchaus skeptischen Basis die Zusammenhänge zwischen Verbesserungen und systematischem Qualitätsmanagement erläutern zu können. Die Mitarbeiterinnen und Mitarbeiter kann man am besten davon überzeugen, wenn es gelingt, ihnen den Nutzen an praktischen Beispielen aufzuzeigen. In diesem hochsensiblen Bereich besteht allerdings viel Erklärungsbedarf, der z.B. mit der Verbesserung des Arbeitsumfelds, der Kommunikation, Beteiligung, Gesundheitsfürsorge, Fortbildung, Entwicklungsmöglichkeiten etc. erfolgreich dargestellt und belegt werden kann. Die Einbindung von Mitarbeiterinnen und Mitarbeitern in Projekte und Arbeitsgruppen stellt einen weiteren Baustein dar.

Durch das Angebot und den Besuch von zentralen und dezentralen Fortbildungsveranstaltungen zum Thema Qualitätsmanagement bzw. Excellence-Modell der EFQM konnten alle Führungsebenen eingebunden und erreicht werden. Ergänzend absolvierten Mitarbeiterinnen und Mitarbeiter unterschiedlicher Organisationseinheiten des PP Ulm eine Ausbildung als Qualitätsbeauftragter.

Der Gedanke eines systematischen Qualitätsmanagements konnte ergänzend durch die wechselnde Teilnahme von Mitarbeiterinnen und Mitarbeitern an Selbst- und Fremdbewertungen in die gesamte Organisation hineingetragen und gestärkt werden.

Selbst- und Fremdbewertungen

Das PP Ulm setzt hinsichtlich der Feststellung des eigenen Reifegrads der Organisation bei Selbst- und Fremdbewertungen konsequent auf das Excellence-Modell der EFQM, da dieses Qualitätsmanagement als ganzheitliches System mit allen Facetten (Kriterien) betrachtet.

Seit 2014 werden jährlich Konsensworkshops nach dem Excellence-Modell der EFQM durchgeführt. Aus diesen können jährlich bis zu drei Verbesserungsprojekte und bis zu sieben Arbeitsgruppenaufträge generiert werden.

Eine sich wiederholende und offizielle Auszeichnung im Kontext einer EFQM-Fremdbewertung ist darüber hinaus als Meilenstein und Motivationspunkt auf dem Weg zur Excellence beim PP Ulm unbedingt erforderlich und trägt zur Nachhaltigkeit bei. Die grundlegende Analyse der Organisation und die aufgezeigten Stärken und Potenziale tragen wesentlich zur Verbesserung und Weiterentwicklung der Organisation bei. Nur durch den Blick von außen auf das PP Ulm konnte der Reifegrad des eigenen Managementsystems auf dem Weg zur Excellence fundiert festgestellt und bescheinigt werden.

Bei den durchgeführten Fremdbewertungen im Jahr 2017 durch die DGQ und 2019 im Kontext der Bewerbung um den Ludwig-Erhard-Preis durch die Initiative Ludwig-Erhard-Preis e.V. wurde der eingeschlagene Weg erfolgreich bestätigt und jeweils die Auszeichnung Recognised for Excellence 4 Stars vergeben. Bei der Fremdbewertung 2019 konnte das Gesamtergebnis sogar ausgebaut werden. Gekrönt wurde das sehr gute Ergebnis durch die Auszeichnung mit der Bronze-Platzierung beim Ludwig-Erhard-Preis 2019.

Fazit und Ausblick

Die Entscheidung, bereits bei der Projektarbeit die Grundstrukturen für die Einführung eines QM-Systems auf Basis des Excellence-Modells der EFQM beim PP Ulm zu legen und dieses konsequent weiterzuentwickeln, war die absolut richtige.

Die Umsetzung des konsequenten Qualitätsmanagements nach dem EFQM-Modell ist sukzessive in Gang gekommen und mit Überzeugungsarbeit immer mehr auf Akzeptanz gestoßen. Die Durchführung von Selbst- und Fremdbewertungen und die Preisverleihung im Kontext der Bewerbung um den Ludwig-Erhard-Preis 2019 sind Meilensteine der Qualitätsstrategie des PP Ulm.

Um den vielfältigen Herausforderungen der Zukunft und den stetigen Wandel der Organisation, der Aufgabenfelder und Rahmenbedingungen offensiv bewältigen zu können und der Vision „Garant für die Sicherheit in der Region“ konsequent gerecht zu werden, wird das PP Ulm Qualitätsmanagement nach dem Excellence-Modell der EFQM weiterhin kontinuierlich und konsequent vorantreiben. Nur so kann der Erfolg der Behörde nachhaltig gesichert werden.

Das EFQM-Modell als Schulentwicklungsinstrument

Steven Reres

Die Schwarzbach Schule der Johannes-Diakonie (Körperschaft des öffentlichen Rechts) ist eine private, staatlich anerkannte Ersatzschule mit einem christlichen Profil. Sie ist ein sonderpädagogisches Bildungs- und Beratungszentrum mit den Förderschwerpunkten soziale und emotionale Entwicklung, körperliche und motorische Entwicklung sowie geistige Entwicklung. Das Klientel erstreckt sich von Kindern mit einer schwerstmehrfachen Behinderung über traumatisierte und bindungsgestörte Kinder und Jugendliche bis hin zu Kindern mit herausfordernden Verhaltensweisen. Auch Kinder mit einer leichteren Behinderung oder mit Lernschwächen, die einen Hauptschulabschluss erreichen möchten, werden hier unterrichtet. Nach dem Grundsatz „Jedes Verhalten hat einen Sinn" werden individuelle Unterstützungssysteme zur Stabilisierung und Stärkung des Selbstbewusstseins und Selbstwertgefühls entwickelt. Ohne eine gute Bindung und Beziehung zu jedem Einzelnen sind Unterricht und effektives Lernen nicht möglich!

Die heterogene Schülerschaft der Schwarzbach Schule wird von der ersten Klasse bis zum Übergang in eine berufliche Ausbildung oder den Beruf begleitet und gefördert. Ziel der Schwarzbach Schule ist es, die derzeit 120 SchülerInnen auf ein möglichst weitestgehend selbstbestimmtes Leben mit größtmöglicher Teilhabe an der Gesellschaft vorzubereiten. Um den vielfältigen Bedürfnissen der SchülerInnen gerecht zu werden, hat das kreative, flexible und interdisziplinäre Kollegium der Schwarzbach Schule verschiedenste Settings konzipiert, die sich an die individuellen Bedürfnisse des/der einzelnen Schülers/Schülerin anpassen.

Abb. 1: *Individuelle Förderung beim Lernen*

Abb. 2: *Intensive Beziehungsarbeit im Kunstunterricht*

Die Schwerpunkte der Schwarzbach Schule erstrecken sich über die Entwicklung inklusiver Unterrichtsangebote für Kinder mit und ohne Behinderung an Regelschulen über eng strukturierte Angebote in kleinen Klassen im Stammhaus, ein innovatives Berufsschulstufenkonzept bis hin zu einem natur-, erlebnis- und tierpädagogischen Angebot in der Outdoorklasse auf der Jugendfarm Schwarzach. Ergänzende Angebote liegen in der Frühförderung und der selbst entwickelten Beratungsstelle für unterstützte Kommunikation.

Privatschulen in Baden-Württemberg wurden aufgefordert, ein QM-System einzuführen, um die volle Refinanzierung zu erhalten. Nach Prüfung und Betrachtung der verschiedenen Systeme entschied sich der Geschäftsbereich Schulen der Johannes-Diakonie, den Excellence-Gedanken zu verfolgen und das EFQM-Modell einzuführen. Dieses bietet die Möglichkeit, die Qualität der täglichen Arbeit unter Einbindung aller Beteiligten immer wieder zu überprüfen und zu verbessern. Die Einteilung in die Kriterien lässt sich sehr gut mit der Schule verbinden und bietet eine klare Struktur, ohne aufgesetzt zu wirken.

Ist Qualitätsmanagement an Schulen wirklich mit Pädagogik in Einklang zu bringen?

Da Qualitätsmanagement vorrangig aus der Wirtschaft bekannt ist, ist der Übertrag an Schulen zu Beginn häufig schwer vorstellbar. Aber es ist nicht das Ziel, etwas Neues zu erfinden, sondern das tägliche Tun, die täglichen Abläufe zu erfassen, zu strukturieren, zu überprüfen und zu verbessern. Es ist das Streben nach Verbesserung und ein Voneinanderlernen. Der Excellence-Gedanke steht dabei im Vordergrund. Das System ist ganz im Sinne der Förderung unserer SchülerInnen.

Das Kollegium der Schwarzbach Schule nahm die Herausforderung, sich mit einem bis dato vollkommen unbekannten System zu beschäftigen, an. Das Erlernen der RADAR-Logik und die erste Entwicklung eines Verständnisses des QM-Systems erfolgte über drei gezielt ausgesuchte Projekte: „Prozesse“, „Welcome Guide für neue Mitarbeiter“

und „Informationsblatt“. Diese wurden als „quick wins“ identifiziert, um zielgerichtet einen schnellen Erfolg sichtbar zu machen, der die Schule in ihrer Entwicklung weiterbringt. Zu jedem Projekt wurde eine Arbeitsgruppe gebildet und die Ergebnisse derselben wurden beim ersten Assessment vorgestellt. Das Ziel „Committed to Excellence 2 Stars“ wurde 2014 erreicht und im Kollegium als gemeinsamer Erfolg gefeiert! Nun war allen klar: Die Reise geht weiter!

Im nächsten Schritt sollten Sinn und Zweck der Schule auf den Prüfstand gestellt werden. Im Rahmen eines „Pädagogischen Tages“ wurde gemeinsam vom gesamten Lehrerkollegium unsere Vision und Mission erarbeitet. Welche Werte wir vertreten wollen und welche Werte unser Handeln bestimmen sollen, diskutierten wir lebhaft im Plenum und legten unsere Leitgedanken fest. Durch diesen Prozess änderte sich die Zusammenarbeit im Kollegium nachhaltig. Ein „Wir-Gefühl“ – getragen von einem gemeinsamen Ziel und Auftrag – ist entstanden. Langsam wird deutlich, dass die Arbeit jedes/jeder Einzelnen wichtig ist und zum Großen und Ganzen beiträgt.

Doch an der Schule gibt es noch andere Beteiligte ...

Eine große Herausforderung bei der Einführung des EFQM-Modells stellte dieÜbertragung von Begriffen aus der Wirtschaft in die Pädagogik dar. Wer sind unsere Kunden? Haben wir Lieferanten? Wie viele Partner haben wir? Gibt es einen Input und was ist der Output der Schule? Was machen wir mit dem Thema Kennzahlen? Kennzahlen an Schulen gibt es doch gar nicht, oder doch? Können wir unser Tun, unsere tägliche Arbeit messen?

Es galt also, sich die Kriterien im EFQM-Modell genauer anzuschauen und kreativ an die Schule anzupassen. Losgelöst vom Vokabular des Qualitätsmanagements wurde der systematische Aufbau der Schule dargestellt und das bereits vorhandene und zu bedienende Netzwerk sowie die wichtigsten Partner identifiziert.

Die Kriterien des EFQM-Modells wurden auf die Schule übertragen und definiert. Die Führung (Kriterium 1) liegt klar in den Händen der Schulleitung und des Schulleitungsunterstützungsteams. Die Möglichkeiten der Weiterentwicklung der Schule werden überprüft und verbessert. Zur Erreichung und Umsetzung der erarbeiteten Vision und Mission bedarf es einer Strategie (Kriterium 2) mit lang-, mittel- und kurzfristigen Zielen. Diese wurden mit dem Kollegium erarbeitet und mit dem Elternbeirat der Schule abgestimmt. Zur Gewährleistung eines gesunden Schulklimas ist die Zufriedenheit der MitarbeiterInnen (Kriterium 3) besonders relevant. Fortbildungen werden auf die Strategie abgestimmt, zudem ist die Anerkennung der MitarbeiterInnen besonders wertvoll. Partnerschaften und Ressourcen (Kriterium 4) zu identifizieren und bewerten, unterstützt die tägliche Arbeit und Erreichung der Vision.

Was passiert alles an der Schule? (Kriterium 5)

Abb. 3: *Performance-Management an der Schwarzbach Schule*

Natürlich ist die Hauptaufgabe einer Schule der Unterricht, aber es gibt noch weitaus mehr! Elternarbeit, Förderplanung, Schulfeste, An- und Abmeldungen von SchülerInnen … Die Prozesse wurden alle beschrieben und auf ihre Zuständigkeiten hin überprüft. Das führte zu einer klaren und strukturierten Aufgabenverteilung innerhalb des Kollegiums. Gemeinsam Verantwortung zu tragen, stärkt weiterhin das „Wir-Gefühl"! Es entstand eine neue Kultur an der Schule. Diese ist geprägt von gegenseitiger Wertschätzung, Anerkennung, Verständnis und Unterstützung. Diese Haltung des gesamten Kollegiums überträgt sich auf die Schülerschaft und sorgt für eine gute Schulatmosphäre.

Um die Zufriedenheit der SchülerInnen, Eltern und MitarbeiterInnen festzustellen, wurden entsprechende Umfragen durchgeführt. Jetzt konnten Ergebnisse gemessen und dokumentiert werden (Kriterium 6 und 7). Aus diesen wurden erneut Verbesserungen abgeleitet und im Sinne der RADAR-Logik umgesetzt. Durch die jährliche Wiederholung der Umfragen konnten Vergleiche und langfristige Tendenzen sichtbar gemacht werden. Der Stand des momentanen Images der Schule wird in Kriterium 8 festgehalten. Durch die systematische Darstellung der Schlüsselergebnisse (Kriterium 9) wird der Erfolg der Schule sichtbar.

Die Anwendung von des EFQM-Modells führte zu einer neuen Schulkultur, zur Stärkung des Teamgeistes, förderte die Kreativität, das Streben nach Verbesserungen, Innovation und das Lernen an sich. Die Schwarzbach Schule versteht sich als lernende Organisation, die sich immer wieder an die Bedürfnisse der SchülerInnen anpasst. Diese positive Schulatmosphäre überträgt sich auf die gesamte Schülerschaft und auf die Entwicklung der SchülerInnen.

2017 bewarben wir uns erneut und feierten im Kollegium die nächste Stufe „Recognised for Excellence 3 Stars". Im abschließenden Assessmentbericht werden jeweils die Stärken und Verbesserungspotenziale der einzelnen Kriterien festgehalten. Diese waren nachvollziehbar und motivierten das Kollegium und die Schulleitung nachhaltig. Die erkannten Potenziale wurden umgesetzt. 2019 erfolgte eine erneute Bewerbung. Der Erfolg dieser Bewerbung mit der Auszeichnung „Ludwig-Erhard-Preis in Bronze" stärkte das Kollegium. Nicht nur die MitarbeiterInnen sind stolz auf ihre Arbeit, auch die SchülerInnen sind stolz, hier zur Schule gehen zu dürfen.

Das EFQM-Modell ist eine hervorragende Methode für eine ganzheitliche Schulentwicklung!

Abb. 4: *Stolz auf seine Leistungen*

Der Caritasverband für die Diözese Speyer

Markus Nitsch

Der Caritasverband für die Diözese Speyer e.V. ist ein Wohlfahrtsverband, der sich als Spitzenverband für die Interessen der kirchlich-karitativen Träger im Bistum Speyer einsetzt. Er ist Träger von acht Beratungszentren und zwei Wohnungslosenhilfe-Einrichtungen und erbringt zentrale Dienstleistungen in den Bereichen Personal, Finanzen, Facility Management, Öffentlichkeitsarbeit und Recht. Beim Caritasverband arbeiten rund 500 Mitarbeiter*innen.

Aus dem Caritasverband ging 2014 die Tochter Caritas Betriebsträgergesellschaft mbH Speyer (CBS) hervor, in der 14 Einrichtungen der stationären Altenhilfe, sechs Förderzentren für behinderte und psychisch erkrankte Menschen sowie ein Förderzentrum der Jugendhilfe gebündelt sind. In der CBS arbeiten rund 2.300 Mitarbeiter*innen.

Beide Organisationen sind unter anderem durch gemeinsame Führungsprozesse und durch ein Qualitätsmanagement auf Grundlage des EFQM-Modells miteinander verbunden.

Einstieg und Planung der Arbeit mit dem EFQM-Modell

2013 begann unser Weg mit dem EFQM Excellence Modell. Die Leitungskonferenz führte mit externen Assessoren eine erste Selbstbewertung durch, um sich mit dem Modell vertraut zu machen und eine Standortbestimmung vorzunehmen. Die Standortbestimmung machte einige Arbeit und zeigte, dass wir einen weiten Weg in Richtung Excellence vor uns haben würden.

Diesen Weg haben wir damals bis zum Jahr 2020 in Zweijahresetappen geplant. Bis 2014 sollten z.B. interne Assessor*innen ausgebildet und Führungskräfte im Modell geschult sein, bis 2016 zwei Drittel der Einrichtungen eine Selbstbewertung durchgeführt haben. 2020 sollen alle Führungskräfte fundierte Kenntnisse des Modells haben und Befragungen, Selbstbewertungen und strategische Analysen regelmäßig in guter Qualität erstellt werden.

Der Nutzen der Arbeit mit dem EFQM-Modell

Und wo stehen wir heute tatsächlich? Die Ziele wurden fast komplett erreicht. In der Zwischenzeit haben wir insgesamt 56 Selbstbewertungen durchgeführt und über 400 Mitarbeiter*innen an dem Verfahren beteiligt. 80 % der Teilnehmer*innen bewerten 2018 den Nutzen für die Einrichtung hoch, knapp 90 % der Teilnehmer*innen empfinden den zeitlichen Aufwand als angemessen und fühlten sich durch die Assessor*innen kompetent durch den Prozess begleitet und zum Nachdenken angeregt. Die Ergebnisse der Selbstbewertungen zeigen, dass wir uns deutlich verbessert haben, die größten Lücken auf der Befähigerseite geschlossen sind und wir auch auf der Ergebnisseite inzwischen einiges vorzuweisen haben.

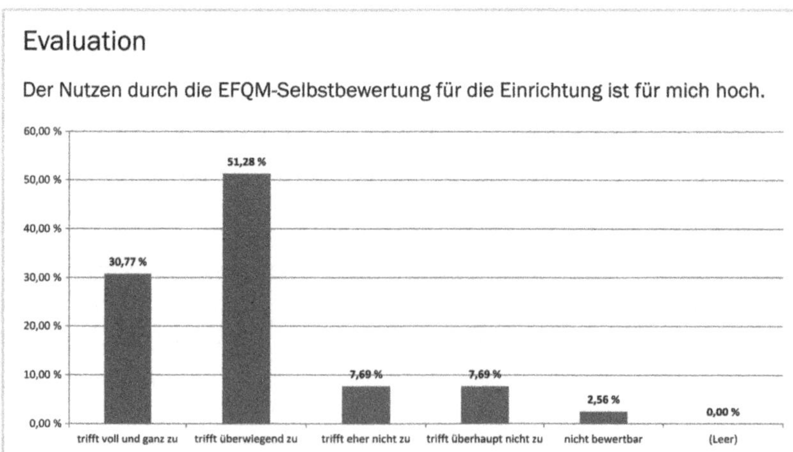

Abb. 1: *Rückmeldung zum Nutzen der Selbstbewertung durch die Teilnehmer*innen*

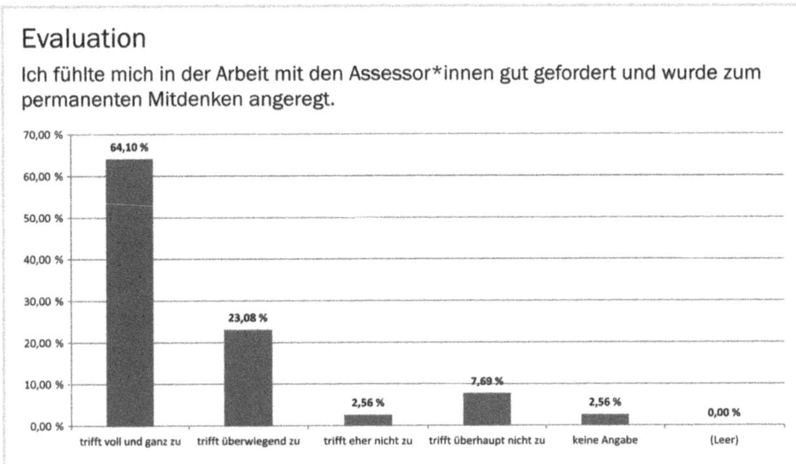

Abb. 2: *Rückmeldung zur Leistung der Assessor*innen*

Besser als statistische Auswertungen bringen Statements den Nutzen des EFQM-Modells zum Ausdruck. Hier die Rückmeldung eines Einrichtungsleiters und Assessors: *„Meine Einrichtung durch die ‚EFQM-Brille' zu betrachten war aufschluss- und erkenntnisreich. Die blinden Flecken zu entdecken und zu bearbeiten, genauso wie die Perlen hervorzubringen und diese zu pflegen. Durch den anderen Blickwinkel fallen Dinge auf, die vorher verborgen waren, und können nun angepackt werden. EFQM als Organisationsentwicklungs- und Lerninstrument ist für meine Einrichtung nicht mehr wegzudenken."*

Ein weiterer Einrichtungsleiter meint: *„Die Selbstbewertung hilft uns wertschätzend und dabei selbstkritisch auf das zu blicken, was wir tun und wie strukturiert wir es tun. Dabei ist der Blick durch die Fokussierung auf Strategie, Weiterentwicklung und Nachhaltigkeit immer in die Zukunft gerichtet."*

Wesentlich für den Erfolg: die internen Assessor*innen

Wie die Rückmeldungen eindrucksvoll zeigen, ist die Begleitung der Einrichtungen durch interne Assessor*innen ein wesentlicher Faktor für die hohe Zufriedenheit. Sie sind die Lotsen durch den Prozess, die den Blick von außen einbringen und für die Übersetzung des EFQM-Modells in eine Sprache sorgen, welche die Teams verstehen.

Bei der Auswahl der Assessor*innen haben wir sehr auf die persönliche Eignung geachtet und auf einen Mix unterschiedlicher Funktionen. So sind unter den Assessor*innen Einrichtungsleitungen, QM-Beauftragte, Mitarbeiter*innen aus der Zentrale und Einrichtungen. Alle Assessor*innen haben eine dreitägige Ausbildung zum Excellence-Assessor durchlaufen.

Auf jeden neuen Jahrgang werden die Assessor*innen in einem zweitägigen Workshop vorbereitet. Gemeinsam werden die Rückmeldungen zum letzten Durchgang ausgewertet, der Umgang mit schwierigen Situationen besprochen, das Prozessmodell und die Formulare gemeinsam angepasst, Bewertungsübungen durchgeführt und die Rolle als Assessor*in reflektiert.

Die Assessor*innen kommen in immer neuen Konstellationen zum Einsatz. Bei der Zusammenstellung der Teams werden als Kriterien unter anderem die Erfahrung im Arbeitsfeld und als Assessor*in sowie das Geschlecht berücksichtigt.

Es ist deutlich zu spüren, dass die 22 Assessor*innen mit Begeisterung dabei sind und für sich persönlich einen hohen Nutzen sehen. Es gibt so gut wie keine Fluktuation. Einer der Assessoren drückt es wie folgt aus: *„Unserem Caritas-Zentrum ermöglicht die Arbeit mit dem EFQM-Modell eine Konzentration auf die wesentlichen strategischen Fragen. Wir verlieren uns nicht mehr so sehr im Blumenstrauß der Themen, sondern fokussieren uns auf das Wesentliche. Und mir persönlich hat die Arbeit mit EFQM ein fundiertes Verständnis von Organisationen und ihren spezifischen Themen gegeben. Ja, ich glaube sogar sagen zu können, dass EFQM ein wesentlicher Teil meiner Führungskompetenz ist.“*

Der Prozess der Selbstbewertung der Einrichtungen

Die Teilnehmer*innen an den Selbstbewertungen melden zu 90 % zurück, dass der Prozess für sie klar und transparent war. Dazu trägt die Vereinbarung bei, die am Jahresbeginn zwischen der teilnehmenden Einrichtung, den zugeteilten Assessor*innen und dem verantwortlichen Prozessmanager abgeschlossen wird. In dieser Vereinbarung ist klar geregelt, wer im Prozess welche Aufgaben hat und wann die relevanten Termine sind. Mit der Vereinbarung wird auch sichergestellt, dass es bezüglich der eingeteilten Assessor*innen keine Interessenkonflikte oder Bedenken gibt.

Um den Prozess der Selbstbewertung vor Ort gut steuern und kommunizieren zu können, werden mit den Einrichtungsleitungen in einer halbtägigen Schulung der aktuelle Stand des Verfahrens sowie die Rolle der Einrichtungsleitung im Prozess vermittelt.

Die Selbstbewertung einer Einrichtung startet mit einem vierstündigen Kick-off in der Einrichtung. Dieser dient dem gegenseitigen Kennenlernen und Verstehen. Die Assessor*innen verschaffen sich im Vorfeld einen umfassenden Blick auf die Einrichtung und überarbeiten das Organisationsmodell der Einrichtung, das sich am Business Model Canvas orientiert. Der Austausch über das Organisationsmodell und damit über die wichtigen Interessengruppen und Prozesse der Einrichtung sowie über die aktuellen strategischen Herausforderungen, stehen im Mittelpunkt des Kick-off.

Vier bis sechs Wochen nach dem Kick-off findet die eigentliche Selbstbewertung in einem zweitägigen Workshop statt. Zwischen Kick-off und Workshop bearbeitet das Team der Einrichtung einen Fragenkatalog entlang dem EFQM-Modell oder überarbeitet das eigene Bewertungsbuch und stellt die Ergebnisse vorab den Assessor*innen zur Verfügung. Im Workshop wird das Bewertungsbuch Kriterium für Kriterium besprochen und die Bewertung durchgeführt.

Beim Workshop arbeiten immer drei bis fünf Teams im gleichen Haus parallel. Der Prozessmanager ist vor Ort und kann unterstützen, falls es einmal zu Problemen kommt, was allerdings selten passiert. Die Teams und die Assessor*innen begegnen sich in den Pausen und am Abend, die Vernetzung zwischen den Einrichtungen wird so gefördert und der Abend in netter Umgebung stärkt die Gemeinschaft. Für viele Teams wirkt die Selbstbewertung wie eine Teamentwicklungsmaßnahme. Der Workshop außerhalb der eigenen Einrichtung und mit Übernachtung hat daran einen großen Anteil und wird von den Teilnehmer*innen sehr geschätzt.

Das Feedback der zuständigen Fachabteilung

Nach den ersten Selbstbewertungen war klar, dass der Prozess nach dem Workshop noch nicht rund läuft. Daher wurde noch im ersten Jahr das Feedbackgespräch mit der zuständigen Abteilungsleitung eingeführt. Diese besucht einige Wochen nach dem Selbstbewertungsworkshop das strategische Team in der Einrichtung, lässt sich die wichtigsten Ergebnisse präsentieren und gibt aus Sicht der Abteilung ein Feedback. Wo gibt es Konsens bezüglich der Stärken und Verbesserungsbereiche, wo aber auch nicht? Und was folgt aus der Selbstbewertung? Welche Maßnahmen sind in der Einrichtung anzupacken und welche in der Zentrale?

Eine Abteilungsleitung bestätigt die Wichtigkeit dieser Gespräche: *„In den Feedbackgesprächen entstand durch die vergleichbare Systematik und Sprache in den Selbstbewertungen eine sehr gute Dialogfähigkeit, die von den Einrichtungen sehr wertschätzend wahrgenommen wurde. In der Abteilung sind die Ergebnisse der Selbstbewertungen sehr wertvoll und schaffen Transparenz im Gesamtunternehmen.“*

Abgerundet wird der Selbstbewertungsprozess durch eine jährliche Onlinebefragung aller Teilnehmer*innen und die Überreichung der Zertifikate am Jahresende durch den Vorstand in feierlichem Rahmen.

Abb. 3: *Übergabe des Zertifikats an das Team eines Caritaszentrums, umrahmt von Assessor*innen*

Änderungen im Vorgehen

Die hohen Zufriedenheitswerte der Teilnehmer*innen an den Selbstbewertungen wurden nicht von Anfang an erreicht. Speziell in den ersten beiden Jahren waren die Klagen nicht zu überhören, dass das Modell und seine Sprache nicht zu uns passen würden und dass der Aufwand in keinem Verhältnis zum Nutzen stehe. Am Anfang haben wir die Teams der Einrichtungen mit dem Modell teilweise überfordert und verlangt, dass sie vor Ort in Eigenleistung ein Bewertungsbuch als Vorlage für den Workshop verfassen.

Wir haben das Vorgehen daher deutlich vereinfacht. Die Selbstbewertung wird seit zwei Jahren nicht mehr auf Ebene der Teilkriterien durchgeführt, sondern auf Kriterienebene. Dies hat den Umfang deutlich reduziert und viele Diskussionen überflüssig gemacht, welcher Inhalt in welches Teilkriterium gehört.

Die Teams der Einrichtungen bekommen als Grundlage für die Selbstbewertung nicht mehr das EFQM-Modell. Standard ist jetzt ein kurzer Fragenkatalog, der gut auf unsere Vorgehensweisen und Prozesse abgestimmt ist und uns die Möglichkeit zur Anpassung bietet. So wurden für den aktuellen Durchgang Themen über den Fragebogen in die Selbstbewertungen eingespielt, die uns gerade beschäftigen: Digitalisierung, Gender & Diversity sowie Corporate Social Responsability (CSR).

Durch diese Maßnahmen konnte die Zeit je Mitarbeiter für eine Selbstbewertung mehr als halbiert und die Bewertung des Nutzens deutlich verbessert werden.

Am Ende geht es aber nicht nur um Kennzahlen und Statistik, sondern auch um Begeisterung. Dies macht das Feedback einer Einrichtungsleitung deutlich, die inzwischen an zwei Selbstbewertungen teilgenommen und mit ihrer Einrichtung ein Ergebnis deutlich über 500 Punkten erreicht hat: *„Seit meiner ersten Selbstbewertung bin ich mit dem ‚Excellence-Virus' infiziert und es ist mir ein persönliches Anliegen, mein Umfeld für das Thema zu begeistern. Die intensive Anwendung von EFQM hat uns als Einrichtung einen großen Schritt nach vorne gebracht. Durch die Grundprinzipien der Excellence, den immer wiederkehrenden Blick auf alle Abläufe mit der RADAR-Logik und das täglich aktive Anwenden des EFQM-Modells ist es uns gelungen, unsere Prozesse und Abläufe im positiven Trend zu steigern."*

Und der Bereichsleiter einer Tagesförderstätte ergänzt: *„Wir freuen uns, dass das Modell dauerhaft in der Organisation integriert ist und wir uns stetig weiterentwickeln können und werden."*

Ludwig-Erhard-Preis 2018 in Bronze – Ehrhorn Vermessung frisch abgesteckt

Uwe Ehrhorn

Das Vermessungs- und Sachverständigenbüro Dipl.-Ing. Uwe Ehrhorn FRICS – im Nachfolgenden Ehrhorn Vermessung genannt – mit Sitz in Achim bei Bremen gehört mit gut 20 Mitarbeiterinnen und Mitarbeitern im Branchenvergleich zu den großen inhabergeführten Unternehmen. Der Ehrhorn Vermessung ist es durch die etablierte Kultur eines erfolgreich agilen Hochleistungsbüros gelungen, sich in der bundesweiten Spitzengruppe der Vermessungsbranche einen festen Platz zu sichern und in Teilen darüber hinaus zu wachsen.

Tab. 1: *Die Leistungen der Ehrhorn Vermessung werden in drei Geschäftsfeldern erbracht*

Amtliche Leistungen als öffentlich bestellter Vermessungsingenieur:	– Zerlegungen und Grenzfeststellungen – amtliche Lagepläne zum Bauantrag – Gebäudevermessungen – Bebauungsplanunterlagen
Ingenieurvermessungen als freiberuflich tätiger Ingenieur:	– Entwurfsvermessungen – Bauvermessungen – sonstige technische Vermessungen
Immobilien-Wertermittlungen als öffentlich bestellter und vereidigter Immobiliensachverständiger:	– Verkehrswertgutachten – Marktwertermittlungen – Gerichtsgutachten

Das Assessorenteam des Ludwig-Erhard-Preises 2018 stellte fest: „*Hervorzuheben ist die konsequente und wirksame Umsetzung des Manage-*

mentansatzes der Wissensbilanz. Geschäftsführung, Mitarbeiterinnen und Mitarbeiter der Ehrhorn Vermessung verfolgen dadurch gemeinsam die Weiterentwicklung von organisationalen Zielen, Geschäftsprozessen, intellektuellem Kapital und dem Geschäftserfolg der Ehrhorn Vermessung. Die starke Finanzlage, die gesicherte Auftragslage und die Zufriedenheit der Mitarbeiter, Kunden und öffentlichen Auftraggeber zeigen den nachhaltigen Erfolg der Ehrhorn Vermessung." Das war nicht immer so.

Millenniumwechsel = Erneuerung der Ehrhorn Vermessung

Als das Unternehmen 1985 durch den heutigen Inhaber Dipl.-Ing. Uwe Ehrhorn gegründet wurde, entwickelte sich das Vermessungs- und Sachverständigengeschäft höchst erfreulich. Um Professionalität und Stabilität ins Tagesgeschäft zu bekommen, zertifiziert sich das Unternehmen seit dem Jahr 1998 ununterbrochen nach der ISO 9001. Doch das allein genügte nicht, um Kundenanforderungen und strukturellen Herausforderungen zu begegnen.

Nach dem Millenniumwechsel wurde deutlich, dass sich im Unternehmensgeschehen im Bereich der Schlüsselressourcen etwas verändern muss.

Die Vermessungs- und Sachverständigenarbeit ist eine wissensintensive Branche; der Erfolg des Unternehmens wird im Wesentlichen durch drei Faktoren bestimmt:

- Menschen: Mitarbeiter bzw. Mitunternehmer, daneben auch Partnerschaften
- Organisation: Aufbau- und Ablauforganisation, aber auch intellektuelle Ressourcen wie Image
- Technik: Messtechnik, Hard- und Software

Eine weitere wichtige Ressource sind die überwiegend elektronisch archivierten Daten, die regelmäßig als Basis für die Lösung von Kundenproblemen dienen.

Und wie gelang es nun, den Beitrag der Mitarbeiterinnen und Mitarbeiter der Ehrhorn Vermessung auf ein neues Niveau zu heben?

Für die Ehrhorn Vermessung lag der Fokus klar auf einer Dezentralisierung der Verantwortungs- und Entscheidungslage. Mit der Maßgabe „Das Unternehmen ist mehr als nur der Chef" entwickelte sich aus der Belegschaft heraus der Anspruch: „Jeder führt sich selbst!" Diesem Anspruch ist die Ehrhorn Vermessung bis heute treu geblieben – und hat mit verschiedenen Strukturen dafür gesorgt, dass es auch in Zukunft so bleibt.

Einen Schlüsselerfolgsfaktor sieht die Ehrhorn Vermessung z.B. in der „Skalierung" von qualitativen Aspekten im Unternehmenskontext in Kombination mit stringenter Information und Kommunikation zu deren Ergebnissen.

Was bedeutet das konkret?

Im wöchentlich stattfindenden sogenannten „Wochen-Check" treffen sich Inhaber und Belegschaft am Montagmorgen für eine knappe halbe Stunde. Ziel des Meetings ist es, dass alle Unternehmensakteure Information und Wissen zur aktuellen und „Auf-Sicht-Lage" des Unternehmens erhalten, Chancen und Verbesserungen zu bestimmten Themen aufgegriffen, Ideen erzeugt und Aktivitäten initiiert werden. Unter anderem werden umsatzbezogene Kennzahlen, Arbeitsproduktivität und Auftragslage sowie die Ableitung von Maßnahmen besprochen. Aber auch das wöchentliche Ergebnis zur Stimmungslage der Mitarbeiterinnen und Mitarbeiter wird via „Stimmungsbarometer" diskutiert und es werden Maßnahmen vereinbart. Dieses „Fahren auf Sicht" erfährt im „Monats-Check" und den regelmäßigen Strategiesitzungen der Ehrhorn Vermessung ein sogenanntes Korrektiv, in dem die Durchsprache von mittel- und langfristigen Zielsetzungen und Bestrebungen im Fokus steht. Das Controlling liefert dafür verständliche und nachvollziehbare Verlaufskennzahlen und -indikatoren, die eine frühzeitige Aussage zur Trendentwicklung zulassen und ein rechtzeitiges Agieren/Reagieren ermöglichen. Methodisch bilden unter anderem SWOT und RADAR die Systematik des Vorgehens ab – ohne dabei im Vordergrund zu stehen.

Die Mitarbeiterinnen und Mitarbeiter entwickelten dadurch im Lauf der Zeit ein tiefes Verständnis in Bezug auf das Unternehmensgeschehen und erkannten den eigenen Beitrag zum Erfolg/Misserfolg unternehmerischer Leistung. Diese und viele weiteren Maßnahmen sorgen für eine hohe Attraktivität der Ehrhorn Vermessung als Arbeitgeber in Bremen und „umzu".

„Ehrhorn-Managementsystem"

Von diesem Verständnis ausgehend, entwickelte sich die Ehrhorn Vermessung in allen unternehmerischen Disziplinen, wie z.B. Führung, Finanzen, Kommunikation & Controlling, konsequent weiter. Im Ergebnis daraus entstand sukzessiv und nachhaltig das „Ehrhorn-Managementsystem":

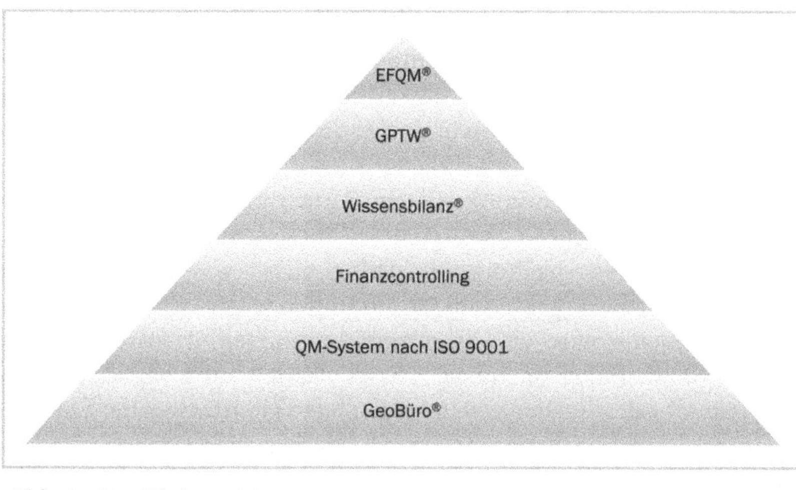

***Abb. 1:** Das Ehrhorn-Managementsystem*

Das kontinuierliche Wachstum der Ehrhorn Vermessung fordert die professionelle Weiterentwicklung der Organisation und stellt das Unternehmen vor strukturelle Herausforderungen, um den aktuellen und zukünftigen Anforderungen nachhaltig zu begegnen (Ehrhorn 4.0). Ein wichtiger Schritt für die Ehrhorn Vermessung liegt nun darin, sich außerhalb der eigenen Branche Kenntnisse zu guten Praktiken anzueignen, um die eigene Unternehmung auch weiterhin kreativ voranzubringen.

Zukunft: Familienstrategie+

Die Unternehmensnachfolge des inhabergeführten Unternehmens wurde frühzeitig geplant und aktiv verfolgt – mit Freiraum für die Entfaltung und Entscheidung der Nachfolger. Systematisch wurden die Interessengruppen beim Übergang des Büros auf die Nachfolger identifiziert und deren Wünsche, Bedarfe und Anforderungen aufgenommen. Erforderliche Qualifizierungsschritte – insbesondere für die hoheitlichen und sachverständigen Aufgaben – wurden langfristig angelegt und konsequent umgesetzt. Familienstrategie+ steht dabei für Familiennachfolge im Tätigkeitsfeld als öffentlich bestellter Vermessungsingenieur im Sinne eines Partnerkonzepts und wechselt später voraussichtlich in eine Seniorpartnerschaft des heutigen Inhabers. Im Sachverständigen-Tätigkeitsfeld erfolgt eine bürointerne Nachbesetzung.

Strategie	Strategische Themen	Wesentliche Herausforderungen der Zukunft
Persönliche Strategie	– persönliche Ansprüche umsetzen – Unternehmen in die Zukunft führen	– Nachfolge sicherstellen – Seniorpartnerschaft weiter aufrechterhalten – Bekanntheitsgrad der Unternehmung erhalten und ausbauen
Unternehmensstrategie	– Qualitätsführerschaft/Excellence – Marktführerschaft in der Region, z.B.: o Anteile im Segment o Gewinn o Umsatz – Branding/Image (Image: Hochleistungsbüro)	– Akquisitionsaktivitäten ausbauen – Bedienen von Bestandskunden durch Einzelprojekte – Unternehmenssicherung vorantreiben (Wettbewerbsvorteil nutzen) – Finanzstrategie: aus dem Cashflow investieren (Unabhängigkeit) – Mitarbeiterstrategie: o exzellente Qualifikation/ Kompetenz sicherstellen (alle Mitarbeiter können innen und außen und beratend tätig sein) o gesunde Mitarbeiter (z.B. in Anlehnung an Bielefelder Modell) o attraktiver Arbeitgeber (Mitarbeiterbindung) o Mitarbeiterstatement: Jeder führt sich selbst! – strategische Vorgehensweise – Marktführerschaft erreichen – Risikomanagement: Auftretenswahrscheinlichkeit verringern
Familienstrategie (Nachfolge)	– Nachfolgeregelung bis 2023 – Familiennachfolge – interne Besetzung als SV-Nachfolge	– Unternehmensnachfolge sicherstellen und Partner mit einbeziehen – Inhaber begleitet die ersten Jahre der Nachfolge – altersgerechte Absicherung ist erfolgt/Vorsorge erfolgt – Weiterführung des Familienunternehmens in der Zukunft absichern – alternative Szenarien: wenn, dann externer Nachfolger (guter Talentmarktzugang)
Vermögensstrategie	– Unternehmenswert halten bzw. steigern (aktuell, modern halten)	– finanzielle Ausstattung des Unternehmens sicherstellen – Unternehmen am Markt noch stärker etablieren

Abb. 2: *Strategische Herausforderungen*

Business Excellence

Für die Ehrhorn Vermessung bildet das EFQM-Modell die große Klammer um alle im Unternehmen vorhandenen Methoden, Systeme und

Verfahren und stellt deren Zusammenspiel und Wirksamkeit mithilfe externer Assessments regelmäßig und ganzheitlich auf den Prüfstand. Bereits in den einzelnen Gesprächen zwischen den EFQM-Assessoren und den jeweiligen Unternehmensakteuren entstehen Impulse und Optionen zur Weiterentwicklung der Ehrhorn Vermessung. Das praxisorientierte Feedback zeigt dann übersichtlich, klar und in kompakter Form unsere Stellschrauben auf und motiviert uns, zielgerichtet mit Freude und Engagement an uns weiterzuarbeiten. Das Excellence-Modell ist damit der Schlussstein im Managementsystemgewölbe der Ehrhorn Vermessung.

Das Geschäftsfeld Steuerberatung im EFQM-Modell – ein Erfahrungsbericht

Holger Bodmann, Carsten Schulz

Die HSP STEUER Henniges, Schulz & Partner Steuerberatungsgesellschaft mbB ist ein Unternehmen mit einer langen Entwicklungsgeschichte. Der Vorläufer der heutigen Kanzlei wurde bereits in den frühen Dreißigerjahren des vergangenen Jahrhunderts gegründet. Am 1. Juli 2004 traf dann Tradition auf Moderne: Silke Henniges, welche die Kanzlei von ihrem Vater übernommen hatte, schloss sich mit Carsten Schulz zusammen und beide gründeten gemeinsam mit Ina Ansorge die Kanzlei Henniges, Schulz und Partner; Holger Bodmann ist zu einem späteren Zeitpunkt als geschäftsführender Partner hinzugetreten. Diese Kanzleigründung war zugleich der Startschuss für eine grundlegende Umstrukturierung des Unternehmens und für die Umsetzung eines ganzheitlichen Beratungsansatzes bei gleichzeitig deutlicher Verstärkung der technologischen Möglichkeiten, die einer Beratungskanzlei im Kalenderjahr 2004 zur Verfügung standen.

Seit einigen Jahren leben wir in disruptiven Zeiten und aktuell stellt die digitale Transformation auch kleine und mittlere Organisationen vor Herausforderungen, die weit über die damit verbundenen technologischen Anpassungen hinausgehen. Oder, anders formuliert: Digitale Transformation ist in erster Linie ein Kulturthema und nur in geringem Umfang ein IT-Thema.

Dies gilt auch für die Branche der Steuerberatung. Wir hatten über Jahrzehnte hinweg ein stabiles und in sich ruhendes Geschäftsmodell, das insbesondere durch eine kaum veränderte Dienstleistungsstruktur gekennzeichnet war. Das ändert sich seit einigen Jahren grundlegend und vor allem die Transformation unserer bisherigen Kerndienstleistung „Finanzbuchhaltung" hin zu einem digitalisierten Rechnungswesen mit darauf aufbauenden betriebswirtschaftlichen Beratungspaketen hat nachhaltige Auswirkungen im Bereich der erforderlichen Qualifikationen der Mitarbeitenden und der Gestaltung der Organisation insgesamt.

Damit rückte der Aspekt der Veränderungsfitness in den Fokus unserer Unternehmensführung.

Abb. 1: *Eine Auszeichnung in unserer Hall of Fame, auf die wir besonders stolz sind …*

Auf der Suche nach einem Managementmodell, auf dessen Basis wir die anstehenden Veränderungsprozesse nicht im Modus „dynamischer Stillstand“ (es ist viel los, aber nichts geht wirklich voran), sondern auf der Grundlage eines nachhaltigen Zukunftskonzepts gestalten konnten, war der EFQM-Ansatz schnell als ideale Plattform identifiziert.

Da dieser Ansatz in unserer Branche bislang und auch aktuell wenig beachtet wird, standen wir zunächst vor der Herausforderung, Pionierarbeit zu leisten und die Komplexität des Modells an die Erfordernisse und die Sprache unserer Branche anzupassen.

Eine Handlungsleitlinie, an der wir uns während des Projekts orientiert haben und auch künftig orientieren werden, ist die „werkzeugorientierte" Vorgehensweise, mit deren Hilfe wir die Excellence-Anforderungen stets praxisnah in die alltägliche Anwendung unserer Kanzlei übersetzen können.

Hierzu einige Beispiele:

„Führungskräfte exzellenter Organisationen fixieren eine klare Richtung und einen strategischen Focus. Sie vereinen ihre Mitarbeiterinnen und Mitarbeiter, sodass diese den Zweck und die Ziele der Organisation unterstützen und verwirklichen."

Zum Erreichen unserer Ziele binden wir die Mitarbeitenden eng in unseren Strategieprozess mit ein. In der Praxis überprüfen die Kanzleiinhaber einmal jährlich ihre Unternehmensvision auf ihre Gültigkeit und Attraktivität. In der Folge wird mit dieser Vision ein klassischer Strategieprozess mit Identifizierung der Interessengruppen und den wechselseitigen Erwartungen sowie einer SWOT-Analyse gemeinsam im Team aufgesetzt. Die Ergebnisse der SWOT-Analyse werden dann im Hinblick auf ihre Auswirkungen und ihren Erreichungsgrad hin vom ganzen Team bewertet. Daraus ergibt sich eine Priorisierung, die dann Eingang in die Identifikation der strategischen Handlungsfelder findet. Innerhalb der strategischen Handlungsfelder werden konkret messbare Ziele bis auf Mandantenebene festgelegt, die in einem monatlichen Review, dem sogenannten HSP-SPRINT, gemeinsam mit dem einzelnen Teammitglied und zwei Führungskräften besprochen werden. Durch diesen durchgängigen Prozess kennt jedes Teammitglied die gesamte strategische Pyramide der Kanzlei und seinen Anteil daran, in welchem Umfang Ziele erreicht werden.

„Führungskräfte exzellenter Organisationen unterstützen Mitarbeiterinnen und Mitarbeiter in der gesamten Organisation bei der Erfüllung ihrer Pläne und Erreichung ihrer Ziele."

Struktur und Inhalte der in unserer Kanzlei auch schon vor EFQM-Zeiten regelmäßig geführten Mitarbeiter-Einzelgespräche haben wir auf Basis der EFQM-Anforderungen grundlegend überarbeitet und aus den

Zielkriterien des Modells Statements entwickelt, die von den Mitarbeitenden hinsichtlich ihres Erfüllungsgrades zu bewerten sind.

Ein zu bewertendes Statement lautet:

„Ich habe ein klares Bild davon, wie sich unsere Kanzlei in den nächsten Jahren entwickeln wird und wie ich mich in diese Entwicklung einbringen kann."

Die Diskussion dieses Statements zwischen Kanzleileitung und Mitarbeitenden – vom langjährig erfahrenen Steuerberater bis zum Azubi im ersten Ausbildungsjahr – erbringt immer wieder interessante und zielführende Erkenntnisse für die gesamte Kanzleientwicklung. Zum einen erlaubt sie uns, unsere veröffentlichten strategischen Ziele daraufhin zu überprüfen, ob die jeweiligen Inhalte verstanden und bei den Mitarbeitenden angekommen sind. Zum anderen – und das ist der entscheidende Punkt – können wir so die individuellen Ziele der Mitarbeitenden passgenau in das Zielsystem unserer Kanzlei einfügen. Dabei umfasst das Zielspektrum sowohl die klassischen Erfolgsmessgrößen wie die Finanzkennzahlen als auch Ziele im Bereich der individuellen Kompetenzsteigerung; aktuell mit einem Fokus auf die Steigerung der digitalen Kompetenz.

„Exzellente Organisationen erzielen dauerhaft herausragende Ergebnisse, welche die Bedürfnisse und Erwartungen ihrer Mitarbeiterinnen und Mitarbeiter erfüllen oder übertreffen."

Um belastbare Erkenntnisse zur Steigerung von Zufriedenheit, Beteiligung, Engagement und Motivation zu erhalten, arbeiten wir seit geraumer Zeit mit unserem Stimmungsbarometer „HSP MOOD".

Mit diesem Umsetzungswerkzeug haben die Mitarbeitenden einmal pro Woche die Möglichkeit, aufgrund von Leitfragen die aktuelle Kanzleisituation einzuschätzen und im Rahmen eines Scorings zu bewerten und darüber hinaus noch Freitextkommentare einzufügen. Die Bewertung erfolgt zunächst anonym und kann auf Wunsch der Mitarbeitenden in ein persönliches Gespräch überführt werden.

Neben den zuvor angesprochenen Mitarbeiter-Einzelgesprächen ist dies für uns eine wichtige und vor allem zeitnahe Möglichkeit, die aktuellen Bedürfnisse unserer Zielgruppe Mitarbeitende einzuschätzen und darauf insbesondere im Bereich der Feinjustierung unserer strategischen Ziele zu reagieren.

Die Beteiligungsquote an dieser wöchentlichen Befragung ist dauerhaft stabil auf hohem Niveau, was das Interesse der Mitarbeitenden an dieser Form der Rückmeldung zur Artikulation ihrer Bedürfnisse belegt.

„Exzellente Organisationen nutzen eine Struktur von Schlüsselprozessen, um die Strategie der Organisation umzusetzen.“

Ein gepflegtes und topaktuelles Prozessmodell sowie dessen konsequente Anwendung waren schon vor Anwendung der EFQM-Kriterien Grundlage unseres Kanzleierfolgs. Unter EFQM-Gesichtspunkten konnten wir dieses Prozessmodell erweitern und verfeinern – insbesondere durch die Implementierung des angesprochenen Strategieprozesses sowie durch die Erhebung von Prozessleistungsindikatoren im Rahmen eines ausführlichen Checks unserer Kerndienstleitung Finanzbuchhaltung.

„Exzellente Organisationen stellen die Transparenz für die relevanten Interessengruppen [...] sicher.“

Den Begriff „Transparenz“ haben wir im EFQM-Kontext neu überdacht und mit den Mitarbeitenden jeweils individuell besprochen, welche Kennzahlen sie brauchen, um ihre eigene Leistungsfähigkeit und vereinbarte Zielerreichungsgrade gut einschätzen zu können. Daraus ist ein umfassendes Informationsportal unter der Bezeichnung „HSP REVOLUTION“ entstanden, das für alle Beteiligten zugänglich ist und differenzierte Informationen unter vielfältigen Betrachtungswinkeln (Ebene des einzelnen Mitarbeitenden/Ebene des einzelnen Mandats/ Ebene des einzelnen Auftrags etc.) liefert.

In Kombination mit den individuellen Zielen der Mitarbeitenden können wir so den nächsten Schritt der Kanzleientwicklung gehen und gemeinsam mit diesen in einem monatlichen Monitoring den jeweiligen Zielerreichungsgrad checken. Dies erfolgt nicht unter dem Gesichtspunkt von Kontrolle, sondern unter dem Gesichtspunkt von Ermächtigung und insbesondere zur Identifikation und Umsetzung von erforderlichen Unterstützungsmaßnahmen.

„Exzellente Organisationen schaffen und unterhalten Netzwerke zum Erfahrungsaustausch, um daraus für Kreativität, Innovation und Verbesserung abzuleiten."

Dieses Zielkriterium haben wir bereits seit Gründung der HSP GRUPPE – einem bundesweit aufgestellten Kooperationsverbund von rechtlich und wirtschaftlich autonomen Kanzleien – vor zehn Jahren intensiv bedient und gelebt. In der aktuellen Gestaltung dieses Kooperationsverbundes hat uns das EFQM-Modell bereits vielfältige und wertvolle Umsetzungsimpulse gegeben und wir sind sicher, dass dies auch künftig mit noch viel „Luft nach oben" so bleiben wird.

So weit zu den Beispielen.

Ein weiterer durch die Systematik des EFQM-Modells ausgelöster Nachdenkensprozess ergab sich aus der systematischen Analyse unserer Interessengruppen. Neben den klassischen Interessengruppen Mitarbeitende und Mandanten konnten wir unsere Aufsichtsbehörden – die Steuerberaterkammern – in diesen Kontext einordnen. Dieser Gedanke mag zunächst überraschen, aber insbesondere im Hinblick auf die Anforderungen, die von dort an uns gestellt werden und die wir zu erfüllen haben, war es sinnvoll, den Blickwinkel zu verändern und sich die Frage zu stellen, welchen Nutzen wir für diese Interessengruppe stiften können.

Wir sehen die Beantwortung dieser Fragestellung auch unter der Notwendigkeit, in einem sich radikal verändernden beruflichen Umfeld unseren Input zur (aktuell) digitalen Transformation unseres Geschäftsfelds auch bei dieser Interessengruppe zu platzieren und diesen Input mit konkreten, gelebten und erfolgreichen Beispielen aus der EFQM-Praxis zu unterlegen.

Zusammenfassend können wir sagen, dass die Anwendung der EFQM-Kriterien uns in der täglichen Arbeit jeden Tag einen Schritt voranbringt. Dies hat zu konkreten Veränderungen in unserem Kanzleialltag und zu messbaren Bestätigungen geführt, die uns zeigen, dass wir auf dem richtigen Weg sind. So konnten wir bereits dreimal die Auszeichnung „Great Place To Work" gewinnen, eine neutrale Rückmeldung, dass wir hinsichtlich der Interessengruppe der Mitarbeitenden auf dem richtigen Weg sind.

***Abb. 2:** Eine exzellente Mannschaft ...*

Die systematische Verbesserung unserer Kerndienstleistung „Finanzbuchhaltung“ auf der Grundlage eines umfassenden „Fibu-Checks“ wird von den Mitarbeitenden nicht als lästige zusätzliche Belastung und möglicherweise als überbordende Kontrolle empfunden, sondern reiht sich auch aus deren Sicht in den qualitativen Ansatz des EFQM-Modells ein. Auch bestätigt uns die oben erwähnte stabile und umfassende Beteiligung an unserem Stimmungsbarometer, dass die EFQM-Anforderung, die Mitarbeitenden dauerhaft in die Entwicklung der Kanzlei einzubeziehen, gelebt wird.

Aktuell sammeln wir erste Erfahrungen mit einem regelmäßigen Management-Review im Kreis der geschäftsführenden Partner, welches – wie oben bereits angesprochen – auf Ebene der Mitarbeitenden als „HSP-Sprint“ in einen monatlichen Check der aus den Kanzleizielen abgeleiteten Ziele auf Ebene der Mitarbeitenden überführt wird. Hierbei spielt der Kontrollaspekt nur eine untergeordnete Rolle. Vielmehr geht es darum, gemeinsam mögliche Unterstützungsmaßnahmen festzulegen, welche die Erreichung der vereinbarten Ziele ermöglichen. Dies ganz im Sinne der EFQM-DNA, dass exzellente Organisationen die Mitarbeitenden bei der Erreichung ihrer beruflichen Ziele aktiv unterstützen.

Wir freuen uns auf die weitere Entwicklung unseres Geschäftsmodells im Spannungsbogen zwischen Kreativität und einer klaren Struktur!

Die Excellence-Reise von Auto Niedermayer Neukirchen

HEINZ NIEDERMAYER

Abb. 1: *So präsentiert sich das markenfreie Autohaus dem Besucher*

Nachdem wir uns bereits in den 2000er-Jahren mit dem Thema Qualitätsmanagement befasst und auch gewisse Fortschritte erzielt haben, stellten wir irgendwann fest, dass wir auf externe Hilfe angewiesen sind, um die nächsten (Qualitäts-)Schritte zu gehen.

Im Jahr 2012 begannen wir mithilfe einer externen Spezialistin unsere Prozesse zu ordnen, was im Endeffekt mit einer DIN-ISO-Zertifizierung endete. Strukturierte Prozesse sind gleichzusetzen mit einer stabilen Abwehr – um aber einen attraktiven Angriffsfußball, sprich auf Sieg zu spielen, braucht es mehr: das EFQM-Modell! Deshalb war ab dem Jahr 2013 der nächste Schritt – wieder mit externer Hilfe –, uns mit den Möglichkeiten (Potenzialen) zu beschäftigen.

Im Dezember 2013 führten wir eine Selbsteinschätzung durch: Grundkonzepte der Excellence nach den Stufen „Beginner" – „auf dem

Weg" – „Reife". Hieraus ergaben sich vier Projekte für die erste Validierung: Interessengruppen (alle Kriterien), mittel- und langfristige Ziele (Kriterium 2: Strategie), Mitarbeiterbefragung (Kriterium 7: mitarbeiterbezogene Ergebnisse), Wissenstransfer (Kriterium 3: Mitarbeiter).

Nachfolgend einige Beispiele für Verbesserungspotenziale aus der ersten Validierung:

- Der Strategieprozess ist noch unvollständig.
- Die Erarbeitung einer Balanced Scorecard auf allen Ebenen wäre hilfreich.
- Die Verknüpfung zwischen Prozessen und Unternehmensstrategie kann dann ebenfalls hergestellt werden.

Nach zahlreichen Stunden „am Unternehmen" durch das Führungsteam sowie einigen Strategietagen stellten wir uns im Juli 2015 einem Assessment, das erfolgreich bestanden wurde.

Nachfolgend wieder einige Beispiele aus dem Ergebnisbericht:

Strategie

- Stärken:
  - Ein strukturiertes Kennzahlensystem beschreibt die Geschäftstätigkeit von Auto Niedermayer.
  - In einer Balanced Scorecard werden die wichtigsten Kennzahlen zusammengetragen.
- Potenziale:
  - Funktionalstrategien (z.B. Personal, Finanzen, Marketing) sind nicht immer klar zu sehen.
  - Noch existiert kein ausgewogenes Set an Kennzahlen als Indikatoren für die gute Umsetzung des Mitarbeiter-Führungsprozesses.
  - Es wird aus den Auswertungen nicht klar, ob es dem Autohaus über die Zeit gelungen ist, eine höhere Kundenzufriedenheit zu erreichen.

Nachfolgend einige Beispiele aus dem Aktionsplan, der sich nach dem Assessment ergeben hat:
- Schärfung der Unternehmensstrategie
- Weiterentwicklung der Balanced Scorecard
- Erarbeitung von Prozesskennzahlen
- Erarbeitung einer Führungskultur

Im April 2016 gingen wir bei der Auszeichnung „Committed to Service-Excellence" als Sieger hervor. Ein toller Erfolg, der unsere Anstrengungen der letzten Jahre belohnte.

Hier wieder einige Beispiele aus dem Ergebnisbericht:

Service-Excellence-Strategie
- Stärken:
  - Der Fortschritt der Umsetzung der Strategie wird minutiös verfolgt. Es existiert ein positiver Trend.
  - Es gibt Beispiele für den Einsatz von Projektmanagement zur Verbesserung der Serviceleistungen.
- Potenziale:
  - Das CRM-Tool unterstützt die Service-Excellence-Strategie nicht ausreichend.

Begeisterung durch Dienstleistung
- Stärken:
  - Die Kennzahlen spiegeln die Kundenbegeisterung wieder und zeigen einen nachhaltigen Trend.
- Potenziale:
  - Soziale Medien werden noch nicht in ausreichender Form genutzt, um sowohl Begeisterung als auch Bindung zu erzeugen.

Nach weiteren eineinhalb Jahren, etlichen Workshops und vielen Stunden des Führungsteams mit der Abarbeitung der Aktionspläne unterzogen wir uns im Dezember 2017 einem neuerlichen Assessment mit dem Ziel, mindestens 400 Punkte (4RE) zu erreichen, was uns auch als erstem Autohaus europaweit gelungen ist.

Nachfolgend das Resümee aus dem Ergebnisbericht:

„Das Autohaus Niedermayer zeigt ein steuerungsrelevantes Managementsystem, welches Kennzahlen getrieben die Geschicke des Betriebs entwickelt. Die ausgeprägte Kundenorientierung und die attraktive Unternehmenskultur machen den Betrieb aus. Es gelingt eine deutliche Differenzierung am Markt. Nicht nur Kunden, sondern auch die Branche bemerkt die besonderen Leistungen des Autohauses Niedermayer, welches deutlich auf dem Weg zur Excellence unterwegs ist."

Für uns hat sich die intensive Beschäftigung und Anwendung des Excellence-Ansatzes mehr als bezahlt gemacht, denn ohne wäre unsere Entwicklung der letzten Jahre nicht möglich gewesen.

Hier die wichtigste Errungenschaft: Entwicklung einer klaren Strategie mit Vision, Mission, Philosophie, Wertefundament etc. – und dies sogar für alle im Unternehmen mit bayerischen Untertiteln, z.B. Mission auf gut Bayerisch: „So mach mas!"

An diesem Beispiel wird auch gleich deutlich, worum es hauptsächlich geht: Gelingt es einem Unternehmen, seine Philosophie im ganzen Unternehmen, sprich bei allen Mitarbeitern, zu verankern? Hierbei war auch die Entwicklung eines aufwendigen Mitarbeiterführungsprozesses maßgeblich, der alle Belange der Mitarbeiter berücksichtigt. Nur so kann eine dauerhaft hohe Serviceleistung und in Folge eine hohe Kundenzufriedenheit erzielt werden. Und dies führt in der Regel zu einem nachhaltigen, profitablen Wachstum.

Über Auto Niedermayer

- markenfreies Autohaus in 94362 Neukirchen bei Bogen
- Neu- und Jungwagenspezialist für VW, Skoda, Audi und Seat sowie Bequemeinsteiger
- Reparatur und Service
- Gründung: 1978

- seit 2001: zweite Generation mit den Geschwistern: Heinz, Andrea und Thomas Niedermayer
- 2018: 66 Mio. € Umsatz mit rund 40 Mitarbeitern (davon acht Auszubildende)

Abb. 2: *Blick in die Auslieferungshalle*

Homepage: www.niedermayer.de

Meilensteine der Excellence-Reise

- Juli 2014: Committed to Excellence
- Juli 2015: Committed to Excellence 2 Star
- April 2016: Committed to Service-Excellence
- Dezezember 2017: Recognised for Excellence 4 Star
- Dezezember 2019: Assessment mit dem Ziel, über 500 Punkte zu erreichen

Mit dem EFQM-Modell auch schwierige Situationen in Organisationen meistern

Volker David

Das EFQM-Modell hilft Leitungsverantwortlichen von Bildungsträgern besser als andere Managementsysteme, ihre Organisation in schwierigen Situationen zu steuern. Dieser Beitrag befasst sich mit den diesbezüglichen Chancen und Risiken der Organisationsentwicklung am Beispiel des Adolf-Schmidt-Bildungszentrums (ASBZ) Haltern am See der IG BCE.

In diesem Beitrag wird der Weg der Verbesserung des Adolf-Schmidt-Bildungszentrums von Committed to Excellence (C2E) im Jahr 2015 bis zur wiederholten Stabilisierung des Recognised for Excellence (R4E) 3 Sterne im Jahr 2019 nachgezeichnet.

Den Auftrag des Bildungszentrums erläutert die Organisation selbst in ihrer Bewerbungsbroschüre R4E-2019:

„Das Adolf-Schmidt-Bildungszentrum Haltern am See ist der aufklärenden, sachlichen und politischen Bildung verpflichtet. Es wirbt für gewerkschaftliche Werte und Ideale, für Chancengleichheit und Gleichberechtigung, für die Schaffung guter Arbeitsbedingungen für alle Arbeitnehmer(innen) sowie für die Stärkung von Arbeitnehmerrechten. Die Entwicklung von Toleranz und die Verständigung zwischen unterschiedlichen Kulturen, Sitten und Gebräuchen sind dabei für alle Konzepte im Haus von besonderer Bedeutung. Das Bildungszentrum ist Begegnungsstätte und damit ein Ort des Austausches und des Lernens.

Die inhaltlich-konzeptionelle Gestaltung des Seminarangebotes ist Bestandteil der politisch-strategischen Planung des Vorstandes der IG BCE. Die Seminarpläne werden aufgrund eines Beschlusses des Hauptvorstandes veröffentlicht. Ein Teil des gesamten Bildungsangebotes wird somit im Adolf-Schmidt-Bildungszentrum Haltern am See durchgeführt.

Neben einem kostenfreien Bildungsangebot für Gewerkschaftsmitglieder und hauptamtliche Funktionäre ist eine weitere wichtige Säule ein Seminarangebot nach § 37,6 und 7 des Betriebsverfassungsgesetzes (BetrVG) für

Betriebsräte aus Unternehmen der in der IGBCE organisierten Branchen und Sektoren des Bergbaus, der Chemieindustrie (auch Papier und Keramik) und des Energiesektors. Bildungsformate für diese Zielgruppe stellen etwa die Hälfte des Angebotes des ASBZ dar. Damit befindet es sich in einem freien, dynamischen Markt mit vielen Wettbewerbern.

Ein ganz besonderer Schwerpunkt im Adolf-Schmidt-Bildungszentrum Haltern am See ist die gewerkschaftliche Kulturarbeit. Spezielle Workshops richten sich hier an die Kunst- und Kulturschaffenden aus dem Bereich der IG BCE.“

Das Bildungszentrum Haltern am See verfügt über 101 Zimmer. Darüber hinaus besteht eine Infrastruktur für Seminararbeit mit vier Seminarräumen, acht Gruppenräumen und einer teilbaren Konferenzhalle für maximal ca. 140 Teilnehmer*innen.

Zum Haus gehört auch ein Restaurant mit einer eigenen Küche zur Verpflegung der Teilnehmer*innen mit dem Angebot der Vollverpflegung.

Die 24 Mitarbeiter*innen verfolgen in ihren Funktionsteams das Ziel einer hohen Teilnehmer*innen-/Gastzufriedenheit. Dabei gewährt ihnen die Schulleitung zur Aufgabenerfüllung ein sichtbares Maß an Eigenverantwortung und Handlungsspielraum.

Der Weg zu Committed to Excellence 2015

Als Bildungsträger ist das Adolf-Schmidt-Bildungszentrum aufgrund verschiedener gesetzlicher Vorgaben in der Pflicht, ein QM-System zu betreiben. Für die Leitung des Bildungszentrums war es wichtig, ein Managementsystem als beteiligungsorientiertes Führungsinstrument mit europäischer Ausrichtung zu betreiben, sodass die Wahl auf das EFQM-Modell für Excellence fiel. Die prozessorientierte und ganzheitliche Betrachtung der Organisation sorgte im neu gebildeten EFQM-Team mit Vertreter*innen aus allen Tätigkeitsbereichen der Einrichtung für mehr Klarheit in der gezielten Weiterentwicklung des Bildungszentrums.

Der Anspruch des EFQM-Modells, ökonomische, ökologische und soziale Nachhaltigkeit als Managementsystem umzusetzen, passt voll und ganz zum Leitbild des Adolf-Schmidt-Bildungszentrums.

Auszug aus dem Leitbild:

„Wir wollen im Rahmen unserer Möglichkeiten

- *die gesellschaftlichen und betrieblichen Entwicklungen und Probleme aufgreifen und gemeinsam mit den Teilnehmer*innen nach Antworten suchen.*
- *an den Erfahrungen der Teilnehmer*innen ansetzen und sowohl theoretische wie auch praxisgerechte Handlungsmöglichkeiten entwickeln.*
- *gesellschaftliche Gestaltungskompetenzen fördern und entwickeln; durch Ideen und Fantasie Anregungen für den gesellschaftlichen Fortschritt fördern.“*

Das Adolf-Schmidt-Bildungszentrum hat im Dezember 2015 das Zertifikat Committed to Excellence erhalten. Der bereichsübergreifende Qualitätszirkel (EFQM-Team), zuvor in der Modellanwendung geschult, hat in einem ersten Schritt Dokumente, Verfahrensweisen und Nachweise gesammelt, um den Grundstock für ein Prozessmanagement in der Einrichtung zu systematisieren und zu strukturieren. Es wurde eine erste Selbstbewertung durchgeführt, die Stärken und Potenziale des Bildungszentrums offenlegte und den Reifegrad bestimmt hat. Die Erkenntnisse des jährlichen Team-Workshops flossen ebenfalls in die Bewertung ein. Diese Ergebnisse und die weiteren begonnenen Ansätze, wie mehr Ressourceneffizienz durch Teilnahme am Projekt Ökoprofit und die Weiterentwicklung eines gesunden Ernährungsangebots unter anderem durch die Verwendung von Bioprodukten und regional erzeugten Lebensmitteln im Gastronomiebereich, sollen weitergeführt werden und gaben Anlass zu Optimismus, um in 2016 die Stufe Recognised for Excellence (R4E) 3 Sterne zu erreichen.

Rekordverdächtig zu Recognised for Excellence (R4E) in einem Jahr in 2016

Die Erlangung des Levels Committed to Excellence hat die Schulleitung und die Beschäftigten enorm motiviert, die nächste Stufe zu erreichen. Es wurde bald darauf eine Projektstruktur EFQM entwickelt und in verschiedenen Teams bezogen auf den Feedbackbericht des Assessor*innenteams die nächsten Aufgaben priorisiert. Es wurde darauf geachtet, nicht noch eine Parallelstruktur zu den bestehenden Gremien zu etablieren, sondern dort, wo sinnvoll und machbar, in das bestehende Gefüge einzubauen. So wurde auch der jährliche Team-Workshop entsprechend genutzt.

Basierend auf einer neu entwickelten Prozesslandkarte wurden die wichtigsten Schlüsselprozesse beschrieben. Dabei lag der Fokus auf den Kernprozessen der Wertschöpfung, weil sofort Verbesserungen im Alltagsgeschäft erzielt werden sollten. Die Erstellung von Prozessbeschreibungen und Checklisten für Verwaltung, Haustechnik, Küche und Service standen im Vordergrund.

Die Einführung einer neuen Verwaltungssoftware und einer neuen IP-gestützten Telefonanlage waren weitere Rahmenbedingungen, die es zu meistern galt.

Eine besondere Aktion im Juli 2016 war der 5S-Workshop mit den Funktionsbereichen. Vor allem im Verwaltungsbereich wurde gründlich aufgeräumt, um die zukünftige Raumnutzung den neuen Aufgabenzuschnitten der Mitarbeiter*innen anpassen zu können. Insbesondere der Stapel „Das kann weg!“ wurde größer und größer. Insgesamt war die Beteiligung der Beschäftigten am EFQM-Prozess vergleichsweise hoch, was auch zu viel Gesprächsstoff in Bezug auf die in der Organisation oben auf der Liste stehenden Themen führte.

Das organisationsweit ausgerollte Führungskräfte-Feedback innerhalb der IG BCE ergab im Bildungszentrum in Haltern nur ein mäßiges Ergebnis. Zum einen waren die Ansprüche an guter Führung im EFQM-Prozess gestiegen, zum anderen war die Konzeption des Feedback-Fragebogens nicht optimal, sodass die Beantwortung der unpräzisen Fragen zu uneindeutigen Ergebnissen führte. Im Jahr 2018 wurde dieser Prozess ausgesetzt.

Weitere wichtige Aktivitäten waren auf Leitungsebene die Klärung des Leitbilds und die Erarbeitung einer SWOT- sowie einer Stakeholderanalyse. Sie brachten die Erkenntnis, dass im Hause verstärkt über die zukünftigen Herausforderungen des Bildungszentrums im Verbund mit den zwei anderen Bildungszentren der IG BCE und der Abteilung Bildung diskutiert werden musste. Wo sind die Alleinstellungsmerkmale und Stärken des Halterner Bildungszentrums und wie kann man selbst sein Profil verdeutlichen, ohne sich in Konkurrenz zu begeben?

Auf der Ergebnisseite des EFQM-Modells war man in den Kriterien 6 und 9 schon sehr gut. Es konnten insbesondere lange aufsteigende Trends und verbesserte Ergebnisse aufgrund von unternommenen Anstrengungen nachgewiesen werden. Dies honorierte auch das Assessmentteam im R4E-Verfahren und kam zu dem Schluss, dass im Dezember 2016 dem Adolf-Schmidt-Bildungszentrum in Haltern am See Recognised for Excellence (R4E) 3 Sterne zu vergeben sind.

Mit Anstrengung Recognised for Excellence (R4E) 3 Sterne im Jahr 2019 gehalten

Die neuerliche Rezertifizierung wurde dann im März 2019 in Angriff genommen. Nachdem im Jahr 2017 und in der ersten Hälfte des Jahres 2018 die EFQM-Aktivitäten eher auf „Sparflamme" liefen, wurde ab September 2018 wieder verstärkt am EFQM-Thema gearbeitet. Wieder wurde auch der jährliche Mitarbeiter-Workshop zum Thema „gesundes Arbeiten" in den Prozess einbezogen.

Allerdings hatten sich inzwischen die Rahmenbedingungen im Bildungszentrum eher verschlechtert. Neben einigen personellen Wechseln, auch auf Führungsebene, fielen Schlüsselpersonen aufgrund von Langzeiterkrankungen dauerhaft aus. So war auch die Kernaufgabe, das Qualitätsmanagement des Bildungszentrums mithilfe des EFQM-Modells zu pflegen und weiterzuentwickeln, mit Beginn der Aktivitäten verwaist. Die

Organisation nach innen und die Dokumentation der Regeln, Strukturen und Prozesse konnten nur noch bruchstückhaft erfüllt werden. Damit fehlten die Impulse nach innen und die Nachweisführung während dieser Phase. Dennoch wurden wichtige Schritte der Verbesserung und Veränderung gegangen.

Die Aufgabenzuschnitte von Mitarbeiter*innen und Führungskräften mussten entsprechend der personellen Situation angepasst werden, um die Überlastsituation angemessen aufzufangen. Dies gelang mehr oder weniger gut, allerdings ohne dass dies zu einer erheblichen Beeinträchtigung des Seminarbetriebs geführt hätte. Führungskräfte und Experten der IG-BCE-Organisation konnten sich auch nach der gelungenen Rezertifizierung im März 2019 von der Selbstorganisationsfähigkeit der Funktionsteams überzeugen.

Neben der Stabilisierung der Organisation und ihrer Strukturen und Prozesse, konnten kleinere Fortschritte durch die behutsame Einführung agiler Methoden erzielt werden. So wird inzwischen ein kostenfreies Kollaborationstool genutzt, um die Aufgabenverfolgung transparenter und effizienter zu machen. Der Einsatz eines Team Model Canvas soll zu stärkerer Selbstreflexion des Einzelnen und der Funktionsteams führen.

Das Assessmentteam kam im R4E-Verfahren im März 2019 zu dem Schluss, dass der Reifegrad des Bildungszentrums nach dem EFQM-Modell mit Abstrichen gehalten werden konnte. Es wurde somit erneut das Zertifikat Recognised for Excellence (R4E) 3 Sterne vergeben. Dies ist im LEP-Ergebnisband 2019 und auf der Homepage der EFQM nachzulesen.

Fazit

Nachdem nun die Rezertifizierung im März 2019 geschafft wurde, war der Schulleitung klar, dass am und im System noch kontinuierlicher mit dem EFQM-Gedanken gearbeitet werden muss. Das Bildungszentrum hat deshalb eine Roadmap aufgestellt, um allen Stakeholdern zu verdeutlichen, wo die Reise hingehen soll.

Zusammenfassung

Mitarbeiterbeteiligung, Transparenz und kontinuierliche Verbesserung sind die Säulen einer guten Steuerung von Organisationen in schwierigen Situationen, also von guter Führung.

Die Nutzung des EFQM-Modells als Führungsinstrument hilft den Leitungsverantwortlichen und engagierten Mitarbeiter*innen, den Überblick zu behalten, um zielgerichtet handeln zu können.

Diese Fallstudie des Adolf-Schmidt-Bildungszentrums Haltern am See der IG BCE skizziert die identifizierten und genutzten Erfolgsfaktoren, aber auch „die Mühen der Ebene".

Einstieg in die Arbeit mit dem EFQM-Modell – Nutzung und Nutzen einer C2E-1S-Zertifizierung am Beispiel der vhs Wasserburg

Wie gut oder wie schlecht der Einstieg in die Arbeit mit dem EFQM-Modell funktioniert, hängt stark von der Auswahl und Umsetzung der ersten Schritte ab sowie dem empfundenen Nutzen der Organisationsbeteiligten. Die Vorbereitung und die Durchführung einer C2E-1S-Zertifizierung sind sehr nützliche Schritte auf diesem Weg. Doch was bedeutet das und wie kann das gestaltet werden?

In diesem Beitrag erfahren Sie:

- welchen Inhalt und welchen Stellenwert das „Committed to Excellence 1 Star"-Verfahren für den Excellence-Weg beinhaltet und für welche Organisationen es besonders geeignet erscheint
- wie ein solches Verfahren gerade in kleinen Organisationen genutzt werden kann und wie kleine Organisationen den Einstieg in die Arbeit mit dem EFQM-Modell gestalten können
- welche Erkenntnisse und Nutzen sich aus dem Verfahren ergeben können – aufgezeigt am Beispiel der vhs Wasserburg

Martin Holzwarth

Der Excellence-Gedanke und Committed to Excellence 1 Star (C2E 1S)

Die Anfänge des Excellence-Gedankens liegen in der Mitte des 20. Jahrhunderts, als Total Quality Management (TQM) für längere Zeit das Konzept einer ganzheitlichen Betrachtung von Abläufen in Organisationen darstellte. TQM wurde dabei als integratives Managementkonzept verstanden. [1]

Nach der Jahrtausendwende änderte sich die Wahrnehmung, als wirtschaftliche Entwicklungen einen stärkeren Fokus auf die Effizienz erforderlich machten, was die frühen TQM-Ansätze nicht in dem erforderlichen Maße beinhalteten. Der Begriff „Excellence", den die European Foundation for Quality Management (EFQM) eingebracht hatte, verdrängte den TQM-Begriff, der auch dadurch belastet worden war, dass Organisationen in der Umsetzung teilweise einen zu großen Ressourceneinsatz in Kauf genommen hatten. Nicht mehr weiter auf das zu diesem Zeitpunkt vorherrschende Ziel fokussierend, die Erwartungen bestimmter, relevanter Interessengruppen zu erfüllen, formulierte die EFQM alsdann die Forderung, Organisationen sollten sich vielmehr auf eine Balance zwischen den Erwartungen der Interessengruppen hin ausrichten. Dieses Gedankenmodell wurde verstärkt in das EFQM-Modell eingebunden und dieses dadurch realitätsnaher ausgerichtet. [2]

Das EFQM-Modell wurde in erster Linie auf zwei Weisen genutzt: zum einen in der Wettbewerbsform in Gestalt eines umfassenden Verfahrens sowie zum anderen im Rahmen von Selbstbewertungen, für die sich verschiedene Durchführungsvarianten entwickelt haben. Aus dem Wettbewerbsformat entwickelte sich dann auch das „Ligaprinzip", welches insbesondere den Levels of Excellence Rechnung trägt und den bereits erwähnten teilweise enormen Ressourcenaufwand reduzieren soll. Gerade für Organisationen, die erst wenige Managementinstrumente einsetzen und sich noch nicht mit einem umfassenden Managementansatz befasst haben, hat die EFQM in diesem Zusammenhang das „Committed to

Excellence"-(C2E-)Verfahren eingeführt. Dieses ermöglicht es, schon in einer frühen Phase die Excellence-Entwicklungsanstrengungen von Organisationen zu bewerten. Der Aufwand dieses Verfahrens besteht in der Durchführung einer Selbstbewertung und der Realisierung von daraus abgeleiteten Verbesserungsprojekten. Neben dem C2E-Verfahren gibt es im Rahmen der Levels of Excellence auch noch das „Recognised for Excellence"-(R4E-)Verfahren, das eine ganzheitlichere Bewertung der Leistungsfähigkeit einer Organisation darstellt und diese auf die Teilnahme an einem Preisverfahren vorbereiten hilft, wie z.B. den Ludwig-Erhard-Preis (LEP) der Initiative Ludwig-Erhard-Preis (ILEP) oder den EFQM Excellence Award (EEA). [2]

Die Verbreitung des Excellence-Ansatzes in Deutschland hat dabei und insbesondere über die Levels of Excellence zusehends an Fahrt aufgenommen. [2]

In diesem Beitrag wird verstärkt auf den Einstieg in die Arbeit mit dem EFQM-Modell über die Nutzung der C2E-1S-Zertifizierung – also auf das C2E-Verfahren – fokussiert.

Ausgebildete und zugelassene Validatoren beurteilen als Experten das Management von Organisationen nach Maßgabe eines festgelegten Verfahrens. Im positiven Fall kann die ILEP als nationale Partnerorganisation der EFQM in Deutschland die Anerkennungen der Levels of Excellence und somit auch die des Einstiegslevels „Committed to Excellence 1 Star" (C2E 1S) vergeben. [3]

Die betrachtete Organisation erhält so eine Begutachtung, welche die Reflexion und Anerkennung früher Erfolge erlaubt. Die Idee dieser Anerkennung ist, die Arbeit an der eigenen Organisation auch durch ein externes Feedback zu motivieren und gute Praktiken aus den Gesprächen mit den Gutachtern zu erfahren. Aus den Bewertungsberichten resultieren Nutzen für die Organisationen. Die Bewertung erlaubt eine valide Einschätzung der eigenen Fähigkeiten im Vergleich zum Umfeld und das Erkennen von Stärken und Verbesserungspotenzialen. Die Erkenntnisse werden anschließend und üblicherweise priorisiert und anschließend durch Maßnahmen in der Organisation umgesetzt. [3]

Das Verfahren „Committed to Excellence“ setzt voraus, dass die Fähigkeit der Organisation zunächst in Form einer fundierten EFQM-Selbstbewertung quasi von innen betrachtet wird und dass die Organisation auf Grundlage dieser Eigenbetrachtung Verbesserungsprojekte priorisiert und erfolgreich umsetzt. Anschließend wird die Organisation in einer eintägigen Begutachtung dahin gehend betrachtet, inwieweit sie diese Fähigkeiten überzeugend aufzeigen kann. Die dann verliehene Anerkennungsurkunde „Committed to Excellence“ zeigt, dass die Organisation den ersten Schritt zur erfolgreichen Umsetzung des Excellence-Ansatzes gegangen ist. Die Organisation erhält auf Basis der ermittelten Ergebnisse das Zertifikat „Committed to Excellence 1 Star“ der EFQM. [3]

Was aber macht gerade das „Committed to Excellence“-Verfahren für Organisationen so interessant? Und vor allem: Für welche Organisationen bietet es eine besondere Chance? Hierzu wird zunächst auf allgemeine Betrachtungen von Organisationen eingegangen.

Die Zielsetzung der meisten Organisationen ist ein wirtschaftlicher oder zweckbezogener Erfolg, auf den Manager oder Unternehmer ihre Organisationen ausrichten. Als Hilfestellung dienen zumeist diverse Konzepte und Ansätze, die eine Orientierung geben, wie Erfolg generell erreicht werden kann. Neben anderen Methoden hat sich insbesondere auch der Excellence-Ansatz der EFQM sehr bewährt (detaillierte Beschreibungen des Ansatzes finden sich unter anderem im Excellence-Handbuch [2]).

Viele Organisationen sind sich allerdings unsicher, wie sie den Ansatz am sinnvollsten umsetzen können. Dabei ist besonders beachtenswert, in welcher Excellence-/Reifephase sich die Organisation zum relevanten Zeitpunkt befindet. Die Umsetzung des Excellence-Ansatzes kann grundsätzlich in vier Phasen eingeteilt werden: die Einführungsphase, die Phase der Sättigung, die Phase der gelebten Excellence, die Phase der Perfektion.

Gerade die Einführungsphase steht beim Einstieg in die Arbeit mit dem EFQM-Modell im Vordergrund und ist typischerweise der Moment, in dem sich eine Organisation nach Hilfestellungen umsieht. Auf diese Phase sei in diesem Beitrag fokussiert.

Die Einführungsphase birgt die größten Risiken für den Erfolg der Umsetzung. Wenn nicht ein geeigneter Weg – individualisiert für die jeweilige Organisation – gefunden wird, können Widerstände geweckt werden, die schnell große Gegenkräfte entwickeln. Leitfäden helfen in dieser frühen Phase als Art einfache Checkliste dabei, das Einführungsprojekt zu strukturieren und bekannte Risiken zu bedenken. [4] Mit Selbst- oder Fremdbewertungen wird der Stand des Managementsystems aus einer Perspektive betrachtet, die z.B. normbasierte Systeme nicht ermöglichen.

Der größte frühe Nutzen entsteht durch eine zutreffende Bewertung des Istzustands. Dieser Istzustand kann Verbesserungspotenziale enthalten, die in der Organisation wenig Akzeptanz genießen. Daraus ergeben sich zwei Problemstellungen: Einerseits kann es sein, dass es schwierig bis unmöglich ist, diese Themen überhaupt anzusprechen. Andererseits kann es sein, dass ein zu frühes Bearbeiten dieser wenig akzeptierten Themen die Akzeptanz des gesamten Umsetzungsprojekts gefährdet. Die Kultur der Organisation ist eine weitere wesentliche Kontexteigenschaft, die bei der Umsetzung zu beachten ist. Sie sollte ebenfalls zu Beginn der Einführungsphase betrachtet werden. Die Kultur prägt wesentlich die Entscheidung, welche Bewertungsmethode in der frühen Phase die optimale ist. Ist die Kultur z.B. eher direktiv ausgerichtet, kann eine Fragebogenmethode (siehe Excellence-Handbuch [2]) hilfreich sein, da diese Methode den Vorteil hat, dass sie die direkte Konfliktsituation – über einen kritischen Sachverhalt sprechen zu müssen – vermeiden kann. In einer direktiv geführten Organisation ist die Bereitschaft, über Verbesserungspotenziale zu sprechen – insbesondere wenn sie die Führung der Organisation betreffen –, nicht besonders groß. Alternativ kann ein starker Moderator dazu beitragen, dieses Kommunikationsproblem zu überwinden. Es ist allerdings Vorsicht geboten: Projektleiter, die glauben, dass sie diese Aufgabe selbst bewältigen können, sind schon reihenweise gescheitert, wie die Erfahrung lehrt. Das andere Extrem ist eine Laissez-faire-Kultur. Organisationen, in denen eine solche Kultur vorherrscht, haben zwar kein Problem, alle Verbesserungspotenziale zu besprechen, jedoch das Problem, die erkannten Potenziale zu bearbeiten, weil unerwünschte Maßnahmen zumeist versanden. Hier muss der Fokus des Umsetzungsprojekts im Maßnahmencontrolling liegen. Organisationen, die tendenziell so ausgerichtet sind, setzen öfter auf eine gelegentliche Fremdbewertung, um so einen externen Treiber für die Verbesserung zu haben. In der Realität existierende Organisationen haben Kulturen entwickelt, die irgendwo auf der Skala zwischen diesen beiden Extremen liegen. Es ist ein wichtiger Erfolgsfaktor, diese kulturelle Eigenschaft zu bedenken. [4]

Das EFQM-Modell hat sich dabei inzwischen zu einem Ansatz entwickelt, der in hervorragender Weise die verschiedensten Anwendungsmöglichkeiten in sich vereinigt. Die Anwendung des EFQM-Modells bedeutet dabei ein ganzes Stück weit Organisationsentwicklung. Veränderungen sind meist nicht einfach, Patentrezepte für erfolgreiche Organisationsentwicklungen nirgends erhältlich – aber Alternativen zu kontinuierlichen Veränderungen gibt es auch nicht. Lebenslanges Lernen ist heutzutage Normalität in jeder Entwicklungs- und Umsetzungsphase – für Organisationen und Individuen. Eine fortgesetzte Anwendung des EFQM-Modells als kontinuierlicher Organisationsentwicklungsprozess, der die menschlichen, sozialen und strukturellen Aspekte einschließt, erscheint derzeit als extrem erfolg- und vielversprechende Vorgehensweise. [5]

Ein wertvolles Instrument auf dem EFQM-Weg stellt das „EFQM Management Dokument" dar, das eine einfache Vorlage für die Darstellung der Umsetzung von strategischen Zielen einer Organisation liefert. Das Dokument nutzt dabei den Rahmen des EFQM Excellence Modells zur Beschreibung der Gestaltung der wesentlichen Aktivitäten, wie sie umgesetzt sind und welche Ergebnisse erzielt wurden.

Die Struktur des EFQM Management Dokuments wurde aus den Einreichungen für die Anerkennungsverfahren der EFQM abgeleitet. Eine Reihe von Organisationen hat jedoch zusätzliche Vorteile in der Beschreibung ihrer Aktivitäten und Ergebnisse in diesem Format erkannt:

- Das Dokument bietet einen unbürokratischen Weg zur Darstellung der wesentlichen Aktivitäten, der Dynamik, der Verbesserungsprogramme/-projekte und Ergebnisse der Organisation.
- Die über das Dokument vermittelte „Transparenz" macht es zu einem effektiven Managementwerkzeug und bietet Hilfestellung bei der Priorisierung, Ausrichtung und beschleunigten Umsetzung von Verbesserungen sowie beim Erkennen und Transfer von guten Praktiken bei Vorgehensweisen.
- Zur Unterstützung eines gemeinsamen Verständnisses und Engagements der Interessengruppen bietet sich das Dokument als ein effektives Kommunikationsinstrument an.
- Wohl der wichtigste Aspekt für die Organisation: Das Dokument unterstützt die noch effektivere Ausführung der Strategie.

Als integraler Teil des Managementsystems kann das Dokument als „lebendes Dokument" oder in Form jährlicher Aktualisierung geführt werden – unabhängig davon, ob sich die Organisation für eine externe Anerkennung bewirbt oder nicht. Das EFQM Management Dokument kommt auch der wachsenden Bedeutung nach belastbarer Corporate Governance nach, indem es einen einfachen und ganzheitlichen Überblick über die wesentlichen Aktivitäten einer Organisation bietet. Dabei kann die Struktur des EFQM Management Dokuments den spezifischen Bedürfnissen der Organisation leicht angepasst werden. [6]

Im Beispiel der vhs Wasserburg geht es um eine kleine Organisation in der Excellence-Einführungsphase, die erste Auszüge des EFQM Management Dokuments bereits zu intensiveren Kontextbetrachtungen genutzt und sich auf den EFQM-Weg begeben hat.

Rahmenbedingungen und spezifische Aspekte kleiner Organisationen am Beispiel der vhs Wasserburg

Die vhs Wasserburg am Inn ist eine als Verein angelegte Volkshochschule, die in enger Zusammenarbeit mit der Gemeinde den im Erwachsenenbildungsgesetz [7] hinterlegten Auftrag erfüllt. Zum Team der vhs Wasserburg gehören fünf Mitarbeiterinnen (inklusive Geschäftsführerin und stellvertretende Geschäftsführerin), die hauptamtlich in Voll- und Teilzeit beschäftigt sind, sowie ein Vorstand, über den unter anderem die Bürgermeister der beteiligten Orte (Stadt Wasserbug und Gemeinde Soyen) eingebunden sind.

Volkshochschulen präsentieren sich im Allgemeinen vielerorts als wichtige Säule der Erwachsenenbildung und bilden gewissermaßen einen Gegenpol zu oft zahllosen privaten Bildungseinrichtungen für Erwachsene. Volkshochschulen sind hingegen zumeist in öffentlicher Hand, denn als Träger fungieren Kommunen, Landkreise, gemeinnützige Vereine, Zweckverbände oder auch gemeinnützige Gesellschaften mit beschränkter Haftung. Dank öffentlicher Förderung profitieren Teilnehmer an vhs-Kursen von relativ geringen Kosten. Kostenlos ist der Besuch der Volkshochschule allerdings üblicherweise auch nicht.

Die vhs Wasserburg hat acht Kursorte in Wasserburg und zudem zwölf Außenstellen.

Die vhs Wasserburg bietet klassische und auch durchaus neuere Themen an. Hierzu gehören die klassischen vhs-Themenbereiche wie z.B.:
- Gesellschaft und Leben
- Beruf, Karriere und EDV
- Sprachen
- Gesundheit
- Kultur und Gestalten
- Grundbildung und Schulabschlüsse

Außerdem finden sich auch Themenbereiche wie z.B.:
- Migration und Integration mit BAMF-Zulassung
- „Junge vhs“ – Programm für Kinder, Jugendliche und Familien
- Vorträge mit der übertragbaren Vortragskarte
- Online-Angebote zur Bildung von zu Hause aus
- Vorbildwirkung hinsichtlich Fair-Trade-Produkten, Ressourcenverbrauch und Ökologie

Die vhs Wasserburg bietet die üblichen halbjahresbezogenen Veranstaltungsprogramme an, die zweimal jährlich auf Aktualität überprüft und geplant und sowohl in einem Programmheft als auch via Homepage und Social Media öffentlichkeitswirksam vermarktet werden. Das Team aus fünf Mitarbeiterinnen (inklusive Geschäftsführerin) umfasst zwei pädagogische Fachkräfte und zwei Verwaltungsmitarbeiterinnen. Alle Mitarbeiterinnen sind, wie in kleinen Organisationen häufig üblich, mehr oder weniger intensiv in das operative Tagesgeschäft eingebunden und kümmern sich unter anderem um allgemeine administrative und organisatorische Aufgaben einer Volkshochschule wie z.B. Teilnehmeranmeldung, Organisation von Veranstaltungen, Prüfungen, Programmplanungsorganisation etc. Die pädagogischen Fachkräfte kümmern sich zudem verstärkt um Themen wie z.B. pädagogische Planung, Ausrichtung und Betreuung der verschiedenen Programmfachbereiche und -inhalte sowie auch der Kursleitungen.

Die vhs Wasserburg gehört dem Bayerischen Volkhochschulverbund (BVV) an, der die Volkhochschulen mit Informationen und Beratungen unterstützt, Benchmark-Ansatzpunkte bei betriebswirtschaftlichen Fragestellungen zwischen den angegliederten Volkhochschulen liefert und auch Grundsatzentscheidungen herbeiführt, die für alle angegliederten Volkshochschulen gelten. Neben der gesetzlichen Verpflichtung zu einem Qualitätsmanagement nach dem Bayerischen Erwachsenenbildungsförderungsgesetz [7] hat sich der BVV dazu entschlossen, allen angegliederten Volkshochschulen die Zertifizierung des Qualitätsmanagements aufzuerlegen. Die vhs Wasserburg hat sich in diesem Zusammenhang für eine C2E-1S-Zertifizierung nach EFQM-Maßgabe entschieden.

Die vhs Wasserburg befand sich zum Zeitpunkt der C2E-Validation in der Situation, dass aufgrund des Wachstums in der jüngeren Vergangenheit sowie der Umstellungen bei den Mitwirkenden (insbesondere eine neue Geschäftsführerin ca. ein Jahr vor der C2E-Validierung und Aufstockung der Stunden der Teilzeitkräfte) gemeinsame neue Ausrichtungen notwendig waren. Diese mussten z.B. in struktureller, prozessualer, aber auch in leitbildorientierter und operativer Hinsicht angestrebt sowie gleichzeitig jene Aspekte aufgearbeitet werden, die im allgemeinen operativen Bereich anstanden (hierzu zählten technische sowie datenschutztechnische und -rechtliche Umstellungen aufgrund der DSGVO etc.). Der gegebene Ressourcenrahmen (z.B. verfügbare Räume) schränkte hierbei zum einen ein, bedingte aber andererseits innovative Herangehensweisen und die Durchführung verschiedener Projekte.

Gerade die Kombination aus knappen Ressourcen und drängenden operativen Notwendigkeiten ist eine häufige Rahmenbedingung bei kleinen Organisationen. Bei der vhs Wasserburg kam mit der Neubesetzung in der Geschäftsführung eine weitere Rahmenbedingung hinzu, die eine in struktureller Hinsicht erkennbare Erschwernis in sich barg – mit potenziellen Chancen, aber auch potenziellen Risiken. In dieser Situation konnten insofern nur nutzenbringende Herangehensweisen und Projekte helfen, die Zwickmühlen zu lösen, die einerseits in operativer Hinsicht bestanden und andererseits in der Beförderung des Excellence-Gedankens und der Grundlagenschaffung für die C2E-Zertifizierung.

Vorgehensweisen, Instrumente und Bewertung an der vhs Wasserburg

In einer validen, dem Stand der Technik entsprechenden EFQM-Selbstbewertung – moderiert durch einen externen Berater mit fundierten Kenntnissen sowohl in der Anwendung des EFQM-Modells als auch in der spezifischen Branche der Volkshochschulen – wurde mit dem Team der vhs Wasserburg die Entwicklungsreife der Einrichtung eingehend betrachtet.

Ergänzende bzw. die Selbstbewertung unterstützende Betrachtungen erfolgten zudem anhand von Struktur- und Inhaltsauszügen aus dem EFQM Management Dokument. Diese bezogen sich auf Aspekte wie Einrichtungskontext und vhs-Ziele und fokussierten auf Aspekte wie z.B. strategische Herausforderungen der nächsten Jahre, externe Themen (Was verändert sich bei den Kunden/Teilnehmern? Wettbewerbssituation? Strategisch wichtige Kooperationspartner?), interne Themen, wichtigste „interessierte Parteien“ sowie auch Entwicklungen bei den eigenen vhs-

Berufsgruppen (Notwendigkeit, immer neue Aufgabenfelder mit zu übernehmen).

Als Selbstbewertungsinstrument an sich wurde ein Standardformular zur Anwendung gebracht, das sowohl die Teilkriterien des EFQM-Modells abbildete als auch je Teilkriterium vhs-spezifische Orientierungspunkte beinhaltete sowie die Rubrik „Bemerkenswertes – Stärken – Potenziale – Leitfragen“. So finden sich bei EFQM-Teilkriterium 5c „Produkte und Dienstleistungen werden entwickelt, um optimale Werte für Kunden zu schaffen“ als Orientierungspunkte z.B. „Marktbeobachtung, Kundenbefragungen und andere Formen der Rückmeldung“ oder auch „Trends und Entwicklungen bei Kunden und Auftraggebern werden berücksichtigt“ und Leitfragen wie „Welche Informationsquellen werden (systematisch) genutzt, um Ideen und Konzepte für innovative neue Angebote zu entwickeln?“.

Anhand des Standardformulars und auf Grundlage der Leitfragen interviewte der Berater die vhs-Mitarbeiterinnen und erhob so die Stärken und Potenziale, die gesammelt in ein gemeinsames Standardformular eingearbeitet wurden. Auf der Basis dieses Gesamtwerks wurden mögliche Verbesserungsprojekte erarbeitet und anschließend priorisiert. Die Vorteile bei diesem Herangehen bestanden bzw. bestehen darin, dass sich die Mitarbeiterinnen der vhs sehr schnell und ohne vorherige vertiefte EFQM-Kenntnisse mit den Themen beschäftigen und ihre eigene Expertise sehr gut einbringen konnten. Der Berater kumulierte sodann aufgrund seiner Expertise daraus sehr schnell ca. 30 potenzielle Verbesserungsprojekte sowie ca. zehn Sofortmaßnahmen, die sich verstärkt auf das Alltagsgeschäft bezogen. Aus den ca. 30 potenziellen Verbesserungsprojekten wurden einzelne Projekte nachvollziehbar priorisiert, und zwar anhand von Kriterien wie:

- Wo besteht akuter Handlungsbedarf, was betrifft die Arbeitsfähigkeit der vhs?
- Was kann als Projekt bearbeitet werden? Was ist in anderer Form machbar?
- Ist die Umsetzbarkeit gegeben?

- Was ist in einem kurzen Zeitrahmen möglich (ca. sechs Monate)?
- Wie hoch ist die strategische Bedeutung des Projekts?

Essenziell wichtige Aspekte bei der Projektauswahl waren insbesondere operative Auswirkungen und schnelle Erfolgserlebnisse, die alle vhs-Mitarbeiterinnen auch spürbar und zeitnah miterleben, sowie – auch aufgrund des Leitungswechsels – die Nutzung dieses Zeitfensters der Erneuerung.

Am Ende der Projektauswahl stand eine Reihe von Projekten fest, aus denen schließlich drei Projekte priorisiert und für die Betrachtung im Rahmen des C2E-Verfahrens ausgewählt wurden.

Alle Projekte wurden nach der gleichen Grundsystematik geführt und in einer Beschreibungsvorlage (Projekt-Steckbrief) dargestellt und beschrieben – fortlaufend während des gesamten Projekts. Insbesondere diese Grundsystematik und Herangehensweise an Projekte wurde von allen Organisationsmitarbeiterinnen als sehr hilfreich empfunden und soll auch bei weiteren Projekten zum Einsatz kommen.

Die Grundsystematik beinhaltet Punkte wie Projektname, Projektbeschreibung (inklusive Nutzen, Ziel und strategische Bedeutung), Projektrisiken (und -chancen), Projektleitung und -beteiligte, Projektergebnisse (vor dem Umsetzungsstart geplante Ergebnisse), Endtermin, notwendige/freigegebene Ressourcen, Projektinhalt (Phasen, Meilensteine, Arbeitsschritte/-pakete, Dokumentation), Projektbewertung, aktuelle Lage und „Lessons Learned".

Diese Grundsystematik diente zum einen der strukturierten und systematischen Abarbeitung der geplanten Projekte und half somit den Projektleitungen und -beteiligten als eine Art roter Faden, sich immer wieder auf das Wesentliche zu besinnen. Zum anderen war diese Grundsystematik der rote Faden, der auch die anzuwendende und im Rahmen des Zertifizierungsverfahrens zu überprüfende RADAR-Systematik [8] abbildete. Somit war mit diesem Instrument mehreren Aspekten gleichzeitig gedient, auf fast natürliche Weise die RADAR-Systematik zur Umsetzung gebracht (ohne dass diese immer wieder explizit benannt werden musste) und eine wirklich hilfreiche Systematik zur Anwendung gebracht.

Die drei Projekte „Leitbildentwicklung“, „Vortragskarte“ und „Kulanz-Leitlinie“ wurden alsdann über eine standardisierte Bewertungsmatrix im Rahmen der Validierung vom externen Validator bewertet. Auch diese Bewertungsmatrix orientiert sich an der RADAR-Systematik (Ergebnisse, Vorgehen, Umsetzung und Bewertung & Verbesserung), bildet diese ab und verknüpft die einzelnen RADAR-Inhalte mit vier Bewertungsstufen, die individuell je RADAR-Aspekt bewertet werden (z.B. bei „Lernen und Kreativität“ auf der untersten Stufe „keine geplanten Bewertungen oder Fortschrittskriterien wie Meilensteine nachvollziehbar“ bis hin zu „Bedeutende Lernergebnisse und kreative Ideen wurden auch für andere Projekte genutzt“ auf der obersten Stufe).

LUDWIG ERHARD PREIS EFQM Committed to Excellence 2019

RADAR-Element	Projekt „Vortragskarte" Attribut	1	2	3	4
Ergebnisse	**Relevanz** des Einflusses des Projekts			X	
	Tragfähigkeit in Bezug auf die fortdauernde Wirksamkeit der Verbesserung			X	
	Ziele für die Verbesserungen wurden definiert			X	
	Ziele für die Verbesserungen wurden erreicht		X		
Vorgehen	**Fundiert** Das Verbesserungsprojekt leitet sich aus einem in der Selbstbewertung ermittelten Thema ab.			X	
	Fundiert Das Verbesserungsprojekt wurde aus Prioritäten abgeleitet.			X	
	Fundiert Die Relevanz der Methode zur Auswahl des Verbesserungsprojekts ist gegeben.		X		
	Integriert Das Verbesserungsprojekt ist verknüpft mit anderen Aktivitäten der Organisation.			X	
Umsetzung	**Eingeführt** in den geplanten Bereichen			X	
	Angemessen in nachvollziehbarer Weise		X		
Bewertung & Verbesserung	**Lernen und Kreativität** Durch Fortschrittsbewertungen		X		
	Verbesserung und Innovation der Projektplanung oder der Umsetzung			X	

Validationbericht 6/7

Abb. 1: *Berichtsbestandteil: C2E-1S-Matrix zur Projektvalidierung – Projektbeispiel „Vortragskarte"*

Insbesondere im Rahmen der Validierung des Selbstbewertungsvorgehens, der Projektpriorisierungen und der Projektbetrachtungen können vonseiten des externen Validators gezielt Aspekte aufgegriffen und verstärkt werden, deren Bedeutung bei interner Betrachtung gegebenenfalls nicht oder noch nicht so klar erkannt wurden. Dieser externe Blick bietet eine sehr gute Möglichkeit, zusätzliche Lerneffekte zu erzielen und/oder begonnene Wege bestätigt oder korrigiert zu bekommen. Da ein Validator an dieser Stelle ohne weiteren Eigennutz agiert, wird sein Input auch zumeist als objektiv und neutral angesehen und sehr gut akzeptiert. Und insbesondere Akzeptanz ist ein wesentliches Element für die Weiterentwicklung in und von Organisationen, die am Anfang ihres Wegs stehen.

Erkenntnisse und Nutzen für die vhs Wasserburg

Im Rahmen der Validierung der vhs Wasserburg wurden verschiedene übergeordnete Stärken und Potenziale erkannt und in Form eines Berichts kommuniziert. Beispielhafte Aspekte waren dabei (Auflistung ohne Bezug zur Wichtigkeit der Punkte aufgeführt):

- gut strukturierte Selbstbewertung
- pragmatische Haltung zur Gestaltung der Organisation
- sehr gute Nutzung der „Projekt-Steckbriefe", in die auch Lernen und Weiterentwickeln (Lessons Learned) integriert sind
- Die Projekte waren dabei unterschiedlich reif. Verschiedene weitere operative Projekte standen noch in den Planungsstartlöchern, konnten aber hinsichtlich der weiteren Priorisierungen aufgrund operativer Notwendigkeiten gut nachvollzogen werden.
- noch keine durchgängig passgenaue Verknüpfung und Formulierung der Steckbriefinhalte Projektziele, Projektergebnisse und Projektbewertungen, zudem noch Potenzial bei der Messbarkeit und eindeutigen Zielformulierungen. (Die hier genannten Aspekte machen insbesondere deutlich, welche Punkte für die nächsten Weiterentwicklungsstufen insgesamt relevant werden und sukzessive ausgebaut werden können.)

- Handlungsfähigkeit trotz aktueller knapper Ressourcen (insbesondere Räume). Dabei prägt und prägte die Ressourcenknappheit die Umsetzung der Aktivitäten. Hier sind Erkenntnisse aus den Projektbearbeitungen hilfreich.
- gute Integration aller Mitwirkenden in der Organisation – bis hin zur Projektleitungsübernahme durch Mitarbeiterinnen
- Kenntnis des Excellence-Ansatzes und bewusste Verknüpfung zwischen dem Excellence-Ansatz, den ausgewählten Projekten und der Weiterentwicklung der Organisation

Perspektivisch gesehen wurden daraus insbesondere auch folgende Aspekte erkannt und kommuniziert:

Die vhs Wasserburg steht vor der Herausforderung, sich weiter und gemeinsam in den Excellence-Ansatz einzudenken.

Die geplanten und anstehenden Aktivitäten und Projekte bringen ein höheres Anspruchsniveau mit sich. Es ist wichtig, nicht nur den einzelnen Anforderungen nachzugehen, sondern sich ein Bild zu machen, wie die vhs Wasserburg diese Veränderung dazu nutzen kann, insgesamt eine höhere Reife zu erreichen. Hierzu sollte der Blick neben einzelnen Kriterien immer auch auf das EFQM-Gesamtmodell gerichtet sein.

Die vhs Wasserburg hatte die Erwartungen des Committed-Verfahrens hinreichend erfüllen können, und somit wurde die C2E-1S-Zertifizierung erteilt. Zudem wurde perspektivisch kommuniziert, dass und wie sich die vhs Wasserburg weiterentwickeln kann, welche nächsten Schritte sinnvoll erscheinen und wie in einem nächsten Schritt die Stufe „Committed to Excellence 2 Stars" genutzt und die entsprechende Zertifizierung erreicht werden kann.

Dabei sollte insbesondere das eingeführte und umgesetzte Projektmanagement stabilisiert und weiter genutzt werden, um rasch voranzuschreiten und die Organisationsentwicklung kontinuierlich voranzubringen. Nach ca. zwei bis drei Jahren könnte dann ein Zustand erreicht werden, der eine externe Betrachtung der Organisation durch sachkundige Assessoren vorteilhaft erscheinen lässt, um einerseits Inspirationen zu erhalten und andererseits die eigenen Überlegungen im Austausch mit den Assessoren abzusichern.

Auf dem Weg dahin erscheint es insgesamt zudem sinnvoll, nach der vollständigen Umsetzung der laufenden Maßnahmen erneut zu hinterfragen, welche nächsten Schritte die vhs Wasserburg – besonders aus der Sicht ihrer Interessenpartner – weiter voranbringen. Ergänzend hierzu ist der über die Kontextbetrachtung gewählte Einstieg in die Nutzung des EFQM Management Dokuments zu sehen – dieser Beginn kann im Rahmen der weiteren Entwicklungsschritte ganz natürlich mit weiterentwickelt und ergänzt werden. Somit existiert bereits ein guter Strukturrahmen für das weiter auszubauende Managementsystem.

Ein ganz besonderer Nutzen für die vhs Wasserburg – neben dem Input auf Grundlage der Betrachtungen und Bewertungen und dem erhaltenen Bericht – bestand in den vielen Anregungen während der Validation, die sich sowohl auf Umsetzungsaspekte bezogen als auch auf vertiefende EFQM-Aspekte. Angefangen von einfachen Punkten wie der Dokumentenführung (Datum manuell als Status eingeben statt automatisiertes Word-Feld nutzen), Hinweise zur alltäglichen und systematischen Nutzung des Regelkreisdenkens (d.h. Vertiefung des RADAR-Wissens) bis hin zu Überlegungen, wo messbare Kennzahlen einfach genutzt und ermittelt werden können, ohne dass das Verhältnis zwischen Aufwand und Nutzen ungünstig wird. Alles Aspekte, die im Rahmen einer externen Validierung und Zertifizierung besonders gut geeignet sind für den Einstieg in die Arbeit mit dem EFQM-Modell. Und gerade im Fall der vhs Wasserburg kam ein weiterer wichtiger Nutzenaspekt hinzu: eine externe Bestätigung für die Richtigkeit des Wegs, den die neue Geschäftsführerin mit ihrem Team eingeschlagen hat, und damit einhergehend eine Verstärkung der Motivierung für das Team, gemeinsam weiterhin auf dem Entwicklungsweg voranzuschreiten.

Fazit

Das Beispiel der vhs Wasserburg und die dort gewählten und eingesetzten Instrumente und Schritte machen deutlich, dass und wie auch kleine Organisationen den Einstieg in die Arbeit mit dem EFQM-Modell nutzbringend, erfolgreich und nachhaltig gestalten können. Nach einer thematischen Einführung in das Thema Excellence, Excellence-Modell, Anwendungsmöglichkeiten und -auswirkungen zu Beginn dieses Beitrags wurde am Beispiel der vhs Wasserburg zudem aufgezeigt, wie wertvoll auf diesem Weg die Nutzung einer C2E-1S-Zertifizierung als Einstiegsverstärkung und -beschleunigung sein kann und war und welchen Nutzen und welche positiven und nachhaltigen Effekte sie erzeugt.

Auf der Grundlage einer ersten, sehr pragmatisch ausgelegten EFQM-Selbstbewertung werden durch eine sinnvolle Prioritätensetzungen erste Projekte ausgewählt, die sowohl eine Excellence-Orientierung in sich tragen als auch insbesondere eine operative Ausrichtung und Wichtigkeit. Gerade der letzte Aspekt wird vor allem von den Mitarbeiter*innen wahrgenommen und geschätzt.

Der Einstieg über die beschriebene Vorgehensweise kann zudem in hervorragender Weise genutzt werden, um Neuanfänge (z.B. neue Geschäftsführung und Neuformierung eines Teams) positiv zu gestalten und zu begleiten. Dabei zahlt sich insbesondere die geschickte Mischung zwischen Pragmatismus, systemischem und systematischem Herangehen sowie kurz- und mittelfristig erzielbaren und erzielten Ergebnissen aus. Im vorliegenden Fall belief sich der Zeithorizont auf weniger als ein Jahr.

Eine zusätzliche Verstärkung ergibt sich zudem durch die externe Validierung über das C2E-1S-Verfahren. Insbesondere der Input eines in solchen Verfahren üblicherweise sehr erfahrenen Validators, der mit Augenmaß und Blick für die validierte Organisation die richtigen und verstärkenden Impulse setzt und somit den weiteren Entwicklungsweg der Organisation zusätzlich verstärkt und unterstützt, ist von unschätzbarem Wert.

Und über den Einstieg in die Nutzung des EFQM Management Dokuments im Rahmen der Kontextbetrachtung ist zudem gleich eine

Tür in die Zukunft geöffnet – eine Tür zur pragmatischen und nachhaltigen Weiterentwicklung des begonnenen Managementsystems auf Grundlage des EFQM-Modells.

Literatur

[1] Zink, K. J.: *TQM als integratives Managementkonzept – Das EFQM Excellence Modell und seine Umsetzung. 2. Auflage, München: Hanser, 2004*

[2] Moll, A.: *Excellence – die Entwicklung in Deutschland seit 1995. In:* Moll, A.; Kohler, G. (Hrsg.): *Excellence-Handbuch – Grundlagen und Anwendung des EFQM Excellence Modells. Düsseldorf: Symposion Publishing, 2013*

[3] Website der Initiative Ludwig-Erhard-Preis im Themenbereich Begutachtungen: *https://ilep.de/Artikel/autowert-cmx5ce68717a5ad6, Stand: 10.07.2019*

[4] Moll, A.: *Die Wettbewerbsfähigkeit mit dem Excellence-Ansatz stärken. In:* Moll, A.; Kohler, G. (Hrsg.): *Excellence-Leitfaden, 1. Auflage 2014*

[5] Holzwarth, M.: *Der Nutzen des EFQM-Modells für die Organisationsent-wicklung. In:* Moll, A.; Kohler, G. (Hrsg.): *Excellence-Handbuch – Grundlagen und Anwendung des EFQM Excellence Modells. Düsseldorf: Symposion Publishing, 2013*

[6] EFQM: *EFQM Leitfaden für Anwender: EFQM Management Dokument. Brüssel, 2011*

[7] *Bayerisches Erwachsenenbildungsförderungsgesetz (BayEbFöG) vom 31. Juli 2018 (GVBl. S. 662, BayRS 2239-1-K), das durch § 2 Abs. 3 des Gesetzes vom 24. Juli 2019 (GVBl. S. 398) geändert worden ist und Artikel 139 (zur Erwachsenenbildung) der Verfassung des Freistaates Bayern in der Fassung der Bekanntmachung vom 15. Dezember 1998 (GVBl. S. 991, 992, BayRS 100-1-I), die zuletzt durch Gesetze vom 11. November 2013 (GVBl. S. 638, 639, 640, 641, 642) geändert worden ist.*

[8] Moll, A.: *Die RADAR-Bewertungslogik 2013. In:* Moll, A.; Kohler, G. (Hrsg.): *Excellence-Handbuch – Grundlagen und Anwendung des EFQM Excellence Modells. Düsseldorf: Symposion Publishing, 2013*

Anhang: Digitale Bestandteile

Anwendung des EFQM Modells 2020

- Selbstbewertungsfragebogen der Initiative Ludwig-Erhard-Preis zum neuen EFQM Modell 2020
- Bewertungstool 2019 zum neuen EFQM Modell
- R4E-Assessmentbericht 2019 – Vorlage in PowerPoint
- EFQM Management Dokument

Ludwig-Erhard-Preis

Leitfaden für Bewerber

- Deutscher Excellence Preis – Leitfaden für Bewerber
- Leitfaden für Bewerber – EFQM Verpflichtung zu Excellence (C2E) 2 Stern

Bewerbung um den Ludwig-Erhard-Preis 2020

- Bewerbung der Firma xyz um den Ludwig-Erhard-Preis 2020 – Vorlage in Word

Beispiel aus der Praxis

- DRK-Krankenhaus Clementinenhaus – Bewerbungsbroschüre für den Ludwig-Erhard-Preis 2017

Ludwig-Erhard-Preis – Ergebnisbände

- Deutscher Excellence Preis – Ergebnisband 2019
- Deutscher Excellence Preis – Ergebnisband 2018
- Deutscher Excellence Preis – Ergebnisband 2017
- Deutscher Excellence Preis – Ergebnisband 2016
- Deutscher Excellence Preis – Ergebnisband 2015
- Deutscher Excellence Preis – Ergebnisband 2014
- Deutscher Excellence Preis – Ergebnisband 2013

Studien

- University of Leicester: Report on EFQM and BQF Funded Study
- University of Leicester: Bericht zur Studie „Auswirkungen einer wirksamen Implementierung von Excellence- Strategien im Unternehmen auf die Schlüsselleistungsergebnisse“ (deutsche Übersetzung)

Layered Process Audit (LPA)

- Broschüre: LPA – Prozesse konsequent führen und Ergebnisse verbesseren, TQU
- Broschüre: LPA – Standards werden zur Routine – Präsentation Elmar Zeller, TQU